本研究受国家社会科学基金资助，批准号：15BZS089

再探现代转型
——中国本土性现代建筑的技术史研究

Further Exploration of Modern Transformation
Research on the History of Technology of Indigenized Modern Architecture in China

李海清

著

中国建筑工业出版社

图书在版编目（CIP）数据

再探现代转型：中国本土性现代建筑的技术史研究 =
Further Exploration of Modern Transformation
Research on the History of Technology of
Indigenized Modern Architecture in China ／李海清
著．—北京：中国建筑工业出版社，2020.12
ISBN 978-7-112-25551-1

Ⅰ．①再⋯ Ⅱ．①李⋯ Ⅲ．①建筑史－技术史－中国
－近现代 Ⅳ．① TU-098.62

中国版本图书馆CIP数据核字（2020）第185882号

责任编辑：易　娜
责任校对：焦　乐

再探现代转型——中国本土性现代建筑的技术史研究
Further Exploration of Modern Transformation
Research on the History of Technology of Indigenized Modern Architecture in China
李海清　著

*
中国建筑工业出版社出版、发行（北京海淀三里河路9号）
各地新华书店、建筑书店经销
北京锋尚制版有限公司制版
北京中科印刷有限公司印刷
*
开本：787毫米×1092毫米　1/16　印张：21　字数：483千字
2020年12月第一版　　2020年12月第一次印刷
定价：72.00元
ISBN 978-7-112-25551-1
　　（36554）

致谢

应该感谢的人很多，但限于篇幅，难免挂一漏万，所有的帮助与恩惠，都已铭记于心。笔者自20世纪末正式踏入近现代建筑研究领域，迄今已历20余年。最初的理论性思考主要受惠于业师潘谷西先生"建筑的意义和价值全在于实践"的耳提面命、汪坦先生"介绍洋的太多，研究自己的太少"的感慨、刘先觉先生的早期研究、侯幼彬先生转述的"现代转型"理论、赵辰先生重新诠释中国建筑的探讨、陈薇先生"历史是一种思维"的洞见、朱剑飞先生关于（中国）建筑社会生产的理论、张十庆先生的古建筑建构思维研究、赖德霖先生对中国建筑"科学性"与"民族性"的讨论、徐苏斌先生关于近代中国建筑学科诞生过程的回溯以及伍江先生开展的上海近代建筑研究等；而近期对于笔者颇具启发意义的还有王骏阳先生对建筑技术史教学和研究的思考，以及张宏先生及其团队关于建筑构造发展史的研究。谨此向以上师友表达衷心的感谢！

从最初动议选题到基金申请，再从获批到展开具体工作，直至成果初具及正式出版，又经历13年。期间很多老师和同道提供热心帮助与支持，心中感激难以言表，开具名讳难免挂一漏万，却又似乎不能免俗、诚为必须：

首先是研究选题得到陈薇教授和李百浩教授的具体指教，李华、陈蕴茜、史永高、鲁安东、汪晓茜、冷天以及沈旸等老师给予帮助和支持；其次是基金申请和执行过程，得到邱斌教授的耐心指导以及敬登虎教授的具体协作，本校社科处段梅娟、李建梅、吕晔灵等老师不厌其烦接受咨询；再次是主办与研究有关的高水平学术会议以及论文发表，得到包括本院韩冬青、葛明、周琦和张宏四位教授，《建筑师》编辑部王莉慧、李鸽二位主编，《建筑学报》黄居正主编、李晓鸿主任、田华与孙凌波二位编辑在内诸多专家的热心支持；此外，还得到单踊、卢永毅、朱晓明、彭怒、彭长歆、谭刚毅、朱竞翔、李恭忠、郭华瑜、杨宇振、郭璇、龙灏、刘刚、刘亦师、程超、胡渠、傅世林、陈志宏、朱文龙、许东明、裴钊、华新民、白颖、蒲仪军、罗薇、潘一婷、郑红彬、李苗、王歆、吴琳、汪延泽以及两位外籍学者松本康隆和高曼士（Thomas Coomans）等师友的鼎力相助，还有笔者指导的硕士研究生钱坤、于长江、余君望、王琳嫣、张嘉新、王英妮、朱镇宇，以及本科生课外研学小组朱翼、周明睿、郭浩伦等同学积极参与，而加入中国霍夫曼窑田野调查的百余名志愿者更是无法逐一感谢。

中国第二历史档案馆、东南大学档案馆、西安交通大学档案馆、四川大学档案馆、云南师范大学档案馆、重庆市档案馆、南京市城建档案馆等单位，以及成都谢和平院士、南京周健民馆长和西安冯伟老师等个人提供了资料帮助。

最后，还要深深感谢家人的理解，从女儿到夫人，从已长眠的老父到健在的老母、岳母和岳父，还有妹妹、妹夫，全家人都给予了毫无保留的支持。

李海清

2020 年 3 月 28 日于金陵半山居

目录

第3章　从木骨泥墙到"铁筋洋灰"：中国本土性现代建筑的技术产业基础 87

前言：
技术史，技术观与技术史观
——关于建筑技术史研究的理论检讨

毋庸讳言，在中国，在建筑学科内部，技术史研究长期未获足够重视。

欧美建筑技术史研究由来已久，从吉迪恩（Sigfried Giedion）、班纳姆（Reyner Banham）、迪恩·霍克斯（Dean Hawkes）、基尔·莫（Kiel Moe）再到比尔·阿迪斯（Bill Addis），已形成较清晰的线索。① 如果说他们占着"早发内生型"现代化先机而具备先天优势，那和日本相比更能说明些什么：因地震、海啸几乎是家常便饭，必会倚重建筑科技，建筑技术史研究也不乏庇荫——村松贞次郎的《日本建筑技术史：近代建筑技术的形成》早已于1959年成书，② 之前尚有明治时期的中村达太郎，与村松几乎同期还有菊池重郎、高桥裕、水野信太郎，③ 其后又有堀勇良、藤森照信、西泽泰彦以及水田丞等持续而细致的努力。相形之下，中国的反差是显而易见的。

这倒不是说，中国就完全没有建筑技术史研究，而是由于种种原因，难以形成真正的迭代探索，以至连续性和规模化都明显不足，很难让人获得一种宏观的整体图景：除去发端于中国营造学社早期努力、初生于1970年代中期集体写作，并最终于1985年成书的《中国古代建筑技术史》之外，特别是在建筑技术通史方面，其后至今数十载又能够举出多少有力的研究例证呢？

若不局限于建筑学科，无论中西，对广义的科技史研究都有长期积累，而以李约瑟团队之中国科学技术史研究最为引人瞩目。在国内，尽管诞生于中华人民共和国初期的中国科技史学科从一开始就出于捍卫民族自信的动机，但也确实做了大量卓有成效的工作。④ 而在历史学领域，其现代化史、⑤~⑦ 政治史、⑧~⑩ 经济史、⑪ 医疗史之中医技术史、⑫ 中西

① 王骏阳. 对建筑技术史教学和研究的一点思考 [J]. 城市建筑, 2016 (1): 86-88.
② （日）村松贞次郎. 日本建築技術史·近代建築技術の成り立ち [M]. 東京：地人書館株式會社, 1963.
③ 包慕萍, 村松伸. 中国近代建筑技术史研究的基础问题——从日本近代建筑技术史研究中得到的启迪与反思 [M] // 刘伯英. 中国工业建筑遗产调查与研究 2008 中国工业建筑遗产国际学术研讨会论文集. 北京：清华大学出版社, 2009: 192-205.
④ 张柏春, 李明阳. 中国科学技术史研究 70 年 [J]. 中国科学院院刊, 2019, 34 (9): 1071-1084.
⑤ 钱乘旦. 世界近现代史的主线是现代化 [J]. 历史教学, 2001 (2): 5-10.
⑥ 钱乘旦. 关于我国现代化研究的几个问题 [J]. 世界近代史研究（第三辑）, 2006: 3-8.
⑦ 钱乘旦. 文明的多样性与现代化的未来 [J]. 北京大学学报（哲学社会科学版）, 2016, 53 (1): 8-12.
⑧ 孙江. 星星之火：革命、土匪与地域社会——以井冈山革命根据地为中心 [C] // "国家、地方、民众的互动与社会变迁"国际学术研讨会暨第九届中国社会史年会论文集. 2002.
⑨ 施展. 中国的超大规模性与边疆 [J]. 中央社会主义学院学报, 2018 (4): 99-105.
⑩ 泮伟江. 如何理解中国的超大规模性 [J]. 读书, 2019 (5): 3-11.
⑪ Andrew B. Liu. Tea War: A History of Capitalism in China and India [M]. New Heaven and London: Yale University Press, 2020.
⑫ 张树剑. 知识史视域下的中医技术史研究向度 [J]. 哈尔滨工业大学学报（社会科学版）, 2019, 21 (5): 85-90.

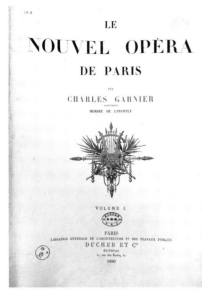

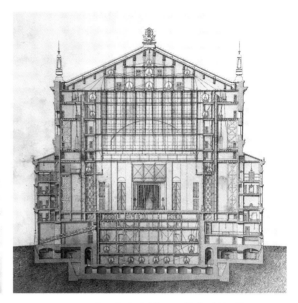

图 0-1 《巴黎歌剧院》内页封面
图 0-2 《巴黎歌剧院》展示的典型剖面图

医汇通与中国"现代性"研究等，①~④在工具理性之于现代性的积极意义方面，⑤也都颇具启发性。但这些似乎都未对中国建筑学科产生显著影响：（关于形式及其意涵之阐释的兴趣一直雄踞于学科前台中央，至于对理念层面的形式，它和建筑空间如何组织并呈现，如何在工程上得以实现，这工程实现方式、过程以及环境调控结果本身是否具有足够的效率与合理性等，总之，对于建筑形式与技术性因素考量之间的逻辑关联究竟是否有必要存在以及为什么，其实并不（真的）关心。）而这显然是有悖于现代性的合理诉求的。⑤

　　究其根源，这恐怕与中国建筑学科初创时期的"布扎"渊源不无关联——确实，翻开折中主义代表作《巴黎歌剧院》巨幅绘本，有很多图不乏技术性内容之表达，可那些偏重于钢结构和机械设备的所谓"技术物"之呈现，与总体设计理念以及设计思维又有什么关系呢？（图 0-1、图 0-2）近代以来，中国建筑院系逐渐成规模开设技术类课程，甚至让建筑学专业学生去学习结构力学计算分析、练习钢筋混凝土结构配筋设计。⑥而在这样做之前，是否从根本上、从理念层面审视过技术因素和建筑设计（创新）的关系？技术因素对于建筑设计（创新）的意义与价值是否得到了有效彰显？笔者以为，其意图更侧重于培养"一专多能"型技术人才，以应对当时社会基层缺乏"知识人"身份的工程技术人

① 梁其姿. 麻风隔离与近代中国 [J]. 历史研究, 2003 (5): 3-14+189.

② 梁其姿. 医疗史与中国"现代性"问题 [J]. 中国社会历史评论, 2007 (8): 1-18.

③ 皮国立. 所谓"国医"的内涵——略论中国医学之近代转型与再造 [J]. 中山大学学报（社会科学版）, 2007, 49 (1): 64-77.

④ 皮国立. 碰撞与汇通：近代中医的变革之路 [J]. 文化纵横, 2017 (1): 42-51.

⑤ 金观涛. 历史的巨镜 [M]. 北京：法律出版社, 2015.

⑥ 徐苏斌. 近代中国建筑学的诞生 [M]. 天津：天津大学出版社, 2010.

员（并不缺传统工匠）、更难以组织专业配合的窘境；且迄今未见可靠证据，表明其目标是针对建筑设计创作和技术因素之间逻辑关联的探讨。当然，"君子不器"的道德准则之贻害似亦难逃干系——甚至出现重技术考量的设计教学被学生抵制的状况。① "道器相分"的传统观念无形中阻滞了如此重要的研究领域，以致久无显著进展。

笔者于 20 余年前开始中国近现代建筑技术史研究，并于 2004 年以《中国建筑现代转型》为题成书，其过程正伴随着对上述现象和困境的体察与认知。但真正对建筑技术史研究本身能够展开保持一定距离的、宏观性的理论思考（对于研究的再研究），还是在著作出版之后约十年间，得益于对可持续发展与绿色建筑、② 建造过程、③ 建构学④ 和环境调控 ⑤~⑦ 等研究更进一步的全面了解。恰逢东南大学建筑学科在国内率先开设"技术观"和"建筑技术发展史"系列课程，分别从本、硕专业教育的需求出发，给予教师展开全面思考与尝试的机会——无论既有研究能提供何种资源，终究也无法代替研究者本人去回答他自己必须回答的前置性问题：什么是技术？什么是技术史？什么是建筑技术史？建筑技术史究竟（应该）研究什么？研究建筑技术史应取何种立场……下文试图从概念界定、学科关联、相关制度以及学科自主立场等方面入手探讨上述问题，以就教于同道。

0.1 从技术史、技术观、技术观史到技术史观

以上设问其实已说明：与技术史有关的几个概念首先应该加以明确界定，包括技术观、技术观史和技术史观。

（1）技术史是对于技术的发明、传播、改进和选择的历时性过程加以观察、梳理、描述并提出成因的理论阐释，进而展开批判性反思的研究。它不仅要回答"有什么"，还要回答"为什么"；它不应只是过往技术现象的记载和有关史料的堆砌，而是要检讨并总结经验教训 ⑧——知兴替以鉴来者。也正因如此，对于它的思考应是横跨在历史学—工程学—自然科学—其他人文与社会科学之间的。其实，从古代到近代，人类所发生过的、不能从历史现象当中吸取经验教训而重蹈覆辙的愚蠢和荒诞简直是不胜枚

① 汪国瑜. 怀念夏昌世老师 [M] // 杨永生. 建筑百家回忆录. 北京：中国建筑工业出版社，2000：60.

② 吴良镛. 广义建筑学 [M]. 北京：清华大学出版社，1989.

③ Sacha Menz. Three Books on the Building Process [R]. Chair of Architecture and the Building Process (ETH Zurich)，2009.

④ 史永高. 材料呈现——19 和 20 世纪西方建筑中材料的建造——空间双重性研究 [M]. 南京：东南大学出版社，2008.

⑤ 窦平平，鲁安东. 环境的建构——江浙地区蚕种场建筑调研报告 [J]. 建筑学报，2013（11）：25-31.

⑥ 鲁安东，窦平平. 发现蚕种场：走向一个"原生"的范式 [J]. 时代建筑，2015（2）：64-69.

⑦ 李麟学. 热力学建筑原型：环境调控的形式法则 [J]. 时代建筑，2018（3）：36-41.

⑧ 钱乘旦. 发生的是"过去"，写出来的是"历史"——关于"历史"[J]. 史学月刊，2013（7）：5-11.

举。技术史研究，首先是历史研究。而正如梁启超所言："史者何？记述人类社会赓续活动之体相，校其总成绩，求得其因果关系，以为现代一般人活动之资鉴者也。"[①] 在这样一个空前的"千年未有之大变局"时代，技术史研究的鉴今意义更应被世人所认知和重视。

（2）技术观则是对于技术本身究竟是什么、和人类社会的关系究竟应该怎么样等终极问题的理论认知和价值判断。它不仅要回答技术应该"是（有）什么"，还要回答"为什么应该是（有）"。如果说技术史关注具体的技术本体的实然状况，那么技术观则关注相对抽象的技术本体的应然状况。因此，对于技术观的探究绕不开哲学和伦理学，也肯定要横跨在哲学—伦理学—工程学—自然科学—其他人文与社会科学之间。这一概念是技术史研究中最为紧要者，涉及技术进步以及技术运用对于人类的生存、毁灭或幸福感的影响及其价值判断这样的终极问题；历史是时空坐标中对生命的观照。[②] 各学科门类的海量研究，其最终指向仍应是人。换言之，如果人类毁在自己手里，那将是最大的笑话。近代以来关于生化武器、核技术、基因技术和生物工程如克隆技术及人工智能等方面的严肃讨论正因此而起。

（3）技术观史是对于技术观的演进历程加以观察、梳理、描述并提出成因的理论阐释。文艺复兴尤其是"启蒙运动"以来，科学技术进步特别是技术运用，其实并非总是产生积极和正面的社会效果。正因人类具有反思能力，对于技术的价值判断也并非一味颂扬。[③] 近代以来西方学术界对科技进步已有较系统的批判性反思，推动技术观研究不断发展——技术观本身也是有其历史的，它关注历史上曾经"有什么"技术观，以及"为什么"会发生技术观的演进与变化。正因如此，对于技术观史的探究也必会涉及哲学和伦理学，也会横跨在哲学—伦理学—历史学—工程学—自然科学—其他人文与社会科学之间。就此而言，技术观史和技术哲学史应属同源。

（4）技术史观是针对技术史研究的内容、目标和指导思想究竟应该怎样的理论认知和价值判断。它试图回答技术史研究应该为谁而做、做什么、怎样做以及为什么要这样做；如果说技术观关注相对抽象的技术本体的应然状况，那么技术史观则关注更为抽象的技术史研究思想的应然状况；也则必然要涉及哲学和伦理学，也不免要横跨在哲学—伦理学—历史学—工程学—自然科学—其他人文与社会科学之间。

综上，技术观是这几个概念之中最为紧要者，是技术史研究的灵魂；有什么样的技术观，就可能会有什么样的技术史观，进而就可能会有什么样的技术史研究；坚持技术史研究的道德批判张力是至关重要的方向性问题。[④] 由于建筑活动本身是复杂的社会生产

---

① 梁启超，陈引驰. 中国历史研究法［M］. 上海：华东师范大学出版社，1995.
② 朱孝远. 为什么欧洲最早进入近代社会？［EB/OL］.［2020-02-08］. http://www.aisixiang.com/data/120048.html.
③ 胡翌霖. 技术史的意义是反思而非歌功［N］. 中国科学报，2019-6-14（007）.
④ 陈绍宏，陈玉林. 文化理论对技术史若干问题的重构［C］//2007全国科技与社会（STS）学术年会论文集. 2007：130-135.

与专业生产，并首先是一种物质生产，耗时较长，投入资金、人力和物力较多，对于人的个体性的日常生活、社群关系、区域文化特征乃至国家和民族的精神面貌之影响也相对比较深，则建筑技术史研究也不得不在道德批判方面给予足够关注——实践者除了应努力开发技术可能性之外，对于技术必要性的思与反思，是考量其价值理性及道德合法性的必选科目。

无论是技术观、技术观史还是技术史观，都涉及对于技术本质的追问。而从根本上来讲，这就不能不触及技术哲学这样一门对技术进行哲学探讨的学科。甚至，在某种意义上来看，技术史研究如果丧失了技术哲学思考的内核，则难免成为缺乏精神锚固点和思想根髓的游魂。吴国盛教授在《技术哲学经典读本》中梳理出当代技术哲学知识地图及其思想源流的四个谱系："社会——政治批判传统""哲学——现象学批判传统""工程——分析传统"和"人类学——文化批判传统"。[①] 本文无意也无力具体展开技术哲学问题的探讨，但希望借此机会用自己的既往研究成果（由欧洲引入的霍夫曼窑建筑技术的中国化过程）直观说明涉及技术哲学的一点思考。其一，技术进步如果仅仅是具体的、工艺层面的改进，而不能指向劳动者的身体经验，不能有效改善其工作环境条件，则其社会—政治价值将会大打折扣，反之则可能取得较大的社会效益；[②] 其二，技术进步本身的价值判断还受到社会经济发展水平的影响，[③] 也就是说技术先进性和技术有效性的评价并非总是相互匹配。前者是指技术的指标、参数、结构、方法、特征，以及对科学技术发展的意义等，通常会被理解成"高精尖"——更快、更高、更轻、更强；而后者是指技术的市场竞争能力、需求程度、销路、经济效益乃至社会效益。一种先进技术能否得到较快推广，最终还要看是否存在切实的社会需求。换言之，技术先进性并非判断其价值的唯一标准，更不是绝对标准；而技术开发与运用是否能面向具体需求、创造性地解决实践中的问题，进而能否关注并促进人的解放和人类社会谋求共同福祉，才是评价技术进步及其意义的终极尺度，也是技术史研究拓展和升华的门径。

就此而言，技术哲学中的批判性传统，即对于工具理性与价值理性的分辨，以及警惕技术异化的历史线索就显得尤为重要；此外，科技本身虽无国界和阶级界分，但科技应用却存在基于主体身份、利益诉求的显著差异：研发者和用户的政治、经济关系决定了对于

---

① 吴国盛先生本人是北京大学地球物理系空间物理专业理学学士（1983）、哲学硕士（1986）和中国社会科学院哲学博士（1998），而他现任清华大学人文学院长聘教授和科学史系系主任的身份，一方面说明科技史研究的哲学意蕴；另一方面，将科学史系设置于人文学院之内，又与中国现行教育体制之学科划分将科学技术史学科归入理学门（Science）不够合拍。当然，这种矛盾本身也恰恰体现了科学技术史的跨学门、跨学科之综合性和复杂性特征。在此情势之下，就特别需要研究者本人拥有明确的学科分类意识，选择合理的学科归属、理论站位和研究路径，特别是成果归口方向。除非真的是通才乃至全才，否则，关于合—分—合还是分—合—分的追问将会贯穿职业生涯的全过程。

② Haiqing Li. Environmental Adaptability of Building Mode: A Typological Study on the Technological Modification of Hoffmann Kiln in China since the 1950s [J]. Construction History-International Journal of the Construction History Society, 2019, 34 (1): 59-84.

③ 胡翌霖. 技术史的意义是反思而非歌功 [N]. 中国科学报, 2019-6-14 (007).

技术先进性和有效性的看法，立场决定价值判断走向。这就不得不涉及关于技术研发乃至技术史研究的制度安排。

0.2 技术史研究的制度安排：学科分类和学科结构

之所以对这个问题感兴趣，是因为"位置决定脑袋"并非个别现象，身处于什么样的学科，其思考问题的方式难免会烙上其印记，甚至其思考内容、分析方法也带有明确的学科本位主义色彩——现代性的分化特征既使得学术研究通过门类细分而得以深化，同时也不免加剧知识碎片化趋势。在中国，有关技术史研究的制度安排方面至少有以下三者值得讨论：

（1）国家标准《学科分类与代码》（GB/T 13745—2009，以下简称"国标"）

该标准由中国标准化研究院提出，全国信息分类与编码标准化技术委员会（SAC/TC353）"归口"，主要起草单位是中国标准化研究院、中国科学院计划财务局，GB/T 13745—1992由国家技术监督局于1992年11月4日在北京正式发布，可见其具有技术标准属性。从标准化制度建设来看，国家标准理应具有最高首位度。而问题是："国标"对于相关教育制度（人才培养）和科研制度（推进研究）究竟有没有约束力或指导意义？该标准有两处与本议题有关：一是"科技史"作为"历史学"下设的三级学科出现，即历史学—专门史—科技史，则"科技史"属于人文类学科；二是建筑技术史应归属于"土木建筑工程"下设"建筑历史"二级学科，即土木建筑工程—建筑历史，但"建筑历史"不再细分，不仅全无"建筑理论"之设，更无建筑技术史、建筑人物史、建筑观念史等方向细分，以及地区建筑史等空间细分和古代建筑史、近现代建筑史之时间细分。这有可能鼓励研究者打破空间、时间和文化区隔乃至融会贯通，而问题是如果没有微观和中观层面的具体细分，则宏观上的通透之感又当如何形成？如此形成的通透之感是否可靠与可信？就此而言，在"国标"制度下，具体的建筑技术史方向在"土木建筑工程"学科内部勉强（不明不白）寄身于"建筑历史"二级学科之下，好歹有个工科的定性。

（2）《授予博士、硕士学位和培养研究生的学科、专业目录》（1997，以下简称"目录"）

该"目录"是国务院学位委员会和国家教委（教育部）联合颁布，作为人才培养方面的制度安排，与上述"国标"之间的衔接很明显存在问题：是"科学技术史"作为一级学科设于"理学"门类之下，即理学—科学技术史，似乎拥有很高地位，但与"国标"中将"科技史"归入人文类的历史学科存在矛盾。再具体到建筑技术史，应归属于"工学"门类之下"建筑学"一级学科之"建筑历史与理论"或"建筑技术科学"二级学科，即工学—建筑学—建筑历史与理论或建筑技术科学。可见，在"理学"门类中具有较高位次的"科技史"，在"工学"门类中却没有直接对应的"建筑技术史"这样的专业方向，这恐怕是从教者与就学者最大的尴尬。一个饶有兴味的现象是：科学技术史领域的学者是将建筑学

一级学科下设的建筑历史与理论二级学科视为科技史研究范畴的。[1], [2]

（3）国家自然科学基金/国家社会科学基金申请代码（以下简称"代码"）

科研制度方面，干脆将自然科学（含工程技术）与人文社会科学的基金设置和运行完全分开管理，又与前述"国标"及"目录"存在一定差别。广义的科学技术史研究归属于国家社会科学基金之下，其申请代码并没有明确安排，同样只能勉强（不明不白）寄身于"历史学"之下的"专门史"之中，即历史学—中国历史—专门史，或历史学—世界历史—专门史。而具体的建筑技术史研究则应归属于国家自然科学基金之下，其申请代码也没有明确安排，也同样只能勉强（不明不白）寄身于"建筑学"之下的"建筑历史与理论"之中，即工程与材料科学部—建筑环境与结构工程—建筑学—建筑历史与理论。可见，无论是自然科学基金还是社会科学基金，国家级的科研基金设置都没有给予建筑技术史研究明确的位置。当然，反过来看，这也从制度设计上留下一点弹性，为两边申请提供了可能。

这里特别需要关注的是："国标"给许多一级学科特别是理学和工学门类一级学科安排了自身历史研究的位置，如数学、物理学、化学、天文学、地球科学、农学、机械工程等学科，有相应的数学史、物理学史、化学史、天文学史、地球科学史、农学史、机械史之设，且皆为二级；但相应的教育制度即"目录"中却没有。更为糟糕的是，即使是"国标"，土木建筑工程以及与其距离最近的交通运输工程和水利工程，却没有相应的历史学科，更遑论"目录"和"代码"！这是否说明了一种氛围普遍存在：与建筑技术史密切相关的一级学科诸如土木工程、水利工程和交通运输工程，其学术圈明显缺乏历史意识？这样一种氛围对于建筑技术史研究可能产生怎样的影响？与此可成鲜明对照的是：比尔·阿迪斯在《Building：3,000 Years of Design, Engineering and Construction》

---

[1] 张柏春，李明阳. 中国科学技术史研究70年[J]. 中国科学院院刊，2019，34（9）：1071-1084.

[2] 这里有个值得注意的动向是：国内从事科学技术哲学（自然辩证法）研究的专家近期有向工程研究方向拓展的迹象，其中以中国科学院李伯聪先生、大连理工大学王绪琨先生、宋刚先生等在中科院主办的跨学科学术期刊《工程研究》之"工程史"专栏里发表的成果以及相关专著为代表，如《工程史的学科定位和学科结构初探》《中国近现代工程史纲》。笔者以为该方向之研究侧重从技术哲学理路探讨工程史，与工科背景的建筑史、建筑技术史存在较大差异。但也有工科背景的技术专家有兴趣展开研究，如桥梁设计专家尹德兰在同一专栏发表《桥梁工程史研究浅议》，对于什么是桥梁工程史、为什么要研究桥梁工程史、桥梁工程史应该研究哪些内容、应该如何研究等做了深入探讨。总体而言，这一新动向值得继续关注。

扉页鸣谢中明确提到了结构工程师协会历史研究组[1, 2]——至少，英国的结构工程界拥有历史研究意识。

0.3 建筑技术史观的学科自主立场

建筑学虽然外延很大，但其内核也应具有显著的集聚性。其基本问题的核心究竟是什么？笔者认为应是建筑活动主体如何认知与控制以下三者之间的互动关系——空间形塑（Spatial Configuration）、环境调控（Environmental Management）与工程实现（Building Realization）。前二者是动机并指向目标，而后者则是基于动机来达成目标的过程。稍进一步，所谓"空间形塑"，意指理念上的空间形态——各类不同用途的空间如何以特定形式（form）、图形（figure）和关系（combination）被组织和安排在一起；"工程实现"则是达成物质性（materiality）空间形态的物理实体之组成、构想与搭建过程——各类不同用途的空间如何以真实的材料（material）、构造（construction）与结构（structure）在物质实体层面生成；而"环境调控"则意指经由工程实现过程所获得的建筑空间及其实体环境可能达到一定的物理学性能（performance）——遮风避雨、采光通风、保温隔热、取暖防寒以及隔声减噪等趋利避害目标是否实现。

就建筑活动切身体会而言，工程实现必受制于"形式的重力法则"，环境调控则受制

① （英）比尔·阿迪斯. 世界建筑 3000 年：设计、工程及建造 [M]. 程玉玲，译. 北京：中国画报出版社，2019.
② 英国的结构工程师协会（ISE）最初成立于 1908 年，前身为混凝土研究所，1922 年更名为结构工程师协会。其早期发展过程大致是：1908 年成立混凝土研究所，作为混凝土相关专业代表机构，建筑师埃德温·萨克斯（Edwin Sachs, 1870—1919）是主要推动者，成员包括建筑师、工程师、化学家、制造商和测量师，理事会第一次会议于 1908 年 7 月 21 日在丽思酒店的吸烟室举行。1909 年根据《公司法》（1862—1907）正式成立，1912 年研究范围扩大到涵盖结构工程所有领域，尤其是钢框架，且结构工程被严格定义为"处理各种材料的结构的科学设计、构造和安装的工程分支"。1922 年混凝土研究所更名为结构工程师协会，其期刊随后于 1924 年也更名为"结构工程师"（以前是"结构工程师学会杂志"）。其下设的历史研究组（The History Study Group）旨在"从历史中学习，以解决当今的问题，并增进对旧建筑方法和材料的理解。"其成员资格向所有对建筑历史感兴趣的人开放，而不仅仅是结构工程师。近期研究涵盖的主题包括：北方城堡和城墙——保护工程和法院工程、中国、俄罗斯和威尔士的早期铁结构演变；罗伯特·马雅尔（Robert Maillart）与革命性的钢筋混凝土；查尔斯·德雷克和混凝土房子；英国工程师在印度的项目（1600~1900 年）；新西兰桥梁；圣·保罗的构造调查；老的铁结构（约瑟夫·巴扎尔格特爵士在 Deptford 抽水站的锻铁煤棚和哈尔顿故居的眺望楼框架）；费尔拜恩的铁梁桥；S·皮尔逊与土木工程及摄影之间的关系；19 世纪层压木材拱顶；第二次世界大战前法国的混凝土薄壳；达德利动物园维修和翻新以及巴斯附近的迪拉姆公园修复等，可见其学术视野很开阔，囊括欧亚，涵盖了历史与遗产保护修复，亦可见其具体研究之聚焦，特别是研究目标的现实针对性以及对于求知过往所满怀的好奇心和同情。参见英国的结构工程师协会（ISE）官网：https://www.istructe.org/get-involved/study-groups/history-of-structural-engineering/

于"形式的能量法则"，①而空间形塑关涉纯粹形式美的基本原则。②重要的是：在前现代时期各地域建筑中，对于这三者关系的理论认知并非是割裂开来，在实践操作上更是趋于整合。但进入现代时期以来，由于力推先进科技的土木工程师的出现，以及具备鲜明艺术创作意图的建筑师从旧的职业群体中分离出来并借助媒体获得身份的凸显，情况开始变得复杂——主体构成、理论认知和实践操作都出现了分裂，这可能正是早期现代主义建筑往往在综合品质上难以尽如人意的诱因。③可见，所谓"基本问题"的着力点并非仅限于上述三者之互动关系，而在于这互动关系究竟应该怎样认知与控制。

这里之所以用"控制"而非更加客观和中性的"处置"或"呈现"，一方面，"控制"与"认知"一道，凸显了建筑师职业和建筑学科存在着相当程度的主观性；另一方面，也暗示了"控制"的对象应包括"认知"在内，即主观性必须也应该得到自控和自律，否则就会进入他律层面，诉诸公共道德乃至法律。正是从这个意义上看，工程实现因其具有明确的物质属性，不免受到具体地形、气候、物产、交通、经济以及工艺水平等环境因素的显著影响和制约。建筑设计中的技术改进与选择，正是为此而做出的主动调适与回应。在建筑学科内部做技术史研究，除去廓清基本史实之外，应该也必须关注、分析和阐释这些改进与选择的成因，为未来的建筑活动提供经验、智慧与参考：面向建筑学基本问题，研究才会有生命力。下文将围绕这一立场和观点，从必要性、既往研究状况以及作为支撑点的协同研究三个方面加以梳理、分析和论证。

1. 为什么建筑技术史研究应该也必须面向建筑学基本问题？

现当代意义上的建筑学之所以能成为由"专业"的"知识人"来担纲的学科以及职业，至少有以下特点值得关注：

（1）物质生产——实践性：须投入较大人力、物力与财力，并对自然环境产生一定影响；

（2）社会生产——复杂性：不同层级的建筑活动主体之间密切关联，并存在各种矛盾；

（3）专业生产——综合性：不同"工种"的设计主体关注的对象、内容、目标均非单一，需多方权衡与总体把控。

因此，从本体论视角看，建筑技术史研究如果不能面向建筑学基本问题，于建筑学科内部就无法在理论上确立获取生存和发展空间的合法性——仅关注技术发明本身的先进性和专业程度，土木工程、水利工程、交通运输工程等专业人士应该比建筑学背景的研究者更具优势。正因建筑学基本问题并非只在意其环境调控与工程实现，而是关注如何认知与控制前述三者的互动关系，具有更显著的实践性、高度复杂性与综合性，建筑技术史研究只有面向这一基本问题，才能获得更高层面、更为全面的认知，更趋近于揭示建筑

---

① 张彤. 环境调控的建筑学自治与空间调节设计策略 [J]. 建筑师，2019（6）：4-5.
② （美）托伯特·哈姆林. 建筑形式美的原则 [M]. 邹德侬，译. 北京：中国建筑工业出版社，1982.
③ 仲文洲，张彤. 环境调控五点——勒·柯布西耶建筑思想与实践范式转换的气候逻辑 [J]. 建筑师，2019（6）：6-15.

活动过程的本质。就此而言，在建筑学科内部讨论建筑技术史问题，其关注的范畴应为architectural technology，而非 building technology、building engineering，更不是 civil engineering。建筑技术史研究虽然与建筑工程史研究有关，共享工程实现和环境调控两方面技术问题的讨论、经验和知识，但立场、对象与目标指向还是存在明显差异。建筑技术史立足于建筑学，研究对象和研究目标指向建筑师主导的设计实践，偏重工程技术如何被应用于控制空间形塑、环境调控与工程实现三者之间的互动关系；而建筑工程史则立足于工程学，研究对象和研究目标都指向工程师主导的设计实践，更偏重工程技术自身的发展和进步。相对而言，建筑技术史研究的综合属性更强。

再者，从技术社会学视角来看，建筑技术史研究如果不能面向建筑学基本问题，就难以应对社会实践需求和获取外部资源。现当代意义上的专业研究需要较大科研经费投入，从科研体制设计目标来看，研究本身如果脱离社会实践，将难以获得资助。这里面存在的悖论是：近年科研经费在向基础学科和基础研究倾斜的同时，在建筑学科内部或多或少表现出科学主义和技术至上导向（优先发展绿色建筑设计理论与方法），但真正实践需求并不可能偏废于科技而弃综合权衡于不顾。原本应大力支持建筑学来自实践的、真实的综合性问题研究，却导向少数专门性的先进技术研发——为什么不能从空间形塑方面重新考虑环境调控问题并将工程实现的影响计入在内呢？

2. 渐进过程：既往的建筑技术史研究与建筑学基本问题的关系

既往的建筑技术史研究，其面向建筑学基本问题的意识有一个渐进发展的过程。从国内研究看，1985 年正式出版的《中国古代建筑技术史》是具有开创意义的经典之作（图 0-3、图 0-4），尽管其倡议于"文革"末期，采用"集体创作"机制，但毕竟由中国科学院自然科学史研究所牵头，架构宏大，时空线索较为立体，技术门类也较为齐全。

图 0-3 《中国古代建筑技术史》
（第二版）封面

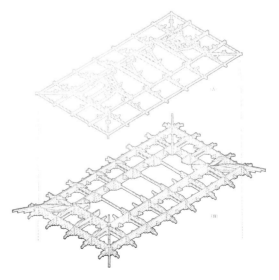

图 0-4 佛光寺东大殿木屋架及斗栱示意图

而问题是：建筑学并非纯自然科学，更不是社会科学，而是横跨在自然科学、工程技术、人文学科及社会科学之间的一门高度复杂的综合性学科。建筑学，它就是它自己。是故，以自然科学史的分科、分析思维来处理建筑学的整体与综合属性，就难以获得通透之感。如第五章"木结构建筑技术"之第十一节"附竹结构建筑技术"，虽提及竹笆，却仅限于《营造法式》记载的描述，而未提竹笆墙还可以抹灰，更未关注竹笆抹灰不仅利于墙体成型，且有助于改善气密性和保温性能，显然不够贴近设计实践。而这却是真正整体的、综合的建筑设计思维应该具有的品质，可见基本问题作为一种研究意识的重要性。

再往后的研究，较为值得关注的主要有三方面：一是在建构学视野下重新审视和诠释中国建筑，①~⑥ 特别是材料及其观念视角下的中国古代建筑营建体系；⑦~⑫ 二是从木工工具演进视角看中国木构技术。⑬ 其中，前者的视野和问题意识更加宏观、整体，而后者的视角和线索更加微观和专门化。这一系列研究突破了前人的工作，尤其是来自建构学视野和材料观念的研究，关于中国木构建筑的建造活动本质源于材性、加工、结构类型演化到总体设计理念和范型等见解是极富启发性的——开始面向建筑学基本问题，只是尚未正式将环境调控纳入考察视野。第三个方面则是从人类文明现代转型的高度来看建筑活动的变化，尤其是建筑技术现代转型对于建筑设计的深层影响。在这方面，约20年前完成的早期研究具有一定代表性，⑭,⑮

① 赵辰. 中国木构传统的重新诠释 [J]. 世界建筑，2005（8）：37-39.

② 赵辰. "立面"的误会：建筑·理论·历史 [M]. 北京：生活·读书·新知三联书店，2007.

③ 赵辰. 关于"土木／营造"之"现代性"的思考 [J]. 建筑师，2012（4）：17-22.

④ 张十庆. 古代建筑生产的制度与技术——宋《营造法式》与日本《延喜木工寮式》的比较 [J]. 华中建筑，1992（3）：48-52.

⑤ 张十庆. 古代营建技术中的"样""造""作" [M]//清华大学建筑学院. 建筑史论文集（第15辑）北京：清华大学出版社，2002：37-41.

⑥ 张十庆. 从建构思维看古代建筑结构的类型与演化 [J]. 建筑师，2007（2）：168-171.

⑦ 陈薇. 木结构作为先进技术和社会意识的选择 [J]. 建筑师，2003（6）：70-88.

⑧ 陈薇. 材料观念离我们有多远？[J]. 建筑师，2009（3）：38-44.

⑨ 陈薇，孙晓倩. 南京阳山碑材巨型尺度的历史研究 [J]. 时代建筑，2015（6）：16-20.

⑩ 陈薇. 瓦屋连天——关于瓦顶与木构体系发展的关联探讨 [J]. 建筑学报，2019（12）：20-27.

⑪ 杨俊. 从材料出发——中国古代木构建筑木材选择与应用的启示 [J]. 建筑师，2019（4）：101-106.

⑫ 东南大学陈薇教授长期关注材料问题之于建筑史学和建筑学研究的意义，并依托国家自然科学基金项目"中国古代建筑材料应用发展史（史前至先秦）"（项目批准号：50878043，200901—201112）开展相关研究，带领团队完成博士学位论文《近代转型期岭南传统建筑中的新型建筑材料应用研究》（曾娟，2009）、《中国古代金属建筑研究》（张剑葳，2013）、《中国古代建筑植物材料应用研究——草、竹、木》（杨俊，2016）以及硕士学位论文《中国古代瓷材料的建筑应用研究》（祁昭，2010）等。其中《中国古代金属建筑研究》（陈薇主编，张剑葳著）已由东南大学出版社于2015年正式出版，并获第四届中国出版政府奖提名奖。

⑬ 李浈. 中国传统建筑木作工具 [M]. 上海：同济大学出版社，2004.

⑭ 李海清. 中国建筑现代转型 [M]. 南京：东南大学出版社，2004.

⑮ 彭长歆. 现代性·地方性——岭南城市与建筑的近代转型 [M]. 上海：同济大学出版社，2012.

以全球视角观察中国近代建筑技术渐成趋势，[①] 而将中、日、韩近代建筑技术史加以连缀观察与比较思考的研究颇具启发性。[②, ③] 再之后就是引入有关建造史方面的研究，[④~⑥] 以及地方性或国家尺度层级的近代建筑技术史研究，[⑦, ⑧] 也有个别论及建筑设备技术的研究 [⑨] 和建筑技术案例与文献研究，[⑩~⑫] 特别是近期较为引人瞩目的技术转移、技术规范和技术教材研究，[⑬~⑮] 上述研究现仍处于发展中。可见，《中国古代建筑技术史》正式出版以来的 35 年，真正深入且有针对性地涉及此类议题的国内研究屈指可数，而能从建筑学基本问题入手，即针对建筑活动主体如何认知与控制三者之互动关系的探讨则更是凤毛麟角。

① Liu Yishi. Architectural technology in modern China from a global view [J]. Frontiers of Architectural Research, 2014, 3（2）: 79-80.

② 包慕萍，村松伸. 中国近代建筑技术史研究的基础问题——从日本近代建筑技术史研究中得到的启迪与反思 [M] // 刘伯英. 中国工业建筑遗产调查与研究·2008 中国工业建筑遗产国际学术研讨会论文集. 北京: 清华大学出版社，2009: 192-205.

③ （韩）卢庆旼（Lho Kyungmin）. 中国东北和韩国近代铁路沿线主要城市及建筑之比较研究 [D]. 北京: 清华大学，2014.

④ Yiting Pan, J.W.P. Campbell A Study of Western Influence on Timber Supply and Carpentry in South China in the Early 20th Century [J]. Journal of Asian Architecture and Building Engineering, 2017, 16（2）: 247-254.

⑤ Hongbin Zheng, Yiting Pan, James W.P. Campbell. Building on Shanghai Soil: A Historical Survey of Foundation Engineering in Shanghai, 1843-1941 [J]. Construction History-International Journal of the Construction History Society, 2019, 34（1）: 1-20.

⑥ Liu Yan. Building Woven Arch Bridges in Southeast China: Carpenter's Secrets and Skills [J]. Construction History-International Journal of the Construction History Society, 2019, 34（2）: 17-34.

⑦ 刘思铎. 沈阳近代建筑技术的传播与发展研究 [D]. 西安: 西安建筑科技大学，2015.

⑧ 刘珊珊. 中国近代建筑技术发展研究 [D]. 北京: 清华大学，2015.

⑨ 蒲仪军. 都市演进的技术支撑——上海近代建筑设备特质及社会功能探析（1865~1955）[D]. 上海: 同济大学，2015.

⑩ 刘亦师. 清华大学大礼堂穹顶结构形式及建造技术考析 [J]. 建筑学报，2013（11）: 32-37.

⑪ Xiaoming Zhu, Chongxin Zhao, Wei He and Qian Jin. An Integrated Modern Industrial Machine——Study on the Documentation of the Shanghai Municipal Abattoir and its Renovation [J]. Journal of Asian Architecture and Building Engineering, 2016, 15（2）: 155-160.

⑫ Haiqing Li, Denghu Jing. Structural Design Innovation and Building Technology Progress Represented by a Hybrid Strategy: Case Study of the "Wartime Architecture" in China's Rear Area during World War II [J]. International Journal of Architectural Heritage, 2020, 14（5）: 711-728.

⑬ 朱晓明，吴杨杰. 自主性的历史坐标·中国三线建设时期《湿陷性黄土地区建筑规范》BJG20-66 的编制研究 [J]. 时代建筑，2019（6）: 58-63.

⑭ 朱晓明，吴杨杰，刘洪. "156" 项目中苏联建筑规范与技术转移研究——铜川王石凹煤矿 [J]. 建筑学报，2016（6）: 87-92.

⑮ 彭怒，曹晓真，李凌洲. 实际工程算例中的基本计算理论·中国现代木构教学史视野下的 "五七公社" 木结构教材研究 [J]. 时代建筑，2019（4）: 162-167.

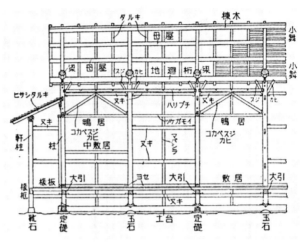

图 0-5 《日本建築技術史：近代建 图 0-6 伊藤为吉"耐震家屋"为传统木架引入三角形稳定性原理
築技術の成り立ち》封面

从国际上看，村松贞次郎所著《日本建筑技术史——近代建筑技术的形成》（日文为《日本建築技術史——近代建築技術の成り立ち》）是迄今所知东亚学术界针对近代建筑技术史的第一例专著。作者 1948 年毕业于东京大学第二工学部建筑学科，著作于 1959 年初版发行（图 0-5、图 0-6）时年仅 35 岁，在东京大学生产技术研究所担任助教。[①] 著作以通史体例按时序线索分为九章，包括：西洋建筑技术的移植、由政府机构推动的近代化的开始、砖造建筑、木造建筑的近代化、木工技术、新建筑材料生产的开始、钢骨与钢筋混凝土结构、建筑业与施工技术以及今天的建筑。这其中，"第四章木造建筑的近代化"和"第五章木工技术"尤为重要，涉及"木结构的合理化——三角形稳定性原理""桁架结构的普及""木结构的第二次近代化及其未来""新技术和工匠社会的转型"以及"木工技术的教育"等极重要议题。

与村松贞次郎出身于建筑学专业不同，另二位卓有成就的研究者皆为跨学科背景，也都是英国人。雷纳·班纳姆于 1969 年正式出版《环境调控的建筑学》（*The Architecture of Well-tempered Environment*）是一个重要标志，由于作者出身于机械工程专业，对于建筑设备系统之于建筑设计影响的关注颇具"旁观者清"的意味（图 0-7、图 0-8）。其贡献是明确环境调控问题的设计意义，并归纳了三种模式：保守型、选择型以及再生型，[②] 在一定程度上具备了综合观念。当然，由于仅针对西方近现代建筑，其普遍意义不足。

---

① 村松贞次郎生平见本书第 6 章第 2 小节。

② Reyner Banham. The Architecture of Well-tempered Environment [M]. London: The Architectural Press, London; Chicago The University of Chicago Press, 1969: 18-28.

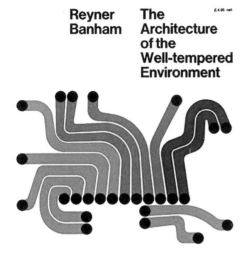

图 0-7 《环境调控的建筑学》（英文版）封面

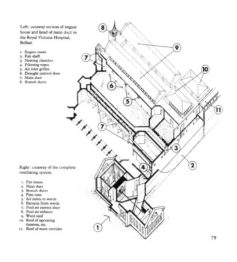

图 0-8 维多利亚医院通风系统示意图

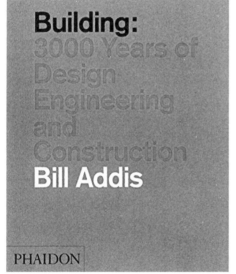

图 0-9 《世界建筑 3000 年》（英文版）封面

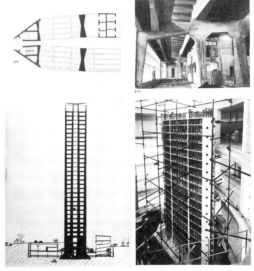

图 0-10 倍耐力大楼图纸与模型

而比尔·阿迪斯出版于 2007 年的《世界建筑 3000 年：设计、工程与建造》（Building: 3,000 Years of Design, Engineering and Construction）则堪称是站在工程学视角上看设计问题了（图 0-9、图 0-10）——空间形塑、环境调控和工程实现三者全部纳入视野之内，其重点落在从工程实现看设计综合处置上——这应与作者本人的（设计类）工程师学术背景有关。[①] 书中通篇使用"建筑工程学""建筑工程师"和"建筑设计师"这样的字眼，而不是建筑学和建筑师。这或许是对于近现代建筑以来"architecture"过于关注形式问题的反对？同时，与班纳姆著作类似之处在于，由于它也是一部关于西方世界从古至今的建筑技术通史，其普遍意义亦存不足。总体而言，无论中外，来自建筑学科内部（或邻近的工程学科）的建筑技术史类研究都经历了一个渐进式的发展过程：逐步引入基于建筑活动整合架构的、关于建筑学基本问题的思维和反思意识。

3. 学科自主立场的支点：技术史研究与学科（知识）史研究之协同

建筑学能够成为一专门学科，与特定时期建筑技术本身发生革命性变化存在实质性关联。"现代"之前，并无今日语意上的学科，建筑也就自然不是学科，也就几乎没有真正关心这件事的"知识人"作为群体形式存在。就此而言，技术上的现代化对于建筑学科成立而言，具有前置性和决定性。至少在建筑活动领域，如果把土木工程师与建筑师正式分家看成是学科诞生的标志的话，[②] 现代性正是意味着技术革命（土木工程作为专门职业形成）与建筑学科诞生并行不悖：1747 年巴黎桥梁公路学校以及 1748 年瑞士梅季耶尔军事工程学校的建立，即可视为此类标志性事件。[③] 此前，建筑师设计桥梁之类的土木工程项目；以及此后，土木工程师设计教堂之类的建筑项目，也属司空见惯。那一时期，之所以两种职业还很难看出有很大区别的原因在于，当时建筑师们还是受过一些基本的工程技术训练。[④] 而一旦社会需求发生变化，如更大跨度和高度的建筑需求出现，这时仅凭以往关于拱券之类砌体结构的常规技术经验进行设计，已不足以应对现实需求：

"在小型砌筑的桥梁里，设计者可以采用看起来最美丽或实用的无论什么样的曲线，并且据此调整节点，也可以将最大压力加到他认为最有助于结构强度的无论什么方向上。但是，当桥梁变得跨度更大，并且使用了更能承受拉力的材料以后，运用数学以及基于材

---

① 比尔·阿迪斯是个不折不扣的跨界典范：本科期间在剑桥大学学习工程学和哲学，毕业后以工程师身份担任罗尔斯·罗伊斯航空发动机公司的设计工作。进入学术界后，在英国雷丁大学施工管理和工程系任教 17 年，讲授材料科学和结构分析课程，并担任咨询工程师长达 15 年之久。他早期专门研究结构工程设计发展史，涉及铁、钢和钢筋混凝土结构设计史、结构设计中的物理模型使用以及建筑工业化等。1986 年获哲学博士学位，论文题目是《民用结构工程设计理论：一个关于工程历史和哲学的研究》，其研究领域涵盖几乎所有和建筑工程设计有关的方面，特别是结构工程设计领域颇有造诣，包括工程设计认识论、工程设计进步、工程教育以及工程设计美学等。曾经长期在剑桥大学任教，2011~2016 年担任《建造史》（国际建造史学会会刊，A&HCI 收录）合作主编，还是英国、法国、西班牙和葡萄牙等国建造史学会的科学委员会成员。卸任剑桥大学教职后开始云游四方的访问研究，目前在苏黎世联邦理工学院（ETH）担任访问教授。参见 Bibliotheca Mechanico-Architectonica 项目官网 http://www.bma.arch.unige.it/engl/authors/engl_authors_addis_b.html，其目的是为任何从事"力学与建筑之间"历史研究的人们提供一个聚会场所，向其用户提供的材料有助于进行源咨询，并允许他们就建筑力学有关主题不断更新。

② 李海清. 分合之辩：反思中国近现代建筑技术史研究 [J]. 建筑师，2017（5）：30-35.

③ （美）彼得·柯林斯. 现代建筑设计思想的演变 [M]. 英若聪译. 北京：中国建筑工业出版社，2003：181.

④ （美）彼得·柯林斯. 现代建筑设计思想的演变 [M]. 英若聪译. 北京：中国建筑工业出版社，2003：182.

16　前言：技术史，技术观与技术史观——关于建筑技术史研究的理论检讨

料强度的应力分析就变得越来越重要了……比精确地用数学解决静力学问题的新趋向更重要的，可能是这时采用的进行确定材料强度的试验。在1707年和1708年，安托万·帕伦特曾经做过木梁的耐力试验，并在一份提交法兰西科学院的学术论文中公布了结果。到1729年的时候，那些想得到各种木材、金属和玻璃的极限抗压、抗拉和抗弯强度的整套完整而精确的数值表的人，可以如愿以偿了。还是那样，只有工程师在这时从这些科学资料中得到了益处，而当成批建筑师也认真地注意起这一类资料所固有的价值的时候，差不多还要过两个世纪之久。"[1]

可见，有关历史研究已经表明：对于技术指标上出现的新的社会需求，如极高和跨度极大的建筑物的需求，以及使用新材料去满足这些需求的工程科学分析与计算，这两项工作的积极推动者和直接受益者都是土木工程师——那些从工程类学校而非美术学院培养出来的人们。也正因如此，他们对于从传统的建筑领域独立出去，成为新职业和新的专业与学科，在总体上持积极欢迎姿态。而这些关于工程技术的科学性工作都是传统意义上的建筑师没有真正注意和努力过的。至少在近世欧洲的建筑业界，所谓新职业的产生、新学科的建立，其实都是掌握了更新、更硬、更专业技术资源的土木工程师从传统意义的建筑师行当里分离出来而推动的。与此正相反，"建筑师们总是浪费时间试图缩小这两种职业之间的区别，并装作没有发生过分工而不去探索运用工程师提供的新资源来解决问题的方法。"[2] 那么，建筑师或者说建筑学科真正关注的究竟是什么呢？

"过分批评19世纪的建筑师忽视了工程师可能给予的帮助，大概是不明智的。甚至建筑分析上科学方法的最积极的促进者之一，并且是综合工科学校的毕业生——来翁斯·雷诺在他1850年出版的《建筑论文》中也指出：'切莫断言：将我们的结构的所有部分全服从于力学法则是合适的。因为很明显，科学的规定可能在实施上引起极大的困难，而且也不会总能与建筑物的目的和要求相调和。'"[3]

正是从这个意义上来看，建筑学科和建筑师职业真正的、本质性的特点，以及真正关注的事情，并非分析和专门化，而是基于分析的综合——即使是在工程实现这一问题内部，符合结构科学原理也不一定就便于施工操作与实施，更何况还有空间形塑和环境调控问题的交织与纠缠。所以，基于前述建筑学基本问题的观察与思考，在具体的建筑实践项目中，还是需要建筑师在充分研究（分析性判断）的前提下做出综合性的排序、取舍、磨合之类的权衡。当然，不能就此断言土木工程类设计诸如桥梁、水坝等就不具备工程项目设计的综合属性，但问题是：建筑师所要操控的综合属性是包含了美学追求在内的一种影响因素更复杂、综合性程度更高的品质考量，而土木工程之桥梁、水坝设计，在早期并

---

①（美）彼得·柯林斯. 现代建筑设计思想的演变 [M]. 英若聪译. 北京：中国建筑工业出版社，2003：182-183.

②（美）彼得·柯林斯. 现代建筑设计思想的演变 [M]. 英若聪译. 北京：中国建筑工业出版社，2003：185.

③（美）彼得·柯林斯. 现代建筑设计思想的演变 [M]. 英若聪译. 北京：中国建筑工业出版社，2003：183-184.

未成规模具备这方面的需求，甚至因土木工程师缺乏此类意识而遭诟病。① 这里需要注意的是：正因建筑美学追求难以跳出"再现"之窠臼，建筑设计缺乏创新理念的沉疴在19、20世纪之交受到来自新思潮的抨击，终至"现代主义"建筑旗手振臂一呼，号召向工程师学习，而学习的对象竟然正是钢筋混凝土谷仓之类的土木工程项目，甚至是汽车、轮船、飞机等机械工程产品，这不能不说是历史发展的辩证逻辑。

那"形式"问题就是建筑学专有的吗？显然不是。泛视觉艺术类的绘画、雕塑、摄影等也有此诉求。只是与邻近的土木工程类学科相比，建筑学的"形式"诉求确乎理直气壮地存在着。笔者愿意把它看成是"工程美学"，以区别于传统的绘画、摄影这类几乎不用承担环境与社会责任的"私美"；也区别于服装、家具乃至家电类工业产品这种虽有一定工程属性但往往因为较小规模、较低投入而显得可以稍稍任性的"小美"。建筑，特别是耗资可观、实际上是由纳税人买单的大型公共建筑，它确确实实应该承担"工程美学"物质载体难以逃避的环境道义与社会责任——新冠肺炎，人们首先想到的是把体育馆和高校宿舍等改为临时性的应急医疗设施，总不能强求那些"小清新"项目也应具备这功能吧？！

综上，不管建筑师是否乐意，从历史发展进程看，建筑活动中的设计主体是一个动态的概念，一旦遭遇新的社会需求和技术革命，就会有一拨新的实践（技术）操控者从原先广义的设计主体中分离出去，以确保其在职业竞逐中占据专有位置，分得专属利益——这是建筑学科、特别是土木工程学科和建筑技术科学专业得以产生的社会背景之内驱力使然。既如此，则建筑技术史与建筑学科史就是人类建筑活动发展历程这面多棱镜的不同、但却相邻的棱面（且这面多棱镜自身仍在不断分化出新的棱面），若不能共谋，何以认清不同棱面之交接关系，从而也才能认清多棱镜本身呢？所以，研究建筑技术史，绕不开建筑学学科史，特别是建筑技术学科史，反之亦然。而与此有密切关联的土木工程学科史、交通运输工程学科史和水利工程学科史，也应得到重视，以便更加清晰地呈现出建筑学科自身的特点。

进入21世纪的第三个十年，庚子之春来势汹汹。蔓延全球的新冠肺炎以及世界各地爆发的其他类型传染性疾病，包括森林大火、火山喷发和蝗虫泛滥之类的自然灾害，都再一次提醒人类，自己只不过是组成地球生态系统的一个生物种群而已，妄自尊大是极其危险的自戕行为。必须从环境伦理学高度重新审视过去数千年的建筑活动，对于科学技术的积极作用及其可能产生的负面效应，需要有更清醒的认知；应借助技术史研究"揭示其中蕴含的意识形态和话语霸权、利益结构与权利政治。从而破除技术神话的幻景，引导普通大众意识到并进而解放他们对于技术话语的批判能力，实现人们参与到技术实践的批判与协商过程中去的自觉意识。"② 尽管这种自觉的批判意识不免带有精英救世色彩，但批判意

---

① （美）彼得·柯林斯. 现代建筑设计思想的演变 [M]. 英若聪译. 北京：中国建筑工业出版社，2003：187.

② 陈绍宏，陈玉林. 文化理论对技术史若干问题的重构 [C] //2007 全国科技与社会（STS）学术年会论文集. 2007：130-135.

识和协商机制的建立确实是当务之急——批判，就必须具有主体性；协商，就意味着综合、整合、融合各方诉求，以期共赢，这比较符合至少是趋近了建筑活动的本质属性。在技术、制度与观念的梯次互动的理论模型中，[①]虽然观念的先导性显而易见，但迫在眉睫的是能否在制度层面提供机会。破局还是要从此入手：在国家标准制订、学科设置、基金申请、学术组织建立等方面给予（建筑）技术史研究这类基础研究以更多可能性。

与重视外部条件并行，建筑学科自身的问题也应正视。现代科技日新月异，似乎总能引发一片"狼来了"的惊呼，其实又何必？一个学科若能果真守得住自己的根本，又怎会有朝不保夕之感？而这最终必然要追问："根"和"本"究竟应该是什么？如果"本"可以指称上述建筑学基本问题的话，那么，"根"又可能指向何种意涵？

而这，正是本书要用近 30 万字篇幅来尝试回答的问题。

---

① 李海清. 中国建筑现代转型［M］. 南京：东南大学出版社，2004：340-348.

第1章

绪论：
为什么要研究"中国本土性现代建筑的技术史"？

如果我们承认建筑学是一门横跨在工程技术学科、人文社会学科与自然科学之间以建筑活动之实践应用为主要目标的综合性学科的话，那么，建筑技术史研究就不能遗忘"经世致用"传统，而应强调现实关注，且更应"以史为鉴"，对中国建筑的未来走向提出建设性建议。然而，诚如学界已意识到的那样，虽就总体而言，在世界各地的许多建筑学院，建筑技术史仍是建筑史和建筑学教育的重要内容，但相形之下，中国的建筑技术史教学和研究则比较薄弱。

现代建筑技术在中国的移植、转化以及中国传统建筑技术的式微与转变，是中国近代建筑技术演变与发展的两个主要方面，但这两方面的关系是否一定是此消彼长、你死我活、一个完全取代另一个那么简单？中国建筑在 20 世纪走过的历史，乃至于所有发展中国家的现代化进程及其效果，一直伴随着"本土的"与"普遍的"二者之间的张力。对于建筑而言，现代性究竟包括哪些不可或缺的基本特征？这些特征是否一定能够与"普遍的"画等号？现代化的技术路径究竟存在哪些可能？这些可能落实到具体的地域和地点时，究竟需要作出怎样的调适？——中国的自然地形和气候环境之复杂多样，以及相应的物产、交通、经济和工艺水平等客观条件，都可能对现代建筑技术的传播（移植）与演变（转化）存在重要影响，但既往研究并未给予足够重视。[①] 例如，同样建于 1930 年代并深受中国传统建筑影响，同样由杨廷宝主持设计，也同样是观演建筑，南京"大华大戏院"采用钢筋混凝土柱、砖墙和钢屋架，而重庆"青年会电影院""国际联欢社"等则使用砖柱、夯土 / 双竹笆 / 空斗砖砌体混合结构墙体和木屋架。对职业建筑师而言，放弃已熟知的新材料和结构，自行研发更为复杂的、存在明显代际差异的混合型做法，其意图何在？这种技术模式上的不同选择是如何作出的？搞清楚这些问题，将可能有助于我们重新认知中国建筑，特别是中国现代建筑早期发展的独特境遇——从历史向度上深入检讨中国建筑技术体系的现代转型，尤其是其建造模式的发展变化支持中国本土性现代建筑走向自立的过程与影响，对于夯实中国现代建筑的学术基础，颇具理论价值和现实意义。

那么，究竟什么是中国本土性现代建筑？它不仅是中国现代建筑对于中国传统官式建筑和民间建筑的转译和再现；[①] 更是现代建筑在中国的移植、传播和转化过程中，因置身于中国的具体、现实条件而呈现出的一种现代化途径、方式和结果；它的成长过程有可能生动地说明：在基于全球流动架构的现代化过程中，地形、气候等地域环境因素作为建筑设计尤其是建造模式选择的前置条件具有决定性作用，以及相应的物产、交通、经济和工艺水平等客观条件对现代建筑技术的传播与转化存在重要影响——面对现代性问题、置身于现代化浪潮中，文化自觉之意义是什么？是否存在修正的必要性？如果存在，那该怎样修正？如果不存在，究竟为什么……现代性价值观，因其抽象性而具有某种理论意义上的唯一性或普遍性（如果我们承认现代性是一个历史概念的话），但现代化的技术路径却因境遇的具体性而呈现出丰富的多样性。从历史向度上检讨中国建筑工程建造模式在 20

---

① 李海清. 从"中国"＋"现代"到"现代"＠"中国"：关于王澍获普利兹克奖与中国本土性现代建筑的讨论 [J]. 建筑师，2013（1）：39-45.

世纪以来的发展变化，以及这种变化是如何支持或影响了中国本土性现代建筑走向自立的过程，从中汲取经验和教训，正是体现了"历史是一种思维"，是对于大智慧的追求。

2016 年初夏，五卷本《中国近代建筑史》丛书正式出版，汇聚老、中、青三代学者近 80 人之力，耗时 4 年之久，它将会给未来的研究者留下怎样的遗产？而其后的 2017～2019 年，分别于华南理工大学、深圳大学和东南大学举办了相关学术活动，[①] 对五卷本《中国近代建筑史》出版后的研究发展方向给予了高度关注，这是对参与研究者的学术生命的现实关切。就此而言，回溯与检讨中国近代建筑技术史研究的发展历程，阐明其重要性与必要性、可能性与可行性，于笔者而言，责无旁贷。

1.1 相关研究学术史梳理

结合文献检索及切身体会，则不难发现中国近代建筑技术史研究大体可分三阶段，即 1999 年之前的零星开展时期，1999～2013 年的系统化 / 规模化开展时期，以及 2013 年以来的全面发展新时期。第一阶段侧重案例分析，而少有宏观目标和方向引领意识，成果形式皆为会议论文或期刊论文。[②～⑥] 这其中，尤以藤森照信的研究引人瞩目。[⑦] 在第二阶段，之所以将其时间起点设为 1999 年，是因为首篇博士学位论文涉及相关研究出现在这一年，且呈现出不同于以往的宏阔研究视野、明确的研究对象和清晰的研究目标。而 2002 年笔者完成的博士学位论文，首次以"建筑技术"作为关键词和发展主线，发掘一手史料、铺陈案例并查明流变，成为这一阶段的标志性成果。这 14 年间虽产生涉及相关议题的 10 篇博士学位论文，但多定位于地域性的中国近代建筑史研究，其中以"建筑技术"作为关键词的仅有 2 篇。

至 2013 年夏，清华大学举办"近代建筑技术史国际学术研讨会"以后，相关研究进

① 华南理工大学于 2017 年 5 月 27 日在广州主办了"当下与未来——中国近代建筑史学术研讨会"，由彭长歆教授组织；深圳大学于 2017 年 6 月 3 日在深圳主办了"汪坦先生塑像落成仪式暨学术纪念会"，由仲德崑教授组织；东南大学于 2019 年 6 月 2 日在南京主办了"国家社科基金项目专家咨询暨中国近代建筑史学术研讨会"，由笔者与汪晓茜副教授组织。这三次会议，华语学术界有关学者参与者众多并发表学术演讲，颇受关注。其中，前者和后者还分别在《建筑师》期刊 2017 年第 5 期以及 2020 年第 1 期组织了专题学术论文发表。
② 何重建. 上海近代营造业的形成及特征 [M] // 汪坦. 第三次中国近代建筑史研究讨论会论文集. 北京：中国建筑工业出版社，1991：118-126.
③ 张复合. 北京近代营造业 [M] // 汪坦，张复合. 第四次中国近代建筑史研究讨论会论文集. 北京：中国建筑工业出版社，1993：166-178.
④ 葛立三. 安徽近代工业建筑述略 [M] // 汪坦，张复合. 第四次中国近代建筑史研究讨论会论文集. 北京：中国建筑工业出版社，1993：151-157.
⑤ 刘松茯. 中东铁路哈尔滨总工厂建筑 [M] // 汪坦，张复合. 第四次中国近代建筑史研究讨论会论文集. 北京：中国建筑工业出版社，1993：109-119.
⑥ 谢少明. 岭南大学马丁堂研究 [J]. 华中建筑，1998 (3)：95-99.
⑦ （日）藤森照信. 外廊样式——中国近代建筑的原点 [J]. 张复合，译. 建筑学报，1993 (5)：33-38.

入加速发展的新时期——博士学位论文几乎每年均有 1 篇，而上一阶段年均仅 0.64 篇，增长 56%；另一方面，这些论文几乎都以"建筑技术"本身或相关概念、术语作为关键词和发展主线，针对性明显加强。而 2015 年一年之内甚至有 3 篇博士学位论文相继推出，其迅猛发展之势前所未有。下文表 1-1 为第二、三两个阶段的博士学位论文成果概况，其发展趋势一目了然。

1999 年以来涉及中国近代建筑技术史研究的博士学位论文简况　表 1-1

时间	作者	培养单位	论文标题	导师	备注
1999	沙永杰	同济大学	中日近代建筑发展过程比较研究	郑时龄	主题为比较研究，首次涉及建筑技术，单列一章比较中日近代建筑技术，整理既有史料。2001 年成书《"西化"的历程：中日建筑近代化过程比较研究》
2002	李海清	东南大学	中国建筑现代转型之研究——关于建筑技术、制度、观念三个层面的思考（1840—1949）	潘谷西	首次以建筑技术作为关键词和发展主线，以近代建筑结构、建材、设备及施工等为线索，结合田野调查发掘一手史料，分期展开案例分析并查明流变。2004 年成书《中国建筑现代转型》
2004	彭长歆	华南理工大学	岭南建筑的近代化历程研究	邓其生	第 6 章"岭南建筑近代化之技术建构"，分列结构、材料、应用技术等线索。2012 成书年《现代性·地方性——岭南城市与建筑的近代转型》，相关章节改为"西方建筑技术的植入与技术体系的建构"
2005	陈志宏	天津大学	闽南侨乡近代地域性建筑研究	曾坚	第 2 章单列"近代建筑营造体系的初步建立"一节，涉及法规、建筑师、营造业；第 3 章单列"闽南洋楼的设计与施工"一节，涉及民居营建和设计。2012 年成书《闽南近代建筑》
2006	陈雳	天津大学	德租时期青岛建筑研究	杨昌鸣	第 3 章单列"德租时期青岛的建筑技术及管理"一节，涉及材料、施工、管理。2010 年成书《楔入与涵化——德租时期青岛城市建筑》
2007	黄琪	同济大学	上海近代工业建筑保护和再利用	伍江	两处分节关注上海近代工业建筑的结构类型和技术先进性
2009	曾娟	东南大学	近代转型期岭南传统建筑中的新型建筑材料运用研究	陈薇	以近代岭南传统建筑中的新材料为主线，单列采光材料、铺装材料和结构材料，并讨论相关工艺。2014 成书《西风东渐新材旧制：近代岭南传统建筑中新型建筑材料应用研究》

时间	作者	培养单位	论文标题	导师	备注
2009	冷天	南京大学	得失之间——南京近代教会建筑研究	赵辰	首次以"建造过程"为关键词展开设计与建造过程双重比较，探讨中国近代建筑工业体系之发展。论及教会建筑在华传播的背景、沿革，设计和建造之得失，以及中西文化交流研究视角之意义
2010	钱海平	浙江大学	以《中国建筑》与《建筑月刊》为资料源的中国建筑现代化进程研究	杨秉德	单列一章"建筑技术体系与建材工业的现代转型"，涉及结构、材料与构造的发展等。2012年成书《中国建筑的现代化进程》
2010	符英	西安建筑科技大学	西安近代建筑研究（1840—1949）	杨豪中	分节关注西安近代建筑特征，涉及材料、结构与构造、设备、管理以及设计与施工队伍等
2013年夏"近代建筑技术史国际学术研讨会"在清华大学召开，张复合发表题为《中国近代建筑技术史研究势在必行》的演讲					
2015	刘珊珊	清华大学	中国近代建筑技术发展研究	张复合	梳理近代建筑技术发展过程中的重要项目，阐释典型做法，并涉及建材工业生产、营造业和建筑技术教育
2015	蒲仪军	同济大学	都市演进的技术支撑——上海近代建筑设备特质及社会功能探析（1865—1955）	常青	首次聚焦建筑设备，探讨其引入与近代都市形成、近代建筑进化、华洋产业竞争中的发展以及都市现代性在其中的呈现。2017年成书，同名
2015	刘思铎	西安建筑科技大学	沈阳近代建筑技术的传播与发展研究	陈伯超	针对沈阳近代建筑技术，探讨新结构与新构造、新材料及工艺、设备及管理体制等。核心章节收入陈伯超主编、2016年成书的《沈阳近代建筑史》
2016	潘一婷	剑桥大学	Local Tradition and British Influence in Building Construction in Shanghai（1840—1937）	James Campbell	首次从建造史视角展开相关研究，关注本土传统和英国影响，探讨木材供应和锯木业、制砖和圬工、钢筋混凝土和水泥、工人工作条件和组织、施工工具、教育及施工用书等方面

以上是国内学界近三十年来在中国近代建筑技术史领域相关研究状况的粗浅梳理，①而从更广阔领域和更长时间段进行观察，其流变趋势也值得进一步分辨和体察。

欧美建筑史研究也长期侧重风格史和思想史，20世纪中叶以后才逐步分化出人物史、技术史、地域史等研究领域，并与建筑学、历史学及工程技术科学同步发展。②1980年代以来，欧美学界的全球性视野进一步拓展，开始关注非西方背景下的历史演变、现代主义中"本土的"与"普遍的"二者之间的张力，以及发展中国家的现代化效果等重要议题，③并注重研究建筑的社会生产之"总体的历史"及其地区差异。缘此，建造史作为一种研究方法开始兴起，④与之存在密集交叉的建筑技术史研究得以加强。英、美两国文化同源，本就拥有可观的建筑史研究资源和长期积累，以其国际政治、经济地位为后盾，建筑史研究较为注重全球视野，具有强势话语权。关键性的国际学术组织如世界建筑史家协会（SAH）设于美国、国际建造史协会（CHS）设于英国即为明证。而欧洲大陆的日耳曼语区、拉丁语区以及斯拉夫语区各国，包括南美、澳洲及亚洲大部分国家，则更为注重本土建筑历史与技术传统的研究。

同是后发型现代化国家，日本从其近代建筑研究最初就关注建筑技术，日本近代建筑技术史研究开始于第二次世界大战之后，比日本近代建筑样式史、思想史研究起步稍晚，但很受业界重视，⑤并逐步拓展至研究方法的建设与改进；而进一步展开的日本近代建筑学科史研究也给予近代建筑技术史至关重要的地位。⑥,⑦日本现代建筑在国际上获得较高的地位，和完好传承了基于技术传统的工匠精神实有密切关联。⑧

在古代中国，并无今日意义上的"建筑学"，而"营造"活动具有很强的工程技术属性。⑨清末民初，现代"建筑学"主要经由日本、欧美输入，⑩至1950年代，援引当时苏

---

① 除博士学位论文以外，这期间有多篇相关期刊论文或会议论文具有重要价值，如刘珊珊、张复合的《中国近代建筑技术史研究状况及前景》（《中国近代建筑研究与保护（八）》，清华大学出版社，2012），以及刘亦师的《清华大学大礼堂穹顶结构形式及建造技术考析》（建筑学报，2013年11期）。本文仅针对博士论文进行具体信息整理和制表比对研究，主要是考虑到博士论文的规模和潜在的、研究方向上的持续性，及其在较长时期内可能产生的影响。

② （英）Bill Addis. Building:3,000 Years of Design, Engineering and Construction [M]. London, UK: Phaidon Press, 2007.

③ （英）J. Campbell, W. Pryce. Brick: A World History [M]. London, UK: Thames & Hudson, 2003.

④ 潘一婷，（英）J. Campbell.建成环境"前传"——英国建造史研究 [J].建筑师，2018（5）：23-31.

⑤ （日）藤森照信.日本近代建筑史研究的历程 [J].世界建筑，1986（6）：76-81.

⑥ 王炳麟."同僵硬的西方现代主义诀别"——记日本近代建筑史家村松贞次郎 [J].世界建筑，1986（3）：83-87.

⑦ （日）村松贞次郎.日本建築技術史：近代建築技術の成り立ち [M].東京：地人書館株式會社，1963.

⑧ 包慕萍.建筑之日本展：基因的传承与再创造——策划总监藤森照信访谈录 [J].建筑师，2018（6）：6-17.

⑨ 朱启钤.中国营造学社缘起 [J].中国营造学社汇刊，1930，1（1）：1-6.

⑩ 徐苏斌.近代中国建筑学的诞生 [M].天津：天津大学出版社，2010.

联体制，有"建筑历史与理论"和"建筑技术科学"两个二级学科之设。但建筑技术史研究长期薄弱。[①] 改革开放以来，中国近现代建筑史研究虽重获生机，却依旧"注重样式，忽视技术"。[②] 该领域近年虽渐获关注，但仍处于起步阶段。虽已有部分研究涉及近代建筑技术学科史、[③,④] 近代建筑技术人物、[⑤,⑥] 地域性近代建筑技术及建造史案例[⑦~⑪]，以及较全面的中国近代建筑技术发展等，[⑫,⑬] 其史料和方法具有可观参考价值，但多侧重有关史实整理和专项解析，而在科学探究建筑技术体系现代转型之于中国本土性现代建筑的形成和演变的关键作用，尤其是廓清中国人自身在这一转型过程中如何萃取中国传统建筑技术养分，并与西方现代建筑技术实现创造性融合，进而反思中国建筑现代转型之总体得失等方面，则留下了较大研究空间，其问题类型主要表现在以下四点：

1. 相关研究的学科结构和科学定位仍有待明确，难以形成领域性

在中文的语境中，论及"科学"和"技术"之间的区别与联系，长期以来并未得到应有的关注。两者常常被连缀成一个词组——"科学技术"，甚至被简称为"科技"，于是中文里既有"科学技术史"之名，也有"科技史"之名[⑭]。正如前言部分已指出的那样，关于"技术史"研究的学科结构和科学定位，不同管理目标和责任主体在顶层设计上还存在着较大分歧，甚至连在大类上究竟是属于"人文与社会科学"还是"理学"都尚未达成共识。而关于成果总量不足的讨论，前文已有评述，此处从略。因其学科定位尚未明确、学科结构尚未清晰，再加以成果总量有限，难以形成规模化的研究领域是可以想见的。

① 汪坦. 序（第一次中国近代建筑史研究讨论会论文专辑）[J]. 华中建筑，1987（2）：4-7.
② 张复合. 中国近代建筑技术史研究势在必行 [C]//2013年近代建筑技术史国际学术研讨会论文集. 北京：清华大学建筑学院，2013：1-7.
③ 包慕萍，村松伸. 中国近代建筑技术史研究的基础问题——从日本近代建筑技术史研究中得到的启迪与反思 [M]// 刘伯英. 中国工业建筑遗产调查、研究与保护. 北京：清华大学出版社，2009：192-205.
④ 刘珊珊，张复合. 中国近代建筑技术史研究状况及前景 [M]// 张复合. 中国近代建筑研究与保护（八）. 北京：清华大学出版社，2012：39-46.
⑤ 赖德霖，王浩娱、袁雪平、司春娟. 近代哲匠录：中国近代重要建筑师、建筑事务所名录 [M]. 北京：中国水利水电出版社，2006.
⑥ 冷天. 得失之间——从陈明记营造厂看中国近代建筑工业体系之发展 [J]. 世界建筑，2009（11）：124-127.
⑦ 彭长歆. 现代性·地方性：岭南城市建筑的近代转型 [M]. 上海：同济大学出版社，2012.
⑧ 刘亦师. 清华大学大礼堂穹顶结构形式及建造技术考析 [J]. 建筑学报. 2013（11）：32-37.
⑨ 刘大平，王岩. 中东铁路建筑材料应用技术概述 [M]// 张复合，刘亦师. 中国近代建筑研究与保护（九）. 北京：清华大学出版社，2014：157-170.
⑩ 陈伯超. 沈阳近代建筑技术发展领域归纳 [M]// 张复合，刘亦师. 中国近代建筑研究与保护（九）. 北京：清华大学出版社，2014：183-186.
⑪ 潘一婷. 隐藏在西式立面背后的建造史：基于1851年英式建筑施工纪实的案例研究 [J]. 建筑师. 2014（4）：118-127.
⑫ 李海清. 中国建筑现代转型 [M]. 南京：东南大学出版社，2004.
⑬ 刘珊珊. 中国近代建筑技术发展研究 [D]. 北京：清华大学博士学位论文. 2015.
⑭ 王续琨，冯茹. 论技术史的学科结构和科学定位 [J]. 自然辩证法通讯，2015（4）：62-68.

2. 建筑学科综合属性尚付之阙如，叙事路径较为单一

纵观现代建筑技术史研究的学术史，存在着基于材料结构的技术观和基于环境调控的技术观两种叙事路径。[①] 那么，具体到中国是否存在同样或类似情形？文献综述研究给出的回答是肯定的，不仅两条路径相互分离，且环境调控路径极弱小的状况尚未引起重视。通盘梳理下来，可发现 1999 年以来的中国近代建筑技术史研究，其目标渐趋清晰而视野逐渐开阔——这些都是叙事路径分化的结果，科学性得到明显加强，这固然不错。而其中，材料结构路径与环境调控路径之分则是首要中之首要。其具体表现是：多数研究只涉及其中一条路径，[②~⑤] 而少数研究虽涉及两条路径，但其间缺乏关联。[⑥~⑪] 即使是 2015 年以来，环境调控路径也一直弱小。[⑫] 上述两种叙事路径长期以来相互分离、缺乏融合的事实，尤须引起注意。

3. 研究方法相对陈旧，缺乏必要的科学性

正如有识之士已认识到的那样，"纵观社会科学中以经济学、社会学等为代表的多个学科的发展历程，可以明显发现，随着学科发展和认识深化，普遍存在研究方法从定性表述为主到定性与定量分析相结合、关注要点从'描述'到'解释'再到'预见'的发展历程"。[⑬] 然而，因为学科自身的应用属性较强、基础属性较弱，于是在研究方法上，与自然科学和工程技术科学门类其他各学科相比，建筑学领域的研究通常会显得缺乏足够的科学性、系统性和创新性，新方法的采用通常也要滞后一些，这是不争的事实。而具体到建筑学内部，建筑历史方面的研究因其人文属性较强，在研究方法革新上显得更为缓慢。就自然科学研究方法而言，大体包括科学经验方法（观察／实验／测量／统计）、科学理性方法（科学问题、科学假说、科学模型、科学的解释与预言，以及科学理论的检验与选

① 王骏阳. 现代建筑史学语境下的长泾蚕种场及对当代建筑学的启示 [J]. 建筑学报, 2015 (8): 82-89.
② 沙永杰. 中日近代建筑发展过程比较研究 [D]. 上海：同济大学博士学位论文. 1999.
③ 陈志宏. 闽南侨乡近代地域性建筑研究 [D]. 天津：天津大学博士学位论文. 2005.
④ 陈雳. 德租时期青岛建筑研究 [D]. 天津：天津大学博士学位论文. 2006.
⑤ 黄琪. 上海近代工业建筑保护和再利用 [D]. 上海：同济大学博士学位论文. 2007.
⑥ 李海清. 中国建筑现代转型之研究——关于建筑技术、制度、观念三个层面的思考 (1840-1949) [D]. 南京：东南大学博士学位论文. 2002.
⑦ 彭长歆. 岭南建筑的近代化历程研究 [D]. 广州：华南理工大学博士学位论文. 2004.
⑧ 钱海平. 以《中国建筑》与《建筑月刊》为资料源的中国建筑现代化进程研究 [D]. 杭州：浙江大学博士学位论文. 2010.
⑨ 符英. 西安近代建筑研究 (1840-1949) [D]. 西安：西安建筑科技大学博士学位论文. 2010.
⑩ 刘思铎. 沈阳近代建筑技术的传播与发展研究 [D]. 西安：西安建筑科技大学博士学位论文. 2015.
⑪ 刘珊珊. 中国近代建筑技术发展研究 [D]. 北京：清华大学博士学位论文. 2015.
⑫ 蒲仪军. 都市演进的技术支撑——上海近代建筑设备特质及社会功能探析 (1865-1955) [D]. 上海：同济大学. 2015.
⑬ 叶宇, 戴晓玲. 新技术与新数据条件下的空间感知与设计运用可能 [J]. 时代建筑, 2017 (5): 6-13.

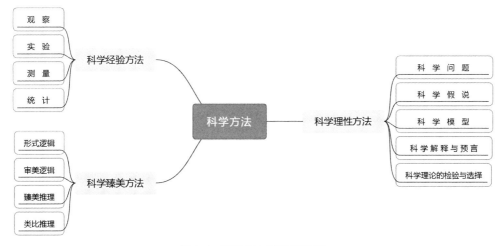

图 1-1 科学方法分类系统图示

择）和科学臻美方法（形式逻辑、审美逻辑、臻美推理以及类比推理）三大类（图 1-1），
而以定性、定量、析因、对照、模拟等为代表的实验方法以及数据搜集、整理、归类、计
算分析为代表的统计方法则能够非常直观地呈现研究自身令人信服的科学性。遗憾的是，
中国近代建筑史研究在案例研究方面的既有成果多采用观察、测量方法，而很少采用实
验、统计方法，尤其是缺乏定量实验方法、模拟实验方法及其相应分析，这对于和自然科
学及工程技术因素密切相关的建筑技术史研究而言，不能不说是一个显而易见的软肋。[①]

4. 缺乏关于"中国问题"针对性的问题意识

这主要是指：在中国现代建筑发展过程中，外来建筑技术移植与转化呈现出显著的地
区差异，对此现象背后的建筑技术之环境适应性问题何以能够产生，及其意义与影响究竟
是什么，尚未进行深入研究——由于研究的问题导向与中国的具体环境条件（主要是地
形、气候、物产、交通、经济、工艺水平等客观环境条件）没有建立足够多且有效的关
联，因而缺乏关于"中国问题"的针对性，中国人对于现代建筑技术发展过程中特殊性与
普遍性的互动关系作出的贡献也就难以呈现。

这首先涉及在理论上针对"中国本土性现代建筑"的讨论。最初精确定义这一概念的
是彭怒主持国家自然科学基金项目（以下简称 NSFC 课题）"中国现代建筑对传统民间建
筑转译再现的历史谱系及模式（1950～1990 年代）"。[②]具体而言，是把中国现代建筑史

① 这其中，陈刚、李晓峰的《基于量化分析的近代城市历史环境研究——以汉口原俄租界为例》是
  不可多得的采用量化分析方法的研究样例。参见：张复合. 中国近代建筑研究与保护（7）[M].
  北京：清华大学出版社，2010.
② 李海清. 从"中国"+"现代"到"现代"@"中国"：关于王澍获普利兹克奖与中国本土性现代
  建筑的讨论 [J]. 建筑师，2013（1）：39-45.

中对传统民间建筑即传统民居和私家园林之转译再现者称为"中国本土性现代建筑"，^① 以区别于另外两种状况：其一是借鉴传统官式建筑^②，另一则是西方现代主义建筑的移植与转化。^③ 此定义不仅精准且具有开创性，而本研究在借用它时，尽管历史上的设计实践对传统民间建筑的现代转译较之对官式建筑的转译在实现"现代性"和"传统性"结合方面的成功度更高，仍将借鉴传统官式建筑的"民族形式"也纳入进来，^④ 以便更为全面地加以观察。

综上，开展中国本土性现代建筑的技术史研究，具体而言，针对1910年代以来中国建筑工程建造模式的变化发展过程如何支持中国本土性现代建筑走向自立，正是注意到既有研究成就及其提升空间，本研究目标才指向中国建筑学问传统与实践逻辑的重新链接——不仅是当代史、近现代史与古代史的链接，也是技术与设计即社会生产的不同组织要素之间的链接，这种努力方向将在学术理想与现实关注之间寻求一种平衡。

1.2 研究内容的可能性探讨

1. 研究对象

研究对象应为1910年代以来近百年的中国建筑技术，但因中国本土性现代建筑的生发与演进是渐变和连续过程，为兼顾样本类型齐全和代表性，并考虑到研究团队的规模有限，本期研究任务的时限以1910~1950年代为重点，前后也将涉及近代早期和现当代。在空间上，因近代建筑技术一直处于世界交流体系中，与古代史比较，近代史研究背景的关键是空间范围扩大。因此，原则上虽以近代中国版图上、中国人的建筑活动为重点，也将不可避免涉及欧美与日本。这不仅有助于探察现代建筑技术在中国的移植与转化以及中国传统建筑技术的式微与转变，而且有利于审视前二者融合的动因、过程及影响，从而准确把握中国本土性现代建筑在技术上的发展与转变。

2. 研究内容

本课题总体框架分为历史研究、实证研究和综合研究三个部分，构成完整体系，主要内容包括：

1）历史研究

在现代建筑技术在中国的移植与转化和中国传统建筑技术的式微与转变的大背景之下，重点观察与梳理中国本土性现代建筑在技术上的演变脉络，凝练阶段性特征。其对象主要

---

① 李海清. 从"中国"+"现代"到"现代"@"中国"：关于王澍获普利兹克奖与中国本土性现代建筑的讨论［J］. 建筑师，2013（1）：39-45.

② 朱剑飞. 关于"20片高地"——中国大陆现代建筑的系谱描述（1910~2010年代）［J］. 时代建筑，2007（05）：16~20.

③ 李海清. 从"中国"+"现代"到"现代"@"中国"：关于王澍获普利兹克奖与中国本土性现代建筑的讨论［J］. 建筑师，2013（1）：39-45.

④ 李海清. 从"中国"+"现代"到"现代"@"中国"：关于王澍获普利兹克奖与中国本土性现代建筑的讨论［J］. 建筑师，2013（1）：39-45.

包括：在华西方教会建筑的中国化（晚清与民初）、南京国民政府"中国固有式"建筑和"嘉庚建筑"等地方性尝试（1920 年代后）、重庆国民政府"全国公私建筑制式化"和"战时建筑"的创举（1937 年之后）、中华人民共和国成立初期各地的新尝试（1950 年代）。

2）实证研究

（1）有关技术产业基础之奠定与发展——从木骨泥墙到铁筋洋灰的转变：以建材工业史研究为路径，考察分析机制砖瓦、钢铁、水泥等核心产业的形成、演变及影响的地域范围，探察不同地域中国本土性现代建筑在技术方面的有关产业化途径的共性与差异，藉此在物质性层面奠定"本土性"的产业基础。这其中，与砖瓦制造业直接相关的中国霍夫曼窑的环境适应性及其影响的研究是工作重点，也是填补既有研究空白之处。

（2）有关技术主体成长之层次与意义——人物、群体与机构之作用及影响：以人物史研究为路径，考察分析中国本土性现代建筑在技术方面的有关人物及其群体的形成、演变及影响，厘清学术共同体特征及关键人物的历史作用，探究他们引进和运用西方建筑技术、萃取中国传统建筑技术养分、摸索"中国式"方法解决中国建筑现实问题的认识进程，进一步揭示"人"在中国本土性现代建筑形成与发展过程中的作用，以及对今日行业创新机制的影响；以机构史研究为路径，研究中国本土性现代建筑在技术方面的有关研究机构和教育机构的建立、发展及其社会影响。

（3）有关技术知识体系之组成与建构——术语、课程与图集之递进关系：以词语史与概念史研究为路径，考察分析中国本土性现代建筑在技术方面的有关专业术语之形成、演变及影响，透析中国营造传统术语在社会变迁背景下的整理与西方（现代）建筑术语的引入与译介，以及二者之间的内在关联；以上述概念研究为基础，以教育史研究为路径，考察分析中国营造传统与现代建筑技术有关课程在中国建筑教育中的缘起、变迁和影响；更进一步，基于术语和有关课程的理论与实践积累，考察对于建筑学科和专业极为重要的图集绘编典型案例及其历史性影响。基于在学理上具有明显递进关系的上述工作，探明中国本土性现代建筑有关技术知识体系之渊源与特征。

3）综合研究

分别从 1950 年代的整体图景、中日比较和当代实践批判这三个经纬交织的不同理路探讨中国本土性现代建筑的目标回归、思维整合和范式再造，但其理论支点和关键词仍是建筑技术——即技术选择机制、技术产业基础、技术主体成长以及技术知识建构，以此夯实研究的理论基础，坐实研究的技术路线。其意图在于从中国本土性现代建筑的技术发展历程反思中国建筑现代转型与传统建筑文化扬弃之间的关系，以史为鉴、以邻为师。特别是关于当代乡村建筑建造模式辨析，基于农民自建房、现代农村住宅和乡土建筑的技术思维考量，为中国本土性现代建筑的未来发展方向提供了理论性的思考与指向。

3. 重点难点

（1）重点在于问题导向下的历史研究。中国本土性现代建筑在技术方面的演变脉络及阶段性特征是什么？怎样对技术体系进行分类？怎样科学描述类型间的区别和关联？这是技术史研究的基本目标。拟借鉴村松贞次郎研究日本近代建筑技术史以材料、结构、工业化为主要着眼点的思路，梳理脉络并形成体系。可以预期，对于建筑学科尤其是设计实践而言，中国本土性现代建筑的技术史，被理解为技术选择史会更具启发意义。

（2）难点之一在于如何有效获取实证研究所需史料。虽中国本土性现代建筑有关技术专业术语、核心产业、学术组织等皆有案可查，但因"重道轻器"观念影响，人物群体尤其是工匠、工艺方面的资料极为短缺。拟挖掘口述史料和非专业传媒（如报纸）等文献资料，双管齐下解决此问题。

（3）难点之二在于确保综合研究的分析准确和结论客观。如何准确辨别中国本土性现代建筑的技术发展流派和地域分布？如何客观评估其历史影响？如何深度反思中国建筑现代转型与传统建筑文化扬弃之关系？拟采用"实例解析、文献分析与数理统计协同研究"的史学方法，并结合比较研究法和实践归纳法，作出有针对性的回答。据此总结历史经验教训，提出支持当代中国建筑发展的技术策略。

1.3 关于研究方法

1. 基本思路

在已有研究基础上，以中国本土性现代建筑实物调查和原始文献为主要资料，运用数据库技术，建立可供关键词检索的、近代建筑文献覆盖面较为完全的技术史文献信息系统，进而通过文献分析和比较分析等方法，考察早期现代化背景下中国建筑技术体系由古代向近代转型的进程、中国本土性现代建筑的技术演变脉络和源流；运用"实例解析、文献分析与数理统计协同研究"的史学方法，定性、定量剖析中国本土性现代建筑的技术专业术语、核心产业、人物群体、学术组织和知识体系的形成与演化，及其间的相互关系；通过与中国古代、当代及国外的综合比较分析，归纳中国本土性现代建筑在技术上的成就和问题，为新型城镇化背景下的建筑学科定位和当代中国建筑发展提供基础性的支持与参考。研究思路概括成技术路线，如图1-2所示。

2. 具体研究方法

以案例研究和文献法为主，引入数理统计法，形成"实例解析、文献分析与数理统计协同研究"的史学方法，以弥补文献法可靠性难以评估、史料分散、整理困难、重复劳动、受个人主观性影响等缺陷，发挥信息技术快速高效判读海量资讯的优势，以获得大量具体可靠数据、增强客观真实性。本研究综合以上三种成熟方法之长，优势互补、协同研究，将三种不同方法的研究结果作协同比照，既能发挥研究者的主观创造性，又能保证研究分析的真实、准确和客观，甚至还会产生创造性的或意想不到的研究发现。此外，在建筑技术专业术语等专题研究内容上，引入实证研究法（尤其是数据实证），以确保结论的客观性。在学科史考察上，引入比较分析法，基于各地域建筑技术演变脉络的共性和差异，综合研究中国本土性现代建筑的现代性（普遍的）与本土性（特殊的）的发展规律。

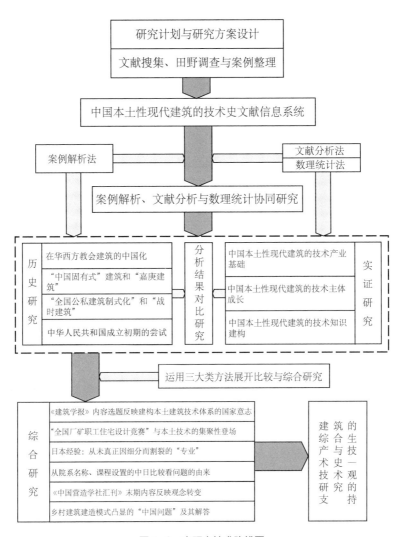

图 1-2 本研究技术路线图

第 2 章

设计主体如何作决定：中国本土性现代建筑的技术选择机制

如果从其关注的核心理念出发来分析，中国本土性现代建筑的缘起与演变可以被视为经历了形式、空间、建造三个时期——"文化象征主义"时期倚重形式要素组合；"形—神"二元结构时期关注现代建筑空间特征；而建造先导时期表现为地区主义背景下建构学与现象学互动。在上述三个不同发展阶段，研究目标逐步扩展，思想一步步深入，有关的设计方法也不断推陈出新。①

本研究主要关注其第一时期，即"文化象征主义"时期。其兴盛大略为清末至中华人民共和国初期，主体时段是 20 世纪上半叶。这一时期，因民族主义思潮影响，"中国本土性现代建筑"主要表现为基于"想象的共同体"②的符号学运用，其关键词为"形式、样式、法式"，其设计方法主要来自"布杂"（Beaux Arts），精髓是形式要素的"组合"（即构图，Composition）③，其目标指向文化象征——"像什么?"以及"像不像?"是核心问题。

若论及发展状况，该时期又可细分为四个阶段，即先声（20 世纪初至 1920 年代）、高潮（1920 至 1930 年代）、低潮（1940 年代）以及复兴（1950 年代之后）。最初阶段的主角是在华西方教会及其建筑师。"庚子之变"（1900 年）以后，教会建筑形式逐步中国化，而当时的南京金陵女子文理学院、成都华西协和大学等十余所教会大学的校园建筑可视为其中的代表。

高潮阶段的主角则转换成第一代中国建筑师，政府办公建筑和公共建筑多采用"中国固有之形式"④即"大屋顶"，而技术上倚重表征"科学之原则"的钢筋混凝土乃至钢结构。⑤如南京中山陵、广州中山纪念堂等；同时也出现了陈嘉庚在厦门进行的实验性做法，出于经济理性主义考量尽可能采用民间建造模式，⑥颇具启发意义。

至抗日战争时期，颠沛流离的逃难经历让中国建筑学人获得深入体察传统民间建筑的宝贵机遇，逐步开展相关研究并惠及实践；而恰成鲜明对照的是：国民政府仍企图采用基于北方官式建筑的全国统一"建筑制式"，在实践中难免碰壁；相反，受制于恶劣环境条件，大批建设的"战时建筑"不得不借鉴传统民间建筑理念与技术措施。⑦

① 李海清. 从"中国"+"现代"到"现代"@"中国"：关于王澍获普利兹克奖与中国本土性现代建筑的讨论［J］. 建筑师，2013（1）：39-45.
② （美）本尼迪克特·安德森. 想象的共同体——民族主义的起源与散布［M］. 吴叡人，译. 上海：上海人民出版社，2011：18.
③ 李华. 从布杂的知识结构看"新"而"中"的建筑实践［M］// 朱剑飞. 中国建筑 60 年（1949~2009）：历史理论研究. 北京：中国建筑工业出版社，2009：33-45.
④ 国都设计技术专员办事处. 首都计划［M］. 南京：国都设计技术专员办事处，1929：33-34.
⑤ 吕彦直. 规划首都都市区图案大纲草案［J］. 首都建设，1929（1）：25-28.
⑥ 庄景辉. 厦门大学嘉庚建筑［M］. 厦门：厦门大学出版社，2011.
⑦ Haiqing Li, Denghu Jing. Structural Design Innovation and Building Technology Progress Represented by a Hybrid Strategy: Case Study of the "Wartime Architecture" in China's Rear Area during World War II［J/OL］. International Journal of Architectural Heritage，（2019-1-28）. https://doi.org/10.1080/15583058.2018.1564802；ISSN:1558-3058（Print）1558-3066（Online）.

至 1950 年代，由当时苏联引入"民族的形式，社会主义的内容"，再次将中国本土性现代建筑推上新台阶。其中不乏由"中国固有式"继续发展而来，以"大屋顶"为形式特征者；同时，传统园林与民居都开始受到成规模研究，新型公共建筑设计借鉴传统民居而获成功。

下文将以既有研究为基础，针对不同发展时段的代表性实践，分别讨论在华西方教会建筑的中国化之技术路径（清末民初）、"中国固有式"建筑和"嘉庚建筑"等地方性尝试之比较（1920 年代后）、《全国公私建筑制式图案》及"战时建筑"之创举（1937 年之后），以及中华人民共和国初期以重庆人民大礼堂和北京友谊宾馆为代表的新尝试（1950年代）等具体案例的技术做法及其缘由，对其建造模式选择背后的设计思想与形成机制作一初步解析。

2.1 在华西方教会建筑"中国化"之技术路径

2.1.1 形式模仿：如何基于西式屋架做出屋面"举折"？

近代在华西方教会建筑，从一开始就由西方传教士或与传教活动有关的西方建筑师来主理，因此，在华西方教会建筑之设计与建造很自然地采用西式结构技术，建筑形式也自然为西式。常见者是砖石砌筑的主体结构承托木桁架屋顶结构，如 17 世纪初第三次重建的澳门圣保罗教堂（俗称"大三巴"）和重建于 1880 年的安徽宣城水东天主堂即为典例（图 2-1 ~ 图 2-4）。至清末民初，因不断发生"教案"，在华西方教会建筑不得不在形式上趋向中国化，其在建筑技术方面的核心问题是西式屋架如何与中国传统的"大屋顶"形式相结合。中国古代官式建筑（尤其北方地区）的柱头以上部分基本为层叠式结构，即所谓抬梁系统。"大屋顶"由若干"步架"逐级"抬"起而形成，且因刻意做出"抬"起幅度之差别而形成不同步架之上椽子的不同坡度——"举折"。显然，对于建筑设计而言，西方教会建筑中国化的屋顶结构技术之要害在于：如何利用上弦杆为连续直线的西式屋架做出"举折"，从而在外观上模仿中国木构建筑的屋面曲线？[①]

关于以上问题，比较不同时期的具体做法，其中的细微差别在技术理念上颇有意味。早期者如建于 1920 年的华西协和大学合德堂、1923 年的金陵女子文理学院主楼等都采用了较为粗糙的策略——以未经任何处理的西式屋架直接搁置在前后外墙之上，仅于檐口部分以飞椽形成一次举折了事，从而形成了远观尚可，而近看却明显存在屋面上部过于平直而显得笨重不堪之弊病（图 2-5 ~ 图 2-7）。某种意义上说，除檐口以外简直可以视为不存在举折！

而格里森设计建造于 1930 年的河南开封总修院木屋架则作出了创造性的改进（图 2-8）——通过将脊檩与檐檩相应提高而获得更为接近"原型"、更为自然的"举折"

---

① 李海清.中国建筑现代转型之研究——关于建筑技术、制度、观念三个层面的思考（1840 ~ 1949）[D].南京：东南大学，2002：250.

图 2-1 安徽宣城水东天主堂外景

图 2-2 安徽宣城水东天主堂主厅
内景

图 2-3 安徽宣城水东天主堂主厅屋架细部

图 2-4 安徽宣城水东天主堂侧廊内景

图 2-5 华西协和大学合德堂 1920 年代外观

图 2-6 华西协和大学合德堂二层屋架内景

图 2-7　金陵女子文理学院主楼二层屋架内景（左）及西侧外景（右）

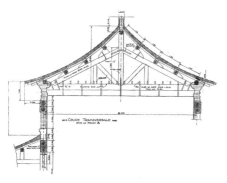

图 2-8　格里森设计建造于 1930 年的河南开封总修院之典型剖面图与现状外观

效果：将屋架中线处的腹杆上端加长，超出三角屋架顶点，如此可以相应提高脊檩的标高；而将檐檩置于檐墙中轴线上，可根据需要选择合适（较高的）高度；而金檩则按常规处理，直接固定在屋架上弦，高度不变；[①]或垫起不同高度撑脚、短柱以搁置檩条。这样，所有檩条上皮连线必为可控的下凹折线。上述做法完成再做屋面构造处理，自然形成连续多处举折的平滑屋面。应当承认，这是西方建筑师开始作出适应性改进的一种表现，并对后来中国建筑师的设计创作产生了持续影响，如建于 1932 年的南京中央体育场游泳池更衣室、建于 1933 年的广州中山图书馆之周边式办公（阅览）室、建于 1936 年的原国立上海医学院等，皆采用这类方法。

　　可见，至 1930 年代，教会建筑在西式屋架如何与中国传统的"大屋顶"形式相结合方面走出了关键性的一步：进行适应性的改进或改变。而另一方面，建筑性能需求如何因应中国各地的气候条件而作出调适，却似乎并未引起西方建筑师的足够关注。

---

① 李海清. 中国建筑现代转型之研究——关于建筑技术、制度、观念三个层面的思考（1840～1949）[D]. 南京：东南大学，2002：250.

2.1.2 气候适应：尚未获得深入考量的外围护结构设计

原华西协和大学由英、美、法、德、加拿大五国教会创建于1914年，英国建筑师罗楚礼规划设计。罗楚礼（Fred Rowntree，1860—1927）生于英格兰北约克郡的斯卡布罗，1890年移居伦敦直至去世。[1] 罗楚礼在该校园建筑中普遍采用厚重的门斗（双重门）设计（图2-9、图2-10），这应是建筑师直接移植不列颠岛较寒冷地区建筑传统之所为（图2-11、图2-12）。而成都属于夏热冬冷气候Ⅲ区，冬季湿冷、夏季湿热，和凉爽的伦敦怎好相比？具体而言，伦敦全年的平均相对湿度都在90%左右，极为潮湿。其夏季平均高温的峰值出现在七月，为23.2℃，非常凉爽宜人。而成都则大不一样，其冬季11~2月份的平均相对湿度是76%~80%，而夏季6~8月的平均相对湿度仍为76%~81%，虽亦属潮湿气候，但没有伦敦那样严重。而成都夏季平均气温的峰值也出现在七月，为30.1℃，较为炎热。（图2-13、图2-14）。可见，伦敦与成都两地都属于冬季湿冷，但前者冬季更冷，夏季却较为凉爽，即使湿度较高，因气温并不高，所以仍较为舒适——厚

图2-9　原华西协和大学图书馆西面外景

图2-10　原华西协和大学图书馆主入口门斗内景

图2-11　伦敦老住宅厚重的门斗外景之一

图2-12　伦敦老住宅厚重的门斗外景之二

---

[1] [EB/OL]. http://www.scottisharchitects.org.uk/architect_full.php?id=200959.

温哥华国际机场 1981-2010 normals, extremes 1898-present气候平均数据													[隐藏]
月份	1月	2月	3月	4月	5月	6月	7月	8月	9月	10月	11月	12月	全年
历史最高酷热指数	17.2	18.0	20.3	23.9	33.7	33.9	38.3	35.9	33.0	27.2	21.1	16.1	38.3
历史最高温 ℃（℉）	15.3 (59.5)	18.4 (65.1)	19.4 (66.9)	25.0 (77)	30.4 (86.7)	30.6 (87.1)	34.4 (93.9)	33.3 (91.9)	29.3 (84.7)	23.7 (74.7)	18.4 (65.1)	14.9 (58.8)	34.4 (93.9)
平均高温 ℃（℉）	6.9 (44.4)	8.2 (46.8)	10.3 (50.5)	13.2 (55.8)	16.7 (62.1)	19.6 (67.3)	22.2 (72)	22.2 (72)	18.9 (66)	13.5 (56.3)	9.2 (48.6)	6.3 (43.3)	13.9 (57)
每日平均气温 ℃（℉）	4.1 (39.4)	4.9 (40.8)	6.9 (44.4)	9.4 (48.9)	12.8 (55)	15.7 (60.3)	18.0 (64.4)	18.0 (64.4)	14.9 (58.8)	10.3 (50.5)	6.3 (43.3)	3.6 (38.5)	10.4 (50.7)
平均低温 ℃（℉）	1.4 (34.5)	1.6 (34.9)	3.8 (38.1)	5.6 (42.1)	8.8 (47.8)	11.7 (53.1)	13.8 (56.7)	13.8 (56.8)	11.6 (51.4)	7.0 (44.6)	3.5 (38.3)	0.8 (33.4)	6.8 (44.2)
历史最低温 ℃（℉）	-17.8 (0)	-16.1 (3)	-9.4 (15.1)	-3.3 (26.1)	0.6 (33.1)	3.9 (39)	6.7 (44.1)	6.1 (43)	0.0 (32)	-5.9 (21.4)	-14.3 (6.3)	-17.8 (0)	-17.8 (0)
历史最低风寒指数	-22.6	-21.2	-14.5	-5.4	0.0	0.0	0.0	0.0	0.0	-11.4	-21.3	-27.8	-27.8
平均降水量 mm（英寸）	168.4 (6.63)	104.6 (4.118)	113.9 (4.484)	88.5 (3.484)	65.0 (2.559)	53.8 (2.118)	35.6 (1.402)	36.7 (1.445)	50.9 (2.004)	120.5 (4.756)	188.9 (7.437)	161.9 (6.374)	1,189 (46.811)
平均降雨量 mm（英寸）	157.5 (6.201)	98.9 (3.894)	111.8 (4.402)	88.1 (3.469)	65.0 (2.559)	53.8 (2.118)	35.6 (1.402)	36.7 (1.445)	50.9 (2.004)	120.7 (4.752)	185.8 (7.315)	148.3 (5.839)	1,152.8 (45.386)
平均降雪量 cm（英寸）	11.1 (4.37)	6.3 (2.48)	2.3 (0.91)	0.3 (0.12)	0 (0)	0 (0)	0 (0)	0 (0)	0 (0)	0.1 (0.04)	3.2 (1.26)	14.8 (5.83)	38.1 (15)
平均降水日数（≥ 0.2 mm）	19.5	15.4	17.8	14.8	13.2	11.5	6.3	6.7	8.3	15.4	20.4	19.7	168.9
平均降雨日数（≥ 0.2 mm）	18.4	14.7	17.5	14.8	13.2	11.5	6.3	6.7	8.3	15.4	19.9	18.4	165.1
平均降雪日数（≥ 0.2 cm）	2.6	1.4	0.9	0.2	0	0	0	0	0	0	0.8	2.8	8.7
平均相对湿度（%）	81.2	74.5	70.1	65.4	63.5	62.2	61.4	61.8	67.2	75.6	79.5	80.9	70.3
每月平均日照时数	60.1	91.0	134.8	185.0	222.5	226.9	289.8	277.1	212.8	120.7	60.4	56.5	1,937.5
可照百分比	22.3	31.8	36.6	45.0	46.9	46.8	59.3	62.1	56.1	36.0	21.9	22.0	40.6

来源：[42]

图2-13 伦敦全年气候平均数据

成都市（平均数据2004 - 2015年，极端数据1951 - 2016年更新中）气候平均数据													[隐藏]
月份	1月	2月	3月	4月	5月	6月	7月	8月	9月	10月	11月	12月	全年
历史最高温 ℃（℉）	18.0 (64.4)	22.7 (72.9)	30.9 (87.6)	32.8 (91)	36.1 (97)	36.0 (96.8)	37.3 (99.1)	37.3 (99.1)	35.8 (96.4)	29.8 (85.6)	24.9 (76.8)	20.3 (68.5)	37.3 (99.1)
平均高温 ℃（℉）	9.2 (48.6)	12.1 (53.8)	17.3 (63.1)	22.9 (73.2)	26.5 (79.7)	28.2 (82.8)	30.1 (86.2)	30.0 (86)	25.7 (78.3)	21.1 (70)	16.1 (61)	10.8 (51.4)	20.8 (69.4)
每日平均气温 ℃（℉）	5.4 (41.7)	8.0 (46.4)	12.3 (54.1)	17.4 (63.3)	21.3 (70.3)	23.7 (74.7)	25.4 (77.7)	25.0 (77)	21.7 (71.1)	17.3 (63.1)	12.4 (54.3)	6.9 (44.4)	16.4 (61.5)
平均低温 ℃（℉）	2.6 (36.7)	5.1 (41.2)	8.6 (47.5)	13.2 (55.8)	17.3 (63.1)	20.4 (68.7)	22.2 (72)	21.8 (71.2)	19.1 (66.4)	15.0 (59)	9.9 (49.8)	4.0 (39.2)	13.3 (55.9)
历史最低温 ℃（℉）	-6.5 (20.3)	-3.5 (25.7)	-1.2 (29.8)	2.1 (35.8)	7.4 (45.3)	12.6 (55.8)	15.7 (62.2)	15.6 (60.3)	11.6 (52.9)	3.2 (37.8)	-0.1 (31.8)	-5.9 (21.4)	-6.5 (20.3)
平均降水量 mm（英寸）	8.6 (0.339)	7.8 (0.307)	23.6 (0.929)	40.8 (1.606)	96.1 (3.783)	111.7 (4.398)	227.3 (8.949)	181.3 (7.138)	120.9 (4.76)	47.6 (1.874)	14.9 (0.587)	6.8 (0.268)	887.4 (34.937)
平均降水日数（≥ 0.1 mm）	7.8	6.8	10.8	12.9	13.9	15.4	15.8	15.8	16.3	14.0	8.5	6.8	144
平均相对湿度（%）	79	76	74	72	71	76	80	81	81	82	80	79	77.6
每月平均日照时数	45.0	46.1	84.0	110.3	112.5	95.4	108.7	117.8	54.8	50.6	50.4	50.1	925.7

来源：中国气象局 国家气象信息中心
注：成都国际交换站，1951 - 2003年在成都老站，2004年起在温江

图2-14 成都全年气候平均数据

重门斗有利于冬季保温，却无碍夏季舒适。而成都则是典型的夏季湿热，建筑设计必须要面对这种显著的地域差异：夏热冬冷区的尴尬在于，对于冷，常规的被动式技术采取的办法是隔绝热传递，最好是封闭、气密，以尽可能减少热损失；而对于热，尤其是湿热，常规的被动式技术采取的办法是散热，最好是开敞、对流，以加快水分蒸发来促进散热、降温——在这里，厚重门斗虽有利于冬季保温，却有碍夏季通风散热。显然，在这种夏热冬冷地区，分别适宜于冬夏两季的建筑空间限定方式和构造措施是相互矛盾的。

可见，在被动式技术前提之下，门斗设计对于冬季保温多少有些作用，而夏季则因有碍通风而显得累赘。所以，中国传统建筑智慧是：外围护结构（空间区域）采用可调

图 2-15　中国传统木构建筑可拆换外围护结构之上悬窗

图 2-16　中国传统木构建筑可拆换
外围护结构之竹帘

图 2-17　中国传统木构建筑可拆换室内构件之槅子
与帐幔

图 2-18　中国传统床榻空间——
"大房子里面盖小房子"

节乃至于可拆装构件，[①] 正如汪曾祺提及入冬之前室内须装上"槅子"而夏季则暂时拆除（图 2-15～图 2-17）。中国传统床榻空间"大房子里面盖小房子"（图 2-18）可以在一定程度上消除高敞空间不利于冬季保温的弊病，而夏季亦可通过调换帐幔种类加以调节，也多少符合这道理——被动式技术是以动制动，建筑是放大了的衣服，也需要换季。这恐怕是习惯于夏季凉爽宜人气候的英国建筑师难以理解的。

可以推断，早期的在华西方教会建筑中国化之技术路径侧重于如何在设计上做得更"像"，且渐有明显进步，但在建筑物理性能控制方面尚少有针对性地虑及地域性因素的影响。

[①] 江南民间做法"装折"类之中的门窗框常倚重"金刚腿"，是一种极简便构造措施，门扇和中部门槛可随时装卸。参见：姚承祖，张至刚，刘敦桢．营造法原［M］．北京：中国建筑工业出版社，1986：41-42.

2.2 "中国固有式"建筑与"嘉庚建筑"之比较

2.2.1 "中国固有式"建筑技术模式分异

1920 年代末，第一代中国建筑师于欧美学成并回国执业，逐步开始参与职业实践中的激烈角逐。基于复兴中国传统文化之官方既定目标，政府投资的建筑项目多采用"中国固有之形式"——被视为"重要之国粹"的"大屋顶"以及表征"科学之原则"的钢筋混凝土乃至钢结构。然而建筑活动毕竟首先是物质性活动，毕竟要面对具体而差异化的地形、气候、物产、交通、经济和工艺水平，即使是有《首都计划》这样的官方文件作为参照甚至是引导，"中国固有式"建筑的具体技术做法也并非铁板一块，而是在桁架形式和彩画做法等方面就存在较大差异。

关于桁架形式，大量案例分析证明，在实践中有两种做法。首先，如果屋架跨度较小，则将脊檩与檐檩（有挑檐檩时包括在内）相应提高，而金檩则直接固定在屋架上弦，高度不变。这样，三处檩条上皮连线必为折线；或在屋架上弦按"步架"垫起不同高度撑脚或短柱，再搁置檩条，则檩条上皮连线也为折线[1]——上述处理与稍早的在华西方教会建筑中国化之技术路径一脉相承，只不过建筑设计者换成了中国建筑师而已。此类做法案例见于原国立上海医学院、中央体育场游泳池更衣室、广州中山图书馆周边式办公（阅览）室、原广州国立中山大学理学院化学楼和物理楼等（图 2-19～图 2-21）。如果屋架跨度较大，采用上述方法就难以奏效，只能以"步架"为单位，将三角屋架上弦杆由直线变为内凹折线，甚至干脆做成曲线方能达成理想效果。如广州中山图书馆中心阅览室、原上海特别市政府办公楼、南京中山陵祭堂等（图 2-22～图 2-26）。且桁架的制作材料也因应结构形式而有不同选择：屋架上弦杆为内凹折线的自然采用型钢尤其是角钢，而屋架上弦杆为内凹曲线的则采用钢筋混凝土现浇。

如果说桁架形式、"举折"做法的技术差异主要归因于跨度要求的不同，那么关于"中

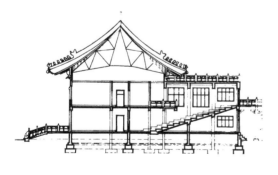

图 2-19 原广州国立中山大学理学院化学楼剖面图

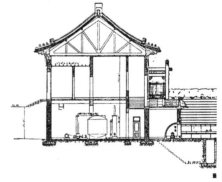

图 2-20 南京中央体育场游泳池更衣室剖面图

---

① 李海清. 中国建筑现代转型之研究——关于建筑技术、制度、观念三个层面的思考（1840～1949）[D]. 南京：东南大学，2002：250.

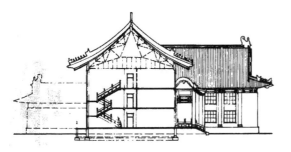

图 2-21　原广州国立中山大学理学院物理楼剖面图

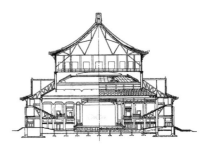

图 2-22　广州中山纪念堂剖面图

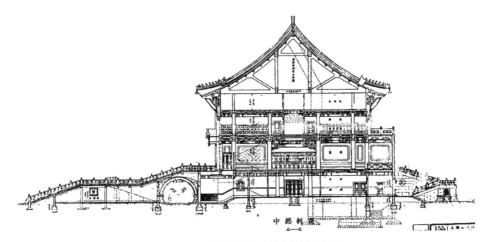

图 2-23　原上海特别市政府办公楼剖面图

图 2-24　原上海特别市政府办公楼钢筋混凝土屋架实景

图 2-25　南京原总理陵园纪念植物园屋架内景及外观

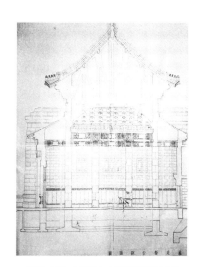

图 2-26　南京中山陵祭堂剖面图

国固有式"建筑之彩画的构造和工艺，其技术差异的诱因应更多与气候因素和耐候性诉求有关，术语典型的区域差异。这可从吕彦直有关"彩画"设计的两个案例得到具体阐释。中山陵祭堂室内"彩画"做法采用马赛克贴面，局部辅以彩色水磨石，室外"彩画"则是天然石材浮雕（图 2-27、图 2-28）。这里的"彩画"既没有沿袭木构彩画传统做法，亦非照搬1920 年代已摸索成功的仿古做法即现浇钢筋混凝土构件之外用油彩涂饰。吕彦直甫自美学成归来，辅佐亨利·墨菲设计金陵女子大学校园建筑。其彩画做法乃是采用仿古技术路线，将传统彩画图案加以简化，并以油彩涂饰。并非巧合的是：这一方法在稍早的原国立北平图书馆新馆、燕京大学等项目中已获得成功实验。而在设计中山陵时，吕彦直居然敢于放弃较为成熟的经验做法，自行研发新技术，这岂不是自讨苦吃、自寻烦恼？而广州中山纪念堂的方案设计中标时间仅比中山陵晚 8 个月，室内彩画却又采用仿古涂饰做法（图 2-29），室外"彩画"则用大面积彩色水磨石，[1],[2]局部辅以马赛克（图 2-30），与在中山陵做法也不尽相同。这又是为什么？关于彩画的技术模式选择，两个案例为何会有明显区别？

---

① 建筑文化考察组. 中山纪念建筑 [M]. 天津：天津大学出版社，2009：201.
② 营造商馥记营造厂，1929 年 10 月 24 日拍摄于施工现场照片上写明做法为"颜色人造石"。参见：建筑文化考察组. 中山纪念建筑 [M]. 天津：天津大学出版社，2009.

图 2-27　南京中山陵祭堂室内"彩画"：马赛克　　图 2-28　南京中山陵祭堂室外"彩画"：石材浮雕
　　　　贴面与彩色水磨石

图 2-29　广州中山纪念堂室内"彩画"：仿古涂饰　　图 2-30　广州中山纪念堂室外"彩画"：大面积
　　　　　　　　　　　　　　　　　　　　　　　　　　　　彩色水磨石辅以马赛克贴面

　　通过分析两地气候差异推知一个可能的答案是：长江中下游地区夏热冬冷，相对湿度
较大，对于建筑耐候性是一种挑战。中山陵祭堂建筑"彩画"采用马赛克贴面、彩色水磨
石或天然石材，则有利于提升建筑耐候性：涂饰采用化工产品为颜料，而马赛克和天然石
材都属于贴面材料，耐候性优于一般涂饰；水磨石耐候性显然优于涂饰，且比马赛克和天
然石材更具价格优势——性价比更好。[①]而广州位于夏热冬暖地区，气候比南京更为潮湿，
对耐候性就会提出更高要求。为尽可能高效使用投资，建筑师对室内外环境的耐候性要求
加以审慎区别：室外用彩色水磨石，局部用马赛克；而将价格低廉、做法成熟的涂饰用于
室内，可见其设计思维之技术含量。即使是同一建筑师、相似建筑类型和业主，因气候、
经济或其他外部客观条件不同，其具体的技术设计也可能加以区别对待。有关于此，建筑
师的具体思考尚待更为确凿的史料佐证，但他的设计实践选择还不足以说明问题吗？主要
活跃于珠三角地区、与吕彦直同期或稍晚的几位建筑师如林克明、余清江、郑校之以及杨

----

① 赵芸菲. 广东近现代民族形式建筑彩画饰面研究 [D]. 广州：华南理工大学，2013.

锡宗，也纷纷沿袭水磨石"彩画"，或定制彩釉陶砖铺贴"彩画"，[①] 在建筑设计这样一个高度依赖工程实践经验的职业中，同行们采用类似做法也从事实上确证了吕彦直两个案例的技术模式选择是何其明智而富有勇气。

职业建筑师的考量颇有专业理性的底蕴，而非专业人士的思考也有可能提供一种完全不同的视角。下文就以著名爱国人士、南洋侨领陈嘉庚领导建设厦门大学的独特做法为例，深入阐释其中的相关性。

2.2.2 "嘉庚建筑"在建造模式方面的独特思考

陈嘉庚以兴办"义学"著称于世，而厦门大学群贤楼是其代表性案例。就建筑形式而言，它与"中国固有式"建筑十分相似。但如果论及建造模式，则情形并非如此：建于1930年代的原上海市政府（今上海体育学院）采用现浇钢筋混凝土框架结构和北方官式建筑样式。厦大群贤楼二层以下为砖（石）混合结构，而上部的重檐歇山屋顶，则完全采用传统的抬梁／穿斗式木构，即将下部的砖（石）混合结构作为台基，直接把传统木构置于其上（图2-31、图2-32）。陈嘉庚作为直接参与校园建筑筹划、设计的"校主"，既非学者，亦非职业建筑师，更没受过现代建筑教育。可以推断，对于重塑文化传统和融入现代化潮流之间的必要张力，乃至于建筑学术界逐步意识到"中国固有式"建筑在形式逻辑和建造逻辑之间的多重矛盾，他既无意参与理论探讨，更无意另辟蹊径。其目标很简单，即"多盖房子、盖好房子"。[②] 很自然就会想到用本地生产的木、石与砖瓦，用本地工匠和工艺，而应尽量少用钢筋、水泥等进口材料。[③] 因为其时中国现代建材工业蹒跚起步不久，产能低下，钢筋、水泥都很昂贵。而2014年中国粗钢产量竟以8.23亿吨位居世界第一，占全球粗钢产量半壁江山，产能早已处于过剩状态——今非昔比，"嘉庚建筑"采用当地传统建造模式是为了降低造价，其初衷在于确保工程实现。

综上，和"中国固有式"建筑相比较，"嘉庚建筑"从表面上并未照搬当时较为主流

图2-31　厦门大学群贤楼外观

图2-32　厦门大学群贤楼三层以上使用中国传统木屋架

① 赵芸菲. 广东近现代民族形式建筑彩画饰面研究 [D]. 广州：华南理工大学，2013.
② 庄景辉. 厦门大学嘉庚建筑 [M]. 厦门：厦门大学出版社，2011：111-116.
③ 庄景辉. 厦门大学嘉庚建筑 [M]. 厦门：厦门大学出版社，2011：111-116.

的模仿北方官式建筑做法，却采用地方材料和工匠系统，这似乎是仅仅迫于经济环境压力，而从根本上着眼，还是由于在地方物产方面，在当时的厦门、当时的福建乃至于当时的中国，钢筋、水泥等现代建筑材料的生产和供应都是严重不足的，以至于物以稀为贵，是不得已而为之。很明显，在这组案例中，建筑设计的建造模式（具体而言是主要由设计者控制的技术模式）选择受到物产和经济因素的严苛制约。在今日难以想象的是，这种掣肘曾是长期影响中国建筑活动的关键性因素，无论是稍晚于"嘉庚建筑"的抗战时期，还是中华人民共和国建立的初期，甚至直到改革开放前期，无不如此。下文将以抗日战争时期重庆国民政府编制和推行《全国公私建筑制式图案》以及中国建筑师在后方"战时建筑"设计实践中的创举来进一步对此加以证明。

2.3 《全国公私建筑制式图案》与抗战后方"战时建筑"

2.3.1 重新检讨《全国公私建筑制式图案》之必要

1940 年代重庆国民政府编制并试图推行的《全国公私建筑制式图案》是现代民族国家中央集权政府在国家层面管理建筑活动中一次别有深意的尝试，研究其缘起、实施经过和结局，应能有助于判明中国本土性现代建筑之"本土性"的意涵，及其对当代中国建筑的意义。

本研究首先汇总并梳理中国第二历史档案馆和重庆市档案馆有关历史档案及相关文献，理清事件的基本过程；进而根据原重庆国民政府内政部营建司"《全国公私建筑制式图案》实施情况调查表"的反馈信息，统计颁图各县总数以及正式呈报营建司"无法推行"诸县总数，并以作统计分析，初步判明各地能否顺利推行制式图案与所处地形、气候、物产、交通、经济乃至工艺水平的关联性；最后，依据上述统计分析给出讨论和结论。

1. 史实：《全国公私建筑制式图案》缘起、实施经过和结局

1937 年 7 月 7 日，中日战争全面爆发。在经过最初几个月的全线退却之后，11 月底，南京国民政府正式宣布迁都重庆，并以重庆为陪都，继续领导全国抗战。如此，中国抗日战争的战略大后方正式形成，战争进入相持阶段。

应当看到，由于历史原因，此前的南京国民政府治国理政能力乏善可陈，即使是"黄金十年"期间，"国民政府的权力实际上只限于沿海、沿江的江苏、安徽、浙江等数省，国民党的权威遭到中国共产党、国民党地方军事实力派和日本这三个方面的严重挑战。"[1] 彼时，在"敌我伪顽"多方并存的纷乱政局下，迫切需要一个强有力的中央政府把控全局。在民族危亡的紧要关头，在一切为了抗战的大势之下，重庆国民政府强化自身领导地位的机会终于到来——以救亡图存为社会动员的政治纲领，蒋介石迅速整合各方实

---

① 高华. 国民政府权威的建立与困境［M］//许纪霖，陈达凯. 中国现代化史（第一卷 1800-1949）. 上海：上海三联书店，1995：411.

力派于国民政府旗帜下，而达其统治效能顶峰。[1]国防离不开经济建设，尤其是战略大后方的有序建设。在建筑活动管理上，对于各地政府系统和公共建筑进行统一规划设计，中央政府也必须发声。这既是"抗战建国"之国家战略的现实需求，也是重庆国民政府维护法统、确立自身地位合法性的内在动因，这是《全国公私建筑制式图案》诞生的大背景，而哈雄文在其中扮演了极为重要的主事者的角色。

图 2-33　哈雄文像

　　机遇总是为有准备的人而准备的。哈雄文（图 2-33）1920 年代末自美国宾夕法尼亚大学留学归来，此事发生之前已拥有自营建筑设计业务、任教沪江大学建筑系、供职于内政部地政司三种职业经历，并于 1937 年进入内政部地政司任技正，进而又于 1943 年 5 月 27 日起出掌内政部营建司。[2]在"最高国防会议"和蒋介石直接授意之下，哈雄文携手中央设计局，借老同学谭垣之力，并礼聘裴特、戈登、薛弗利等外籍专家为顾问，[3]积极推进《全国公私建筑制式图案》的设计编制，至 1944 年基本完成，前后编成四集共计 26 类项目的"制式图案"即标准化设计方案。其内容涉及乡村生活日常管理、县城的完整建制、政治宣教以及司法警政（表 2-1），构成国民政府赖以维系其统治合法性和基层社会治理日常运作的物质化空间建设指南。其最主要建筑形式特征，乃是确认官方建筑仍以"中国固有式"为基调，诸如琉璃瓦"大屋顶"和各种西式屋架等（图 2-34～图 2-43）。

《全国公私建筑制式图案》总目录表　　　　　表 2-1

第一集 （乡村生活的日常管理）	第二集 （县城的完整建制）	第三集 （政治宣教）	第四集 （司法警政）
01 保国民学校、保办公处及保国民兵队部联合建筑制式图（1943.05）	07. 县政府标准制式图（1944.05～06）	17. 中山堂甲种制式图（一）、（二）（1945.08.15）	23. 地方法院标准制式图
02. 乡村住宅制式图（1943.04）	08. 县参议会制式图（1944.05）	18. 中山堂乙种制式图（1945.08.15）	24. 县警察局制式图
03. 乡镇公所、乡镇国民兵队部联合建筑图（1943.07）	09. 县公共市场标准制式图（1944.06）	19. 中山堂丙种制式图（1945.08.15）	25. 县市警察所制式图

① 陈廷湘. 国民政府的战时集权［M］// 许纪霖，陈达凯. 中国现代化史（第一卷 1800-1949）. 上海：上海三联书店，1995：503-527.
② 郭卿友. 中华民国时期军政职官志［M］. 兰州：甘肃人民出版社，1990：648.
③ 中国第二历史档案馆藏国民政府内政部档案. 外籍专家来华协助设计案. 档号十二（6）-20741.

第一集 （乡村生活的日常管理）	第二集 （县城的完整建制）	第三集 （政治宣教）	第四集 （司法警政）
04. 乡镇中心小学标准图（1943.06）	10. 县公共菜市场标准图（1943.10）	20. 县市忠烈祠乙种制式图（一）、（二）、（三）（1945.08.15）	26. 县市警察分驻所制式图
05. 乡镇菜市场标准图（1943.05）	11. 公共集会场及公共游戏场标准图（1943.09）	21. 抗战胜利纪念柱标准图（1945.08.15）	
06. 公私厕所标准图（1943.05）	12. 县城住宅区建筑分段标准图（1943.09）	22. 甲种民众教育馆标准图（1945.07）	
	13. 县城楼房住宅标准图（1943.08）		
	14. 县城平民住宅及平房住宅标准图（1943.07）		
	15. 县乡镇谷仓标准图（1943.12）		
	16. 乡镇公共市场标准制式图（1944.06）		

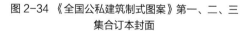

图 2-34 《全国公私建筑制式图案》第一、二、三集合订本封面

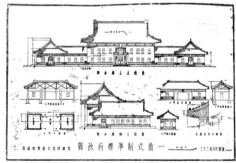

图 2-35 《全国公私建筑制式图案》县政府标准制式图（一）

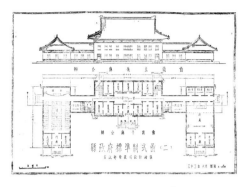

图 2-36 《全国公私建筑制式图案》县政府标准
制式图（二）

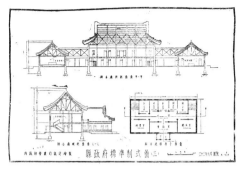

图 2-37 《全国公私建筑制式图案》县政府标准
制式图（三）

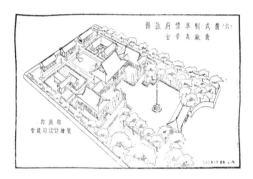

图 2-38 《全国公私建筑制式图案》县政府标准
制式图（六）

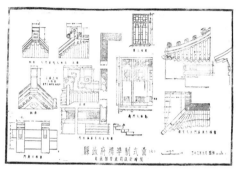

图 2-39 《全国公私建筑制式图案》县政府标准
制式图（七）

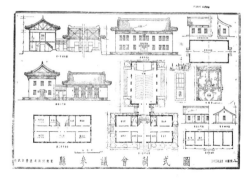

图 2-40 《全国公私建筑制式图案》县参议会
制式图

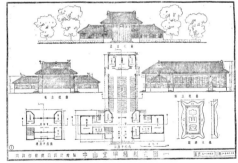

图 2-41 《全国公私建筑制式图案》中山堂甲种
制式图（一）

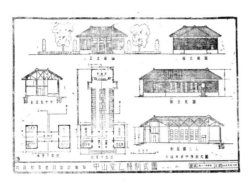

图 2-42 《全国公私建筑制式图案》中山堂乙种
制式图

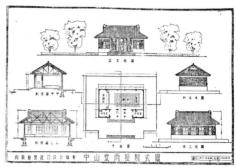

图 2-43 《全国公私建筑制式图案》中山堂丙种
制式图

1945 年 8 月抗日战争胜利，年底蒋介石亲拟手谕督导推动，随即内政部营建司向各地颁图实施。但一年之后，各地政府陆续反馈，皆称"连年战乱，财力匮乏，无法推行"。[1] 其中尤以四川省泸县县长来元义的呈报最具代表性："本县推行此项宫殿式建筑时约有困难三点：（一）占地面积较大；（二）筒瓦不易采购；（三）尚无熟练制式建筑之泥工、木工。"[2] 于是内政部营建司下发"《全国公私建筑制式图案》实施情况调查表"，涉及 9 个省级行政区共计 60 个单位。随后，有 24 个单位明确报告"无法推行"[3]（表 2-2），且即使推行的也几乎无一完全贯彻，由此宣告"制式图案"推行工作的失败。

《全国公私建筑制式图案》实施情况调查表反馈信息汇总表　　　表 2-2

省	市县	颁图日期	回复
四川	合川	1945.03.04	经费困难，无力推行，只建一公所
	南川	1945.07.19	县府、参议会依式兴建，但后者采用中学礼堂制式，以利集会
	北碚管理局	1945.07.19	经费困难，未曾普遍兴工，只建了小学、公所各一座
	巴县	1945.08.01	
	江北	1945.03.03	

---

① 中国第二历史档案馆藏国民政府内政部档案．内政部与中央设计局会同拟订标准县市及乡镇建筑方案．档号十二 -2770，2780.

② 中国第二历史档案馆藏国民政府内政部档案．内政部与中央设计局会同拟订标准县市及乡镇建筑方案．档号十二 -2770，2780.

③ 中国第二历史档案馆藏国民政府内政部档案．内政部与中央设计局会同拟订标准县市及乡镇建筑方案．档号十二 -2770，2780.

省	市县	颁图日期	回复
四川	江津	1945.03.03	本县近年因农村歉收，农业凋零，致人民大多因陋就简，鲜有建筑。仅县参议会业经依照制式正兴建中
	泸县	1945.06.11	本府办公厅及宿舍已按制式兴建，其他则有三样困难而未能推行
	荣县	1945.07.12	水旱两灾频仍，民生凋敝，满目疮痍。推行制式建筑实无法办理
	渠县	1945.09.08	各乡镇保限于经费，未能依式建筑。唯有县参议会，遵照制式略加修改，已动工
	遂宁	1945.09.08	本县地瘠民贫，人民均沿用旧有房屋居住，县参议会拟建新会址已照部颁图式设计，若无经费，则无法着手进行
	隆昌	1945.09.08	
	南溪	1945.11.27	
	蓬安	1945.11.27	
	威远	1945.11.27	
	广安	1945.12.13	
甘肃	民政厅	1945.09.28	
	皋兰	1945.04.20	本县自县市划界，所辖境均系乡村，并无城市，建筑多沿用旧制，且农民等均限于经济短缺，以致未能按照制式图样推行
	庄浪	1945.05.12	本县地处偏僻，交通不便，人民生活艰苦，并无此项技术工人，依照制式图样改善公私建筑，无法推行
	永登	1945.05.12	
	漳县	1945.05.26	
	山丹	1945.05.26	本县地瘠民贫，大规模建筑无法着手
	静宁	1945.05.26	
	武威	1945.05.26	
	会川	1945.06.06	本县地瘠民贫，经费无着，尚未依式建筑屋舍
	兰州市	1945.07.18	地处边陲，向极瘠苦，经济薄弱，所有公私建筑均系利用原有房屋，或占用祠庙，因陋就简，计划按制式建造中山纪念堂，为提倡之表现

省	市县	颁图日期	回复
云南	建设厅	1945.03.15	
	昆明市	1945.06.16	自抗战胜利后，百业凋敝，经济困难，尚乏大型建筑者
	双柏	1945.03.15	本县属山区，地瘠民贫，十室九空，加以三年大旱，生活困难……因财力不逮及地势限制，公私交困，实在无力照式起屋
	姚安	1945.03.15	
	曲靖	1945.03.15	抗战以来繁荣骤减，人民经济力量有限，公有建筑更属不多，推行困难
	昭通	1945.03.15	
	凤仪	1945.03.15	
	楚雄	1945.03.15	
	昆明县	1945.03.15	
福建	福州市	?	
	长泰	1945.01.30	
	古田	1945.04.06	尚在筹划建筑经费
	长汀	1945.03.06	
	上杭	1945.03.12	本县财政极度困难，无法进展
	南平	?	
	镇安	?	
	连城	?	
	长乐	?	本县两度沦陷后，农村经济濒于破产，城镇商业亦一蹶不振，致新兴建筑为数甚少，即有一部分公有建筑和私有建筑，均因陋就简，未能符合制式标准
	浦城	?	
	泰宁	?	
	周宁	?	
	龙岩	?	
	永春	?	
	南靖	?	
	厦门市	?	市况萧条，房屋建筑仅需零星修建，建筑制式尚无从推行
	火干县	?	

省	市县	颁图日期	回复
陕西	西安市	1945.11.27	
	镇巴	1945.11.27	
江西	临川	1946.03.19	
	江西救济分署	？	赣县县政府：本县公私建筑房屋，均系以普通式图样兴建，贵司制式图样，工程较大，所需经费甚巨，以致推行困难
	余干	？	
	兴国	？	县财政异常拮据，恐一时难以完全依式建筑
安徽	驻渝办事处	？	
广东	省政府	1946.01.16	
广西	省政府	1946.03.05	

2. 从建造模式选择的前置性约束条件看《制式图案》实施之失败

《全国公私建筑制式图案》是近代中国历史上第一次由中央政府职能部门主导制订之国家层面的标准建筑设计图则，其意义至少在于两个方面：一是明确了标准设计的价值；二是初步积累了编制标准设计的经验。然而其推动工作的失败也反映出建筑设计工作总是要面对作为外部条件的各种现实环境因素的制约，如何看待这些制约因素并对其作出回应，涉及是否承认"历史—地理唯物主义"（historical-geographical materialism）[1]的合理性以及是否支持"适宜建造"的价值观念。在本案中，至少有以下四个方面的环境因素值得关注与讨论。

（1）地形：山地环境（包括丘陵）由连绵不断、高度各异的山丘组成。作为从事建筑活动的外部条件，其某些特点具有难以回避的前置性。以彼时由卢元义担任县长的四川泸县为例，其境内地貌有低山深丘、中丘中窄谷、浅丘宽谷及河谷阶地四种形态，分别占幅员面积的7%、27%、60.5%和5.5%，[2]换言之，前两者即难以建房造屋处已超过30%，更不必说高差悬殊较大的山地环境及其具体地质条件，建房就更为困难。如重庆原国立中央大学柏溪分校选址于山坡上，其"各项房屋之地基原系山地水田，纯为阶层状，每层宽度有限，必须将高田挖下，低田垫高，始合屋基面积之需要。地面泥土甚浅，开石凿基所费甚巨"。[3]由于山地环境缺乏大幅连续平地，因此建筑布局大多顺应等高线，呈现出自然

---

① 唐晓峰. 序一：创造性的破坏：巴黎的现代性空间 [M] // （美）大卫·哈维. 巴黎城记·现代性之都的诞生. 黄煜文，译. 南宁：广西师范大学出版社，2010. 1.

② https://baike.baidu.com/item/%E6%B3%B8%E5%8E%BF/1144436?fr=aladdin#3.

③ 中国第二历史档案馆藏国民政府教育部档案. 原国立中央大学柏溪分校校舍建筑费概算说明及建筑图. 档号：五-5289（2）.

的、相对分散状态，以压缩单体建筑规模，减少土方工程量——这种建筑选址和布局难以营造出"中国固有式"建筑中轴对称、院落开阔、幽长深远的总体格局。如1939年前后的西康省政府、西康省德格县立小学校，[①]甚至当下的贵州民居，大多仍遵循这一规律。

（2）物产：至1930年代，中国的现代建筑材料工业虽有巨大发展，但仍不成体系。1926~1933八年期间，全国华资钢铁企业总产量之和也没超过10万吨；[②]人均钢铁消耗量是衡量一国经济发展程度的重要指标。与发达国家相比，民国以来，中国人均钢铁消耗量与发达国家的差距不断拉大，如表2-3所示，中国每年人均钢铁消耗仅1~2公斤，与世界钢铁工业发达国家的年人均钢铁消耗47~570公斤相比，几近于无。[③]很明显，钢铁产能严重不足阻碍了钢筋混凝土结构的迅速普及和推广。另一方面，水泥工业虽在第一次世界大战之后获得了很大发展，但在全国分布极不均衡，中、西部地区建材工业化进程与沿海地区相比更为迟滞，水泥生产企业极为稀缺。1930~1940年代中国水泥生产企业共计9家，其中只有3家在中、西部地区（湖北大冶、山西太原、四川重庆），其产能仅占全国总量的16%。[④]加以抗战时期"大后方"因战时经济总体状况的窘迫，皆不利于推行现代建筑结构技术，这些都是建筑设计无法回避和逾越的前置条件。各类项目无论是否由专业设计人员操控，其建造模式选择以及相应设计决策，动机皆难逃怎样提高工程实现的可能性——使用现浇钢筋混凝土框架结构、柱梁体系和平屋顶，或采用钢屋架建造坡屋顶，在技术上固然先进高效，却受物产和经济状况制约，较难具备或根本不具备现实的可获得性。与此相反，就地取材的地方性建造模式倒可以便捷选用。

（3）工艺："宫殿式建筑"原型是北方官式建筑，其生产主体及相关行业机构、营造商主要活跃于东部沿海的平津和京沪杭地区，而在四川、西康等中西部地区，熟悉北方官式做法的工程技术专业人员、机构与营造商极为稀缺，所以建筑活动多结合当地常见民间做法，其工艺上的可操作性才会比较强，如原成都华西协和大学、雅安的银行、学校以及教堂等，否则工程实现难度就会陡增。与此形成鲜明对照的则是建于1932年的广州中山纪念堂，因采用北方官式做法，而岭南地区又难觅熟悉此类做法的工匠，故其彩画工程也不得不从北京重金礼聘懂行的工匠。[⑤]而在战时的大后方，这样奢靡的做法肯定是不现实的。

综上，《全国公私建筑制式图案》之所以未能有效推行，主要是因为具体建筑活动之建造模式普遍倾向于选择采用地方材料和工匠系统，是出于对地形、物产、工艺等客观环境因素作为外部设计条件制约之回应。而在国土空间尺度层面统一标准设计和建造模式，对于中国这样一个幅员辽阔、地域差异十分显著的国家而言，实在是过于理想化了。

---

① 孙明经，孙健三. 定格西康：科考摄影家镜头里的抗战后方 [M]. 南宁：广西师范大学出版社，2010：162-199.

② 李海清. 中国建筑现代转型 [M]. 南京：东南大学出版社，2004：198.

③ 李海涛. 近代中国钢铁工业发展研究（1840~1927）[D]. 苏州：苏州大学，2010：187.

④ 李海清. 中国建筑现代转型 [M]. 南京：东南大学出版社，2004：194.

⑤ 彭长歆. 现代性·地方性：岭南城市建筑的近代转型 [M]. 上海：同济大学出版社，2012.223.

此处的疑问在于：几乎与《全国公私建筑制式图案》这一历史事件并行，抗战后方还是因应现实需求进行了大量基本建设，那么"战时建筑"是否只要直接沿用就地取材的地方性建造模式即可达目的？若真如此，建筑师和工程师的专业设计又有何意义？下文将会专门探讨。

2.3.2　抗战后方"战时建筑"建造模式混合策略及其启示

人类文明发展史是一部不同地区间生产、生活技术不断产生（发明）、交流（传播）、发展（改进）和竞争（选择）的历史。在古代，这种状况更多地发生于交通联系相对便捷的、相邻地区间的较小空间区域范围内，而15世纪末至16世纪初全球航路开通以来，特别是18世纪工业革命爆发之后，由于生产力水平的迅速提升，人类运用现代科学技术改造自然的能力空前加强，全球各地区间逐步实现了技术上的整体互动——技术发明与技术传播进入了全球流动时代。同时，技术发明与技术传播也成为全球流动背景下技术研发与输出的主要形式。毫无疑问，技术传播通常总是从水平较高地区向较低地区扩张，似乎后发地区建筑活动的技术策略仅限于被动接受输入之一途，而事实并非如此。技术传播过程中的改进与选择就是明证，其手段也往往不是那么纯粹，而是根据各地具体条件在建造模式上采取混合策略。本研究所关注的抗日战争时期中国后方"战时建筑"，正是反映这种技术传播过程中的改进与选择之复杂机制的一类有趣例证。

其实，类似的例证显然并非仅限于此，笔者感兴趣的案例至少还包括中国近代教会大学校园建筑、三线建设时期的工业建筑与居住建筑等。那么，为什么要先从抗日战争时期中国后方"战时建筑"做起呢？这其实是个关于中国近现代建筑（技术）史研究的史学史问题。抗日战争时期是中国近代史的重要转折期，[①~③]这是学界的基本共识。然而，这一历史学科之通史意义上的"转折"对于中国建筑究竟意味着什么？这种"转折"对于当时中国建筑活动究竟具有怎样的影响？建筑史学界其实极少予以关注——事实上，就既有研究而言，抗日战争爆发之前的十多年以及战后，中国建筑师在干什么、怎么干，已大体可以廓清。而有关战争期间他们在中国后方所作所为的研究，也经历了从无到有的发展过程，且至今仍不甚清晰。出于崇尚"永恒"而矮化临时建筑的习惯性认知，甚至认为他们设计的大量"战时建筑"毫无价值，这其中可能存在着意味深长的误解——在亟须寻求自主创新之路的今日，审慎检讨有关设计实践，深具理论价值和现实意义。

这里必须要明确的是：本研究之"战时建筑"，是指抗日战争时期位于战略后方的中国中西部地区的建筑活动，因钢材、水泥等现代建筑材料供应严重不足，以至于不得不极

① 刘大年. 当前近代史研究的几个理论问题 [M] // 刘大年集. 北京：中国社会科学出版社，2000：3-29.

② 荣维木. 抗日战争与中国现代化的历程 [C] // 中国抗战与世界反法西斯战争——纪念中国人民抗日战争暨世界反法西斯战争胜利60周年学术研讨会文集（上卷）. 2005：96-111.

③ 袁成毅，范展，荣维木，等. 笔谈抗日战争与中国现代化进程 [J]. 抗日战争研究，2006（3）：1-26.

少使用甚至放弃，转而向传统的民间建筑学习，以就地取材的"简易建筑技术"实现低成本快速建造，回应急迫现实需求之产物与载体。关于抗日战争时期的中国建筑，既有研究主要分布于建筑学和土木工程两大学科。前者多认为彼时中国建筑活动总体趋于凋零，有极少量关于简易建筑技术的观察与描述；[①]~[④] 而后者集中于中国古代木结构，[⑤] 仅属相关研究，关于木材力学性能、[⑥] 关键节点受力机理、[⑦] 木构架整体受力性能[⑧], [⑨] 等研究有一定参考价值。显然，"战时建筑"及其简易建筑技术是长期以来被忽视的主题——来自建筑学的分析缺乏科学方法支持，而来自土木工程学的研究则鲜有针对性。可见，与早已成为热门话题的中国近代教会大学校园建筑、三线建设时期的工业建筑与居住建筑等相比，抗日战争时期中国后方"战时建筑"研究尚属亟待开垦的荒芜之地。加以简易建筑技术本就存在耐久性方面的天然缺憾，实物遗存寥寥无几。若再不展开抢救性调查、发掘与整理，势将迅速成为死无对证的悬案。

有鉴于此，本研究聚焦抗日战争时期中国后方建筑设计实践，基于文献梳理、档案查阅和田野调查，采用建筑学和土木工程学科交叉方法，将"战时建筑"置于长时段的中国现代建筑发展脉络中加以观察，案例选取侧重现存资源相对丰富的重庆地区，特别关注建筑结构设计。意在明晰"战时建筑"借鉴中国传统民间建筑技术的总体特征；进而以原国立女子师范学院和原国立中央大学柏溪分校两所高校建筑设计实践为载体，就中西比较视角下的结构抗侧能力展开有针对性的分析，揭示其采取混合设计策略的意图正在于寻求空间合用、结构合理与易建性诉求的均衡，其设计思维超越了战前多所倚重的"再现"，这不仅表征了一种认知进展的萌发和观念转变的契机，而且还投射出技术改进与选择的历史逻辑与机制。

1."战时建筑"设计实践综述

1)"战时建筑"简要回顾

1937 年夏抗日战争全面爆发，大量机关、企业及学校内迁，后方人口快速增长，急需快速新建房屋。西南诸省作为战略后方，现代建筑材料生产起步不久，工业化水平很

① 建筑工程部建筑科学研究院. 中国建筑简史·第二册：中国近代建筑简史 [M]. 北京：中国工业出版社. 1962：6-7
② 杨秉德. 中国近代城市与建筑 [M]. 北京：中国建筑工业出版社. 1993：3
③ 李海清. 中国建筑现代转型 [M]. 南京：东南大学出版社，2004：228-230.
④ 郭小兰. 重庆陪都时期建筑发展史纲 [D]. 重庆：重庆大学，2013：61-64.
⑤ 陈志勇，祝恩淳，潘景龙. 中国古建筑木结构力学研究进展 [J]. 力学进展，2012，42（5）：644-654.
⑥ 李瑜，瞿伟廉，李百浩. 古建筑木构件基于累积损伤的剩余寿命评估 [J]. 武汉理工大学学报，2008，30（8）：173-177.
⑦ 淳庆，等. 江浙地区抬梁和穿斗木构体系典型榫卯节点受力性能 [J]. 东南大学学报（自然科学版），2015，45（1）：151-158.
⑧ Kataoka Y, Itoh H, Inoue S. Investigation of fuzzily arranged "Hanegi" in traditional wooden building [J]. World Conference on Timber Engineering, 2000（6）.
⑨ Maeda T. Column rocking behavior of traditional wooden buildings in Japan [J]. World Conference on Timber Engineering, 2008（10）.

低，很难获得钢材、水泥等新型建材。另一方面，国民政府实行"战时经济"统制，民用房屋建设投入微薄。于是各地不得不借鉴传统民间建筑技术，快速建造大量就地取材的低成本房屋，而几乎不用钢材、水泥。

首先，在居住建筑方面，1939年前后梁思成、林徽因夫妇自行设计建造昆明龙头村寓所，[①]采用当地民居常见木架、土墙和瓦顶；而陕北中国共产党领袖们也只得屈身窑洞之中。办公建筑如西康省义敦、甘孜二县政府皆用生土技术构筑；雷波、道孚二县政府则用木架瓦顶，省府交通厅用石构，而延安中共中央办公厅大楼（设计者杨作材）也用类似做法。[②]观演建筑如重庆国民大会堂（设计者哈雄文）用木桁架、土墙，[③]重庆青年会电影院（设计者"基泰工程司"杨廷宝）用砖柱、夯土墙、双竹笆墙以及空斗砖墙；[④]延安中央大礼堂（设计者杨作材）用砖石砌体（含拱券）及木屋架。[⑤]教育建筑如西康省德格县立小学用生土夯筑、密肋木梁平顶，与当地"碉房"如出一辙；白玉县小学、康定县立瓦斯沟小学也用类似做法。[⑥]即使是梁思成、林徽因规划设计的昆明西南联大校舍，也用土墙、铁皮顶和草顶。[⑦]就连直接关涉国防安全的军事工程，如重庆白市驿机场空军指挥所及美军第14航空队营房，也均为土墙草顶，重庆珊瑚坝机场航站楼甚至用竹构草顶。

除技术模式多所创建以外，"战时建筑"在工程模式方面也有很多突破。如1940年代抗战烽火正酣，为配合援华美国空军开辟"驼峰航线"，国民政府在川、滇两省修建了大量军用机场。[⑧]中国军、民修筑跑道时采用巨大石碾平整场地，还用镐铲土，用扁担、粪箕运土方。可见，在战时的西南地区，以人力驱动、手工操作、传统农耕时代生产工具为主体的工程模式发挥了极重要作用。而早在1920年代，机械化施工机具和工程装备早已在率先对外开放、经济相对发达的东部沿海部分地区，尤其是在上海这样的"国际化大都市"成规模投入使用，建筑工业化生产也已初步展开；而到了1940年代的战时大后方，以人力驱动、手工操作的传统生产工具为主体的工程模式似乎"重出江湖"，这究竟是为什么？

2）"战时建筑"之简易建筑技术特征

同样是回应战争引起的"房荒"，西欧主要采用现浇或预制钢筋混凝土结构、钢结构与砖混结构。而中国"战时建筑"则普遍采用或借鉴民间建筑技术，考其缘由至少有

① 林洙. 建筑师梁思成［M］. 天津：天津科学技术出版社，1996：76.
② 贺文敏. 延安三十到四十年代红色根据地建筑研究［D］. 西安：西安建筑科技大学，2006：22-28.
③ 杨秉德. 中国近代城市与建筑［M］. 北京：中国建筑工业出版社，1993：8，19，57.
④ 南京工学院建筑研究所. 杨廷宝建筑设计作品集［M］. 北京：中国建筑工业出版社. 1983：131.
⑤ 贺文敏. 延安三十到四十年代红色根据地建筑研究［D］. 西安：西安建筑科技大学，2006.
⑥ 孙明经，孙健三. 定格西康：科考摄影家镜头里的抗战后方［M］. 南宁：广西师范大学出版社，2010：119.
⑦ 杨立德，等. 国立西南联合大学史料（六）经费校舍设备卷［M］. 昆明：云南教育出版社，1998：142-182.
⑧ （美）渠昭. 抗战中建设的滇缅空军基地［J］. 世纪，2013（2）：52-55.

三：一是物产，抗日战争时期中国钢铁、水泥工业仍较薄弱，[①]中西部地区的现代建筑材料供应更是严重不足。[②]二是交通，其时后方交通运输条件远非今日可比：地震、山体滑坡、泥石流等地质灾害频发；重庆以上长江干流不适航运，难以获取进口资源。三是经济，战时经济"以军事为中心，实行计划经济"，[③]基本建设必须让路，只能因陋就简。借鉴民间建筑技术、普遍采用简易建筑技术也就顺理成章了。有趣的是，虽然这些原型长期且广泛存在于民间，战前却难登建筑设计业界大雅之堂。具体而言，1920～1930年代风行一时的"中国固有式"建筑，其精髓早已被定义为将北方官式建筑样式和现代建筑技术叠合，[④,⑤]怎能轻易放弃钢筋混凝土框架结构、钢结构和砖混结构等而使用木架土墙？至于"国际样式"建筑，就更不可能循此做法。

　　而这里的关键问题在于："战时建筑"是否只要直接沿用传统民间建筑技术即可达成诉求？其技术路径是否仅限于直接借鉴传统民间建筑之"易建性"？若真如此，建筑师和工程师的专业工作又有何意义？实际上，因简易建筑技术耐久性普遍不理想，"战时建筑"今已所剩无几，很难构建出完整证据链。所幸笔者基于长期持续关注，借力同侪鼎力相助，通过文献查阅、档案搜寻和田野调查，发现两处尚存实体物证的案例，且有案可查：久负盛名的"基泰工程司"设计的重庆原国立女子师范学院扩建工程，以及原国立中央大学工程处自行设计的新建柏溪分校。

2. 案例研究：两所高校建筑设计之混合策略

1）两所高校建筑设计信息简况

　　针对抗日战争全面爆发后的严重"师荒"，教育部于1938年创设国立师范学院制度。国立女子师范学院即为其中唯一女子师范学院（下文简称"女师院"）。[⑥]1940年5月筹建，[⑦]经勘察设校于江津县白沙镇。当年8月1日签署购地契约，委托"基泰工程司"设计，继而春祥泰营造厂中标承包一期工程。中秋节后开工，11月11日建成并投入使用。[⑧]后又于1941年扩建，承包商同前。现有案可查者为基泰工程司完成于1941年6～7月的一套扩建工程设计图纸，共7张，其深度近于建筑专业施工图。上有专业图签，标注设计机构名称（中英文对照）、建设单位、项目名称、项目编号、图纸编号、设计者、绘图者、校正者、修改者、绘图日期以及修改日期等。图纸反映出各类教学、生活用房皆用简易建筑技术，现存实物为教室一栋（图2-44、图2-45），食堂一栋（屋顶已毁，仅余砖柱、

① 李海涛. 近代中国钢铁工业发展研究（1840~1927）[D]. 苏州：苏州大学博士学位论文，2010.187.
② （美）大卫·哈维. 巴黎城记 – 现代性之都的诞生 [M]. 黄煜文，译. 南宁：广西师范大学出版社. 2010：10-15
③ 陈雷. 国民政府战时统制经济研究 [D]. 石家庄：河北师范大学博士学位论文. 2007：77-78.
④ 吕彦直. 规划首都都市区图案大纲草案 [J]. 首都建设，1929（1）：25-27.
⑤ 林徽因. 论中国建筑之几个特征 [J]. 中国营造学社汇刊，1932，3（1）：163-179.
⑥ 彭泳菲. 抗战时期四川江津国立女子师范学院研究 [J]. 沧桑，2011（2）：21-22.
⑦ 少怀. 抗战中的国立女子师范学院 [J]. 民意周刊，1941（172）：12.
⑧ 少怀. 抗战中的国立女子师范学院 [J]. 民意周刊，1941（172）：12.

屋架），以及不明用途房屋一栋。

原国立中央大学虽贵为国民政府教育部"长子"，为当时中国最重要、最具实力的大学之一，亦不得不于1937年9月23日奉教育部令迁校至重庆，仅用42天就在沙坪坝建成可容纳1000多人新校舍，并于11月22日正式开学。[1]校舍使用简易建筑技术，既有瓦顶也有草顶。[2]至1938年夏又于柏溪新建校区（下文简称"柏溪分校"），[3]9月设本校工程处，自行筹备设计、备料与施工，翌年2月初步建成。校区占

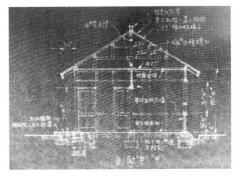

图 2-44　国立女子师范学院教室设计图
（来源：中国第二历史档案馆）

地148.5亩，土地含旧房全部购价17500元。[4]。现有案可查者为《国立中央大学柏溪分校建筑图》和《国立中央大学柏溪分校校舍建筑费概算说明》，完成于1939年2~10月，共有图纸17张。有证据表明，这其实是配套概算一并呈报的竣工图，[5]专业图签标注了项目名称、比例尺、绘图日期。有设计者和绘图者签名，分别是张尔兆、黄登瀛和史凤新

图 2-45　国立女子师范学院教室外景（左为1940年代旧照，来源：柴德赓网；右为现状）

---

① 刘瑛，昭质. 抗战时期中央大学西迁重庆沙坪坝［J］. 档案记忆，2017（1）：19-22.
② 蒋宝麟. 抗战时期中央大学的内迁与重建［J］. 抗日战争研究，2012（3）：122-131.
③ 中国第二历史档案馆藏. 国立中央大学柏溪分校校舍建筑费概算说明及建筑图. 档号：五-5289（2）.
④ 中国第二历史档案馆藏. 国立中央大学柏溪分校校舍建筑费概算说明及建筑图. 档号：五-5289（2）.
⑤ 中国第二历史档案馆藏. 国立中央大学柏溪分校校舍建筑费概算说明及建筑图. 档号：五-5289（2）.

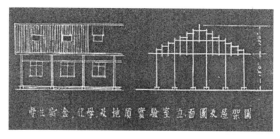

图2-46 国立中央大学柏溪分校学生宿舍设计图   图2-47 国立中央大学柏溪分校传达室外景

三位。[①, ②]其深度近于方案设计，各类校舍也普遍采用简易建筑技术，现存实物为传达室一栋（图2-46、图2-47），保存状况尚可。

以上两所高校虽皆为国立，其校园建设由中央拨款，但因战争环境所迫而建设周期都很短，[③, ④]借鉴当地传统民居之穿斗木架确属明智之举。因其是现场预制装配，木架整体起竖，水平联系构件吊装就位（图2-48），加以墙体普遍使用竹笆抹灰，可达快速建造之目的。从历史照片来看，两所学校似仅沿用当地传统技术。而实物查勘与图档判读显示它们并未直接沿用穿斗木架，而是有目的地加以调整和优化，并与西式屋架相结合，采取混合策略，以达成结构合理、空间合用和易建性诉求，其中尤以"女师院"为甚。

2）"混合"策略：基于力学模型的建筑结构设计分析

（1）单榀屋架层面的混合骨骼

两所高校建筑设计普遍存在三个层面的混合（表2-3）。首先是在屋架层面，即单榀屋架内部的混合：如中央大学柏溪分校传达室貌似仅采用穿斗木架，而通过在室内和山面仔细辨认可知，其屋架形式为三角形桁架与穿斗木架的叠加，即在穿斗木架梁端使用了斜向上弦杆，上弦杆之上才搁置檩条（图2-49）。又如"女师院"图书馆主体空间用三角形桁架，开敞外廊用抬梁木架一个步架（图2-50左），形成复合屋架。如此可利用桁架少有竖向杆件落地而便于组织空间的优势，且避免桁架直接覆盖开敞外廊必然带来的问题（图2-50右）：竹笆抹灰外墙不得不被三角形桁架之上、下弦杆或腹杆穿过，以至增加施工难度。而外廊结构体独立设置可改善易建性。

① 中国第二历史档案馆藏. 国立中央大学柏溪分校校舍建筑费概算说明及建筑图. 档号：五-5289（2）.

② 依概算说明书可知，设计单位就是中央大学自设"工程处"。从图纸上的术语使用（剖视图、立视图）、剖面绘制（多无室内外高差），以及《国立中央大学柏溪分校校舍建筑费概算说明》上第四项"工务费"关于人员薪资支出"主任兼设计一人，监工兼绘图二人，收发材料员一人，计由27年9月至28年7月共支薪如左数。其由本大学调用者月薪不计，仍列于本校经常费内"等细节可以推断，三位设计者极有可能并非建筑学专业出身，而是从本校临时调用，具有机械或土木类专业背景。其设计绘图质量远逊基泰工程司为国立女子师范学院所做工作。

③ 如国立女子师范学院与春祥泰营造厂于1942年8月25日订立的建筑工程承包合同，其建设内容为附属中学分校教室一栋和学生宿舍一栋，合同约定施工期限仅35天（包括雨天）。

④ 中国第二历史档案馆藏. 国立女子师范学院校舍建筑、验收的文件图纸. 档号：五-5399（2）.

图 2-48　中国西南地区传统穿斗木架建筑工地现场预制装配"拢架"场景

　　更为重要的是：就抗侧刚度而言，此复合屋架优于直接覆盖外廊的整体西式屋架：设上述两种情况柱端约束条件相同，则柱抗侧刚度与 EI/H^3 成正比（柱抗侧刚度等于 $\eta EI/H^3$，其中 E 为木材弹性模量，I 为柱截面惯性矩，圆形截面柱 $I=\pi d^4/64$，d 为圆柱直径，H 为柱高，η 取值与柱端约束条件有关）；单榀屋架抗侧刚度与每根柱抗侧刚度之和 $\sum E_iI_i/H_i^3$ 成正比（$i=1, 2, 3……n$，n 为柱根数）。也就是说，对于单榀屋架而言，柱根数越多、截面尺寸越大、高度越小，则其抗侧刚度就越大。可见此复合屋架是一举三得：空间合用、结构合理且易于施工。

　　具体而言，如图 2-51 所示，以复合屋架（灰线绘制）为基准型，设 2、3 号轴线柱高为 h，1 号轴线柱高为 $0.8h$，木材弹性模量 E 以及柱截面惯性矩 I 按相同取值考虑，分别为 e 和 i，则该复合屋架所有柱抗侧刚度之和为：$\sum E_iI_i/H_i^3=E_1I_1/H_1^3+E_2I_2/H_2^3+E_3I_3/H_3^3=ei/(0.8h)^3+ei/h^3+ei/h^3=1.95ei/h^3+2ei/h^3=3.95ei/h^3$。

表 2-3

原国立女子师范学院和原国立中央大学柏溪分校建筑技术信息比较

项目名称	图纸编号	设计者	设计时间	剖面简图	屋架类型	跨度（英尺）	地盘（英尺）	开间（英尺）	剪刀撑	横撑	异形屋架	气窗	单竹笆墙	双竹笆墙	草屋顶	瓦屋顶	竹席吊顶
重庆女子师范学院加建图书馆	A-1	基泰工程司龙？（疑为龙希玉）	1941.06.02		福内混合：主体桁架+走廊穿斗；中间复合屋架+山墙穿斗	桁架16 走廊穿斗4	20×72	12	难以辨认应该有	?	无	难以辨认	?	有	无	有	有
重庆女子师范学院加建教室	A-5	基泰工程司签名难以辨认同A-3	1941.07.10		福间混合：桁架+走廊角撑；福间混合：中间复合屋架+山墙穿斗	桁架20 走廊挑檐4	24×54	12 14	4英寸直径对称两处	无	无	有	有外墙用	有内墙用	无	有	有
国立中央大学柏溪分校第十八教室	10#	中央大学工程处黄家骥	1939.08		福间混合：中间桁架+山墙穿斗	4\32\4 40	40×54	13.5	应该有未标注	未发现	有	无	墙下部用青砖垒砌；中部用照壁双层竹壁；最上部用单层竹壁，两面均糊灰刷粉		无	有	未发现

项目名称	图纸编号	设计者	设计时间	剖面简图	屋架类型	跨度（英尺）	地盘（英尺）	开间（英尺）	剪刀撑	横撑	异形屋架	气窗	单竹笆墙	双竹笆墙	草屋顶	瓦屋顶	竹席吊顶
国立中央大学柏溪分校师范学院办公室及心理实验室	11#	中央大学工程处 黄登瀛	1939.1		椽间混合：中间桁架+山墙穿斗	16\6\16 38	38×94	13 16	应该有未标注	未发现	无	有		墙下部用青砖垒砌；中部用双层竹照壁；最上部用单层竹照壁，两面均糊灰刷粉	无	有	未发现
国立中央大学柏溪分校学生第四宿舍、化学实验室及地质实验室	7#	中央大学工程处 张尔兆 史凤新	1939.02		椽间混合：中间桁架+山墙穿斗	16\6\16 38	38×143	13.5	应该有未标注	未发现	无	无		墙下部用青砖垒砌；中部用双层竹照壁；最上部用单层竹照壁，两面均糊灰刷粉	无	有	未发现
重庆女子师范学院加建学生宿舍储藏室	A-3	基泰工程司签名难以辨认同A-5	1941.06.24		穿斗	6\9\6\4 25	25×60	15	4英寸直径对称两处	无	无	有门头、山间	有	无	无	有	有

项目名称	图纸编号	设计者	设计时间	剖面简图	屋架类型	跨度（英尺）	地盘（英尺）	开间（英尺）	剪刀撑	横撑	异形屋架	气窗	单竹笆墙	双竹笆墙	草屋顶	瓦屋顶	竹席吊顶
重庆女子师范学院加建医疗室储藏室	A-4	基泰工程司签名难以辨认	难以辨认		穿斗	18	18×36	9	4英寸直径中心线一处	无	无	无	有	无	无	有	有
重庆女子师范学院加建教职员厕所浴室	A-6	基泰工程司签名难以辨认同A-3	1941.06.26		穿斗	12	12×24	12	4英寸直径中心线一处	无	无	有	有 外墙用	?	有	无	无
国立中央大学柏溪分校艺术科国画教室	2#	中央大学工程处 张尔兆 史风新	1939.02		穿斗	8.5\10\8.5 27	27×39	13	未发现		无	无	墙下部用青砖砌；中部用双层竹照壁；最上部用单层竹照壁，两面均糊灰刷粉		无	有	未发现

项目名称	图纸编号	设计者	设计时间	剖面简图	屋架类型	跨度（英尺）	地盘（英尺）	开间（英尺）	剪刀撑	横撑	异形屋架	气窗	单竹笆墙	双竹笆墙	草屋顶	瓦屋顶	竹席吊顶
国立中央大学柏溪分校教职员第一宿舍	4#	中央大学工程处 张尔兆 黄登瀛	1939.02		穿斗	10\6\10 26	26×72	9	未发现		无	无	墙下部用青砖垒砌；中部用双层竹照壁，最上部用单层竹照壁，两面均糊灰刷粉		无	有	未发现
国立中央大学柏溪分校教职员第二宿舍	4#	中央大学工程处 张尔兆 黄登瀛	1939.02		穿斗	6\6\7\6 31	26×70	9	未发现		无	无	墙下部用青砖垒砌；中部用双层竹照壁，最上部用单层竹照壁，两面均糊灰刷粉		无	有	未发现
国立中央大学柏溪分校男生宿舍一、二、三女生宿舍	4#	中央大学工程处 张尔兆 黄登瀛	1939.02		穿斗	8\8\6\8 38	38×143 38×94.5	13.5	未发现		无	无	墙下部用青砖垒砌；中部用双层竹照壁，最上部用单层竹照壁，两面均糊灰刷粉		无	有	未发现

续表

项目名称	图纸编号	设计者	设计时间	剖面简图	屋架类型	跨度（英尺）	地盘（英尺）	开间（英尺）	剪刀撑	横撑	异形屋架	气窗	单竹笆墙	双竹笆墙	草屋顶	瓦屋顶	竹席吊顶
重庆女子师范学院加建礼堂兼饭厅	A-2	基泰工程司拨?	1941.06.27		竖向桁架与人字屋架复合成异形屋架	40	40×84	12	未标注直径对称四处	未标注直径对称三处	有	?	?	?	有	无	无
国立中央大学柏溪分校大饭厅	4#	中央大学工程处 张尔沄 黄莹灏	1939.02		三角形桁架（组合式）	10\18\10 38	38×67+ 38×85	15	未发现	未发现	有	无	墙下部用青砖垒砌；中部用双层竹照壁，最上部用单层竹照壁，两面均糊灰刷粉	?	无	有	未发现
国立中央大学柏溪分校图书馆	2#	中央大学工程处 张尔沄 史凤新	1939.02		三角形桁架（组合式）	10\18\10 38	38×90	15	未发现	未发现	有	无	墙下部用青砖垒砌；中部用双层竹照壁，最上部用单层竹照壁，两面均糊灰刷粉	?	无	有	未发现

项目名称	图纸编号	设计者	设计时间	剖面简图	屋架类型	跨度（英尺）	地盘（英尺）	开间（英尺）	剪刀撑	横撑	异形屋架	气窗	单竹笆墙	双竹笆墙	草屋顶	瓦屋顶	竹席吊顶
国立中央大学柏溪分校铁工厂、铸工厂	8#	中央大学工程处 张尔兆 史凤新	1939.02		三角形桁架（豪式屋架）	38	38×65 38×72	12	未发现		无	无	墙下部用青砖垒砌；中部用双层竹照壁；最上部用单层竹照壁，两面均糊灰刷粉		无	有	未发现
重庆女子师范学院加建小学教室又宿舍	A-7	基泰工程司签认以辨认同 A-3	1941.07.16		穿斗与人字屋架复合成异形屋架	18	18×122	?	未标注直径中心线一处	未标注直径对称两处	有	有	有	?	有	无	有
国立中央大学柏溪分校艺术科两画教室	2#	中央大学工程处 张尔兆 史凤新	1939.02		三角形桁架（组合式）	5\14\5 24	24×52	13	未发现		有	无	墙下部用青砖垒砌；中部用双层竹照壁；最上部用单层竹照壁，两面均糊灰刷粉		无	有	未发现

项目名称	图纸编号	设计者	设计时间	剖面简图	屋架类型	跨度（英尺）	地盘（英尺）	开间（英尺）	剪刀撑	横撑	异形屋架	气窗	单竹笆墙	双竹笆墙	草屋顶	瓦屋顶	竹席吊顶
国立中央大学柏溪分校三、四、五、八、九教室	2#	中央大学工程处 张尔兆 史凤新	1939.02		三角形桁架（组合式）	24	24×52 24×60 24×82	13 12	未发现		有	无		墙下部用青砖垒砌；中部用双层竹照壁；最上部用单层竹照壁，两面均糊灰刷粉	无	有	未发现
国立中央大学柏溪分校一、二、六、七教室	2#	中央大学工程处 张尔兆 史凤新	1939.02		三角形桁架（组合式）	28	28×60 28×73	13	未发现		有	无		墙下部用青砖垒砌；中部用双层竹照壁；最上部用单层竹照壁，两面均糊灰刷粉	无	有	未发现

北立面 1 : 50　　　　　　　　　　　　　　剖面 1 : 50

图 2-49　中央大学柏溪分校传达室现状测绘简图

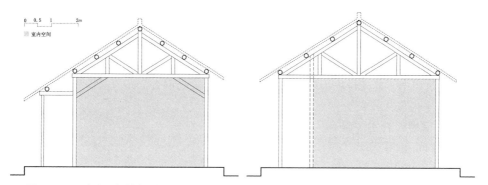

图 2-50　国立女子师范学院单榀屋架层面的混合骨骼：复合屋架与整体西式屋架构造比较分析图

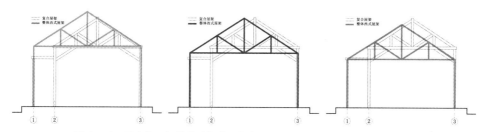

图 2-51　国立女子师范学院复合屋架与整体西式屋架抗侧刚度比较分析图

　　而直接覆盖开敞外廊的整体西式屋架，就其空间高度来看，实际上存在三种可能（图 2-51）：

　　首先是西式屋架下方室内空间高度与复合屋架相同（图 2-51 左），即二者后檐柱等高，则该西式屋架所有柱抗侧刚度之和为：$\sum E_i I_i / H_i^3 = E_1 I_1 / H_1^3 + E_3 I_3 / H_3^3 = ei/h^3 + ei/h^3 = 2ei/h^3$。可见复合屋架抗侧刚度是该西式屋架约 1.98 倍。

　　其次是西式屋架与复合屋架脊高相同（图 2-51 中），即西式屋架柱高约为 0.9h，室内空间高度下降 10%，则其所有柱抗侧刚度之和为：$\sum E_i I_i / H_i^3 = E_1 I_1 / H_1^3 + E_3 I_3 / H_3^3 = ei/(0.9h)^3 + ei/(0.9h)^3 = 2.74 ei/h^3$。可见复合屋架抗侧刚度仍为该西式屋架约 1.44 倍。

　　再次是西式屋架与复合屋架前檐柱高相同（图 2-51 右），即西式屋架柱高为 0.8h，室内空间高度下降 20%，则其所有柱抗侧刚度之和为：$\sum E_i I_i / H_i^3 = E_1 I_1 / H_1^3 + E_3 I_3 / H_3^3 = ei /$（$0.8h$）$^3 + ei /$（$0.8h$）$^3 = 3.91 ei / h^3$。可见复合屋架抗侧刚度为该西式屋架约 1.01 倍，仍具微弱优势，而这意味着西式屋架以下净空高度降至基准型的 80%，仅 2.64 米，这是建筑设计取值无法接受的。

很明显，若用西式屋架，又想获得与基准型相同的净空高度，则其抗侧刚度约为复合屋架一半，可见复合屋架抗侧能力具有显著优势。或可存疑处在于：因比西式屋架多用 2 号轴线柱，三根柱总耗材为 2.8h，不够省料。但实际情况是，若采用与前者相同室内净空高度的西式屋架，2 号轴线处因有竹笆抹灰外墙，亦须设构造柱。而基泰原设计图及春祥泰营造厂估价单都显示，复合屋架两端杉木柱径仅为 5 英寸，约 127 毫米，已经很细。该构造柱用料比复合屋架结构柱只能略小或相同，则两根结构柱加一根构造柱的总耗材约为 3.0h，反超复合屋架——复合屋架 2 号轴线柱可兼用于结构与构造，这正是混合设计策略之功。

（2）单体建筑层面的混合系统

在建筑层面，首先是单体建筑内部、单榀屋架之间混合，即内隔墙和山墙用穿斗木架，而室内较大空间无隔墙处使用以桁架为主的复合屋架，每间用剪刀撑（图2-52），如"女师院"图书馆、教室及"柏溪分校"第十八教室等。其利在于一是空间合用，因穿斗木架多柱落地，难以形成较大无柱空间，而复合屋架则因较少竖向构件落地而无此弊；二是改善易建性，因桁架无竖向构件落地，若内隔墙及山墙使用它来结合竹笆抹灰墙，须另设龙骨，而穿斗木架则无此弊；三是利于加强结构整体刚度，穿斗木架因多柱落地，其抗侧能力优于仅两端设柱的桁架，也优于仅三柱落地、以桁架为主的复合屋架。若于纵向间插使用复合屋架、穿斗木架及剪刀撑，与仅用桁架相比，有助于加强结构整体刚度。

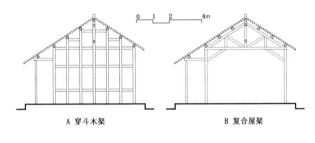

A 穿斗木架　　　　　　B 复合屋架

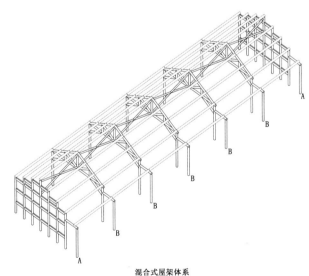

混合式屋架体系

图2-52　国立女子师范学院单体建筑层面的混合系统之一：穿斗木架、以桁架为主体的复合屋架以及剪刀撑混用状况分析图

单体建筑层面还存在另一种混合：若不需要较大无柱空间或大小空间兼具，则皆可使用穿斗木架并设剪刀撑（图2-53），也显然有别于全用穿斗木架而无剪刀撑的传统做法，其结构纵向抗侧刚度得到有效加强。如"女师院"学生宿舍储藏室、医疗室以及教职员厕所、浴室。

若建筑单体内部兼具大小空间，则采用前述各类混合型屋架并以不同方式组合。这便于统筹兼顾各建筑单体设计以满足不同诉求，实现综合效益最大化，即空间合用、结构合理和便于施工。但即使以西式屋架为主，也可能引入原生竹材和绑扎节点等中国民间做法，如"女师院"礼堂兼饭厅与附属小学。总之，技术策略上的混合是一种常态。

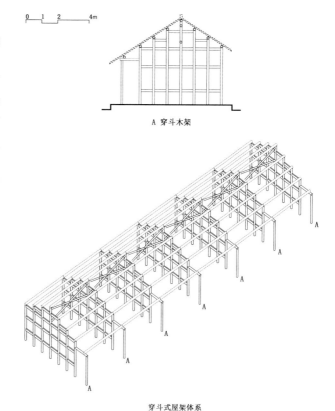

A 穿斗木架

穿斗式屋架体系

图2-53 国立女子师范学院单体建筑层面的混合系统之二：穿斗木架引入剪刀撑混用状况分析图

（3）选材与构造方面的混合运用

既然"混合"是一种常态，就并非仅限于结构设计。在墙体构造上，"女师院"外墙多用土墙和单竹笆墙，而内墙则多用双竹笆墙——这应是设计者认为该地区建筑热工诉求不及隔声重要；"柏溪分校""凡竖列木柱之下均垒砌与房址原有各方面高度相合之方墩承之，以免塌陷之弊。墙之最下部用青砖垒砌，减少潮湿；中部用双层竹照壁以便隔音隔热；最上部用单层竹照壁，两面均糊灰刷粉。"[1]选材根据项目具体状况合理搭配：居住、教学建筑多用瓦顶，而厕所、浴室等多用草顶；"女师院"礼堂兼饭厅、附属小学，以及与"柏溪分校"同期建设的沙坪坝校区第十三、十五教室甚至使用楠竹桁架、草顶和土质地面；[2]"柏溪分校""宿舍及大部分实验室均装置地板及附建阁楼，教室等处均用砖地，

① 中国第二历史档案馆藏. 国立中央大学柏溪分校校舍建筑费概算说明及建筑图. 档号：五-5289（2）.
② 中国第二历史档案馆藏. 国立女子师范学院校舍建筑、验收的文件图纸. 档号：五-5399（2）。

图书馆、饭厅、厨房、水炉房、浴室、盥洗室及一部分实验室用石板地。"[1]室内普遍用竹席吊顶，也有完全暴露屋架者；即使采用穿斗木架的宿舍，也于山墙设气窗，以改善竹席吊顶内通风。凡此种种，不胜枚举。所有这些都说明混合策略已被设计者运用到极致，而不必顾忌是否纯粹。

3）讨论：知识储备、理智姿态和设计意图

上述分析与此前对中国传统木构建筑在工程科学合理性方面的既有认知有所不同。如梁思成认为其"至于'工程的'方面，由今日工程眼光来看，甚属幼稚简陋，对于将来不能有所贡献"。[2]虽然本研究无意苛求前人，但实际状况确非完全如此——梁思成得出这一结论是在1934年1月，其时中国营造学社正忙于调查北方官式建筑，对于南方民间建筑的成规模田野调查与研究远未展开。而西南地区民居大量使用穿斗木架，与北方官式建筑普遍使用"抬梁"存在显著差异。其单榀木架柱间距多为0.8～1.5米，柱的抗侧刚度与EI/H^3成正比，即与柱高成反比。由于柱间联系大量使用水平构件"穿"，实际上降低了柱的计算高度，有利于提高柱自身的抗侧能力。而单榀屋架抗侧刚度与每根柱抗侧刚度之和$\sum EI_i/H_i^3$成正比（$i=1, 2, 3\cdots\cdots n$，n为柱的根数），柱越多则屋架抗侧能力越强。因此，单榀穿斗木架不仅每根柱因大量使用水平构件"穿"而抗侧能力较强，且因多柱落地而使其整体横向抗侧刚度较优。但在开间方向（纵向）上，穿斗木架间距多为3～4米，两榀相邻木架形成"Π"形结构。而中国木构普遍使用榫卯节点，榫卯既非理想铰接，也绝非理想刚接，[3]这意味着穿斗木构纵向抗侧比横向抗侧更重要。若屋架间设剪刀撑，可利用三角形稳定性，大大增强其纵向抗侧能力。另一方面，西式桁架虽因缺少落地竖向构件以至单榀屋架横向抗侧刚度较弱，却因惯用剪刀撑而使结构系统纵向抗侧较优。上述两

图2-54 中国传统穿斗木架缺乏非正交构件导致木框架易于变形、失稳和引起结构破坏

① 中国第二历史档案馆藏. 国立中央大学柏溪分校校舍建筑费概算说明及建筑图. 档号：五-5289（2）.
② 梁思成. 清式营造则例 [M]. 北京：中国建筑工业出版社，1981：序1.
③ 陈志勇，祝恩淳，潘景龙. 中国古建筑木结构力学研究进展 [J]. 力学进展，2012，42（5）：644-654.

所高校建筑设计，其共性在于兼取中西木构二者优势加以"混合"：以局部或全部使用穿斗木架加强横向抗侧，另以剪刀撑加强纵向抗侧。双管齐下，超越纯粹中国穿斗木架和纯粹西式屋架结构，堪称前无古人，是一种耐人寻味的结构设计创新。

关于穿斗木架缺乏非正交构件而不能利用三角形稳定性之弱点，其时中国建筑学人已有认知："中国匠师素不用三角形"，[①, ②] 木框架易变形失稳引起结构破坏（图2-54），这与西式屋架恰成鲜明对照（图2-55）。而"女师院"项目都设剪刀撑或角撑，这应主要归因于第一代中国建筑师普遍接受近现代建筑学专业教育，能运用结构科学知识；[③]1920～1930年代"中国固有式"建筑大量使用各类桁架，足以说明此问题已得到足够关注。

图2-55　法国古堡与中国云南大理民居的结构对比
（法国Château de Digoine古堡始建于1233年（左），利用三角形稳定性原理设置桁架与角撑，而2014年初建于中国云南大理的民居穿斗木架仅将剪刀撑和斜撑作为施工临时支撑构件来使用）

---

① 林徽因. 第一章绪论［M］// 梁思成. 清式营造则例. 北京：中国建筑工业出版社，1981：1-17.
② 林徽因在《清式营造则例》之《第一章绪论》中认为：中国匠师虽从来不用三角形，但他们知晓三角形是唯一不变动的几何形，只不过极少运用这一原则。依笔者田野调查经验，似亦确实如此。如在施工过程中利用三角形稳定性原理架设剪刀撑和斜撑作为临时支撑，但在竣工后通常都会被拆掉。当然，也有在木结构主体部分及其维修加固工程中使用剪刀撑之类的三角形构法之案例，如应县佛官寺释迦塔暗层即使用了剪刀撑，实际上形成了类似腰箍的整体交圈桁架。尽管如此，它是刻意被隐匿的。另一方面，工匠几无通过写作传播职业经验特别是理性认知的习惯，依据今日存世的《营造法式》仍无从确认他们是否真的在理念上对此有足够清晰的认知。与中国木构建筑存在密切亲缘关系的日本传统木构建筑也有类似情形——即日本工匠似乎意识到三角形具有结构稳定性，但因为美学上的顾虑，在实践中极为排斥其运用。可以这样认为：关于三角形的结构稳定性，中、日传统工匠在经验上有此意识，但尚未达到明白其科学原理的水平，最多只能算是经验科学——千百次试错之后获得的经验性认知，而经验、科学以及经验科学，三者并不能画等号。反观近代时期的日本，其木构技术进步之一即在于受西式结构技术影响，明确了三角形稳定性原理的科学价值，并在实践中加以积极推广和运用。详见：中国科学院自然科学史研究所. 中国古代建筑技术史［M］. 北京：科学出版社，2016：84-89；另见：（日）村松贞次郎. 日本建築技術史——近代建築技術の成り立ち［M］. 東京：地人書館株式會社，1963：108-109.
③ 徐苏斌. 近代中国建筑学的诞生［M］. 天津：天津大学出版社，2010：109-124.

综上，"战时建筑"设计之混合策略，其意图并非获得新的结构技术在形式上的纯粹——单纯考虑结构自身的力学特性是否合理而置空间合用与易建性等于不顾，也并非仅为借鉴传统结构技术易建性，而置结构力学合理性和空间合用于不顾。其意图正是寻求空间合用、结构合理与易建性的综合平衡，具有典型的建筑设计思维整合优化特征。相较于此前"中国固有式"建筑满足于用现代建筑材料（钢与钢筋混凝土）和建筑结构类型（西式屋架）再现与它们原先并无瓜葛的中国传统北方官式建筑样式，且为此不惜牺牲功能、结构和经济三者合理性，[①] 不仅是结构技术革新，也堪称设计观念上的进步。他们并不盲目排斥或一味崇尚什么，而是具有中西兼治的知识储备，理解中国营造传统和西方建筑技术互有长短，采取了为我所用的理智姿态，并集中体现为明确的设计意图。

4）结论：结构创新、技术进步与认知进展的萌发

本研究聚焦抗日战争时期中国后方"战时建筑"设计实践及其简易建筑技术，基于文献梳理、档案查阅和田野调查，通过描述其普遍采用的材料、结构、构造和施工技术，明晰其超常之举的总体特征是借鉴中国传统民间建筑技术之易建性；进而以两所高校建筑设计为重点，对其结构合理性、空间合用性及易建性进行综合分析与比较，结果表明：

首先，中国传统穿斗木构在力学上并非一无是处，其单榀木架横向抗侧较强，但总体纵向抗侧较弱；而常见西式屋架尤其是两端支承的三角形桁架结构在力学方面也并非十全十美，其单榀屋架横向抗侧能力较弱，但因使用剪刀撑而总体纵向抗侧较强。另一方面，中国传统穿斗木架结构便于和竹笆抹灰墙体结合但难以获取大空间；常见西式屋架尤其是两端支承的桁架结构体系虽利于获取大空间，却较难与竹笆抹灰墙结合。因此，中国传统穿斗木架和西式屋架尤其是两端支承的桁架，二者在结构合理性、空间合用性及易建性三方面各有优势，存在互补的可能。

其次，以上述两所高校案例为代表的"战时建筑"，其设计兼取中、西两种体系各自优势，以"混合"求互补：以局部或全部使用穿斗木架及复合屋架加强横向抗侧，另以普遍使用剪刀撑加强纵向抗侧。它没有直接沿用穿斗木架或西式屋架这两大类原型，而用剪刀撑增强结构纵向抗侧，为传统穿斗木架植入科学性；而西式屋架也因其有规律的间插性运用、地方性的选材与施工工艺等得以完成其环境适应性过程。

再者，"战时建筑"选材与构造设计一以贯之采取混合策略，结合施工便利和空间合用等通盘考量，显示其并非直接照搬中国穿斗木架之易建性优势或直接运用西式屋架之空间合用优势，而是寻求空间合用性、结构合理性与易建性诉求的综合平衡，是一种基于典型的设计思维的建筑技术进步。尽管迄今为止并未发现上述两个案例的设计者发表相关著述直接阐明其设计思路，但图档判读和实物查勘两方面提供的证据，足以展示其基于现代建筑工程专业知识的设计思维，表征着一种认知进展的萌发：中国建筑师开始意识到中西木构技术其实各有长短的真相，由此尝试跳脱传统的"再现"模式，针对"中国问题"，基于效率考量，开拓新的设计思路。

---

① 李海清. 中国建筑现代转型［M］. 南京：东南大学出版社，2004：322-325.

而有趣之处还在于，这种转变并非孤立或个别现象。抗战时期的中国建筑师多有类似借鉴传统民间建筑技术的实践尝试，而与此并行的，是研究者的兴趣焦点也同期转向了民间建筑。其实，西式屋架技术在 19 世纪中叶以后早已在中国传播开来，而中国建筑师也已于 20 世纪初叶研习并掌握之；[1] 同时，中国传统民间建筑技术本就一直存在而并非如今日这样发岌可危。那为什么这种富有深意的集体性、方向性转变——兼取二者之长的互补与创造性改进——一直要等到抗战时期才集中出现呢？实际上，至少在此前的一些地方性实践如"嘉庚建筑"和一些教会大学校园建筑中，[2] 借鉴传统民间建筑技术的混合设计策略已多所斩获，但问题在于其设计主体并非当时正试图在建筑学专业界占据主流的中国建筑师，更未见他们就此受到显著影响的报道。而因战争逼迫退入西南一隅乃至深处绝境之后，此前沉湎于永恒价值观和两种再现的中国建筑师，其直面真实问题之建造本能终于被唤醒：基于现代建筑科技的知识背景，因应此地之宜，回应此地之题。这似乎投射出一种全球流动背景下技术改进与选择的历史逻辑，即创造性思维和实践突破往往伴随着外力的挤压。

综上，《全国公私建筑制式图案》之制订和推行的失败，以及"战时建筑"之诸多非正统创举，凸显出建造模式的地域适应性问题之客观性和正当性，充分说明了那一时期的中国本土性现代建筑之建造模式选择受制于地形、气候、物产、交通、经济和工艺水平等客观环境因素，它们作为建筑设计的外部条件具有某种意义的前置性；又因战争环境的影响，确保军事活动需求和国防安全是战时经济建设的中心和首要目标，上述诸因素在此前提下更易于成为不可逾越的约束条件——影响建筑活动的经济因素有可能压倒一切其他影响因素。而另一方面，也正因如此，中国现代建筑实践在此一时期呈现出了迥然不同于"黄金十年"期的探索方向，即以"中国固有式"建筑和"国际样式"建筑为代表的、偏重形式考量尤其是本土形式与外来技术之矛盾（怎样才能更"像"？）的探索方向，开始转而自发地趋近从"建造"这一本质探讨建筑活动的完整意义，以及如何应对具体的现实需求。自 1920 年代"现代建筑"理念逐步引入中国以来，这种带有全局性的、规模化的、调适性的应激反应，还是第一次出现。其对于日后中国现代建筑实践逐步走出浅表性的形式与空间模仿，而提升至建造层面加以完整关照，乃至于在理论方面能够在吸收外来智慧的基础之上试图形成自己的话语体系，应具有深远的历史意义。然而非常遗憾的是，这一点在既往研究中尚未得到应有的、充分的认知。对于抗战时期的中国建筑活动以及中国现代建筑之观察，大体停留于国统区和抗日革命根据地皆勉力维持、有所发展而敌占区全面萎缩的模式——其基调是总体趋于凋零，即认为在理论上缺乏足够的启发意义，实践中可圈可点的佳例也并不多见。现在，确实已经到了应该对此加以重新检讨的时候。

显然，通过上述研究可知，第一代中国建筑师在抗战后方已发生过设计思维转变：他

---

① 张锳绪. 建筑新法 [M]. 北京：商务印书馆，1910.
② 李海清. 教会大学校园建筑"中国化"：华西协合大学校园建筑设计中的技术传播之跨文化观察（1910s~1920s）[R]. 武汉："中国教会大学史研究三十年"国际学术研讨会，2019.

们在外求学时接触的是现代建筑科技知识，回国从业直至抗战全面爆发之前约十余年的早期设计实践，也自然运用在外所学，其建造模式选择也就自然基于现代的、工业化的建筑材料、结构、构造与施工等。那么，为何辗转到抗战大后方就能迅速转变思路，向此前从未（甚至是不屑于）关注的中国民间建筑学习，并采取与现代建筑技术模式进行合理混合的应变策略？环境所迫自是外因，而在专业教育和文化背景上是否存在某种诱因，赋予他们不仅能"顺势而为"且善于"因势有为"的潜能？对于1949年中华人民共和国成立以后的建筑活动进行检讨将有助于进一步思考。

2.4 中华人民共和国成立初期的尝试

中国历史在1949年翻开了新纪元，但政权上的更替并不能确保在文化上就能够一夜之间旧貌换新颜。由于当时采取全方位"一边倒"外交政策，斯大林治下的苏联在建筑文化方面开发出"社会主义内容与民族形式"的理论逻辑以及基于"布杂"底色的折中主义建筑创作思路所产生的示范效应颇为显著——"民族形式"轻车熟路地与"中国固有式"实现了"国际接轨"。在时代巨变之际，以梁思成、刘敦桢为代表的中国建筑史学者，以及杨廷宝、赵深、陈植等为代表的大批著名建筑师选择了留在中国大陆，参与新中国的经济建设。从百废待兴的战争创伤医治期开始，"民族形式"建筑得以成批设计、兴建，终于在新中国成立十周年之际达到高潮。这其中，以1953年建成的重庆人民大礼堂是一个重要开端，以建国十周年前后的北京大型公共建筑诸如北京民族文化宫、北京火车站、全国农业展览馆、四部一会办公楼、友谊宾馆以及南京的华东航空学院教学楼等为标志性成果，中国建筑师在"中国本土性现代建筑"探索方面，尤其是超大跨度空间结构及高层建筑结构与传统屋顶形式如何结合、大规模建筑群体如何运用传统屋顶形式以及建筑细部装饰如何适应时代变化等诸多方面进行了一系列新的尝试。考虑到史料获取的可行性，下文重点分析重庆人民大礼堂和北京友谊宾馆在建造模式选择方面的具体考量，一来是因为二者属于最早一批建成的大型公共建筑，影响者重；二来则是因为二者皆由科班出身的著名建筑师设计，具有一定的可比性。

2.4.1 重庆人民大礼堂：选材—结构—形式之逻辑关系

重庆人民大礼堂现位于重庆市人民路学田湾，于1953年建成。初名"中苏大楼"，后更名为"西南行政委员会大礼堂"，1955年改为现名。大礼堂占地6.6万平方米，总建筑面积2.5万平方米，分礼堂、南楼和北楼三部分。其中礼堂占地1.85万平方米，高65米。大厅高55米，内径46.3米。正厅内设大型舞台，四楼一底共5层观众席，计4500余座位。[①]除日常维护之外，近年进行了加装空调系统等大规模维修、改造。礼堂主体部分的圆形三重檐攒尖顶取法北京天坛祈年殿之意象，而入口部分又效仿城门楼阁之形式，

[①] 陈荣华等 著. 重庆市人民大礼堂甲子纪 [M]. 重庆：重庆大学出版社，2016.54-73.

图 2-56　重庆人民大礼堂全景

图 2-57　重庆人民大礼堂
主会堂内景

配以廊柱式的南、北二楼，绿色琉璃瓦顶和大红廊柱，加以三间七楼的牌坊式大门，其建筑总体布局和谐，雄伟壮丽（图 2-56、图 2-57）。

　　建国伊始，作为大西南的政治经济文化中心，重庆缺乏必要的接待设施。尽管财政困难，主政者还是果断决定立即筹建一座能容纳数千人的大礼堂，并附建招待所。1935 年毕业于原中央大学建筑系的张家德建筑师（与著名建筑师张开济是同班同学）主持了该项目的设计工作，并于 1951 年动工，1953 年落成。大礼堂建筑艺术处理方面对于传统北方官式建筑之转译与再现的精妙处在于，在构图形制和建筑布局方面取法西方折中主义建筑，而在形式语汇和细部处理上又吸取中国古代木构建筑之特点，建筑技术方面则大胆采用角钢杆件做成的半球形网壳，多重因子优化组合而成为"高端折中"——这正是"布杂"精髓所在。

　　其主厅部分效法天坛祈年殿采用三重檐圆形攒尖顶，是其最重要的形式特征。但为了与半球形网壳结构高度相适应，在高宽比例的控制上并未刻意使其高耸，而是更为宽阔和舒展，重檐屋顶的三层檐口之间的距离较祈年殿在节奏上显得更为紧凑，使得整个建筑主体显得更为丰腴和稳定，塑造出政治集会性厅堂建筑的庄重之美。显示出新政权自信、向上的精神面貌。这一关键部分的建造模式选择颇为耐人寻味——内部的半球形网壳采用钢结构，而外观上的三重檐圆形攒尖顶则采用附加在半球形钢网壳之上的木屋架结构（图 2-58、图 2-59），二者的巧妙结合堪称天衣无缝。这一当时堪称亚洲第一大跨度钢结构的设计者是重庆大学的结构工程专家吴惠弼教授。[①]

　　设计者起初也考虑过长方形平面，覆以相当跨度的芬式钢桁架或双铰钢拱架。但试算结果表明需要 5 英寸以上大型角钢制作，而在当时这是无法供应的。于是决定把礼堂平面

---

① 邓朝华，黄中荣. 张家德与重庆人民大礼堂 [J]. 城建档案，2016（7）：102-104.

图 2-58　重庆人民大礼堂三重檐圆形攒尖顶外景

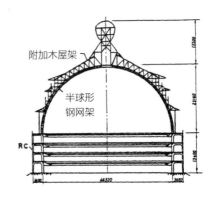

附加木屋架

半球形
钢网架

RC

图 2-59　重庆人民大礼堂三重檐圆形攒尖顶
　　　　　结构简图

设计成圆形，覆以半球形钢网壳，其上附加木屋架，[①] 形成三重檐屋面，基座部分的四层主体采用刚度较大的钢筋混凝土结构，用以平衡钢网壳的侧推力。半球形钢网壳为空间结构，内力分布较均匀，即使跨度达到相当大时仍可用小型角钢制作构件，[②] 从而解决建材供应上的困难。

但是，设计难关的攻克并不意味着施工难度可以同步降低。总体尺寸巨大的半球形钢网壳的吊装需要采用大型机械设备，但在那时这几乎是不可能的。设计者与施工方曾考虑过若干施工方案，几经权衡，决定采用一种"堆积法"即"纬杆悬臂法"，具体工法如下[③]：

（1）在礼堂中央架设中心木塔架，高 36.9m，在塔架上将网架顶环安装好；

（2）在中心塔架左右沿直径方向呈放射状架设轻便排架（杉槁捆绑脚手架），以便于其上拼装经杆（左右两侧各四片）（图 2-60）。在轻便排架上各竖三副小型扒杆，依次分段起吊经杆、纬杆和斜杆并拼装，每片经杆分四段吊装；

（3）以安装好的经杆为基础，在它上面架小型扒杆，逐段起吊纬杆，借节点连接盖钣和螺栓将纬杆近端与经杆连接。纬杆就成为悬臂梁，工人在其上拼装下一片经杆——悬臂纬杆代替脚手架；

（4）待整片经杆与纬杆远端合拢，用螺栓将所有节间斜杆装好，确保结构稳定；

（5）以新装好的经杆为基础，将原扒杆移至新位置，依次拼接新纬杆，然后再以悬臂纬杆为依托，吊装新经杆和斜杆；

① 蔡绍怀. 大跨空间结构与民族形式建筑的结合——重庆人民大礼堂弯顶钢网壳设计与施工简介
　　[C] // 第六届空间结构学术会议论文集. 1992：753-758.
② 蔡绍怀. 大跨空间结构与民族形式建筑的结合——重庆人民大礼堂弯顶钢网壳设计与施工简介
　　[C] // 第六届空间结构学术会议论文集. 1992：753-758.
③ 蔡绍怀. 大跨空间结构与民族形式建筑的结合——重庆人民大礼堂弯顶钢网壳设计与施工简介
　　[C] // 第六届空间结构学术会议论文集. 1992：753-758.

图2-60　重庆人民大礼堂钢网壳"堆积法"安装采用中心木塔架（左）及小型扒杆（右）安装场景

　　（6）如此反复直至钢网架全部合拢。整个安装过程分左右两组，同时分头沿顺时针方向进行，以免顶环因受力不对称而发生侧移。[①]

　　就这样，在缺乏大型塔吊和起重设备的不利条件下，用数万根楠竹、木板搭起脚手架，把总重量为280多吨、结构高度约0.9米、由36片经杆、19环纬杆和75000多颗铆钉连接而成的钢网壳支撑在钢筋混凝土柱上，底部支座还安设有能适应热胀冷缩的自然滑动轴承装置。其任务之艰巨、工程量之浩大和施工方案之巧妙都是空前的（图2-61）。

　　为了节约成本，在建筑材料选用大多就地取材。其配楼前白色栏杆看似用汉白玉雕砌而成，实际上是混合白石灰加白水泥后，用模具预制而成的。这既可节约成本，也便于后期维修。[②]

2.4.2　北京友谊宾馆：建造模式混合策略的另一种面向

　　北京友谊宾馆位于现北京市中关村高科技园区核心地带，毗邻北京大学、清华大学等多所高等学府。占地面积33.5万平方米，绿地面积多达20余万平方米，环境优美、景色宜人。其建筑古朴典雅，具有浓郁的中国民族特色。友谊宾馆的主楼、南配楼及北配楼建

---

① 蔡绍怀. 大跨空间结构与民族形式建筑的结合——重庆人民大礼堂弯顶钢网壳设计与施工简介［C］// 第六届空间结构学术会议论文集. 1992：753-758.
② 李沉，金磊. 张家德与重庆市人民大礼堂［J］. 建筑创作，2005（12）：164-171.

图 2-61　重庆人民大礼堂钢网壳"堆积法"安装现场全景及三重檐木屋架安装完毕场景

成于 1954 年，由国务院批准中央财政拨专款 1000 亿元（现人民币 1000 万元）用于建设，采用钢筋混凝土框架结构和混合结构，4～5 层，总建筑面积 2.4 万平方米，由著名建筑师张镈主持设计（图 2-62）。

中华人民共和国成立初期，大批苏联专家来华帮助进行经济恢复和建设，必须解决其居住问题，友谊宾馆即在此背景下于 1953 年开始筹建。[1]为使外籍专家感受异国情调，"民族形式"再次获得机会一展风姿——在山字形平面的中心部分冠以比例庄重的重檐歇山顶，用以遮蔽电梯机房和消防水箱；而在两端上部则布置了单檐卷棚小亭子，二者之间五层高的建筑主体用盝顶和花架加以衔接，且中央主入口上方还设计了由望柱、寻杖等构成的古典形式的阳台栏杆与栏板。不仅如此，还在细部装饰方面将传统的仙人走兽、兽吻等加以抽象和改造，创设了全新主题的细部样式：明清官式建筑正吻的龙造型被"和平鸽"取代。

友谊宾馆的设计在技术选择上有两点值得记述：首先是主体结构采用钢筋混凝土框架和钢木组合屋架的混合型做法（图 2-63），[2]且重檐歇山顶木屋架采用了之前未曾出现过的新形式——在豪式屋架的"基础"之上又架设第二层次的"∧"字形屋架，以形成颇为复杂的"挑檐五举、檐步五举、下金六五举、上金七五举、脊步九举"的屋面举折变化（图 2-64）。[3]这样一来，屋面的柔曲效果势必要比早期只是在檐部略做处理要更接近北方官式建筑的原型，更为自然、妥帖。其次，是纯粹装饰性的斗栱完全采用木制，挂在钢筋混凝土框架外侧，以便于下料、制作和施工安装。

① 杨永生，顾孟潮. 20 世纪中国建筑 [M]. 天津：天津科学技术出版社，1999：218.
② 张镈. 北京西郊某招待所设计介绍 [J]. 建筑学报，1954（1）：40-51.
③ 张镈. 北京西郊某招待所设计介绍 [J]. 建筑学报，1954（1）：40-51.

图 2-62　北京友谊宾馆外景

图 2-63　北京友谊宾馆主体结构采用钢筋混凝土
框架和钢木组合屋架的混合型做法

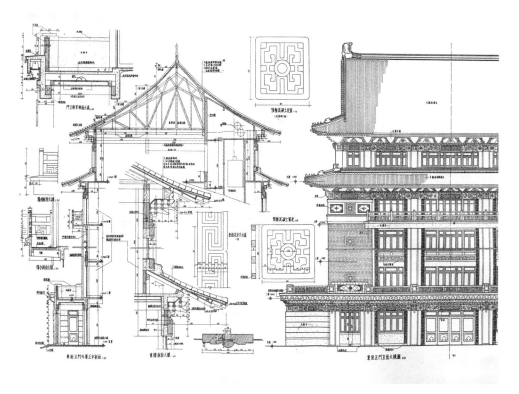

图 2-64　北京友谊宾馆重檐歇山屋顶采用豪式屋架叠加上层小屋架

　　然若深究这一南一北两个案例，则不难发现，其设计处理思维仍聚焦于形式再现的具体技法和实施路径，即如何看上去更"像"，而与"战时建筑"面对客观环境因素运用整合型设计思维所表现出来的创造性有着明显的高低之分。首先，无论采用什么样的屋架形式，"黄金十年"期及之前的重要案例已分别有了开拓性尝试，如广州中山纪念堂八角攒尖顶以及武汉大学图书馆也采用了类似体系化的空间结构之屋架组合，重庆人民大礼堂只是在屋架形式选择上更多地顾及了跨度需求和物产供应的可能性；其次，在"黄金十年"期完成的南京金陵大学图书馆、国民政府考试院以及中央研究院等都用过混合型技术模式，即外部空间上得以呈现的斗栱、博风、山花等构件都采用预制化的木制构件，与钢筋混凝土主体结构实现构造连接，以便于施工操作。很明显，像中央博物院那样用钢筋混凝土制作这些装饰性构件在技术上并非没有可能，但这等于完全拿这些细部当雕塑来做，还是用钢筋混凝土的塑形优势来完成结构支承上并无实际意义的细部，不啻于铁杵绣花，劳民伤财，何苦来哉？！可见，1952～1953年前后的"反浪费"运动实在是事出有因。

综上，就回应建造模式的环境适应性问题而言，中华人民共和国初期尤其是1950年代作出的那些尝试，其理念、手法和技术路径虽然也存在诸多"新"意，但从总体上看并没有超越之前的30年。而进入1960年代中后期，由于"三线建设"的大规模开展而涌现出的许多新做法，却显然更为认真和系统地回应了建造模式的环境适应性问题，开一代新风——可以说上承1940年代的"战时建筑"，下启1980年代以来新的历史时期。毋庸讳言，如此所谓"创新"也可以说是逼迫出来的——回归建筑活动的本质，以建造之心看待设计实践，真实而清晰地对约束建筑活动的诸多客观环境因素加以积极有效的回应，而并非预设某种模式，或拘泥于某种既成的腔调。

当然，影响建筑活动的因素是复杂和多层面的。如果比较一下1950年代在岭南已然开始的一些其他方向上的新探索，或许就不会将上述创新的原因简单归结于环境逼迫以及外界压力。从设计主体的学缘背景和知识背景来看，西南和京城这两个代表性案例，其设计者都具有接受"布杂"教育经历，这很难不使人联想起"布杂"的学术理路，它是否存在着某种诱因？——"组合"（Composition）作为一种方法，隐藏在背后的其实是不辨是非、为我所用的价值观？

2.5 本章小结

本章以中国本土性现代建筑实践中的建造模式为考察对象，以20世纪上半叶为主要考察时段，针对其不同发展阶段的代表性实践，分别讨论在华西方教会建筑的中国化之技术路径（清末民初）、"中国固有式"建筑和"嘉庚建筑"等地方性尝试之比较（1920年代后）、《全国公私建筑制式图案》及"战时建筑"之创举（1937年之后），以及中华人民共和国建国初期以重庆人民大礼堂和北京友谊宾馆为代表的新尝试（1950年代）等具体案例的技术做法及其背后的缘由，分析其建造模式之选择机制。实践证明，建造模式考量是影响设计主体决策的至关重要的设计思维，而地形、气候、物产、交通、经济以及工艺水平等则是影响和制约建造模式选择的关键性的客观环境因素，即建造模式的环境适应性问题在实践中的重要性已得以呈现，而在理论研究上的必要性应得到凸显和重视——这正是中国本土性现代建筑之所以具有某种"本土性"的根本动因。

此外，对于"战时建筑"之创举的深入的工程技术学分析还揭示了中国传统穿斗木架结构在力学方面并非一无是处，而常见西式屋架也并非十全十美，二者在结构合理性、空间合用性以及易建性三方面各有其自身优势，存在互补的可能。这就从学理上为中国本土性现代建筑设计实践对于融合"本土性"与"现代性"提供了有力支持。

第 3 章

从木骨泥墙到"铁筋洋灰"：中国本土性现代建筑的技术产业基础

相较于设计上的形式探索和理论上的框架搭建，关于中国现代建筑早期发育阶段的物质基础条件，既往研究可以说是极度匮乏。然而，在建筑空间生产所至少具有的三种属性即物质属性、社会属性以及专业属性之中，物质属性显然是第一位的。作为一种需要投入可观物力与人力、耗资巨人的物质生产方式，建筑空间的生成首先离不开物质性的生产资料，即建筑材料。而早期现代建筑在这一方面有着惊人的断裂性——尽可能采用工业革命之后才出现的全新的、工业化生产的建筑材料诸如钢铁、水泥、机制砖瓦以及大幅面平板玻璃等。问题是工业革命和现代建筑一奶同胞，而皆非中国本土自产，对于20世纪上半叶的中国精英阶层而言，它们都是令人羡慕却又靡费甚巨的他者。如此，则中国本土性现代建筑的发展是否具备必要的物质基础条件就成为一个悬而未决的问题，本章正是希望通过有关史料的搜集、梳理与分析，试图对此回答并加以确证。

这里的技术产业，是指与建筑技术科学有密切关联的建筑材料工业和建筑设备制造业。由于中国本土性现代建筑的核心旨趣在于对中国传统官式建筑与民间建筑加以转译与再现，所以选择机制砖瓦、水泥和钢铁这三大类在当时的建筑空间生产实践中最重要的建筑材料及其所代表的技术产业加以考察与分析。与少得可怜的既往研究相比，本章的终极目标在于试图在中国近代工业经济史和建筑史研究之间架起一座桥梁，对于20世纪上半叶中国本土性现代建筑以及后续发展何以如此，尝试贡献一种相对客观的、基于物质性因素即产业基础条件的解释框架。

3.1 砖瓦：中国霍夫曼窑环境适应性的历史意义

古代中国长期采用间歇式土窑烧制砖瓦，[①] 作为一种完全依赖手工的传统生产方式，其产能和效率都非常低；物以稀为贵，那时民居多用木架土墙。尤其是乡村，砖瓦建房绝非寻常人家可轻易采用。[②] 德国人费里德里希·E·霍夫曼（F·E·Hoffmann）于19世

---

① 中国土窑不仅能生产青砖，亦可产红砖，泉州最迟在北宋大观年间即可用土窑烧制红砖。所以，究竟是制成红砖还是青砖，与窑的种类并无直接关联，而是与焙烧工艺有关。中国大部分地区传统建筑以青砖为主，而闽南厦、漳、泉一带则喜用红砖。与青砖烧制最大不同在于红砖没有"洇窑"这一工序。参见：中国科学院自然科学史研究所. 中国古代建筑技术史［M］. 北京：科学出版社. 1985；福建省泉州市鲤城区地方志编纂委员会，政协泉州市鲤城区委员会文史资料委员会. 泉州文史资料［Z］. 1994；张光玮. 关于传统制砖的几个话题［J］. 世界建筑，2016（9）：27–29.
② 李海清，于长江，钱坤，张嘉新. 易建性：环境调控与建造模式之间的必要张力——一个关于中国霍夫曼窑建筑学价值的案例研究［J］. 建筑学报，2017（7）：7–13.

图 3-1　费里德里希·E·霍夫曼像　　　　图 3-2　费里德里希·E·霍夫曼墓地位于柏林的
　　　　　　　　　　　　　　　　　　　　　　　Dorotheenstädtischer 公墓

纪中期发明了一种后来主要用于烧制砖瓦的工业建筑及其技术系统（图 3-1、图 3-2），[①]
因其姓氏而得名"霍夫曼窑"，德文亦称"环窑"（Ringöfen）。它传入中国之后一直沿用
至今，城乡面貌亦因之发生了天翻地覆的变化。[②]

　　本研究通过田野调查、类型学观察、文献梳理与统计分析，侧重研究环境因素对霍夫
曼窑建造模式以及砖瓦制造业的影响。这些环境因素包括地形、气候、物产、交通、经济
等。调查结果显示，它们赋予中国霍夫曼窑一定的分布、组成、形态和技术特征，影响其
建造模式的类型分化和演化趋向。在由沿海向内陆地区缓慢传播的过程中，虽然中国霍夫
曼窑核心技术原理一如其原型，但随着建造模式的类型分化和演化却出现多种衍生型号。
而中国中西部地区一些地方很晚才开始使用霍夫曼窑则表明：近代以来中国制砖技术及其
产业的演变方向和总体状况，虽受外部条件和其内部环境因素的共同影响，但后者具有决
定性作用。

---

① 弗里德里希·E·霍夫曼（Friedrich Eduard Hoffmann，1818—1900），1818 年 10 月 18 日生于
　普鲁士格罗宁根的教师家庭，并在家乡接受初等教育。20 岁在东普鲁士跟随其兄学徒，1845 年
　毕业于柏林皇家建筑学院，后成为柏林—汉堡铁路首席工程师。从 1858 年获得霍夫曼窑专利的
　那天起，他将自己的毕生精力献给了制陶业、改进窑的设计、编辑学术刊物和开办工厂。1900
　年 12 月 3 日逝于柏林，安葬于柏林 Mitte 的 Chausseestraße 大街 126 号 Dorotheenstädtischer
　公墓。此地还安葬着众多历史人物，如哲学家黑格尔和费希特，艺术家和建筑师辛克尔与沙多
　烟，作家和演员如布莱希特、海伦威格尔、亨利希·曼、安娜·西格斯、克里斯塔·沃尔夫
　等，笔者曾于 2018 年 6 月专程前往柏林拜谒 Dorotheenstädtischer 公墓。参见：James W. P.
　Campbell，Will Pryce. Brick: A World History [M]. Lodon: Thames & Hudson, 2003: 212-213.
② 李海清. 实践逻辑：建造模式如何深度影响中国的建筑设计 [J]. 建筑学报，2016（10）：72-
　77.

3.1.1 引言：霍夫曼窑技术的发明与传播简史

在亚洲近代建筑历史与理论研究领域，建筑的环境适应性问题已得到一定程度的讨论。对特定地形和气候条件下外来建筑型制和技术的演变之研究，[①,②] 以及中国南方传统聚落的有关研究，[③] 均已显示出自然环境是影响建筑活动的关键因素。然而，现有研究大多是基于地区性个案或案例群体的分析，且研究对象多为文化属性较显著的民居和聚落，[④~⑥] 而鲜有关于工业建筑者。用这类示例方法推导出的"规律性"，若能补足有关工业建筑的针对性研究，则显然在逻辑上会更加完备。笔者为此展开了一项规模庞大的田野调查，历时近三年，囊括中国各地文大区。[⑦] 以此为基础，将建筑技术的类型学观察、文献梳理及静态的统计分析用于确证环境因素对工业建筑建造模式的影响。

首先可以肯定，作为特定历史时期的一种先进技术，霍夫曼窑曾经在世界各地广为流传。费里德里希·E·霍夫曼的圆形平面环窑设计最初于 1858 年 4 月 17 日在维也纳首次获专利（"原型"，图 3-3），[⑧] 其后十余年陆续在欧美各国获数十个专利。[⑨] 霍夫曼于 1870 年推出矩形平面设计，[⑩] 又于 1875 年完成改进设计（"早期型号"，图 3-4）。这期间，霍夫曼窑还进一步传至许多欧洲国家。在亚洲，霍夫曼窑于 1872 年引入日本，[⑪]1897

① （日）藤森照信. 外廊样式——中国近代建筑的原点 [J]. 建筑学报，1993（5）：33-38.
② 刘亦师. 中国近代 "外廊式建筑" 的类型及其分布 [J]. 南方建筑，2011（2）：36-42.
③ Jin, T., Chen, H.S., Xiao, D.W. Influences of the Natural Environment on Traditional Settlement Patterns: A Case Study of Hakka Traditional Settlements in Eastern Guangdong Province [J]. Journal of Asian Architecture and Building Engineering, 2017（1）：9-14.
④ 陈纲伦，魏丽丽. 中国传统建筑环境适应性的语言学解读——以湖北民居为例 [C] // 全国第八次建筑与文化学术讨论会论文集，2004：363-369.
⑤ 王鑫. 环境适应性视野下的晋中地区传统聚落形态模式研究 [D]. 北京：清华大学，2014.
⑥ 张乾. 聚落空间特征与气候适应性的关联研究——以鄂东南地区为例 [D]. 武汉：华中科技大学，2012.
⑦ 李海清，于长江，钱坤，张嘉新. 易建性：环境调控与建造模式之间的必要张力——一个关于中国霍夫曼窑建筑学价值的案例研究 [J]. 建筑学报，2017（7）：7-13.
⑧ Reuleaux, C. Two Words on the Permanent Rescue of German Knowledge and Action [M]. Munich: Max Kellerer's h.b. Cort Book, 1890.
⑨ Reuleaux, C. Two Words on the Permanent Rescue of German Knowledge and Action [M]. Munich: Max Kellerer's h.b. Cort Book, 1890.
⑩ Hammond, M. Bricks and Brickmaking [M]. Oxford: Shire Publications Ltd, 2012.
⑪ （日）村松贞次郎. 日本建筑技术史：近代建筑技术の成り立ち [M]. 東京：地人書館株式會社，1963：67-70.

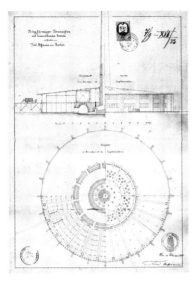

图 3-3　1858 年的霍夫曼窑方案
设计图即"原型"

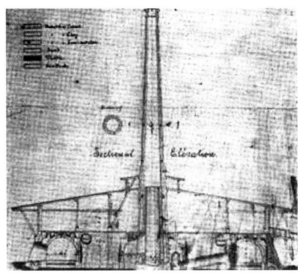

图 3-4　1875 年的霍夫曼窑方案设计图即"早期型号"

年引入中国大陆，[①]1903 年引
入中国台湾，[②]后又传至东北亚
与南亚各国，甚至美国；[③]在澳
洲，墨尔本有将霍夫曼窑改造
为公寓的案例；[④]在非洲，马达
加斯加曾大量使用霍夫曼窑。[⑤]

　　在中国，1897 年上海浦东
建成 18 门霍夫曼窑，1903 年
日商将其引入台湾，1907 年广
州士敏土厂附属砖厂建成一座
12 门霍夫曼窑，是为迄今所获
最早实物图像资料（图 3-5）；

图 3-5　广东士敏土厂附属砖厂于 1907 年前后在广州建成
霍夫曼窑

① 姜在渭. 上海建筑材料工业志 [M]. 上海：上海社会科学院出版社，1997：363.
② 周宜颖. 台湾霍夫曼窑研究 [D]. 台南：成功大学，2005.
③ Brett, S. A Program For The Conservation, Interpretation, and Reuse of Downdraft Kilns at the Western Clay Manufacturing Company of Helena, Montana. A Thesis in Historic Preservation Presented to the Faculties of the University of Pennsylvania in Partial Fulfillment of the Requirements of the Degree of Master of Science in Historic Preservation, 2013.
④ [EB/OL] http://www.dgtle.com/article-6802-1.html.
⑤ ILO.（1990）Small-Scale Brickmaking. International Labour Office.（ISBN: 9789221035671）

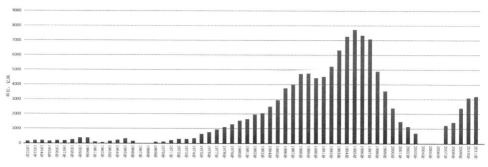

图 3-6 1952～2011 年中国黏土砖产量统计分析图

1933 年前后，南京有 5 座霍夫曼窑；而近在咫尺的安徽和县直至 1970 年代末才引入之；更为纵深的中国腹地如河北邯郸、山西晋中、湖南益阳等地则迟至 1990 年代才开始使用。

20 世纪末 21 世纪初，中国约有 10 万多个砖瓦生产企业，其中约 95% 使用霍夫曼窑。得益于此，很多窑址完好保存至今，成为本研究田野调查物证资源。依据中国建材工业年鉴所载砖产量数据可知，中国霍夫曼窑数量于 1995 年达到历史最高峰值（图 3-6）。

由于中国近 70% 的陆地国土面积是交通不便的山地，且经济发展存在显著的地区差异，乃至于中西部一些地方晚近才开始使用霍夫曼窑。得益于此，一些建于 20 世纪 70 年代甚至更早的霍夫曼窑址得以完好保存，其中极少数已成为受法律保护的文物，为本研究提供了大规模田野调查的物证资源。经调查发现，霍夫曼窑在中国约 120 年的引入和传播过程中，因"落地"需求而出现多种衍生型号，甚至有些型号从视觉上已难以辨认其与原型之间的关系，这恰可提供关于"原型""早期型号"和"衍生型号"间专项比较的素材，从而支持跨地区、跨文化的亚洲近代建筑史研究。本研究旨在回答以下问题：首先，中国霍夫曼窑常见型制和工作原理如何？其次，地形、气候、物产、交通、经济等环境因素如何影响中国霍夫曼窑的分布、组成、形态和技术特征？第三，在中国霍夫曼窑建造模式的类型分化与演化中，环境因素扮演的角色是什么？

3.1.2 方法：文献调查、田野调查与统计分析

欲开展此研究，除须进行常规文献调研外，还必须进行有足够空间覆盖率的大样本量田野调查，这不仅在学理上是必要的，在实施上也具备可行性：

（1）调查人员：有笔者直接指导 2 名硕士生于长江、钱坤以此为学位论文选题；连续三年本科生"基于教师科研项目的 srtp 项目"共计 11 名学生以此为训练课题；再者，笔者在建筑设计课中开设有关课题，三年共计 31 名同学选修；还有连续建筑构造课调研课题，约 90 人选；笔者还加入砖瓦行业网络社群，有很多热心者提供一手资料，这尚未包括感兴趣的志愿者主动加入调研。据不完全统计，直接参与该田野调查者已超过 132 人。

（2）抽样方法：哪里有霍夫曼窑？这是开展调查之前必须要解决的问题。初期以互联网新闻为主要信息来源；后期结合工业遗产改造项目在全国各主要风景旅游点附近寻找。技术上则主要利用卫星地图展开现场调查。其流程是：基本确认具体位置（省／市／县

（区）/乡（镇）/村）—卫星地图核实—电话询问现状—现场踏勘—测绘/拍照/访谈—资料整理。总体而言，调查点选取方法是随机的，即概率抽样调查。

（3）调查内容：因调研团队规模大、调研者背景差异和调查点分散，影响调查内容的系统性和客观性。为此统一设置了调查指南与成果形式。包括：①资料搜集：测绘简图、拍照、调查问卷；[①] ②解读分析：（Microsoft Office 之 PPT 制作，PDF 格式）：设计意图与建造工艺评介、建筑经济分析、综合评价。

除田野调查外，文献搜集、整理与分析也很重要。在各地引入霍夫曼窑技术的具体时间方面，重点采信地方志；而砖瓦产量方面，则重点采信建材工业年鉴中的官方统计数据。

该项田野调查历时约两年半，覆盖中国9个地文大区，[②] 调查点共计218个，运用人文地理学标图作业法分析的初步判断是：中国霍夫曼窑的分布状况，东部明显多于西部，南部明显多于北部，其宏观上的地理分布特征可为著名的"胡焕庸线"所揭示的"中国人口与自然地理本底的高度空间耦合"[③] 提供论据支持（图3-7）[④]。

3.1.3 中国霍夫曼窑建造模式的类型学观察

田野调查结果显示，中国霍夫曼窑常见平面形式类似田径运动场跑道，呈椭圆形—直线型窑室和半环形窑室相互衔接成筒拱形断面环状隧道，其平面外观亦可见矩形或矩形抹角之多边形。窑体分两层，首层外部通常是内倾砖墙，内部为砖砌拱券。窑体旁通常设爬梯，或坡度较缓的长长马道——通往二层投煤车间的窑桥。二层巨大平台是投煤车间，其上方常覆以各类屋架支撑的坡屋顶。地面层内部的环状隧道通常被分成至少12个或更多窑室，但各窑室间并无隔墙。每个窑室皆设树枝状支烟道及风闸，将烟气引至主烟道，进而由烟囱排出（图3-8）。其焙烧方法是：在窑室内码好砖坯，点火后从二层投入燃料，火随风闸开闭有序移动，顺着窑室逐次燃烧，如此周而复始、连续生产。其高效之处在于：不仅利用燃烧产生的热量干燥、预热砖坯，且引入新风冷却熟砖，持续供氧。其完整生产过程始于装窑，经干燥、预热、焙烧和冷却至最终出窑（图3-8）。

---

① 详细内容主要包括：（1）测绘简图（平、立、剖面，1：100左右，转换成CAD2000格式）；（2）拍照（远、中、近景，外观、室内、厨房、卫生间、主要细部等，JPG格式）；（3）调查问卷（砖窑厂主、经营者或生产人员等直接当事人的询问记录，Microsoft Office 之 word 制作，DOC 格式），主要关注厂区地址、规模、建造时间、工匠籍贯、人工价格、日产量、看火工轮班时间、盈利状况等，以及技术、生产和经营直接有关的基本信息。

② 田野调查涉及西北（宁夏、甘肃、陕西），华北（山西、河南、山东、天津、河北、内蒙古西部），东北（辽宁、黑龙江、吉林、内蒙古东部），长江上游（青海），长江中游（四川、湖北、湖南、江西），长江下游（上海、江苏、安徽），云贵（云南、贵州），岭南（广东、海南），东南沿海（浙江、福建、中国台湾），覆盖中国全部9个地文大区，仅新疆、西藏、北京和广西4个省级行政区未涉及。有关地文大区划分方法见：（美）施坚雅. 中华帝国晚期的城市 [M]. 叶光庭，等译. 北京：中华书局，2000。

③ 戚伟，刘盛和，赵美风. "胡焕庸线"的稳定性及其两侧人口集疏模式差异 [J]. 地理学报，2015（4）：551-566.

④ 李海清，于长江，钱坤，张嘉新. 易建性：环境调控与建造模式之间的必要张力——一个关于中国霍夫曼窑之建筑学价值的案例研究 [J]. 建筑学报，2017（7）：7-13.

图 3-7　中国霍夫曼窑田野调查工作照

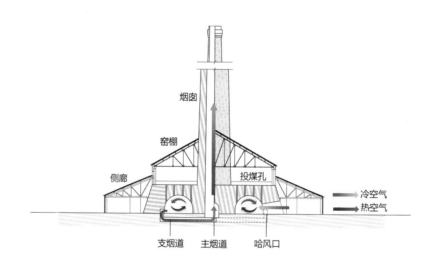

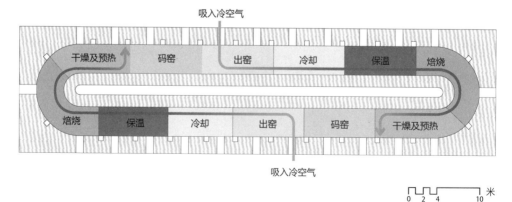

图 3-8　中国霍夫曼窑（下烟道）常见剖面和焙烧工序示意图

虽说霍夫曼窑共享上述技术原理，但在中国"落地"的具体做法却千差万别。下文试图依据田野调查获取的数据，从选址、构成、材料与构造、窑室剖面形式以及被动式新风系统等方面入手，来分析霍夫曼窑在中国的各种"衍生型号"之建造模式。

1. 选址 / 分布特征与交通、经济

作为一种工业建筑，必须方便交通运输。所有 218 个调查点要么临路、要么滨水，或二者兼备，且距城镇和乡村定居点并不遥远，通常不超过 20 公里。北方砖窑大多靠陆路运输，而南方水系发达，尤其是长三角、珠三角以及京杭运河沿线，因水运便捷而易聚集很多生产点，如江苏镇江丹徒区东辛封村附近大运河近长江处，沿线约 5 公里河道两岸密集分布 14 座霍夫曼窑（图 3-9），而陕西西安临潼区韩峪小学附近也因原料取用便捷而存在类似的密集分布（图 3-10）。只有交通便利，才能有效组织生产，降低原料和产品运费，提升企业竞争力。全国 218 个调查点无一例外地临路且利用陆路运输，64 个点不仅临路而且滨水并利用水运，占 29.4%；江苏 72 个调查点有 49 个临路、滨水且利用水运，占 68.1%。

此外，霍夫曼窑选址也与地方经济发展需求息息相关，全国有 68 个调查点位于北方（秦岭—淮河以北），占 31.2%；150 个位于南方，占 68.8%；123 个调查点位于东部，占 56.4%；52 个位于中部，占 23.9%；36 个位于西部，占 16.5%；7 个位于东北，仅占 3.2%（表 3-1）。中国霍夫曼窑选址的上述地理分布特征反映了建筑活动主体对交通运输条件和经济发展需求的具体考量与理性选择，而更为潜在的影响因素则是无法回避的地域气候与地形条件。

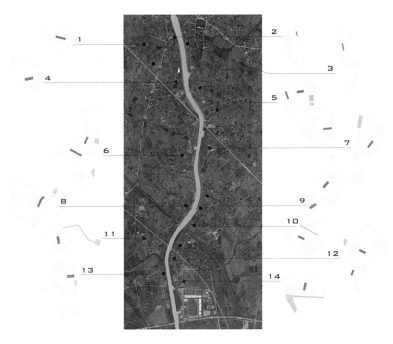

图 3-9　镇江丹徒区东辛封村附近大运河沿线霍夫曼窑密集分布区位图

图 3-10　西安临潼区韩峪小学附近密集分布 12 座霍夫曼窑卫星图

2. 构成 / 形态特征与气候、经济

中国霍夫曼窑的构成与形态特征的两个要素是窑棚与窑桥。前者是二层或一层窑门上方连续覆盖的顶棚（图 3-11），本研究将一层窑棚称为侧廊。设若两坡顶窑棚无侧廊、烟囱位于窑体中心的情形为基本型，则依窑棚、侧廊有无和形态可分为：无窑棚无侧廊、无窑棚无侧廊二层有小屋、两坡顶窑棚单坡侧廊、两坡顶窑棚拱坡侧廊、两坡顶窑棚连续拱侧廊、横向勾连搭窑棚无侧廊、横向勾连搭窑棚单坡侧廊、横向勾连搭窑棚拱坡侧廊、纵向勾连搭窑棚无侧廊、拱顶窑棚单坡侧廊等，共计 11 种类型（图 3-12）。迄今仅发现中国南方 1 个点未用窑棚，占 0.7%；也只发现中国北方 10 个点设窑棚，占 14.9%，如果除去气候严寒且降水亦较多而宜采用窑棚的东北地区 2 个点不算，仅占 11.9%。可见窑棚取舍因气候而异，南方降水多、日照时间长，应采用窑棚，而北方大部分地区则不必。

此外，南方霍夫曼窑的侧廊还可辅助生产。因南方降水较多，平日可于室外晒场晾干的砖坯在连日阴雨（雪）时须加遮蔽，以至于常不能及时晾干装窑，而此时侧廊可用于晾坯补救，近年甚至有塑料薄膜大棚晾坯。全国共有 102 个点用侧廊，占 46.8%；但南方明显偏高，如江苏境内 56 个淮河以南的调查点有 44 个用侧廊，占 78.6%；浙江、福建、广东三省共 32 个点有 30 个用侧廊，占 93.8%。这种形态特征之地域差异显然与特定气候条件存在无可辩驳的关联性。

窑桥（马道）是由一层室外通往二层投煤车间的坡道（图 3-13）。正如"早期型号"已采用坡道作为窑桥那样，直至 1990 年代，中国霍夫曼窑大多用窑桥，但近年屡见采用电力升降机或卷扬机而取消窑桥的案例（图 3-14）。全国有 91 个调查点仍用窑桥，占 41.7%；其中江苏 72 个调查点有 46 个用窑桥，占 63.9%；有 13 个点用升降机或卷扬机，占 18.1%，其中 12 个点彻底放弃窑桥。由于近年人力资源成本快速上升，以及机电设备成本与电价的相对下调，这种改进无疑具有经济合理性。于是，窑桥作为霍夫曼窑的外观特征逐渐退化，这显然又与经济条件改变存在必然关联。

表 3-1

中国霍夫曼窑调查点区域分布统计表

大区	省级行政区	调查点数量	小计	总计
东部	北京	0	123	218
	天津	3		
	河北	3		
	山东	9		
	上海	1		
	江苏	72		
	浙江	22		
	福建	3		
	广东	7		
	海南	1		
	中国台湾	2		
	澳门	0		
中部	山西	6	52	
	河南	4		
	湖北	8		
	湖南	12		
	江西	5		
	安徽	17		
	内蒙古中部	0		
西部	宁夏	2	36	
	新疆	0		
	青海	2		
	甘肃	1		
	西藏	0		
	四川	10		
	重庆	0		
	云南	8		
	贵州	1		
	广西	0		
	陕西	11		
	内蒙古西部	1		
东北	辽宁	4	7	
	吉林	1		
	黑龙江	2		
	内蒙古东部	0		

图 3-11　二层采用窑棚的霍夫曼窑之外观图

图 3-12　中国霍夫曼窑形态特征分类示意图

图 3-13　窑桥外观图

图 3-14　电力升降机外观

3. 材料、构造／技术特征与物产

　　田野调查显示，中国霍夫曼窑的窑棚结构选材常用竹（木）、钢、钢木组合和预制钢筋混凝土，至少竹构在"原型"和"早期型号"中并未采用。而中国多数地区产竹，采用竹构较为经济，尤其是盛产竹材、竹构工艺发达的南方（图 3-15）。全国有 38 个调查点采竹构窑棚，占 17.4%；而江苏 72 个调查点有 17 个采用竹构窑棚，占 23.6%。窑体外墙也有用石材乃至机制平瓦砌筑的案例，而宁波某调查点甚至用旧汽油桶变废为宝制作烟囱——原材料可获得性越强，造价就越容易控制。中国霍夫曼窑的上述技术特征与特定地域的物产条件显然存在直接关联，而物产条件背后仍是气候、地形等地理因素起决定作用。

4. 窑室剖面形式／技术特征与气候、经济

　　中国霍夫曼窑"原型"窑室为完整砖拱结构，闭合拱顶（图 3-16a）。而近年窑室顶部出现完全开口及半开口状况，前者又可分为窑室设于地上的"立窑"和窑室设于地下的"地沟窑"（图 3-16b、c）。其共同点在于取消窑顶拱券，窑室向上敞开，烧砖前临时铺一层实心砖，并盖上约 100 毫米厚的黏土或一层耐火材料（硅酸铝纤维毯、纤

图 3-15　中国霍夫曼窑窑棚结构选材常见四种，左上起分别为：竹（木）、钢、钢木组合和预制钢混凝土

维模块）以求保温。砖坯烧熟，揭开临时覆盖物即可很快冷却，窑温很快降至常温。而顶部闭合窑室散热困难，出砖时窑温依旧有 40～50℃，工人甚至不得不赤身裸体工作。对南方气候炎热地区而言，开口窑设计显然有利于改善工作条件。全国有 12 个调查点用开口窑，其中 11 个点位于南方；福建、广东和海南共 11 个调查点中有 7 个用开口窑，占 63.6%。不仅如此，砖砌拱券结构施工时必须借助木模板（拱架）并多次移动，工、料代价较高，放弃拱顶可大幅降低施工难度和工程造价。[①] 因此，淄博、青岛等地居然也曾于近年出现大量开口窑。但开口窑采用临时覆盖措施保温性能较差，能耗较高，且过火不匀、次品较多。[②] 半开口窑目前仅发现四川省汶川水磨镇 1 个案例（图 3-16*d*），应属实验性设计，即试图在保温性能（为了人造之物）和室内热舒适（为了造物之人）之间寻求某种平衡。

综上，中国霍夫曼窑的窑室剖面形式所反映的技术特征，都与特定地域的具体气候、经济条件存有直接关联。

① 曹世璞 . 治治无顶轮窑！一位老砖瓦人的呼吁 [J]. 砖瓦世界，2007（2）：12.
② 曹世璞 . 治治无顶轮窑！一位老砖瓦人的呼吁 [J]. 砖瓦世界，2007（2）：12.

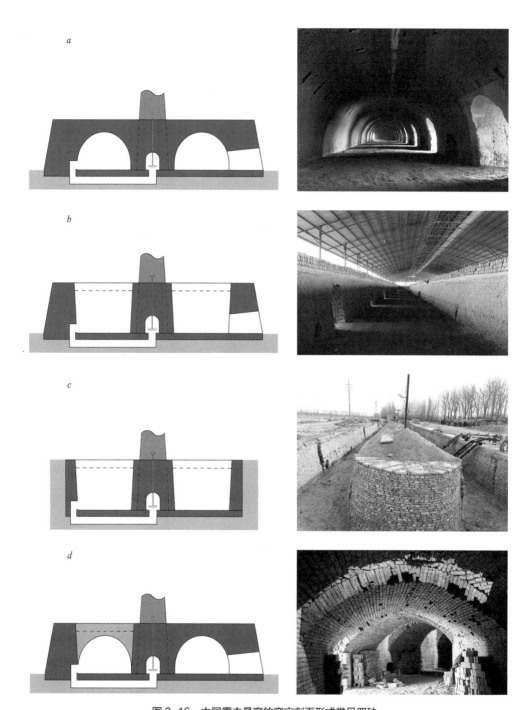

图 3-16　中国霍夫曼窑的窑室剖面形式常见四种：

a 闭合拱顶；*b* 地上窑室顶部开口（立窑）；*c* 地下窑室顶部开口（地沟窑）；*d* 顶部半开口

5. 被动式新风系统／技术特征与气候、地形、经济

（1）烟道

"原型"和"早期型号"皆使用下烟道，即支烟道和主烟道都位于一层窑室地面标高附近，支烟道则位于室内地坪标高以下（图3-17）。但南方降水较多，烟道常被水淹以至失效。故近年南方窑多用"上烟道"，即支烟道由一层窑室地坪垂直向上爬升，并在两米左右标高围绕整个窑体形成环状主烟道（图3-18）。此时烟囱通常位于窑体长轴一端，并拉开2~3米距离。全国共57个调查点用上烟道，占26.1%；而江苏淮河以南的56个调查点有21个用上烟道，占37.5%；上海、浙江、福建、中国台湾、广东、海南五省共

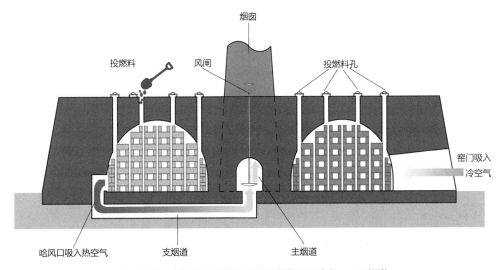

图 3-17　中国霍夫曼窑的烟道形式常见两种之一：下烟道

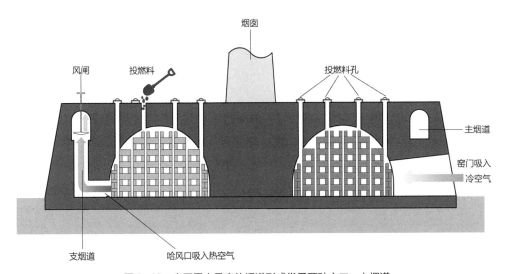

图 3-18　中国霍夫曼窑的烟道形式常见两种之二：上烟道

图 3-19 盱眙县砖厂于 2016 年初趁大修之机将下烟道改为上烟道现场实景

计 33 个调查点有 17 个用上烟道，占 51.5%。[1] 江苏盱眙县砖厂甚至于 2016 年初趁大修之机将下烟道改为上烟道（图 3-19）；陕西蓝田县华胥镇刀旗寨村某新建砖厂虽位于秦岭以北，按理无须用上烟道，因厂主是温州客商，也直接从浙江引进熟悉的工匠和更为合理的上烟道设计。

（2）烟囱

烟囱是主烟道的最终出口，也是霍夫曼窑利用名副其实的"烟囱效应"增强风压通风和热压通风效率的物质载体。"原型"和"早期型号"的烟囱皆位于窑体中心，但烟囱自然引风实际效果受具体气候条件影响较大，无法确保产量。故 1960 年代西宁出现了以机械引风为主、自然引风为辅的设计方案。[2] 另一方面，继续保留烟囱，以自然引风为辅，遇停电时仍使用烟囱自然引风较为稳妥。而许多砖窑改用鼓风机后就不再用烟囱，新建砖窑因采用鼓风机，则只建很矮的烟囱。

调查结果显示，全国共有 57 个调查点用固定鼓风机，占 26.1%；其中，电力供给压力较大的江苏、山东两省共计 80 个调查点只有 13 个用鼓风机，占 16.3%，远低于全国平均水平；而电力供给较充裕的山西、河北两省共计 9 个调查点有 8 个用鼓风机，占 88.9%。这表明电力供给地区差异[3] 直接影响了霍夫曼窑是否采用机械引风的技术决策。

而烟囱位置的选择，根据烟道形式以及现场地形环境，既可像"原型"和"早期型号"

① 李海清，于长江，钱坤，张嘉新．易建性：环境调控与建造模式之间的必要张力——一个关于中国霍夫曼窑建筑学价值的案例研究 [J]．建筑学报，2017（7）：7-13．

② 青海省公安厅劳改局设计室．54 门轮窑设计中的若干问题 [C] // 青海省土木建筑学会．青海省土木建筑学会 1963 年年会学术论文汇编（内部资料）．1963：98-103．

③ 周绍杰，刘生龙，胡鞍钢．电力发展对中国经济增长的影响及其区域差异 [J]．中国人口·资源与环境，2016（8）：34-41．

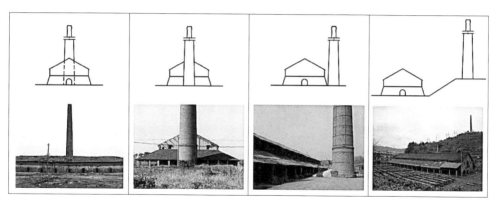

图 3-20 中国霍夫曼窑烟囱位置设计选择的四种类型

那样置于窑体中心，亦可置于窑体长轴方向之尽端，或长轴方向中部外侧，甚至干脆立于附近山顶之上（图3-20）。这样既可防止因烟囱距离山体过近而影响自然风速，也能降低烟囱自身的建筑高度，进而降低施工技术难度和造价。

上述有关中国霍夫曼窑被动式新风系统的设计改进及其所反映的技术特征，也都与特定地域的具体气候、地形以及经济条件存有直接关联。

综上，这项研究描述和分析了环境因素对中国霍夫曼窑建造模式类型分化与演化的影响。结果表明其间有很强的关联性，环境因素在塑形中国霍夫曼窑建造模式中发挥至关重要的作用。作为一种乡土环境中的工业建筑，中国霍夫曼窑的建造与使用所面临的核心问题是：如何在确保产量和质量的前提下有效控制成本。首先，临路、滨水的选址意图先期确定了中国霍夫曼窑的分布，进而影响其空间构成、材料选择和构造做法。尽可能简化其空间构成、使用地域性的建筑材料和施工工艺是显而易见的合理选项；其次，为提升窑室内的物理环境舒适度，中国霍夫曼窑剖面形式在近年出现开口和半开口的新做法，虽无助于降低能耗和提高产品质量，却有利于改善工作环境条件，间接有助于降低人工成本；第三，为兼顾自然引风并确保产量和质量，中国霍夫曼窑开始逐步采用机械引风为主、自然引风为辅的混合引风技术，有利于在电价相对人工越来越便宜但电力供给并不均衡和稳定的具体条件下实现最优效益；最后，为充分利用地形降低施工技术难度和造价，中国霍夫曼窑的烟囱并非像其"原型"和"早期型号"那样绑定在窑体中心，而是有可能置于邻近山坡之上。

很明显，霍夫曼窑在传入中国之后发生了很大变化并不断发展，这主要是出于对环境因素的多层次回应。就建筑学视角而言，很难确认中国霍夫曼窑的诸多"衍生型号"与其"原型"和"早期型号"之间还有多大的物质性关联，但它仍沿用"原型"的空间组成和焙烧原理——连续多窑室，火动砖不动。极端如"地沟窑"者，其窑室空间完全在室外地坪以下，甚至只用鼓风机，霍夫曼窑的主要视觉特征不复存在，但仍遵循其核心技术原理。这正如先贤早已认清的那样："尽管自发明之日起，霍夫曼窑设计已获诸多改进，但他提出的基本原理却一直被沿用。很多现代窑炉技术虽以霍夫曼冠名，而实际上它们和最初的原型相去甚远"。[1]

正因为霍夫曼窑的产能和生产效率远高于中国原生的间歇式土窑，才得以引入、大规模推广并改变中国城乡面貌。但这是否就意味着近代中国制砖技术所发生的巨大改变是完全受霍夫曼窑传入的影响和制约呢？回答是否定的。因为这难以解释为何中国引入第一座霍夫曼窑之后 70~80 年，安徽、山西、湖南等中西部的部分地区才开始使用霍夫曼窑，而在这之前一直采用土窑。其时，欧洲主要发达国家均已开始成批淘汰霍夫曼窑并进行工业遗产改造，几乎相差了一个时代。日本的红砖产量于 1919 年即引入霍夫曼窑 47 年之后达到峰值，[2]也比中国早了 75 年。中国中西部一些地区之所以很晚才开始使用霍夫曼窑，其主要原因乃在于这些地区的经济发展和城乡建设在 1980 年代之前一直处于很低的水平，[3]对于霍夫曼窑的较高产能和生产效率并无切实需求。其很生动的证据就是：中西部地区若干调查点均为近年浙籍客商投资，可视为向中西部产业转移之民间自组织行为。

3.1.4　不同历史时期中国霍夫曼窑设计版本之比较

霍夫曼窑技术长期在中国传播，主要建造在乡村地区或城乡接合部，其施工建造的主体通常是活跃在乡村地区的专业工匠，他们手中往往保存着在同行之间流传的、几乎是无代价获取的"标准设计"图纸，并根据实际项目的具体条件和需求而作出因地制宜的调整。因此，想要对这种标准设计进行深入考察是比较困难的——原版设计图究竟是谁画的？具体当事项目作出了何种调整？调整的原因是什么？调整的具体效果又如何？……在经手了几轮流传和调整之后，原版设计和改进设计之间的关系往往难以准确判读。而这里将要深入分析的四个设计版本，是迄今为止极少数不依赖田野调查就能获得相对准确设计技术情报的案例——1958 年建成投产的德阳机制砖瓦厂 46 门轮窑（下文简称"版本 1"）、1963 年西宁新生砖瓦厂新建 54 门轮窑（下文简称"版本 2"）、1974 年启东县工业局编著出版的简易轮窑设计图（下文简称"版本 3"），以及 1992 年南京市大厂镇第二砖瓦厂新建 22 门轮窑（下文简称"版本 4"）。它们不仅分布于不同历史时期，存有相对完善而准确的设计图档资料，且都有建成使用的实践检验，其典型意义和代表性见于下文。

1. 四个版本设计的基本信息

（1）版本 1：德阳 1958

德阳机制砖瓦厂 1958 年建成投产，是始建于 1956 年的四川省德阳监狱的前身"第二十一劳动改造管教队"建立的国有企业。[4]其轮窑设计技术资料发表于《建筑学报》

---

① Searle, B. Modern Brickmaking [M]. London: SCOTT, GREENWOOD & SON, 1915.

② （日）村松贞次郎著. 日本建築技術史：近代建築技術の成り立ち [M]. 東京：地人書館株式會社, 1963: 77.

③ 安乾, 李小建, 吕可文. 中国城市建成区扩张的空间格局及效率分析（1990—2009）[J]. 经济地理, 2012（6）：37-45.

④ 重庆市地方志办公室. 重庆市志·监狱志 [M]. 重庆：重庆出版社, 2013:103；四川省德阳监狱网之单位概况 [EB/OL]. http://www.dysdaj.gov.cn/a/xueshuyuandi/liyongshili/20160930/356.html；德阳市工业区资政参考 [EB/OL]. http://dyjy.scjyglj.gov.cn/dyjy/about/index.action.

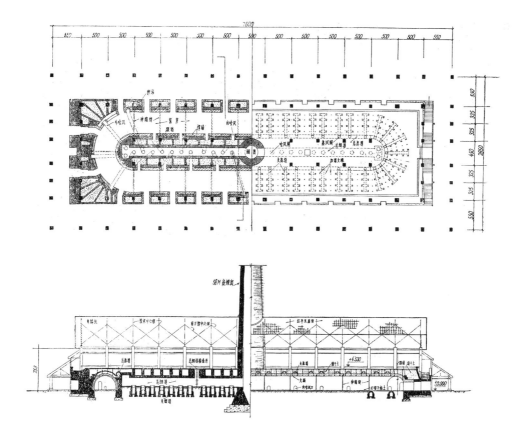

图 3-21　四川德阳砖瓦厂 26 门轮窑设计图之平面图与纵剖面图

1958 年第 9 期（图 3-21、图 3-22），依据发表的设计图纸可知其为 26 门轮窑，而文字介绍则称其为 46 门轮窑，疑有误），设计者为四川省城市建筑设计院，无具体建筑师或工程师署名。该设计院初建于 1956 年，由四川省建工局设计公司和成都市建工局设计室合并而来。[①]

（2）版本 2：西宁 1963

青海新生砖瓦厂 1951 年建成投产，是青海省公安厅投资建立的国有企业。[②] 起初皆用土窑，至 1956 建成 54 门轮窑 1 座，[③] 至 1963 年之前又添建 54 门轮窑 1 座，均设有冷哈风道回收余热。[④]1963 年新建 54 门轮窑 1 座，其设计技术资料发表于 1963 年《青海省土木建筑学会一九六三年年会学术论文汇编》（图 3-23），设计者为青海省劳改局设计

① 成都市地方志编纂委员. 成都市建筑志 [M]. 北京：中国建筑工业出版社，1994：120-121.
② 张维珊. 青海工业史话（内部发行）[Z]. 西宁：青新出〔2001〕准字第 58 号，2001：30.
③ 张维珊. 青海工业史话（内部发行）[Z]. 西宁：青新出〔2001〕准字第 58 号，2001：30.
④ 青海省公安厅劳改局设计室. 54 门轮窑设计中的若干问题 [C] // 青海省土木建筑学会. 青海省土木建筑学会一九六三年年会学术论文汇编（内部资料）. 西宁：1963：98-103.

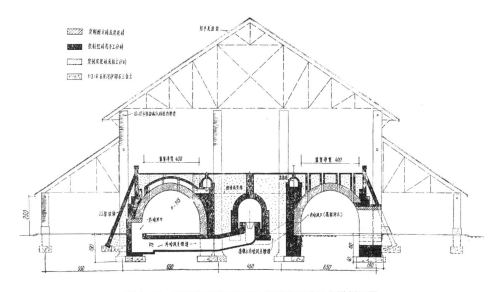

图 3-22　四川德阳砖瓦厂 26 门轮窑设计图之横剖面图

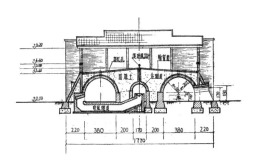

图 3-23　青海西宁新生砖瓦厂 1963 年新建 54 门
轮窑剖面图

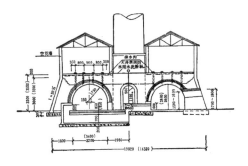

图 3-24　启东县工业局设计的简易轮窑剖面图

室，无具体建筑师或工程师署名。该设计室成立于 1954 年。[①]

（3）版本 3：启东 1974

1960 年启东建材厂建成当地第一座 16 门轮窑，1967 年建成首座"简易轮窑"，次年在全县推广。[②] 其设计技术资料发表于中国建筑工业出版社 1974 年 5 月出版的《简易轮窑烧砖》（图 3-24），著者为启东县工业局，无具体建筑师或工程师署名。设计者应为启东县工业局倪友良、南通市设计室吴戎吉和江苏省基建局何民雄等。[③]

① 青海省地方志编纂委员会. 青海省志：城乡建设志 [M]. 西宁：青海人民出版社，2001：488-489.
② 江苏省启东县志编纂委员会编. 启东县志 [M]. 北京：中华书局，1993：351-352.
③ 江苏省志建材工业志 [EB/OL]. http://www.jssdfz.com/book/jcgyz/D4/D4J.HTM.

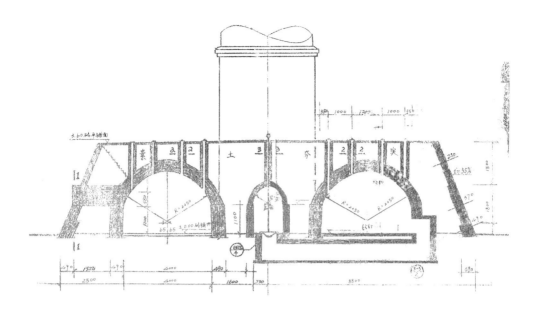

图 3-25 设计于 1992 年的南京市大厂镇第二砖瓦厂新建 22 门轮窑之剖面图

（4）版本 4：南京 1992

南京市大厂镇第二砖瓦厂于 1992 年新建 22 门轮窑，由邻近的丹阳市全州建筑工程公司负责设计、施工，设计署名"韦荣义"。据知情人、建窑工匠孙世江介绍，该公司因主要负责人去世，营业执照已于前几年注销。孙世江本人则保存了在民间流传的这份设计图纸之复印件（图 3-25），而又因国家近年推行产业转型政策，霍夫曼窑成批淘汰，孙氏不得不放弃这项专业工作，改行从事水果种植与养殖业，于是又将其保存图纸无条件赠予笔者。

参照上述有关技术资料绘制表格（表 3-2），比较其主要技术参数，可见就设计者和设计成果本身而言，这四个设计版本可分为三类：版本 1 和 2 来自相对偏远、当时属于经济欠发达地区的省会城市或地级市，设计者为大型国有设计机构。其工程实施皆由政府投资，而背景是司法行政部门之监狱系统于 1950 年代在全国各地大量开办劳动改造类国有企业，其设计技术特点是规模大、投资多、建设快，建设组织管理较为规范。

版本 3 来自经济相对发达地区，设计者为县级政府工业主管部门。其背景是江苏省启东县工业局为组织乡村砖瓦厂淘汰土窑、改用当时技术相对先进的霍夫曼窑，经研究提出"简易轮窑"设计模板，并于 1967 年在当地实验成功。同年各地政府主管部门组织有关人员来启东参观且给予好评。后于 1975 年出版图书，1981 年国家农业部向全国推广该项技术与经验。[1] 因其属于针对乡村和农民自行投资兴办砖瓦厂（集体所有制社队企业）而推出的标准化设计，故具有规模小、投资少、建设快的设计技术特点，但建设组织管理难以规范。

---

① 江苏省志建材工业志［EB/OL］. http://www.jssdfz.com/book/jcgyz/D4/D4J.HTM.

四个设计版本的基本信息与主要技术参数 表 3-2

设计版本序号	企业名称	设计者	设计时间（年份）	发表时间（年份）	规模（门数）	窑室净宽（毫米）	窑室净高（毫米）
版本 1：德阳 1958	德阳砖瓦厂	四川省城市建筑设计院	—	1958	26	4000	2900
版本 2：西宁 1963	西宁新生砖瓦厂	青海省劳改局设计室	—	1963	54	3800	2800
版本 3：启东 1974	启东北新公社轮窑厂（下烟道）	启东县工业局倪友良、南通市设计室吴戎吉、江苏省基建局何民雄	—	1974	16	3200	2600
版本 4：南京 1992	南京市大厂镇第二砖瓦厂	丹阳市全州建筑工程公司	1992	—	22	4000	2600

注：为节省篇幅，其余参数从略。

版本 4 也出自经济发达地区，而设计者属民营建筑施工企业。其具体项目实施由民营砖瓦生产企业自行投资，背景则是中国于 1990 年代初期开始初步建立市场经济体系，城乡建设发展较快，东部经济相对发达地区开始大规模发展机制砖瓦业，其主角不再是各级政府主管部门，而由民营砖瓦生产企业自发推进。其设计技术特点是规模与投资皆适中、建设快，建设组织管理规范性也介乎前两者之间。

上述四个设计版本虽分布于不同时期，但前三个版本之设计者皆拥有明确的官方背景，版本 1、2 皆出自省级专业设计机构，在建筑与土木工程技术方面最为专业；版本 3 为县级政府主管部门设计，专业性虽不及 1、2，但对乡村工业建设更熟悉；版本 4 的设计者则完全没有官方背景，而是在初建不久的市场经济中应运而生的民营建筑施工企业，专业性虽也不及 1、2，但它们基本上属于自主管理、自生自灭那种企业，而应该更看重综合效益。下文将针对上述设计版本的具体技术参数进行比较分析。

2. 四个版本设计技术参数比较分析

（1）窑室剖面尺寸

关于窑室剖面尺寸，其决定原则是使剖面上各处焙烧温度均匀、生产操作安全省力。一方面，窑室不宜过于低矮狭窄，否则容积减少，影响产量；而另一方面，窑室也不宜过于高敞宽阔。过高则不仅难以控制上下不同位置焙烧温度，且增大工人在装、卸顶层砖坯时劳动强度；过宽则不仅使投煤孔横向间距增大，落煤不易均匀，形成局部过火，砖坯焙烧不匀。[①]

---

① 许绍群. 42 门轮窑设计革新 [J]. 北京砖瓦，1991（4）：15-16.

对照表3-2，不难发现设计版本1～4的窑室高度依次为：2.9—2.8—2.6—2.6米（图3-26），总体呈逐次降低趋势，这是否意味着设计者逐步意识到控制和适度降低工人劳动强度的意义？为获知版本3和4采用较低窑室高度数据的普遍意义，随机抽取与此近似时间段且基本数据齐全的15个田野调查案例，并与之进行比较（表3-3），可发现1992年之后窑室高度没有超过2.6米者，这应能显示出控制窑室高度和工人劳动强度几成为共识。甚至有2009年新建国资砖厂项目建议书明确提出劳动强度过大引发招工困难的问题，并采用较低窑室高度数据2.6米的案例。这应能说明即使在1980年代以来，国企逐渐退出砖瓦制造业而让位于民企的大背景之下，近年偶有国资开办砖厂也不得不考虑市场经济条件下人力资源供求关系的变化，关注工人劳动强度的控制——人的尊严和价值得到了显著的体现。

而另一方面，设计版本1～4的窑室宽度依次为：4.0—3.8—3.2—4.0米（图3-26），前三个版本逐次降低，尤其是3号版本降幅较大，体现出1970年代在农村社队企业中推广"简易轮窑"的基本诉求，即通过降低窑室宽度减小拱跨从而直接降低建造难度与成本的设计意图。至4号版本又升至与1号相同的4米，则恰又体现出1990年代市场经济条件下砖产量供不应求，在降低窑室高度以控制工人劳动强度的前提下，为确保一定的产量而采用了较大的窑室宽度。

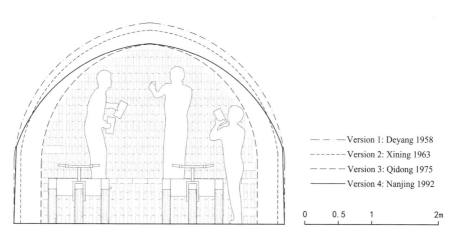

———— Version 1: Deyang 1958
- - - - Version 2: Xining 1963
········ Version 3: Qidong 1975
———— Version 4: Nanjing 1992

0   0.5   1   2m

图3-26　四个版本剖面设计参数的比较分析简图，清晰显示出版本4选择了较矮而宽的窑室

（2）窑室拱型

关于窑室拱型，其影响因素主要是剖面尺寸。虽然单心半圆拱或近似半圆的双心拱之拱脚侧推力较小，从结构力学角度看比较合理，但在窑室宽度确定的前提下易导致窑室过高，从而加大工人劳动强度；且砌筑时拱脚附近工作空间较小，尤其是采用上烟道时施工难度较大。[①]因此在设计实践中，若窑室宽度较小则多用矢高相较半圆拱低一些的双心拱，

---

① 刘克俭，刘春盈. 改革轮窑烟道窑门哈风设计与施工要点 [J]. 北京砖瓦，1992（4）：15-17.

随机抽取基本数据齐全的16个田野调查案例的基本信息与主要技术参数并与设计版本3、4比较

表3-3

企业名称	建造时间（年份或年代）	规模（门数）	窑室宽度（毫米）	窑室高度（毫米）
湖北省孝感市大悟县城关镇双河村砖厂	1960	20	3600	2800
设计版本3：江苏省启东县北新公社简易轮窑（下烟道版）	1967	16	3200	2600
湖北省孝感市孝南区杨店镇砖厂	1970s	30	4200	2700
湖南省邵阳市绥宁县长铺镇李家砖厂	1970s	24	3500	2450
湖南省岳阳市岳阳楼区康王乡某砖厂	1970s	18	3300	2220
江苏省南京市高淳区蒋山砖瓦厂	1983	20	4000	2800
江苏省淮安市盱眙县旧铺镇张洪砖厂	1980s	18	3700	2600
四川省乐山市井研县机制砖瓦厂	1980s	20	4000	2600
江苏省扬州市江都县真武镇砖瓦厂	1989	24	4000	2400
浙江省金华市武义县石上青村砖厂	1992	18	4000	2700
设计版本4：江苏省南京市浦口区大厂镇第三砖瓦厂	1992	22	4000	2600
山东省东营市广饶县西相村砖厂	2000~2002	22	3850	2580
陕西省西安市临潼区韩峪村轮窑（田野调查编号E）	2002±2	22	3700	2550
陕西省西安市临潼区韩峪村轮窑（田野调查编号D）	2002±2	28	3600	2500
天津市静海区双塘镇杨家园砖厂	2000s	38	3600	2500
浙江省金华市东阳市千祥镇三联砖厂	2000s	20	3500	2500
陕西省朔州市山阴县北王庄村砖厂	2000s	26	2700	2300
陕西省咸阳市礼泉县下高坡村砖厂	2010	30	3400	2550

而若窑室宽度较大，则宜用矢高更低一些的双心拱，若宽度超过 4 米则宜用矢高进一步降低的三心拱。设计版本 1～4 的窑室拱券矢高依次为：1.73—1.59—1.4—1.53。很明显，其拱形既没有纯粹的半圆拱也没有复杂的三心拱，而是都采用了兼顾窑室高度控制和施工简便的双心拱。其中前三个版本矢高逐次降低，尤其是 3 号版本降幅较大，显示出降低窑室高度，从而控制和适度降低工人劳动强度且便于施工操作的设计意图；而 4 号版本矢高略有回升，但仍比 1 号版本少 0.2 米，体现出在确保产量、降低工人劳动强度和便于施工操作三者之间的权衡，意在追求综合效益。

（3）基础埋深与材料

按常理基础埋深越大，结构就越坚固，但施工的工程量也就越大，建筑成本就越高。设计版本 1～4 的窑室主基础埋深依次为：1.9—1.5—0.42—0.42 米。充分显示出版本 1、2 的设计者对于结构安全的高度重视，以及版本 3 通过加强易建性降低建设成本诉求对于后世的影响；版本 4 也沿用了 3 的较小基础深度值。关于基础用材，非常有趣的是：四个版本虽分布于近半个世纪的时间跨度之中，但都采用了不用任何钢筋、水泥的"三合土"[①]——一种来自中国营造传统、经过改良的基础做法：石灰、河沙与卵石、石子或碎砖的混合物。反映出节约现代建材、降低建筑成本的共同诉求。

（4）窑室拱券的施工支模

关于窑室拱券的施工支模方法，直线型窑室砖拱砌筑支模方法比较常规，采用筒拱形模架（图 3-27）。困难的是环形窑室拱券砌筑如何支模，如果照搬直线型窑室的支模方法，采用木结构模架上覆三夹板或竹条，那么环形窑室的模架制作将需要投入巨大工作量，且难以做出表面平滑的环形模架券胎（图 3-28）。尽管版本 1、2 可能为此不惜工本制作精细的木构模架券胎，但版本 3 面向社队企业，显然不可能采用上述方法。现在可以确切获知的是：版本 3 在其出版物正文中明确提出采用砖或砖坯堆成拱券形，用以替代砌筑砖拱的木结构模架。[②] 问题是如何形成券胎的平滑表面呢？有关于此，版本 4 设计图纸也没有相关表述，但深受其技术经验影响的工匠孙世江团队在 2016 年底的盱眙县砖厂一号窑大修工程中采用的支模方法完美地呈现了这一省料、省工的巧妙建造方法：先以砖堆成拱券形，再在其上粉涂水泥砂浆，形成相对精确的光滑表面。其要领在于事先准备好下料精准的活动模板，在环形窑室券胎堆砌砖块时必须随时将其用以参照、检查与修正（图 3-29～图 3-31）。除了堆砌散砖形成券胎以外，版本 3 还提出了诸如以土坯代替熟砖砌筑窑室内

① 中国营造传统中的三合土是一种以黏土、砂子和石灰为主要原料的混合物，是一种常见的、以石灰为胶凝材料的石灰基建筑材料。其用途主要有两类：一类是作为夯土建筑的夯筑材料；另一类则是作为胶结辅料用于粘结、外包砖石。详见：郑烨. 中国传统建筑材料三合土的成分分析检测方法研究［D］. 杭州：浙江大学，2016. 而 1950 年代以后的这几个砖窑案例，特别是德阳砖瓦厂的 46 门轮窑，则使用了 1∶3∶6 石灰河沙卵石三合土，且将其作为主体结构之基础用材来使用。笔者认为这主要是在三合土配方中使用较大骨料即卵石，使其强度得到进一步提高。所以，这种技术上的变化不仅限于配方调整，也在于相应用途到拓展，故应视为针对传统技术的改良措施。

② 启东县工业局. 简易轮窑烧砖［M］. 北京：中国建筑工业出版社，1974：1-2.

图 3-27　2015 年江苏盱眙霍夫曼窑大修现场，
用于窑室砌筑"定心"的拱形木模架（直道窑室）

图 3-28　2016 年天津静海霍夫曼窑大修现场，
用于窑室砌筑"定心"的拱形木模架（弯道窑室）

图 3-29　2015 年江苏盱眙霍夫曼窑大修现场，弯道
窑室以砖块堆积成拱形"窑胎"作为砌筑窑室的模具

图 3-30　2015 年江苏盱眙霍夫曼窑大修现场，
弯道窑室之"窑胎"堆积过程中借助拱形木模板

图 3-31　2015 年江苏盱眙霍夫曼窑大修现场，
弯道窑室之"窑胎"表面以砂浆抹灰使之平顺

壳、以夯土代替砖建造窑体外墙、以炊具铁锅代替铸铁哈风闸、将大跨度窑棚分解为两组较小跨度窑棚，甚至以杂树棍、扁担料制作屋架等省料、省工方法。通过诸多实例的现场考察，可以肯定版本 3 的"易建性"诉求对于后世影响力很大，其示范效应不仅体现在具体的设计尺寸，也包括用料和施工方法。

综上，关于窑室剖面尺寸、拱形、基础埋深与选材的数据搜集分析结果显示：省级专业设计机构的建筑师与土木工程师等设计者，其工作目标是正规化地完成设计任务，关注科学性即结构坚固及热回收利用；县级主管部门工业局组织的设计者主要是行政管理者、有经验的工匠和极少数工程师，目标是以农民自行投资兴办砖瓦生产企业的形式快速推广霍夫曼窑技术，所以关注易建性；而民营建筑施工企业的目标更为全面和市场化，追求综合效益即在确保结构安全的前提下尽可能提高产量并降低建筑成本。版本 4 在窑室宽度上选择高值而高度上趋近于低值，且窑室拱券施工支模方法参照版本 3 的易建性做法，可以初步显示出：在相对自由的市场经济条件下，设计者倾向于在确保较高产能、控制工人劳动强度和建设成本投入等目标之间进行综合权衡，是一种追求综合效益最大化的技术进步——不仅满足技术指标和经济增长，而且尊重人的身体经验。

3. 讨论与结论：发明—传播—改进—选择的内在机制

本研究基于文献梳理、档案搜寻与查证，聚焦于1950年代以来不同历史时期中国霍夫曼窑的4个有案可查的设计版本，分析其砌体结构特征和窑室施工技术，意在揭示理想设计模板与当地具体条件之间的关系，即窑室剖面设计的改进与选择是综合考量空间尺度、产量和工人的人体尺度、劳动强度之间关系的结果。类型学意义上的统计分析显示出如下两组参数变化趋势值得进一步讨论。

（1）为什么窑室高度逐渐变矮而宽度又重新取用高值？

无论是专业人士的口述资料还是砖瓦制造界科研人员已发表的论文均提及窑室空间尺度与工人劳动强度之间的关系，[1] 可见并非虚妄之辞。而前文已述，版本1~4窑室高度呈逐次降低趋势，而进一步分析田野调查数据，则发现1992年之后新建窑室高度没有超过2.6米者。这应能说明：至1990年代初期，控制窑室高度和工人劳动强度几成共识。而在时间节点上看似纯属巧合的有趣之处正在于：1992年中共十四大首次正式确立"我国经济体制改革的目标是建立社会主义市场经济体制"的重大发展方向，[2] 紧接着1993年中共十四届三中全会作出了《关于建立社会主义市场经济体制若干问题的决定》，开启了近四十年来最为重要的改革序幕。从那一时期的现实状况看，社会主义市场经济体制是由平均主义"吃大锅饭"的经济向效率优先、兼顾公平，逐步走向共同富裕的经济之质的飞跃，集中体现为生产主体特别是农民可以有序地自由流动，而不再像改革开放之前那样长期被禁锢在土地上。什么是自由流动？对于工作地点和劳资之间的契约关系拥有自主的选择权——要不要在某一企业工作，是由劳动者自己依据客观条件和主观感受进行自主判断，这将在很大程度上体现人的尊严，实现人的解放。中共十九大报告中关于要加快完善社会主义市场经济体制的论述，更是突出强调了"要素自由流动"的重要性。[3]

但任何事都并非绝对，人的解放，其最终目标还是要解放生产力，适度控制工人劳动强度并不意味着放弃产量诉求。因此，以一定的窑室宽度来确保其空间容积就成为维系较高产量的有力保证。具体而言，就是和两辆砖窑专用电动运输车在窑室内并排装卸作业的空间宽度需求有直接而具体的关联，而小车宽度又受限于窑门宽度，窑门宽度又要在兼顾电动车运输通行（早期为人力推／拉车）的前提下尽可能矮小，以便确保砖窑外围护结构的热工性能而不至于能耗过高，窑门宽度因此通常选用1.1~1.2米，如此则电动车宽度应在1米左右，而加上两侧作业需求，其工作空间宽度则在1.5米左右，加以并排装卸作业时车体两侧各预留0.3~0.5米距离——窑室宽度4米左右应为合理数据的上限，若窑

---

[1] 笔者曾两次就此事访谈安徽来安砖窑工匠孙世江，得悉砖窑高度和工人劳动强度之间存在明确的关联性；而另一方面，砖瓦界技术专家也认为窑室过高会导致装窑、出窑工人在装卸顶层砖坯时劳动强度增大，详见：许绍群. 42门轮窑设计革新［J］. 北京砖瓦，1991（4）：15-16.

[2] 杨位龙. 建立社会主义市场经济体制是我国经济发展的历史性选择［J］. 理论学刊，1993（2）：39-41.

[3] 穆虹. 人民日报：加快完善社会主义市场经济体制［N/OL］. 人民网，2017-12-12.http://opinion.people.com.cn/n1/2017/1212/c1003-29699838.html.

室再宽一些，但又如果不能达到三辆小车并行作业的宽度，则存在工人作业时水平方向躯体运动行程较长的弊端；而如果真的达到三辆小车并行作业的宽度，也就是窑室宽度5.5~6.0米的话，若仍维持2.6米窑室高度，则意味着拱券非常低平，侧推力显著加大，于结构安全不利。而要放弃死守2.6米窑室高度并维系较合理拱型，则意味着窑室高度将可能超过3米，这样的空间高度无论如何是无法接受的——用足高度则工人势必进一步攀高而极易迅速疲劳；而反过来，无视这一高度的存在而只用到高度为2.6米左右时情形，则最上层砖坯以上将剩余0.5~0.6米的空间得不到有效使用，势成资源浪费。

所以，窑室高度逐渐变矮，采用2.6米的低值是为了控制工人劳动强度，而窑室宽度又重新取用高值4米，则是为了在适度控制工人劳动强度的前提下确保较高的产量。这是一种谋求多点平衡的思路，具有设计思维的综合特征——既要保证有人愿意参与这博弈，也要保证这场博弈最终的物质产出。既然如此，为何版本1、2却要采用2.8~2.9米的高值？

（2）为什么版本1、2窑室高度特别高？

笔者就此试作如下推论与阐释：首先，霍夫曼窑的原型其设计参数较高，根据"原型"图纸度量应约为3.0米。笔者还专门为此考察了德国与荷兰现存最古老的几座霍夫曼窑，其窑室高度普遍在2.8~3.0米，更加坐实了"原型"的窑室高度为3.0米左右的判断。这一数据选用应和发明者本人属于身高较高的族群有关。

作为一种常识，比较欧洲三大族群即日耳曼人、拉丁人以及斯拉夫人，前者即日耳曼人（主要分布于西欧以及西北欧）平均身高较高，而拉丁人（主要分布于南欧）较矮，斯拉夫人（主要分布于东欧）则介乎其间。[1] 而来自人类学视角、针对世界人类身高地理变化的科学研究结果表明：身高平均超过1.72米的居民居住区主要在北美洲、北欧、里海东部和北非。亚洲北极圈附近的土著居民的身高一般在1.53~1.57米，或者在1.48~1.52米之间；北极圈以南的地区，居民的身高一般在1.58~1.62米之间。但是，在北纬50度以下的地区也出现较高身材的居民，主要集中分布于两个地区：一个是蒙古，另一个是从印度北部到里海的中亚地区。最矮的居民主要分布于亚洲南部岛屿。拉斯科早就于1969年发表研究成果，从人类生物学的适应性观点上认为北半球广大地区的居民身高（包括中国和欧洲）出现一个从北部高身材向南部矮身材的变化趋势。[2] 而日耳曼人主要分布于西北欧与北欧，属于典型的身高较高族群。以其作为空间设计的人体工学参照对象，窑室高度自然较大。

相关研究不仅限于人类学，在建筑学领域，柯布西耶"模度人"最终版本设定的"理想英国男"（日耳曼人）标准身高为1.83米，比较其初始版本之"标准法国男"（拉丁人）身高1.75米，则足足高出8厘米！[3][4] 这至少说明两点：一是即使在欧洲各族群内部，平

① 李月. 身高的百年变迁 [J]. 百科知识，2016（19）：35-39.
② Lasker, G.W. 1969. Human Biological Adaptability [J] // 张振标. 现代中国人身高的变异. 人类学报，1988（2）：112-120.
③ （瑞士）W·博奥席耶，O·斯通诺霍. 勒·柯布西耶全集·第五卷·1946~1952年 [M]. 牛燕芳，程超，译. 北京：中国建筑工业出版社，2005：168-175.
④ 张翼. 模度 [J]. 建筑师，2007（6）：38-43.

均身高也存在显著的种族差异；二是日耳曼人平均身高的确很高。所以，发明于日耳曼人之手的霍夫曼窑原型的空间高度采用高值是完全可以理解的。

而到了 1950 年代初期，霍夫曼窑虽已传入中国半世纪之久，但传播速度极为缓慢，使用量并不大。版本 1、2 均服务于（强制劳动改造类）企业，几乎不存在工人可以自由选择工作地点和条件的可能，因此其设计者通常是不太可能想到有考虑这一问题的必要，继续沿用"原型"的较高窑室高度几乎是顺理成章。而真正的问题在于：中国人的平均身高并没有日耳曼人那么高，实际上直至 1970 年代中后期，中国人的平均身高大体在 1.7 米以内，^① 距离柯布西耶设定的"理想英国男"（日耳曼人）足足有 13 厘米之差。如此，若不改变设计参数、继续沿用下去，一旦遭遇市场经济条件下工人拥有自由选择权的新境况，则难免不堪使用需求而出现招工困难。因此，适时作出调整就显然是明智之举。

综上，本研究基于覆盖全国各地文大区的田野调查、档案搜寻以及类型学意义上的统计分析方法，对四个有案可查的中国霍夫曼窑设计版本进行具体设计参数之比较分析，揭示了理想设计模板（"原型"）与当地具体情况和条件之间的辩证关系：尽管设计师领导了技术改进，基于工人身体条件与身体经验的当地人力资源状况也发挥着至关重要的作用。近代以来，中国制砖技术发展受到了外部环境条件和内部环境因素的双重作用与共同影响，霍夫曼窑技术虽为德国人发明并于 19 世纪末引入，但其在中国的传播、改进与选择却受到中国自身内部环境因素的重要影响，且这种来自内部环境因素的影响占有主导地位：一方面，中国中西部地区迟至 1990 年代初才成规模推广应用，说明中国人对外来技术采取"为我所用"之现实主义态度——明知技术先进，但若非存在广泛的社会现实需求，则难获快速传播；另一方面，使用者还基于中国自身的具体条件，对于外来先进技术做出了必要的适应性改进，特别是在人体尺度和人体工学方面的具体考量，关涉人的尊严和需求，指向一种最基本的价值理性和人文关怀。

3.2　水泥与钢铁制造业之薄弱、诱因与影响

3.2.1　中国水泥工业的建立与短期发展

如果把建筑的建造工艺粗略地分为建构学（tectonics）和切石法（stereotomics）的话，^② 则后者对于胶凝材料的倚重是显而易见的，而水泥就是现代建筑用胶凝材料。中国古代即已开始使用建筑胶凝材料，公元前 7 世纪开始使用石灰，公元 5 世纪南北朝时期出现"三合土"，之后就没有显著进展了。^③

西方最初也采用黏土作为胶凝材料。古埃及人用尼罗河泥浆砌筑未经煅烧的土砖；古希腊人则用石灰石烧制石灰作为胶凝材料用；古罗马人又在石灰中掺入火山灰，这种三组

---

① 张振标. 现代中国人身高的变异［J］. 人类学报，1988（2）：112–120.
② Kenneth Frampton. Studies in Tectonic Culture: The Poetics of Construction in Nineteenth and Twentieth Century Architecture［M］. Cambridge MA: The MIT Press, 2001: 4–5.
③ 王燕谋. 中国水泥发展史［M］. 北京：中国建筑材料工业出版社，2005.

分"罗马砂浆"的强度、耐水性和耐久性明显增强，①西方建筑胶凝材料在此基础上不断提高，最终发明了波特兰水泥。

早在鸦片战争以前，水泥就随着外国传教士在中国建设教堂而传入。19世纪后半叶，随着对外开放和外国使、领馆建设，水泥开始在中国大量使用。1886年，英商和华商合资兴办澳门青州英坭厂，成为中国人自制水泥之肇端。②

洋务运动期间，李鸿章定夺于1889年建立唐山细绵土厂。惜因工艺、成本和产品质量问题而不久关闭。③甲午战争后，在北洋大臣袁世凯直接干预下于1906年重办该厂，并更名为启新洋灰公司，④长期聘德国与丹麦工程师负责解决技术问题，并于1907年改组成立启新洋灰股份有限公司。⑤作为典型的官僚资本主义企业，"启新"从一开始创办直至民国以降，都拥有许多特权，进而通过扩充、兼并而不断发展壮大。⑥自19世纪末至民国纪元前，中国人虽勉力自办水泥工业，并有广东士敏土厂和湖北大冶水泥厂两家成功，⑦但"启新"因占据政治、经济及地缘优势，在早期的中国水泥工业中独占鳌头。

从1914年第一次世界大战爆发至1920年代初，西方列强忙于战争及其后续纷扰，无暇东顾，给了中国民族资本投资水泥工业极为难得的机遇。这期间，中国人又陆续建成上海华商水泥公司、⑧江苏龙潭中国水泥公司、⑨广东西村士敏土厂、⑩济南致敬水泥公司、⑪太原西北水泥厂⑫以及四川水泥厂等。⑬至抗战爆发前，民族资本大型水泥制造企业增至9家，年产能力达468万桶。⑭虽然以上民族资本水泥工业发展较快，但因国内局势动荡，国产水泥生产、销售一直受进口水泥以及政府政策的影响。而同期在中国的外资水泥生产

① 王燕谋. 中国水泥发展史 [M]. 北京：中国建筑材料工业出版社，2005.

② 周醉天，韩长凯. 中国水泥史话（1）——澳门青州英坭厂和启新洋灰公司 [J]. 水泥技术，2011（1）：20-25.

③ 南开大学经济研究所，南开大学经济系. 启新洋灰公司史料 [M]. 北京：生活·读书·新知三联书店，1963：19-37.

④ 南开大学经济研究所，南开大学经济系. 启新洋灰公司史料 [M]. 北京：生活·读书·新知三联书店，1963：19-37.

⑤ 周醉天，韩长凯. 中国水泥史话（1）——澳门青州英坭厂和启新洋灰公司 [J]. 水泥技术，2011（1）：20-25.

⑥ 周醉天，韩长凯. 中国水泥史话（1）——澳门青州英坭厂和启新洋灰公司 [J]. 水泥技术，2011（1）：20-25.

⑦ 卢征良. 从中华水泥联合会看近代中国同业组织的演进 [J]. 兰州学刊，2009（10）：207-211.

⑧ 周醉天，韩长凯. 中国水泥史话（5）——上海华商和中国水泥公司 [J]. 水泥技术，2011（5）：24-28+42.

⑨ 同上.

⑩ [EB/OL]. http://www.gzzxws.gov.cn/gzws/gzws/ml/61/200809/t20080909_7014.html.

⑪ 周醉天，韩长凯. 中国水泥史话（4）——大连和山东水泥工业肇始 [J]. 水泥技术，2011（4）：23-26.

⑫ [EB/OL]. http://tydlj.blog.sohu.com/266350964.html.

⑬ 周醉天，韩长凯. 中国水泥史话（10）——四川水泥股份有限公司（重庆水泥厂）[J]. 水泥技术，2012（4）：23-28+42.

⑭ 李海清. 中国建筑现代转型 [M]. 南京：东南大学出版社，2004：193-196.

企业则主要有日本和英国的厂商，其产品与进口产品一道成为国产水泥的强劲对手。

总体上看，到 1930 年代中期，由于建筑与市政工程水泥用量很大，全国的水泥消耗总量为每年 500 多万桶，而国产水泥的最高年生产能力为 468 万桶，加以实际产量远未达此高度，无力满足市场总需求。所以，尽管民族水泥工业已有很大发展，水泥仍然是较昂贵建筑材料之一。除一部分较为重要的公共建筑、居住建筑、工业建筑和市政工程以外，绝大多数的普通居住建筑仍尽量采用砖木结构，以降低造价。

抗战时期，东部沦陷区水泥制造业遭严重破坏，而中西部地区虽先后有"华中"（湖南辰溪）、"湖南"（湖南建阳）、"昆明"（云南昆明）、"江西"（江西天河）、"嘉华"（四川乐山）、"贵州"（贵州贵阳）、"陕西"（陕西西安）、"甘肃"（甘肃兰州）等水泥厂建成投产，但其中仅以"华中"规模稍大，年产能力 22 万桶，其余皆为中小企业。所有这些新厂年生产能力总和仅为 50 万桶，相比市场需求简直捉襟见肘。第二次世界大战以后又进入三年解放战争时期，时局动荡，水泥制造业难有新发展。[①]

3.2.2 中国钢铁工业的兴起与举步维艰

与机制砖瓦和水泥制造业在短期内相对迅猛的增长有所不同，从 19 世纪中叶到新中国成立，中国近代钢铁工业在政局动荡的时代背景下发展极为缓慢。古代中国传统冶金技术虽曾长期领先，然自 18 世纪工业革命以来，欧洲产生近代炼钢技术，生铁和钢产量、质量皆大幅提高。随着洋务运动开展，西方国家生产的钢铁大量输入中国。1880 年代以后，清政府官办工业又从军事领域扩展到民用领域，中国自办近代矿冶工业随之兴起。

1871 年福州船政局所属铁厂首先采用新的钢铁加工技术安装吊车并铸造大型汽缸，[②]1886 年贵州巡抚潘霨创办青溪铁厂，[③]1890 年上海江南机器制造总局建成中国首座 3 吨炼钢平炉。[④]同年张之洞主持兴建汉阳铁厂和大冶铁矿，后又投资建设萍乡煤矿，[⑤]三者于 1908 年合组汉冶萍煤铁厂矿公司，因第一次世界大战影响而获快速发展，而战后又趋衰落。[⑥]这期间，本溪、鞍山、上海、阳泉和石景山等地钢铁工业也先后起步。

进入 1910 年代以后，中国钢铁工业仍旧缓慢发展。相继有东北"本溪湖煤铁股份公司"、"鞍山制铁所"，山西"保晋铁厂"，上海"和兴化铁厂"、"扬子机器公司"，北平"石景山铁厂"等钢铁企业投产，1920 年全国铁产量 43 万吨，钢产量 6.8 万吨。[⑦]1931 年之后，

① 周醉天，韩长凯. 中国水泥史话（11）——解放前后的西南与江南水泥 [J]. 水泥技术，2012（5）：20-24+40.

② 李海涛. 中国钢铁工业的诞生考释 [J]. 贵州文史丛刊，2009（2）：28-31.

③ 孙毓棠. 中国近代工业史资料·1840~1895·第 1 辑：下册 [M]. 北京：中华书局，1957：677-679.

④ 北京钢铁学院《中国冶金简史》编写小组. 中国冶金简史 [M]. 北京：科学出版社，1978：214.

⑤ 李海涛. 近代中国钢铁工业发展研究（1840~1927）[D]. 苏州：苏州大学，2010：182-184.

⑥ 黄逸平. 旧中国的钢铁工业 [J]. 学术月刊，1981（4）：9-14.

⑦ 朱汉国，杨群. 中华民国史·第 3 册·志 2 [M]. 成都：四川人民出版社，2006：74-75.

日本相继侵占东北、华北、华中与华东等地，利用占领区矿产资源成规模建设钢铁工业。

抗日战争期间，一些中国钢铁企业搬迁到后方建设新厂。这期间国统区钢铁企业最高年产量为1942年7.8万吨生铁、1944年1.3万吨钢。中国共产党领导的根据地、解放区在抗日战争和解放战争时期，采用传统技术和近代技术发展小型钢铁工业。[1]

综上，中国近代钢铁工业发展状况一直很不理想，其具体表现是：（1）发展慢，产量低，且日资企业钢产量占绝对优势；[2]（2）区域分布不合理，企业大多建于东部沿海地区；（3）钢铁工业内部比例不平衡，主要供应原料和初级产品；（4）人才缺乏，管理不善；[3]（5）普遍存在设备陈旧、技术落后、劳动条件恶劣以及产品种类少等问题。[4]

那么，中国近代的水泥与钢铁工业究竟为什么一直得不到健康、快速发展？此前的讨论多集中于外资企业挤压民族资本企业、进口产品挤压国货以及政局动荡难以持续发展生产等因，而本研究则在上述讨论基础上提出如下新的阐释——当时的中国，已探明的地矿战略资源及其分布存在严重问题。

3.2.3 从探明资源分布看钢铁水泥制造业薄弱之基础性诱因

无论是钢铁工业还是水泥工业，都需要大量的矿产资源作为原料，而铁矿和煤矿特别重要。那么在1930年代，中国当时已探明的铁矿和煤炭的储量及其分布状况究竟如何呢？

东南大学建筑学院图书馆收藏了一册1934年4月20日由申报馆出版的《中华民国新地图》（图3-32、图3-33），其编纂者为丁文江、翁文灏及曾世英三人。该书是为纪念申报创办60周年而编印，印刷者为申报馆和中华书局印刷所，总发行处为上海申报馆，分发行处是各埠申报分馆，其纸张质地、装帧设计和印刷质量等皆属上乘。其内容主要分为中华民国全图、分地区的人文详图、地文详图、重要城市图，以及主要矿产资源分布图等。通过查阅该书，初步可以了解中国当时已探明的铁矿和煤炭的储量及其分布状况，且与今日惯常使用的"地大物博"形成一种截然相反的对比。

首先是铁矿方面，已探明的总储量非常低，全国仅10亿吨。且分布极不均衡，几乎都在东部沿海地区，自北向南分别是吉林、辽宁、热河、察哈尔、河北、山东、江苏、安徽、浙江、福建与江西。[5]其中，仅辽宁一省铁矿探明储量占全国总储量的65.9%；第二名察哈尔省占全国总储量9.1%。然而自1931年起，包括辽宁在内的东三省即全部为日本侵占，至抗日战争全面爆发之后，上述其余地区也很快成为敌占区。除上述地区之外，其余地区的铁矿储量尚未探明。这其中，位于抗战时期中国大后方的四川、贵州、云南、陕西与甘肃五省，仅有川、滇二省有"铁矿零星分布尚广"，而其余省份则"铁矿较穷或价

---

① 北京钢铁学院《中国冶金简史》编写小组. 中国冶金简史 [M]. 北京：科学出版社，1978：222.
② 张训毅. 中国的钢铁 [M]. 北京：冶金工业出版社，2012：60.
③ 李海涛. 近代中国钢铁工业发展研究（1840~1927）[D]. 苏州：苏州大学，2010：182-184.
④ 黄逸平. 旧中国的钢铁工业 [J]. 学术月刊，1981（4）：9-14.
⑤ 丁文江，翁文灏，曾世英. 中华民国新地图 [M]. 上海：申报馆，1934.

图 3-32　1934 年版《中华民国新地图》封面及扉页

图 3-33　1934 年版《中华民国新地图》版权页

值未确定"。[1]

其次是煤矿方面,其储量探明情况略优于铁矿:全国除外蒙古、甘肃、绥远、宁夏、青海、西康及西藏等七个省份以外,储量皆有探明,总储量达 2483 亿吨。[2] 但区域分布同样极不均衡,储量最高的两个省份分别为山西和陕西,分别占全国总储量的 51.3% 和 29%。然而,山西在抗战期间沦陷为敌占区。在战时,四川、贵州、云南、陕西与甘肃即后方五省探明煤矿总储量,加在一起也不过 36.7%。其中,最为重要的四川省仅占全国煤矿储量的 4%。另一方面,煤质并不理想,这其中优质无烟煤储量只有 469 亿吨,而烟煤储量却有 1970 亿吨[3]。

通过以上关于铁、煤两种矿产资源的储量与分布调查不难得出结论,即 1930~1940 年代期间,中国的钢铁和水泥工业发展都受到了来自原料短缺的极大限制,现代建筑材料的工业化生产之快速发展遭遇了巨大障碍。

3.2.4　技术产业基础对于中国本土性现代建筑实践的影响

综上,1910 年代以来的中国民族建材工业在总体水平上获得了很大提高,但各方向发展极不均衡,机制砖瓦发展速度与规模尚可,而水泥与钢铁制造业仍非常弱小。水泥仍较昂贵,除部分重要工程项目外,绝大多数普通居住建筑仍不得不采用砖木结构;华资钢铁工业始终难以发展,凡重要工程皆使用进口钢材,甚至直接在国外生产预制构件后来华安装。相对而言,轧制小型钢材的厂家稍多,仅能生产钢筋和规格较齐全的钢门窗——如此贫弱的物质基础条件严重影响了中国建筑现代转型进程,也自然会对于中国本土性现代建筑的设计实践产生不可估量的影响。

① 丁文江,翁文灏,曾世英. 中华民国新地图 [M]. 上海:申报馆,1934.
② 丁文江,翁文灏,曾世英. 中华民国新地图 [M]. 上海:申报馆,1934.
③ 丁文江,翁文灏,曾世英. 中华民国新地图 [M]. 上海:申报馆,1934.

首先，基于早期工业化的建筑技术产业进步之地域差异，是一个难以绕开而又常被忽略的核心问题。从建筑材料来看，由于自然地理条件和建材工业水平的不同，不同地域之间的差别颇为显著。如同样建于 1930 年代并深受中国传统建筑影响，同样由杨廷宝主持设计，也同样是观演建筑，南京"大华大戏院"采用钢筋混凝土柱、砖墙和钢屋架，而重庆"青年会电影院"则使用砖柱、夯土 / 双竹笆 / 空斗砖砌体混合结构墙体和木屋架。[①]1930 年代上海市工务局已能够自办 5 家建筑材料预制构件厂，机械化量产预制各类钢筋混凝土管、板和桩等；[②] 而 1940 年代的抗战大后方，重庆白市驿军用机场的美军第 14 航空队营房仍使用土坯砌墙和稻草屋顶。[③]

应当看到，上述建筑技术产业进步的地域差异，与整个国家当时的工业化水平之地域差异是一种并行关系。首先，民国时期的工业化尚处于起步阶段，属早期工业化，水平极低。有关研究表明，由于工业化发展缺少重工业部门的支持和农业发展的配合，"民国"时期的中国工业虽经营数十年，却仍停留于工业化起步阶段，整体水平十分落后，轻重工业比例严重失调，地区分布极不均衡。而 1930 年代的日本早已成功实现国家工业化，中国主要工业品产量和人均拥有量都低于日本，工业化水平尚未达西方国家工业化未起步或刚刚起步时的水平。[④] 此外，民国时期工业化的地区展开极不均衡，呈现一种畸形格局。北洋政府时期，因军阀割据，各地实力派在自己的势力范围内自行推进工业发展，导致中国工业发展地区分布较广，并使得原先落后地区有较快发展。但就整体而言，中国工业主要集中在沿海和通商口岸的状况并没有发生质的变化。南京国民政府成立后，尤其是 1930 年代外患日趋严重，不得不施行以国防工业为中心，以基本工业为基础的国家工业化战略，情形才有所改观。在战略纵深地区开展重工业建设，如投资建设湖南湘潭钢铁厂、湖南茶陵及湖北灵乡铁矿、湖北大冶阳新及四川彭县铜矿厂、江西高坑煤矿、江西天河煤矿、河南禹县煤矿、四川巴县达县石油矿、湖南湘潭飞机发动机厂、永利煤气厂和天利氨气制造公司等，[⑤] 但大多规模小、产量低。总体上看，有限的工业发展仍多集聚在沿海地区若干大中城市。因此有学者认为，中国真正意义上的工业化是从 1949 年开始的。[⑥]

其次，基于二元工业化的建筑技术产业进步之城乡差别，也是民国时期建筑技术进步具有全局性和根本性的重要特征。在此前局限于建筑学科内部的历史研究中，这一点却被长期忽略了。首先是在建筑材料方面，在同一地域和时期，乡村建房使用黏土砖瓦的普及率远低于城市，且几乎完全没有采用工业化程度较高的钢筋混凝土。以南京为例，民国初年，全市有窑户 80 余家，生产传统的青砖和小瓦，人工或牛踩泥，手工掼坯，自然干燥，

① 南京工学院建筑研究所. 杨廷宝建筑设计作品集 [M]. 南京：南京工学院出版社，1983：94-98，131-132.
② 上海市工务局. 上海市工务局之十年 [R]. 上海：上海市工务局，1937.
③（美）拉森，迪柏. 飞虎队队员眼中的中国 1944~1945 [M]. 上海：上海文艺出版总社，2010：144-147.
④ 宋正. 中国工业化历史经验研究 [M]. 大连：东北财经大学出版社，2013：38-45.
⑤ 宋正. 中国工业化历史经验研究 [M]. 大连：东北财经大学出版社，2013：36.
⑥ 曹海英. 中国工业化：历史进程和现状分析 [J]. 社科纵横，2008（12）：41-42.

以柴草或煤为燃料，土窑焙烧，产量很低。后逐渐开始生产机制砖瓦，产量渐增。1927年后因首都建设大兴土木，砖瓦需求量激增，有关企业发展迅猛，并从以乡村窑户为主体的手工业，逐步发展成为以城市砖瓦厂为主体的机制砖瓦工业。至抗战前，全市年产黏土砖约 1 亿块，黏土瓦约 400 万片。抗战胜利后，砖瓦制造业又获巨大发展，至 1947 年，市区共有砖瓦厂 54 家，工人 1.8 万，占全市 800 余家工厂工人总数 2/3；此外，尚有市郊农村副业窑户 50 余家。全市年产黏土砖约 2.1 亿块，瓦 840 万片，比抗战前翻了一番。[1]然而，如此大量的砖瓦都用到哪里去了呢？分析民国时期的南京浦镇、杭州乡村农舍、[2]山东莱州城老照片，[3]可发现城市中的大型公共建筑、以房地产开发模式建设的居住建筑，包括大量自建民宅，多采用砖瓦乃至钢筋混凝土等工业化程度较高的新型材料和施工方法，而在乡村地区大量兴建的农民自建房，则多用更廉价的传统材料和做法，如土墙、草顶的"草房"。

不难想见，上述建筑技术产业进步所存在的巨大的城乡差别，与特定历史时期的二元工业化模式之间存有密切关联。所谓二元工业化，即近现代以来基于中国社会发展的城乡二元结构形成的、差异较大且相互影响的两种工业化——"城市低度工业化"和"农村半工业化"的共存。这二者之间既有竞争，也有互补。[4]综上，民国时期建筑技术产业的基础状况初步可以概括为巨大的地域差异和城乡差别的并存交织。那么，这种复杂性和多样性究竟是怎样形成的？其背后的演化机制是什么？激励这一时期建筑技术产业进步的主要动因又是什么？这些问题恐怕只有用更为精致的政治经济学理论模型才能加以有效解释，也正是该研究方向未来可能拓展的重点。

那么，这种技术产业总体发展水平较低、存在着巨大地域差异和城乡差别的基本状况究竟会对中国本土性现代建筑的设计实践产生何种影响？依据"建造模式"理论的展开与分析（图 3-34），不外乎以下两大类可能：

（1）可选择的结构类型严重受限，水泥和钢材用量越少的结构形式在工程实践中越容易实现。如此，则砖木结构应优先于砖混结构，而砖混结构应优先于钢筋混凝土结构，钢筋混凝土结构应优先于钢结构。这就从实践和理论两个环节的衔接点上证明了"中国固有式"建筑的结构方案之不尽合理之处，严重影响了它的正常有效推广。陈嘉庚主导厦门大学校园建设多采用当地传统民居建造模式，其根源即在于此。

（2）更进一步，因为同样的道理，一旦有合适的外部条件时，完全不使用水泥和钢材的建造模式就会大行其道。这又从实践和理论两个环节的衔接点上证明了"战时建筑"建

① 南京市地方志编纂委员会. 建筑材料工业志 [M]. 南京：南京出版社，1991：90-93.
② （美）拉森，迪柏. 飞虎队队员眼中的中国 1944~1945 [M]. 上海：上海文艺出版总社，2010：144-147.
③ 冯克力. 老照片·第七十六辑 [M]. 济南：山东画报出版社，2011：封底.
④ 彭南生. 半工业化：近代乡村手工业发展进程的一种描述 [J]. 史学月刊，2003（7）：97-108.

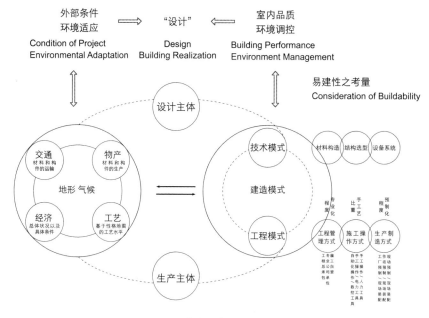

图 3-34　建造模式理论模型分析图

造模式采用混合设计策略 ① 以及 1950 年代以来的技术尝试之实践价值。

　　当然，与中国本土性现代建筑的"转译"与"再现"诉求相比，今人似乎更应关心这一问题：作为一种历史现象，民国时期建筑技术产业之艰难进步及其基本状况已过去大半个世纪，它究竟具有怎样的历史性影响？对今天究竟有什么意义？这可能要从当下建筑活动所面临的现实问题中才能找到答案。

　　2013 年 12 月 12 日至 13 日在北京召开的中央城镇化工作会议，提出要"让居民望得见山、看得见水、记得住乡愁"。对于 30 多年以来粗放型城市化建设活动肆意损毁自然环境和生态平衡，导致"千城一面"而丧失地域文化特色的恶劣状况，国家与社会管理阶层表达了深刻忧虑。应当看到，生态的失衡和精神家园的失落，与建筑活动的失序不无关联。这一失序也难免表现在建筑技术产业进步之地域差异和城乡差别的飞速缩小，它来得那么迅猛、义无反顾和难以控制——地域差异和城乡差别的形成是有着深刻的自然地理气候条件和社会政治经济条件的，差异太大固然会产生许多不利影响，但如果太小甚至没有，其后果也难以逆料。

　　一方面，在一些原本有着特殊自然条件和建造传统的地区，盲目追求运用新材料和新

————————
① Haiqing Li, Denghu Jing. Structural Design Innovation and Building Technology Progress Represented by a Hybrid Strategy: Case Study of the "Wartime Architecture" in China's Rear Area during World War II [J/OL]. International Journal of Architectural Heritage, （ 2019-1-28 ）. https://doi.org/10.1080/15583058.2018.1564802; ISSN:1558-3058 (Print) 1558-3066 (Online).

结构的所谓技术进步，可能招致对于自然环境的过度加载，以及经济指标核算的非理性突破。例如，西藏的墨脱是中国最后通公路的县，而今其乡镇间的交通依旧极为艰险，仍采用原始的运输方式。由于地处太平洋、印度洋两大地质板块的构造连接处，频发地震、泥石流、山体滑坡等多种自然灾害，道路交通经常受阻，物流代价极为高昂。普通 325# 硅酸盐水泥在内地的售价约 300～400 元人民币一吨，运到当地的价格就猛增至 2 万元左右，翻了 50～60 倍；同时，挖掘机、汽车吊、塔吊、混凝土搅拌机、混凝土泵车和混凝土罐车等施工机械设备也极难到达现场。若在该地区一味坚持采用现浇钢筋混凝土结构、钢结构和玻璃幕墙等新型建筑材料及其建造工艺，不仅在经济上要承受巨大的代价，而且在施工建造方面也难以达成目标。当地普遍采用的建造模式，是依据海拔高度和自然环境的不同而就地取材：干阑木构和乱石砌体，它们在实践中行之有效。

另一方面，"世界上每一角落的人都要到其他多角落的独特民族环境中去观光，去体验不同的美感。国际主义是跨国大企业的产物，是完全单调、令人厌倦的。现代主义不是被建筑理论界的革新者打垮，是被群众所遗弃了。"[①] 如果技术进步的直接后果是"千城一面"（玻璃幕墙的高层或超高层建筑形成拥挤不堪的 CBD）或"千村一面"（各地乡村建筑无分南北东西都以砖混结构装扮成"徽派"风格），这样的建筑技术进步对于旅游（"生活在别处"）越来越成为时尚的今天又有何意义？

3.3 本章小结

总体而言，始于清末洋务运动的中国建材生产现代化进程处于一种不尽如人意的尴尬之中，工业化水平参差不齐，区域分布欠均衡。从世界范围看，中国建筑技术产业进步而形成的物质基础是相对贫弱的。具体而言，机制砖瓦业和水泥制造业发展较快，而钢铁工业发展则严重滞后，产量极低，对于进口钢材形成严重依赖。这种总体状况对于中国本土性现代建筑的技术产业基础特征而言就是基本条件。

从逻辑上看，由于外部环境条件的巨大压力和整个社会尤其是精英阶层对于学习西方先进科技的必要性认知，中国建筑建造模式实现从木骨泥墙到"铁筋洋灰"的转变本是顺理成章。然而正因上述建筑技术产业基础特征的存在，使得砌体结构和混合结构的普及率远高于钢筋混凝土框架结构以及钢结构，难以形成较大尺度无柱空间和较大结构悬挑，以及由此而来的轻盈剔透的、更具现代感的视觉效果。然而，这却从建造的视角——关注易建性—环境适应性诉求——逼迫那一时期的中国现代建筑采用地方性建造模式，即充分结合现实环境条件，利用各类原生材料和民间工艺创造出具有现代使用功能的空间。就此而言，在特定环境条件之下，当木骨泥墙难以全部被"铁筋洋灰"取代之时，较大尺度无柱空间和较大结构悬挑又当如何形成？轻盈剔透的、更具现代感的视觉效果又当怎样获得？正是对于这些问题的回应有助于确立中国现代建筑的本土性。

---

① 汉宝德. 大乘的建筑观 [J]. 世界建筑，1990（5）：68-74.

第 4 章

人物·群体·机构:
中国本土性现代建筑的技术
主体成长

所谓技术，总归是由人来研发、使用和改进的，其主体性的一面不应为研究者所忽略。

中国本土性现代建筑之"本土性"，不仅应首先应该由中国的地形、气候、物产、交通、经济以及基于"性格地图"的建筑工艺水平等客观环境条件赋予并限定，更要依托相关技术主体的成长和技术知识的建构来进一步加以界定。而主体成长的标志不仅在于形成群体、建立机构和占领市场，更在于拥有思与反思的能力。这正是本章得以立论必须要回答的前置性问题："中国本土性现代建筑"的关键技术问题与其技术主体的成长之间究竟存在什么样的关系？而要想回答这一问题，必须先明确"中国本土性现代建筑"的关键技术问题究竟是什么，特别是具体到本研究重点关注的1910～1950年代，其关键技术问题究竟是什么？

依据本研究范围的划定和前述研究，从"中国本土性现代建筑"的定义来看，在那一时期它主要有以下两大类：第一大类包括较为早期的、主要由西方建筑师和工程师设计建造的各类教会学校建筑和文化建筑，诸如成都的华西协和大学，南京的金陵大学、金陵女子文理学院、福州的华南女子文理学院、福建协和大学，长沙的湘雅医学院，广州的岭南大学、北平的燕京大学、辅仁大学，济南的齐鲁大学以及国立北平图书馆等；继而是抗战全面爆发之前主要由中国建筑师在南京、上海、广州等地设计建成的大批"中国固有式"建筑，以政府办公建筑和教育建筑居多，以南京中山陵、广州中山纪念堂、上海市政府、南京国民政府铁道部、国民党中央党史史料陈列馆、中央研究院以及广州中山大学校园建筑等为代表。上述两类建筑之共性在于：在设计方面，它们都属于中国现代建筑对于传统官式建筑的转译与再现，而无论是出于主观方面的自觉努力或客观方面的环境条件驱使。

第二大类则是在抗战后方应运而生的各类临时性建筑，即中国现代建筑因抗战大后方艰苦卓绝的客观环境条件逼迫，不得不采用或借鉴中国传统的民间建筑技术，本研究称其为"战时建筑"，诸如重庆国立中央大学沙坪坝校区和柏溪校区、重庆江津白沙镇国立女子师范学院以及广东韶关坪石镇国立中山大学等。

比较与辨析上述两大类建筑，笔者基于相关研究的深入和积累明确提出：如何在北方官式建筑样式与现代建筑技术体系之间进行调适是前者的关键技术问题，即如何给基于科学性的现代建筑结构赋予有中国文化特点的视觉观感；而如何给传统的民间建筑技术植入科学属性则是后者的关键技术问题，即如何针对传统的中国木构技术（特别是结构体系）进行科学的测算、分析、评估和改良。

因此，若想要搞清楚上述关键技术问题与其技术主体成长之间的关系，势必首先要回答：从个体的人物之求学/研究/执业、群体的形成以及相关机构建立与运作的角度看，所谓主体成长对于上述关键技术问题的解决，尤其是其共性问题即中国建筑活动科学性的确立究竟发挥过何种作用？反过来，"中国本土性现代建筑"上述关键技术问题之探索又如何促进其主体的成长？基于上述思考，下文将相关主体划分为人物、群体及机构三个层面加以分别考察。

4.1 人物：代表性的研究者与实践者

必须承认，由于研究者与实践者这两方面的中国建筑学人在职业诉求上存在分异，对于上述关键技术问题的解决之贡献也自然存在着路径的分化。建筑历史与理论研究方面的科学性主要在于门类分殊齐全、对象组成完整、观察内容系统、成果表达精确以及文献实物互证的研究方法。前三项均在于"分"，而第四项在于图与物之间的准确投射，末项则事关如何采信。而建筑设计实践探索方面的科学性则主要在于从观念层面如何认知与把握建筑结构安全高效、物理环境舒适宜人、设备系统齐全卫生以及构造做法的完善便捷等诸多方面之间的关系，从根本上看，反映的是设计价值观。这其中，历史理论研究者的工作因直接涉及转译与再现的"原型"究竟是什么，因而具有基础意义。

4.1.1 建筑历史与理论研究者

值得注意的是，其时位于一线的研究人员普遍具有设计实践经验，如梁思成、刘敦桢、刘致平、张镈森等，且都对"中国本土性现代建筑"上述两类关键技术问题有切身体认与思考。其中前三位都是中国营造学社的正式成员，而梁、刘更是其核心人物。既有研究已确凿证明：是中国营造学社开启了系统、科学研究中国建筑的大门。首先是社长朱启钤本人对于"科学"理念具有强烈的认知和运用意识。朱撰写的《中国营造学社缘起》全文虽不足两千字，却至少有三处论及"科学"。然而，朱毕竟只是学社的组织者、管理者而非全职的专业研究人员，且只受过旧式教育，[①]其知识背景与"科学"应无多少瓜葛。朱能与时俱进认识到"科学"昌明之重要性已诚属难能可贵，但如何将"科学之眼光"与"科学方法"落到实处，关键还要看梁、刘二位。作为那一时期建筑历史与理论研究者的杰出代表，梁、刘二位均为接受近现代意义上的建筑教育成长起来的专业型知识人，拥有"科学之眼光"并采用"科学方法"也就自然是其研究理路的共性特征，这应是朱启钤决意聘请二位来社从事具体研究工作的主要动因。有关于此，既往研究多侧重宏观或中观考察，[②]而本研究拟选择相对具体的学术事件——梁思成对于乐嘉藻著《中国建筑史》的批评以及刘敦桢对于《营造法原》研究整理之贡献——作为微观层面的切入口，分别侧重探讨"科学方法""科学之眼光"即科学视野在他们当时已初具雏形的研究思想中的准确意涵，这才可能是他们无可替代的主体性的支点。同时，也区别于既往研究中已侧重对朱启钤作为中国营造学社的创建者、管理者和发展方向把握者的历史功绩讨论，以及针对其

---

① 朱启钤. 朱启钤自撰年谱 [M] // 北京市政协文史资料研究委员会，中共河北省秦皇岛市委统战部. 蠖公纪事——朱启钤先生生平纪实. 北京：中国文史出版，1991：1-7.
② 崔勇. 朱启钤组建中国营造学社的动因及历史贡献 [J]. 同济大学学报（社会科学版），2003（1）：24-27+36.

他个体成员研究活动的一般性概括。[①,②]

1. 科学方法：梁思成批评乐嘉藻著《中国建筑史》

欲讨论此问题，首先应简要廓清其历史背景。乐嘉藻著《中国建筑史》出版于 1933 年 6 月，其时国内外关于中国建筑历史的研究状况究竟如何？目前已可确知：关于中国建筑历史的现代学术性研究始于德国学者鲍希曼（Ernst Boerschmann）1910 年在德文版《民族学》期刊发表论文《中国建筑与文化研究》，[③] 其著作《中国的建筑艺术和宗教文化》之第一卷《普陀山，神圣的观音岛，慈悲的女神》于 1911 年在柏林出版，第二卷《纪念性寺庙祠堂》于 1914 年在柏林、莱比锡出版；[④] 其后便是生于芬兰的瑞典历史学家喜瑞仁（OsvaldSirén）1929 年出版于伦敦的《中国古代美术史》之第四册《建筑》（图 4-1）；而日本学者伊东忠太则于 1931 年出版《支那建筑史》，[⑤] 收录于《中国文化史丛书》。

在国内，中国营造学社于 1930 年 3 月 16 日在北平正式成立，梁思成于同年 6 月辞去东北大学教职，正式进入中国营造学社工作。当年 7 月中国营造学社改组，梁思成担任法式部主任，9 月 1 日正式开始工作。[⑥] 其后即着手整理清《工部工程做法则例》有关图纸、[⑦] 编订"营造算例"；1932 年 4～6 月调查辽代寺刹即蓟县独乐寺、宝坻广济寺，[⑧] 并于 1932 年 6 月正式发表《蓟县独乐寺观音阁山门考》，[⑨] 同年 12 月发表《宝坻县广济寺三大士殿》；[⑩] 1933 年 6 月又发表

图 4-1　Osvald Sirén 著《中国古代美术史》
扉页及插图

① 崔勇. 叩谒先辈们的心路历程——"中国营造学社研究"导论 [J]. 华中建筑，2003（1）：96-99.
② 崔勇. 中国营造学社部分成员的学术研究活动及其发展 [J]. 古建园林技术，2003（1）：56-63.
③ 根据 Vivision 于 2013 年 4 月 16 日在豆瓣（www.douban.com）发表的《鲍希曼的主要著作和论文》梳理与统计，这是他的第二篇有关学术发表，第一篇是 1905 年发表的德文论文《关于中国建筑的研究》。1910 年发表的这篇德文论文的英文版随后于 1911 年在史密森学会年报上发表，题为《中国建筑及其与中国文化的关系》。本书着重提及此篇，是因为它发表于鲍希曼 1906 年开始的中国古建筑考察之后。
④ 何国涛. 记德国汉学家鲍希曼教授对中国古建筑的考察与研究 [J]. 古建园林技术，2005（3）：16-17.
⑤ 赖德霖. 林徽因《论中国建筑之几个特征》与伊东忠太《支那建筑史》[M] // 史建. 新观察：建筑评论文集. 上海：同济大学出版社，2015：405-416.
⑥ 佚名. 本社纪事 [J]. 中国营造学社汇刊，1932，3（1）：183.
⑦ 佚名. 本社纪事 [J]. 中国营造学社汇刊，1932，3（1）：183.
⑧ 佚名. 本社纪事 [J]. 中国营造学社汇刊，1932，3（2）：162-163.
⑨ 梁思成. 蓟县独乐寺观音阁山门考 [J]. 中国营造学社汇刊，1932，3（2）：1-92.
⑩ 梁思成. 宝坻县广济寺三大士殿 [J]. 中国营造学社汇刊，1932，3（4）：1-52.

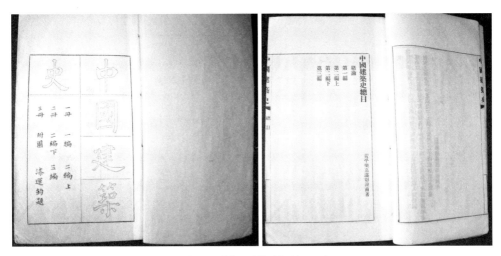

图 4-2　乐嘉藻著《中国建筑史》封面、扉页及目录

《正定调查纪略》；[①] 同年 12 月再发表《大同古建筑调查报告》。[②]

很明显，在乐嘉藻著《中国建筑史》出版之前后那一时期，关于中国建筑史的研究，国外已有相关专著，国内也已开始了迥异于此前的、倚重建筑学专业知识的田野调查研究工作，并有若干重要成果发表。而乐嘉藻著作的出版，则应为中国人自己撰写的第一部《中国建筑史》（图 4-2）。这在当时文化民族主义思潮高涨的社会氛围之中，按常理应获得称许和褒奖才是。然而，梁思成对于乐的著作（后简称为"乐著"）却提出了十分尖锐的批评。其主要原因可从梁思成正式发表于 1934 年 3 月 3 日《大公报》第十二版《文艺副刊》第六十四期的《读乐嘉藻〈中国建筑史〉辟谬》一窥端倪。其中与本研究所关注问题的有关批评，可分以下五个方面来看：

（1）定位（目标）：梁思成认为这部书既称为"中国""建筑""史"了，那至少要运用各处现存实物材料和文献记载等多重证据，按时序描述建筑活动发展变化，总结其时代特征并阐释其背景与成因等。[③] 然而，乐著在这一事关建筑历史书写基本框架的做法上确实是无法满足此要求的，全书内容几乎可称为"他个人对于建筑上各种设计的意见"，而根本没有"史"的痕迹——既没有历时性的发展脉络梳理，也缺乏共时性的空间差异铺陈，更难以企及"究天人之际，通古今之变，成一家之言"的史家理想与胸怀。尤其是对于"通古今之变"这一点，几乎无法凝练历史演进线索并提出专业阐释。在梁思成看来，关于究竟什么样的成果才可以定位成"历史"和"建筑史"，乐著显然没能给出足够有深度和说服力的回答——缺乏科学定位。

① 梁思成. 正定调查纪略 [J]. 中国营造学社汇刊，1933，4（2）：1-41.
② 梁思成，刘敦桢. 大同古建筑调查报告 [J]. 中国营造学社汇刊，1933，4（3，4）：1-168.
③ 梁思成. 读乐嘉藻《中国建筑史》辟谬 [M]// 梁思成全集：第二卷. 北京：中国建筑工业出版社，2001：291-296.

（2）分殊（路径）：这确实是一个十分要害的问题。前现代时期人类认识自然和改造自然多侧重于宏观把握，而缺乏精微分辨。现代科学技术发展的最基本特征之一就是结构的分殊性，这不仅涉及共时性的分类，还涉及历时性的分化。它应该能反映人作为认知客观世界的主体，采用什么样的路径去观察和表现这个世界。梁思成认为乐著正是在这方面存在明显的软肋，如章节分配"把屋盖与庭园放在一章"，[1]且认为其理据是庭园为一种"特别之建筑装饰"，又将城市与宫室、明堂、园林、庙寺观四项并列，置于同一"编"，这是无法按今日常规学术理路能够解释的分殊做法。

（3）论证（逻辑）：研究要给出结论，则必须运用逻辑进行学理上的推理和论证，且须对于论证以及结论中出现或引发的新问题作出进一步讨论，以期为来者指出后续的工作方向，这对于今日科研工作者而言是一个基本常识。而梁思成认为乐著在这个即使是常识性的问题上也犯了错误，即直接给出结论而缺乏论证过程，更没有足够的论据支撑结论。如将屋盖曲线之成因解释为"将错就错""自然结果"即为一例；[2]而关于"两注屋盖"[3]为"人类居处物最早之形式"的论断也显然缺乏足够的建筑考古学论据。[4]

（4）观察（记录与描述）：建筑历史研究须倚重田野调查，而田野调查过程中对于建筑实物必须进行仔细观察，并做出精准的记录和审慎的描述。乐著将嵩岳寺塔和锦县古塔的平面形状完全搞错，被梁思成批评为"观察不慎"，[5]这确实是学术研究不应出现的疏漏。

（5）表现（测绘与制图）：田野调查须精准记录和审慎描述，其最为核心的工作及其成果之一，应是现代工程学意义上的测绘和制图：使用二维的、带有准确比例尺的平面、立面和剖面图，对于被观察和测量的、现实生活中的建筑实物作精确投射，从而达成图（主观认知）与物（客观实在）之间的严格对应关系。而这又是乐著的一大软肋，其插图出于作者女儿乐森珉之手，其"写意"绘制方法被梁思成鄙薄为"远不如一张最劣的界画"[6]——无论是现代工程制图方法，还是传统木工使用的符号标识，乐著都没能采用。如果比较乐嘉藻著《中国建筑史》与梁思成发表的首篇田野考察报告《蓟县独乐寺观音阁山门考》中的插图，其间的差异便不言自明（图4-3）。再对照朱启钤曾发出"此类匠家对于绘图法绝无科学训练"的抱怨[7]，很难说在这一点上乐嘉藻比之传统工匠有多少优势可言——科学"制图"，[8]不正是区分现代意义的建筑学和传统的营造之术的重要标尺吗？

---

① 其实是同一"编"，而不是同一"章"。作者注。
② 梁思成.读乐嘉藻《中国建筑史》辟谬[M].//梁思成全集：第二卷.北京：中国建筑工业出版社，2001：291-296.
③ 即两坡顶，作者注。
④ 乐嘉藻.中国建筑史[M].贵阳：贵州人民出版社，2002：95.
⑤ 梁思成.读乐嘉藻《中国建筑史》辟谬[M]//梁思成全集：第二卷.北京：中国建筑工业出版社，2001：291-296.
⑥ 梁思成.读乐嘉藻《中国建筑史》辟谬[M]//梁思成全集：第二卷.北京：中国建筑工业出版社，2001：291-296.
⑦ 佚名.本社纪事[J].中国营造学社汇刊，1932，3（1）：183.
⑧ 邵星宇.20世纪初中国建筑中的科学"制图"（1900~1910年代）[J].建筑学报，2018（11）：66-71.

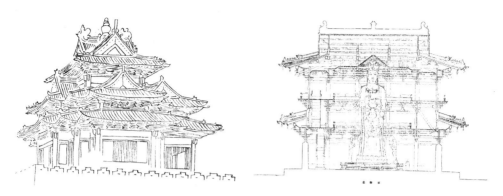

图4-3　乐嘉藻著《中国建筑史》与梁思成《蓟县独乐寺观音阁山门考》插图比较

综上所述，梁思成显然是从提倡科学实证研究方法的视角对于乐嘉藻提出了批评，即应侧重田野调查，再结合文献考据。而这正是出身于科举教育的旧式文人所难以做到的。乐嘉藻虽具备中国传统的文献考据学知识背景，也崇尚新学，但从其论著中使用的语汇、方法以及后人为其撰写的生平简介可以推知，他对于现代意义上的建筑学和工程学几乎是门外汉。[①] 对于他而言，采用科学方法研究中国建筑历史，实在是勉为其难。

梁思成对于乐嘉藻的个人背景是否了解？这在今日已难以知晓。但即使是从专业常识着眼，梁亦可推知其一二。如此看来，梁思成对于乐著提出的尖锐批评似乎不甚切合实际。而本研究认为，这应从此事件发生时的学术和历史背景来分析其原委。即关于中国建筑史研究，东、西两"洋"学者当时都已有相应贡献，诚如其时朱启钤早已充分认知的那样："吾东邻之友。幸为我保存古代文物。并与吾人工作方向相同。吾西邻之友贻我以科学方法。且时以其新解。予我以策励。此皆吾人所以铭佩不忘。且日祝其先我而成功者也。"[②] 可见此时中国学者们的使命感与紧迫感有多么强烈：他们必然要思考，在这东、西两"洋"学者都已斩获成果之时，中国建筑学人自己最应该做什么？撇开文化民族主义思潮的基本诉求不谈，即使就科学研究工作最起码的目标而言，也必须具有"站在巨人肩膀上"的问题意识，即辨明既有研究成果的不足之处并加以改进，才谈得上作出学术贡献，从而使得中国人自己撰写的中国建筑史的学术水平超越此前的既有研究。实际上，包括朱启钤这样的旧式文人在内，甚至也直接指出《营造法式》插图没按比例绘制的弊病，[③] 也都能认识到中国传统营造典籍在科学性方面的不足，可见当时梁思成对于乐嘉藻的批评并非完全脱离实际。

梁在《读乐嘉藻〈中国建筑史〉辟谬》一文开篇对于伊东忠太和喜瑞仁工作成果的批评也正是基于此一视角——前者止于六朝，且主要采用考据法而缺乏实证研究；后者对于中国建筑结构制度和历史演变缺乏深切了解。梁思成用充满感情色彩的话语，以一种貌

---

① 佚名. 作者生平简介［M］// 乐嘉藻. 中国建筑史. 贵阳：贵州人民出版社，2002：4.

② 朱启钤. 中国营造学社开会演词［J］. 中国营造学社汇刊，1930，1（1）.

③ 刘致平口述，刘进记录整理. 忆中国营造学社［J］. 华中建筑，1993（4）：66-70.

似不合科学研究者常识的方式，道破了自己对于乐著的批评在后人看来之所以如此犀利和痛彻的隐因，[①] 担心一如乐本人已在巴拿马世博会上体会到的那样"招外人之讥笑"。[②] 而如果希望研究成果不输于外人，那就要求研究者既要掌握田野调查、测绘制图等现代实证科学研究方法，也要熟悉中国古代典籍和考据法，且了解中国建筑的历史演变。这在当时的因缘际会之下，除了梁、刘等学贯中西的第一代中国建筑学人，也很难找到其他更合适的人选。从这个意义上看，梁思成从科学方法视角批评乐嘉藻著《中国建筑史》，正是中国本土性现代建筑之技术主体已然挺立的宣言书：如果不能对历史上的中国建筑进行科学研究，就无法书写出超越东、西两"洋"的、更为科学的中国建筑史，进而也就难以为建筑创作实践提供转译与再现的科学原型。[③]

2. 科学视野：刘敦桢与《营造法原》的整理研究

关于《营造法原》整理研究的意义，既有研究侧重以苏州工专建筑科为代表的早期中国建筑教育之工学属性、日本影响，以及民初对于传统营造法之价值的认知；[④] 而本研究关注的则是当时对中国营造传统的价值认知，最初竟始于《营造法原》所反映的中国建筑之民间属性和地域属性。换言之，中国最早的现代建筑教育即1924年苏州工专建筑科课表中，[⑤] 有关中国营造传统的课程之教学内容，居然是从民间建筑建造模式开始讲起的：中国营造学正式社成立于1930年春，1924年时中国人尚未开始对自己的建筑历史进行系统的科学研究，更谈不上分别从官式建筑与民间建筑两方面进行深入探讨。这难道仅仅是苏州工专学校设置的地域因素偶然造成的？如果把以下历史事件联系起来观察，或许就不会如此回答。

《建筑学报》1956年第4期发表了刘敦桢著《中国住宅概说》，该期"编后语"坦陈此前缺乏相关研究的事实，[⑥] 并言明这是建筑工程部建筑科学研究院和南京工学院合办中国建筑研究室，在刘敦桢教授主持下对民居、住宅等民间建筑开展系统调查研究的成果。[⑦] 而"中国建筑研究室"作为新中国第一个研究中国建筑的学术机构，最初成立于

---

① 梁思成. 读乐嘉藻《中国建筑史》辟谬 [M]//梁思成全集：第二卷. 北京：中国建筑工业出版社，2001：291-296.

② 乐嘉藻. 中国建筑史 [M]. 贵阳：贵州人民出版社，2002：6.

③ 需要说明的是，这一讨论的出发点并不足以构成对于乐嘉藻著《中国建筑史》之开创性贡献的全盘否定。作者毕竟没有现代意义上的求学经历和专业学术背景，他的工作和中国营造学社以梁思成、刘敦桢、林徽因等为代表的建筑学专业人士的工作并不具备等量齐观的可比性。若能以此为前提，对于乐著的贡献给予更为客观的评价，将会更贴近真实的历史情境。就此而言，乐嘉藻恰恰扮演了一个过渡性的角色，著作水平符合他自身的知识背景，而来自专业人士的批评也折射出当时中国学术界对于新文化的渴求心态。正因如此，笔者认为张帆先生对于乐嘉藻著《中国建筑史》的评价相对客观和公允——"运用中国传统方法对中国建筑展开系统研究的有益尝试。"参见：张帆. 乐嘉藻《中国建筑史》述评 [J]. 中国建筑史论汇刊，2011（00）：337-365.

④ 徐苏斌. 近代中国建筑学的诞生 [M]. 天津：天津大学出版社，2010：121-124.

⑤ 徐苏斌. 近代中国建筑学的诞生 [M]. 天津：天津大学出版社，2010：120.

⑥ 佚名. 编后 [J]. 建筑学报，1956（4）：65.

⑦ 佚名. 编后 [J]. 建筑学报，1956（4）：65.

1953 年 2 月 5 日。① 该"编后"语所说的"过去"显然是指在这个日期之前。其时中华人民共和国成立不过短短四年时间，国内战争尚未结束，又发生朝鲜战争，同时高等教育机构经历"院系调整"，一切处于百废待兴之中。那这一"过去"就只有可能指向民国时期了。那么，中国建筑学人在研究兴趣上的这一重要转向最初是否就是发生在 1950 年代初的"中国建筑研究室"呢？本研究通过对民国时期"中国营造学社"学术成果梳理，有如下思考与讨论：

抗战全面爆发之前，中国营造学社已开展的调查研究工作，确如上述"编后"语所说，对于民间建筑关注极少，主要有 1934 年龙非了发表《穴居杂考》，② 以及 1936 年 6 月刘敦桢《河南省北部古建筑调查记》论及河南窑洞民居。③ 本研究特别关注的是：刘敦桢这期间的所作所为与后来的研究兴趣转向究竟有何关系？据记载，1937 年 5 月 19 日～6 月 30 日刘敦桢调查豫、陕两省古建筑，1938 年 10 月 10 日～11 月 12 日又调查昆明及附近古建筑，④ 而在 1937 年 7 月至 1938 年 10 月上旬这一年多时间里未见其正式发表任何调查报告，似乎是一段空白期。当然，此一时段因抗日战争全面爆发，颠沛流离的逃难途中想必无暇顾及调查研究。然而事实真如此吗？有关于此，曾有书序简略提及："一九三七年夏，卢沟桥炮声猝起，先生弃多年度藏图书，仓卒就道，自平津转湘桂入滇川，虽颠沛窘困，仍研究不辍，沿途收集湖南、云南、贵州、四川等地古建筑资料，后来转向民间建筑广阔范围，实基于此时。"⑤ 其意在说明，刘家迁往大后方途经包括湖南在内的若干省份，刘敦桢趁便回乡省亲，且途中不忘建筑调查。

在上述记载出版 15 年之后，当事人之一刘叙杰教授在忆述中明确记载了刘敦桢利用回乡省亲之机，调查新宁当地很有地方特色的古建筑，并测绘研究了自家老宅，其平面图后收录于《中国住宅概说》而得以传世。⑥ 至此终于可以确认：刘敦桢趁逃难之机造访湖南新宁老家，不辍古建筑调查，但研究兴趣开始转向，富有地方特色的民间建筑进入研究视野，其后营造学社主要成员如梁思成、刘致平、陈明达、莫宗江等均开始关注民间建筑。可见，就时序和诱因来看，以刘敦桢为代表的历史理论研究者的上述重要转向，是由不期而至的战争直接促成，而于艰险备至的逃难路途中发生的。

有关于此，费慰梅的分析不无道理：劳苦困顿之中的长途旅行却也打开了研究者们的视野，他们开始注意到此前未曾真正关注过的民居，⑦ 意识到其具有的建筑学价值。

---

① 陈薇."中国建筑研究室"（195—1965）住宅研究的历史意义和影响[J].建筑学报，2015（4）：30-34.
② 龙非了.穴居杂考[J].中国营造学社汇刊，1934，5（1）：55-76.
③ 刘敦桢.河南省北部古建筑调查记[J].中国营造学社汇刊，1937，6（4）：32-129.
④ 刘敦桢.昆明及附近古建筑调查日记[M]//刘敦桢文集：三.北京：中国建筑工业出版社，1987：157-176.
⑤ 南京工学院建筑研究所.序[M]//刘敦桢文集：一.北京：中国建筑工业出版社，1982.
⑥ 刘叙杰.创业者的脚印——记建筑学家刘敦桢的一生：上[J].古建园林技术，1997（4）：7-14.
⑦（美）费慰梅.梁思成与林徽因——一对探索中国建筑史的伴侣[M].曲莹璞，关超，等译.北京：中国文联出版公司，1997：134-135.

刘敦桢在 1937 年 7 月至 1938 年 10 月上旬这一年多时间里逃难途中的学术研究工作经历，正可用上述费慰梅的分析提供一种合理的注解：转向民间建筑的系统调查研究，是由于历史理论研究者在逃难过程中（不得不）频繁接触并体验民间建筑而发生"认知性邂逅"——建筑设计作为一种策划和营建日常生活空间的活动，建筑学作为一种"实学"，建筑物作为一种人工环境和自然环境的交互与中介，至此方真正可能进一步体察。也就是说，以刘敦桢为代表的中国建筑学人在研究兴趣上的这一重要转向最初发生在抗战全面爆发时，即"中国营造学社"抗战前、后两期衔接过渡之际；而 1950 年代初的"中国建筑研究室"时期已是这一转向以成立新的研究机构的形式确立下来，并迅速而集中产出丰硕成果的时期，倚重的是全国性的大规模田野调查之系统工作。那么，抗战全面爆发时期是否就已是中国建筑学人研究民间建筑的源头了呢？有没有更早的基础性工作？这进一步追问就自然指向《营造法原》的研究整理，因为它是刘敦桢早在执教于苏州工专和就职于中国营造学社前期就已经开始了的。

关于刘敦桢研究兴趣在此期间转向民间建筑的变化，其更大的历史背景还涉及与民间建筑存在密集交叉的园林，而可资佐证和进一步理解的尚有以下几方面：

一是童寯的有关忆述："……1929 年在北京中国营造学社成立……到 1935 年前后，他们在建筑方面搞得差不多了，开始想到打进另一个领域——中国园林……刘敦桢知道了，就开始和我通消息，并且亲自南来到苏州住几天，回去后写一篇关于苏州花园的报告……那时，据我所知，对园林感兴趣而做点实际工作的，只有我们两人……"①

二是《中国营造学社汇刊》"本社纪事"有关记载。如三卷二期载："至于来年工作大纲将以实物之研究为主，测绘摄影则为其研究之方途，此项工作须分作若干次之旅行，关于南方实物之研究则拟与中央大学建筑系合作"；②五卷三期载梁思成、林徽因已于 1934 年 10 月赴浙江商讨杭州六和塔重修计划并调查浙、苏两省寺庙；③六卷二期载刘敦桢两度考察苏州古建筑，④调查报告显示对园林的浓厚兴趣："大抵南中园林，地不拘大小，室不拘方向，墙院分割，廊庑断续，或曲或偏，随宜施设，无固定程式"。⑤

三是刘敦桢本人的回忆。"……不过从那时起虽开始收集住宅资料，但限于人力物力，没有多大收获。直到 1953 年春天南京工学院和前华东建筑设计公司合办中国建筑研究室以后，为了培养研究干部，测绘若干住宅园林，才获得一些从前不知道的资料。"⑥

由上述信息比对可知：（1）中国营造学社战前虽已有计划欲将实物调查地域范围向南方扩展，但并未强调将民间建筑和园林作为主要研究对象；（2）刘敦桢早在 1936 年夏秋就已两度考察苏州园林，也就是说原本打算自己来搞园林研究，并于同期推动张镈森搞

① 童寯. 对南工建筑研究室的批判 [M] // 童寯文集：四. 北京：中国建筑工业出版社，2006：398～399.
② 佚名. 本社纪事 [J]. 中国营造学社汇刊，1932，3（2）：162-163.
③ 佚名. 本社纪事 [J]. 中国营造学社汇刊，1935，5（3）：154.
④ 佚名. 本社纪事 [J]. 中国营造学社汇刊，1935，6（2）：173.
⑤ 刘敦桢. 苏州古建筑调查记 [J]. 中国营造学社汇刊，1936，6（3）：17-68.
⑥ 刘敦桢. 中国住宅概说 [M]. 北京：建筑工程出版社，1957：3.

《营造法原》研究，惜因战争而被打乱了研究计划，未获全面展开田野调查；（3）刘敦桢领导的苏州园林研究虽因战争延缓，但民间建筑研究却由此逐渐开展起来。直至1953年南京工学院与华东建筑设计公司合办"中国建筑研究室"之后，刘敦桢终于得以带领团队成规模地展开苏州园林与住宅（民间建筑）的调查研究，使战前早已确立的研究目标得以实现。

可见，刘敦桢很早就注意中国园林和民间建筑的研究价值，一手策划并推动了《营造法原》的研究整理。他于1926年前后即向原著者姚承祖主动提出，建议将文稿整理出版而未果；后于1929年受托于姚拟作整理研究，1932年前后刘加入中国营造学社工作，又请朱启钤作过整比校阅，并拟刊行而又未果；刘敦桢遂又将此事正式托付给张镈森具体展开，其整理研究工作开始于1935年秋，杀青于1937年夏，跋于1943夏，[①] 初版于1959年7月，再版于1986年8月。[②] 可以说，从1929年刘敦桢受托于姚承祖算起，直至1959年正式出版，整整历时三十年之久。

关于此事，还有三个方面的权威文献可资佐证。

一是刘敦桢写于1943年7月的《〈营造法原〉跋》。因《刘敦桢文集》第三卷正式发表该稿之文字校勘存在多处讹误，殊为遗憾。尤其是写作时间误为1942年7月，实为1943年7月。

二是《中国营造学社汇刊》上刊登的、主要来自朱启钤的有关述评。首先有1932年9月出版的第三卷第三期"本社纪事"之"（四）刊行苏州姚氏营造法源"一节，详载社长朱启钤研究《营造法原》并拟刊行之议的报道。[③] 而1932年12月出版的第三卷第四期133页"本社纪事"也有类似报道。后朱启钤又正式发表署名文章《题姚承祖补云小筑卷》，刊载于1933年6月出版的第四卷第二期。[④]

三是《营造法原》出版于1959年时张镈森的自序，其相关记述是：

"……事情的经过是远在一九三五年秋天，刘敦桢老师从北京中国营造学社南来，出示《营造法原》原稿，嘱我整理。谓：'这是姚补云先生晚年根据家藏秘笈和图册，在前苏州工专建筑工程系所编的讲稿，是南方中国建筑之唯一宝典'……以我与姚先生同是苏州人，当时又在前中央大学服务，人地较宜，所以将此任务交给了我。

……

之后，就利用课余假期，着手编著、测绘、摄影等工作，并不断与姚先生商讨书中问题，到一九三七年夏脱稿……杀青之日，刘师携稿北上，不幸日寇侵华，营造学社内迁，由滇而川，因经费与印刷等关系，未能付印，我以兵乱和疾病，无暇过问……

① 刘敦桢. 《营造法原》跋 [M] // 刘敦桢文集：三. 北京：中国建筑工业出版社，1987：447.
② 张镈森. 《营造法原》再版弁言，自序 [M] // 姚承祖原著，张至刚增编，刘敦桢校阅. 营造法原. 北京：中国建筑工业出版社，1986.
③ 佚名. 本社纪事 [J]. 中国营造学社汇刊，1932，3（3）：180-181.
④ 朱启钤. 题姚承祖补云小筑卷 [J]. 中国营造学社汇刊，1933，4（2）：86-87.

在漫长的十余年中，眼看着此书无法付梓。解放后在领导的重视与鼓励下，我再作一次整理，将全书精简为十六章……仅供参考。"[①]

依据以上史料对比、印证和综合分析，可得出如下基本结论：

（1）《营造法原》原稿是营造世家出身的传统匠师姚承祖于1920年代在苏州工专建筑工程科任教（"中国营造法"课程）时所编的讲稿。刘敦桢最早认识到此讲稿的学术价值，并于1926年前后向姚提议出版而未获允。其后却因共同的兴趣爱好而过从渐密，同游苏南地方民间建筑与园林，习访考辨，由同事关系结成忘年之交。至1929年，姚承祖始将书稿交与刘敦桢，正式委托其代为整理、研究与出版。所以，刘敦桢是《营造法原》整理研究与出版的首倡者，是原著者姚承祖寄予重托的责任人。

（2）1932年秋刘敦桢北上中国营造学社专职从事研究工作，之前的三年忙于教务无暇顾及书稿整理研究，遂决定将其带到营造学社继续研究，而姚承祖因虑及原稿简略（仅三万两千余字，附图式八十余种），还进一步提供了家藏的相关图册以供参考。中国营造学社社长朱启钤亲自对其加以校阅整比，对此书的学术价值与刘达成共识并拟刊行，只因术语（方言）和图示（无比例尺）方面考辨工作难度过大，进行数月而中止。可见，刘敦桢又是将《营造法原》原稿介绍至国内最具实力的研究机构——中国营造学社的第一人，引起了学术界和朱启钤的重视与研究兴趣。

（3）刘敦桢发现其中的难点所在，继而于1935年秋委托其学生张镛森整理研究。道理有二：一则张与姚同为苏州人，方言不成问题，也熟悉地方建筑文化环境；二则张其时在南京中央大学建筑系工作，地近苏州，便于就近考察、测绘、摄影并与原著者请教、商讨。而张接受了任务并踏实勤勉开展相关整理研究工作。所以，刘敦桢还是为《营造法原》整理研究寻找到最佳合适人选的策划者和组织者。

（4）1937年夏抗战爆发前，张镛森增编的《营造法原》书稿杀青，遂请刘校核。然因战争突发，此事搁置，为保险起见刘将书稿存上海叶恭绰处，各自逃难。原著者姚承祖于1938年去世，而直至1939年秋叶恭绰才托人将书稿带到昆明中国营造学社交还给刘，后又随学社迁至宜宾李庄。至1943年刘敦桢拟离开中国营造学社之前，书稿一直存于社内，刘并写下跋文以志其经过，后因经费及时局变化直至1959年方得正式出版。所以，刘敦桢更是《营造法原》书稿的校阅者、战乱期间的保护者。

综上，姚承祖是《营造法原》的原稿作者，而刘敦桢则既是其整理研究工作自始至终的首倡者、受托者、策划者、宣传者与组织者，又是书稿的校阅者、保护者、研究整理经过的见证人和记录者之一；朱启钤可视为协同策划者，而张镛森是具体整理研究工作关键的执行者。令人疑惑不解之处在于：历经三十年千难万险和颠沛流离，而最终得以成书却没有放弃，究竟是什么力量支撑着这些学者的执著与坚持？撇开其中的主观感情因素，其首要者应是著作本身的学术价值，突出体现在两个层面：在微观上，《营造法原》由于其

[①] 张镛森.［M］//姚承祖，张至刚，刘敦桢. 营造法原. 北京：建筑工程出版社，1959：3-5.

地域属性，正可反映明代以来江南地区的民间建筑演变；而在宏观上，由于工匠体系的共享，中国营造传统是官民互通的，离开了民间建筑这条线索，官式建筑研究之路势必步履维艰。

刘敦桢认识到《营造法原》较《鲁班经》周详缜密得多，可据此获悉明清以来江南民间建筑流变以及清官式建筑的源流与踪迹，[①] 故力促其整理成书；而朱启钤则以"礼失求野"的深刻比喻，[②] 揭示中国营造之法官民互通的历史真相。正因《营造法原》是江南地区民间建筑之宝典，也就有机缘成为开启民间建筑研究的基础性工作方向，这不正是一种正确认知中国营造传统应有的科学视野吗？而这种科学视野所达到的认知水平在此前未见报道。可见，刘敦桢从中国建筑研究的科学视野出发，推动姚承祖原著之《营造法原》的研究整理，最早尝试了针对民间建筑的基础研究工作，正是中国本土性现代建筑之技术主体已然挺立的明证：如果不能对历史上中国官方与民间建筑两条线索都进行科学研究，而只是就官式建筑一端做工作，也无法书写出超越东、西两"洋"的，更为科学的中国建筑史，进而也就无法为建筑创作实践提供相对更为全面的转译与再现的科学原型。

4.1.2　建筑设计实践者

在中国本土性现代建筑的发展过程之中，在"科学性"与"民族性"如何互动的探索道路上，不仅仅是建筑历史与理论研究者发挥了方向性的引领作用，建筑学科的实践指向也使得建筑设计实践者们不可能隔膜于关键问题的学术思辨和实践尝试。由于第一代中国建筑师以现代知识人的身份参与到中国建筑活动中，较为彻底地改变了建筑实践对于传统工匠体系的依赖状态。其中有一个很有意味的新气象在于：主要在一线忙于实践的主创建筑师们不乏深具学术研究兴趣者，他们不仅有执行实务之力，更有针对实践进行研究与反思之心，在文化传承与再造的层面为自己赋予了完全不同于传统工匠的责任与使命。如吕彦直、杨廷宝、童寯、赵深、陈植、董大酉与徐敬直等，且对于中国传统建筑不乏深入研究的实际行动。吕彦直作为较早开展相关实践的建筑师，在极为短暂的职业生涯中，其实践尝试的理路发生了较多变化，反映出设计思维的不断演进；而童寯应视为不乏学术研究兴趣的实践者的代表，和他合作与过从甚密的杨廷宝、赵深、陈植等宾大留美生又多以集群形式参与相关活动，在确立中国建筑活动的科学属性方面，也就是既要以科学观念、方法研究过去的建筑活动，也应以科学观念、方法设计未来的建筑活动方面，多作出了迥异于传统工匠的贡献。从案例选取的角度看，杨廷宝虽作品较多，但作为典型的实践型建筑师，著述却极少，其主体设计意图很难直接获知，深入的技术图纸也较难获取。考虑到充分搜集案例各类资料的可能，本节选择吕彦直和童寯作为个案研究对象，较具可行性。

1. 吕彦直：实践中的设计思维演进

作为中国近代杰出建筑师之一，吕彦直的职业生涯虽仅有十多年，但独立开业之后完

① 刘敦桢.《营造法原》跋 [M] // 刘敦桢文集：三．北京：中国建筑工业出版社，1987：447.
② 佚名．本社纪事 [J]．中国营造学社汇刊，1932，3（3）：180-181.

图 4-4　金陵女子大学校园外景

成的中山纪念建筑——南京中山陵、广州中山纪念堂，却与他之前在墨菲与丹纳建筑事务所工作期间参与完成的金陵女子大学建筑群多有不同。这其中的诸多细节反映出，在处理转译与再现的核心技术问题上，建筑师的设计思维经历了一个逐渐发展变化的过程。

　　吕彦直于1918年12月获康奈尔大学建筑学学士学位，之后入纽约墨菲与丹纳建筑事务所工作，跟随建筑师墨菲（Henry K.Murphy）工作，亲历并直接参与了金陵女子大学建筑群设计。[①] 建筑群共11栋建筑，吕彦直独立承担其中科技楼和朗诵楼的设计，与他人合作设计社会与体育楼以及5栋宿舍楼，是该项目的主要参与者。[②] 金陵女子大学建筑群（图4-4）建筑风格模仿中国传统官式建筑，但采用西方现代建筑结构和材料。这种设计思路在当时并不鲜见，但不同于其时同类作品仅将中国建筑特色粗浅地理解为"中国屋顶"，建筑师更多地将其理解成一个整体，主体结构与细部都是其中不可分割的部分。[③] 具体表现在建筑细部处理上也力求再现中国传统：屋顶虽为钢木组合屋架结构（图4-5），但"大屋顶"下设木构飞檐、椽子、斗栱等中国传统建筑构件；建筑立面用钢筋混凝土模仿木柱；简化传统彩画，采用油彩涂饰（图4-6、图4-7）。

　　而殊为遗憾处在于，受限于当时的客观环境条件和建筑师对中国传统建筑的认知程度，在缺少中国传统建筑实物踏勘和文献考证研究的背景下，设计中不可避免地出现一些对于作为"原型"的中国传统建筑的误解。如最为著名的公案即吕彦直独立承担设计的科技楼、朗诵楼以及参与设计的社会与体育楼，居然多处出现"错位斗栱"（图4-8）——误解了中国传统建筑中斗栱和柱梁的结构关系，造成斗栱与立柱不对位，会议楼甚至还采用双柱做法，这是中国传统建筑中十分罕见的，可见其时此类误会实为常态。但无论如

---

① 卢洁峰. 金陵女子大学建筑群与中山陵、广州中山纪念堂的联系 [J]. 建筑创作，2012（4）：192-200.
② 卢洁峰. 金陵女子大学建筑群与中山陵、广州中山纪念堂的联系 [J]. 建筑创作，2012（4）：192-200.
③ 郭伟杰. 谱写一首和谐的乐章：外国传教士和"中国风格"的建筑，1911—1949年 [J]. 中国学术，2003（1）：68-118.

图 4-5　金陵女子大学校园建筑"大屋顶"使用西式屋架

图 4-6　金陵女子大学校园建筑立面用钢筋混凝土模仿木柱，却有中国建筑罕见的双柱

图 4-7　金陵女子大学校园建筑立面采用油彩涂饰的、经简化的传统彩画

何，金陵女子大学建筑群设计还是尝试将中国传统建筑的木构架体系、形式特征鲜明的屋顶以及各类装饰视为一个整体。就此而言，与更早的华西协合大学"将中国屋顶置于西式堆栈"之上的做法相比，[①]其对于中国传统建筑之技术系统的理解也是有了一定的深度。

有趣的是，在吕彦直独立开业之后设计的南京中山陵之中，情况要变得较

图 4-8　金陵女子大学校园建筑外墙上的"错位斗栱"

---

① 童寯. 我国公共建筑外观的检讨 [J]. 公共工程专刊，1946（2）：30-31.

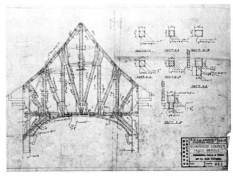

图4-9 中山陵祭堂外观借鉴传统的重檐歇山屋顶

图4-10 中山陵祭堂内部结构采用现浇钢筋混凝土屋架

为复杂。1925年5月2日，"总理葬事筹备委员会"经会议决议征求陵墓建筑图案、建筑格式、材料及金额等，并公开登报悬赏征求设计图案。[①]当年9月20日，吕彦直方案被评为一等奖。中山陵的单体建筑设计与建造，也试图以新结构、新材料转译与再现中国传统官式建筑。如祭堂外观借鉴重檐歇山屋顶，内部结构却为现浇钢筋混凝土屋架（图4-9、图4-10）；檐下斗栱采用最简单的"斗口跳"，墙面下部须弥座无莲瓣；碑亭下檐口无方椽等，装饰极为简洁。然而，吕彦直此时似乎并未刻意对中国传统建筑技术系统的结构逻辑关系加以精确转译和再现——屋顶、斗栱、梁架、墙身与台基等，而是选择于西式（石构）公共建筑体量之上直接覆盖一款中国式屋顶的做法，外墙并未重点表达柱梁及其与斗栱在结构传力逻辑上的关系，斗栱具有纯粹的装饰性（图4-11）——这一点在祭堂的设计上表现得尤为明显（图4-12），甚至其正立面图上出现了西式建筑的鱼鳞板式瓦材而非琉璃筒瓦，正脊之兽吻以及戗脊上的仙人走兽直接沿用清代官式建筑细部样式（图4-13）。尽管此图并非吕彦直本人绘制，尽管实施状况与此迥异而与另一张图纸上标注的简化做法完全吻合（图4-14），也能够间接反映出1925年时，吕彦直设计团队对于中国传统官式建筑的建构特点所知较浅，吕本人在先前由墨菲主导的金陵女子大学项目中，对于中国传统官式建筑的建构特点的领悟也较为有限。

不久之后的1926年2月23日，"建筑中山纪念堂委员会"在《广州民国日报》上公布《悬赏征求建筑孙中山先生纪念堂及纪念碑图案》，要求"不拘采用何种形式，总以庄严固丽而暗和孙总理生平伟大建设之意味者为佳"，[②]吕彦直设计方案再次获选。其主体建筑平面呈八角形，屋顶分为五部分，为组合式屋顶：中间为一个八角形攒尖，四面辅以四个歇山屋顶。既有中国传统建筑意蕴，又不至屋顶体量过大而显得笨重（图4-15）。与中国传统建筑相似而又不同，与金陵女子大学会议楼一主二从的组合式屋顶还有异曲同

① 李海清，汪晓茜. 叠合与融通：近世中西合璧建筑艺术［M］. 北京：中国建筑工业出版社，2015：32.

② 彭长歆. 现代性·地方性——岭南城市与建筑的近代转型［M］. 上海：同济大学出版社，2012：219.

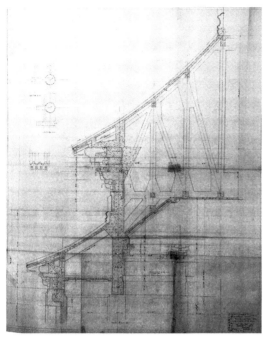

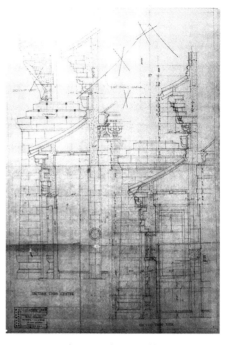

图4-11 中山陵祭堂现浇钢筋混凝土外墙上部结构、
屋架与装饰性斗栱之间的关系

图4-12 中山陵祭堂现浇钢筋混凝土外墙
上部结构与装饰性斗栱之间的关系

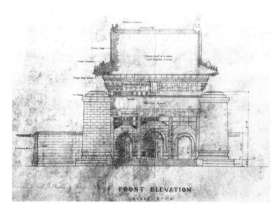

图4-13 中山陵祭堂正立面图之一有西式鱼鳞板式瓦,
正吻及仙人走兽沿用清代官式做法

图4-14 中山陵祭堂正立面图之二（实施
方案）为中式筒瓦,正吻及仙人走兽用简化做法

工之妙。结构工程师李铿和冯宝龄专门为此设计了组合极为复杂、跨距达30米的芬式钢屋架（图4-16）。

从总体上看，广州中山纪念堂的空间组合方式、主体结构形式以及外部装饰细部，融汇了此前中山陵祭堂以及金陵女子大学两类做法，即西式公共建筑组合体量、仿中国传统官式建筑屋顶以及仿木构梁架斗栱的组合。也正因如此，广州中山纪念堂较前两者在转译与再现中国传统官式建筑的结构逻辑关系方面显得更为准确和到位——中山陵祭堂基本

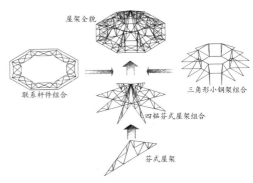

图4-15 广州中山纪念堂外景，可见屋顶组合　　图4-16 广州中山纪念堂八角形攒尖屋顶组合式
　　　　交接关系　　　　　　　　　　　　　　　　　钢屋架结构

图4-17 广州中山纪念堂室内彩画采用古法涂饰　　图4-18 广州中山纪念堂室外彩画采用水磨石，
　　　　　　　　　　　　　　　　　　　　　　　　　　局部辅以马赛克

没有考虑仿木构梁架，而金陵女子大学的仿木构梁架尤其是斗栱存在着对于"原型"的误解。

　　而在彩画方面，广州中山纪念堂室内彩画用仿古涂饰而非马赛克（图4-17），室外彩画则是大面积彩色水磨石，局部辅以马赛克（图4-18）。这与南京中山陵祭堂室外以石材浮雕仿传统彩画，而室内代之以马赛克拼贴彩画也不尽相同，其中缘由值得深究。前文已有相关讨论，一个可能的答案是：中山陵祭堂毕竟是高等级纪念性建筑，其"彩画"舍弃原本用以保护木构的涂饰古法，而采用马赛克贴面、彩色水磨石或天然石材，有利于在夏热冬冷、相对湿度较大地区提升室内外装修耐候性和使用寿命——与油彩相比，马赛克和天然石材都属于更耐久的贴面材料；水磨石比涂饰耐久，比马赛克和天然石材更具价格优势。而广州中山纪念堂则由于地处夏热冬暖、更为潮湿的地区，建筑技术耐候性要求更高，同时也必须控制造价。设计者不得不对室内外两种环境下的耐候性要求加以审慎区分，室外"彩画"用彩色水磨石辅以马赛克，室内则用较为便宜的涂饰，其设计思维之技术含量可见一斑。

　　由上述三例分析可知，即使是同一建筑师、相似建筑类型和业主，因气候、经济等客观条件存在差异，其具体的技术设计思维也不尽相同。吕彦直有关于此的具体思考尚待直接的、书面的史料佐证，但身为职业建筑师，他已通过自己的设计实践真切传递了这种认知。

综上，从金陵女子大学到中山陵再到中山纪念堂，吕彦直在这三个先后完成的设计项目中，关于转译与再现的设计理路，及其具体表现所反映出来的设计思维，经历了一段从刚开始因跟随前辈而不免颇显稚嫩到独立开业、创作而逐渐成长的过程，其设计手法尤其是技术模式的选择类型由单一而逐渐丰富，反映其设计思维从浅表而逐渐深化，并以广州中山纪念堂的落成，展示了现代建筑技术和中国传统建筑风格能够融洽结合、进而考虑地域差异对于技术模式影响的可能。而这些，都是经由现代建筑教育建筑师作为技术主体挺立起来的标志，是前现代时期的传统工匠难以实现的跃迁。

2. 童寯：一个设计实践者对于中国建筑的研究与反思

在众星璀璨的第一代中国建筑师群体中，童寯无疑是极富个性色彩的。他虽然是不折不扣的设计实践者，但对于建筑历史与理论研究保持了毕生的兴趣，且后半生将主要精力都倾注于其中。他与本研究有直接关联的理论探索工作主要有两方面，一是1930年代对中国园林的研究考察，二是关于如何看待有中国特点的建筑创作的思辨。尤其是后者，集中讨论了前述关键技术问题的有关线索，并以实践中的选择作出了积极回应。

首先是中国园林方面的研究。1931年"九·一八"事变以后，童寯不得不放弃在东北大学建筑系的教职，撤至关内。当年11月在上海开始与赵深、陈植合作华盖建筑师事务所，直至抗战全面爆发后江南业务萧条，童寯再次于1938年5月撤往重庆开展设计业务之前，这七年多时间的生活相对稳定。[①] 在此期间，童寯常利用工作余暇，考察苏、浙、沪六十余处园林，留下一批珍贵的步测手绘测绘图和大量照片，包括复原的南京随园图、

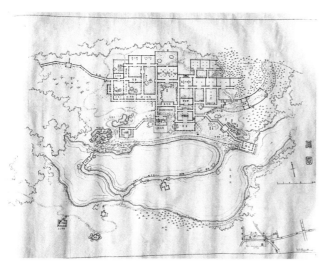

图 4-19　童寯测绘、复原的南京随园图

图 4-20　童寯绘制的上海龙华
报恩塔

---

① 童明. 童寯年表［M］// 童寯文集：一. 北京：中国建筑工业出版社，2000：388-389.

上海龙华报恩塔水彩渲染图等（图 4-19、图 4-20）；发表论文多篇，并于 1937 年写成《江南园林志》书稿。这是中国建筑学人以一己之力开始中国园林艺术实地调查研究的最早尝试，也是最早用科学方法论述中国造园理论的专著。包括中国园林的历史沿革、境界，中国诗、文、书画与园林创作的关系以及中国假山发展诸多内容。该书稿完成后即经刘敦桢介绍给中国营造学社，拟由该社出版。[①] 后因"卢沟桥"事变，中国营造学社举社南迁而搁置，直到 1963 年转由中国工业出版社出版，1984 年中国建筑工业出版社再版。有趣的是：《江南园林志》与《营造法原》类似，其书稿皆完成于 1937 年，皆因刘敦桢呈递中国营造学社，也皆因战争而搁置多年才出版，且都是关于江南地区的中国建筑。但前者侧重园林艺趣，后者侧重营造之法。两本著作的学术主旨与追求方向还是存在着明显差异。

此外，童寯还于 1936 年 10 月在《天下》月刊发表英文论文《中国园林——以江苏浙江两省园林为主》，[②] 全文分成中西互映、中国造园、中国园林沿革三部分，可视为《江南园林志》成书过程中的阶段性成果。其开篇即提出中国园林的特点是房子而非植物起支配作用，强调了中西互映是基于巨大的差异。文中关于中国园林从不表现宏伟、不事炫耀、植物不带人工痕迹、旨在"迷人、喜人、乐人"、中国造园从属于绘画艺术、以墙掩藏内秀而以门洞花格后的一瞥召唤游人、空白粉墙寓宗教含义、石头一被赋予人性，人们便发现它是可爱的伴侣等论断，充满了东方式的智慧与哲思，却又可以为所常人所理解而不是故弄玄虚。此外，童寯还于 1937 年写成英文论文《满洲园》（即拙政园）；[③] 又于 1945 年写成英文论文《〈中国园林设计〉前言》，[④] 两篇文章皆未及时发表。其中反映出对于中国园林艺术的体悟和观点与前文如出一辙。而最紧要处在于：童寯认为和西式园林相比，中国园林追求的主题、达成的意境、借重的手法和具体的技术手段有着全然不同的另一番天地。必须承认，这样的研究和童对于有"中国特点"的建筑创作实践之反思一道，为中国本土性现代建筑的转译与再现的原型给出了完全不同于此前的方向性的可能。

而在有中国特点的建筑创作实践方面，童寯一直致力于现代建筑的"中国特点"如何以合理方式加以体现的研究、思考与实践。这里面包含两层问题：首先是中国建筑的特点究竟是什么？进而才是如何在现代建筑中体现"中国特点"。前者属于基础性的历史理论研究，后者则涉及实践中的设计策略。这一时期童寯的学术写作有四篇文章围绕这两个问题展开，持续性的思考大约有十年之久。

1937 年 10 月童寯发表《建筑艺术纪实》于《天下月刊》，开篇即以"当今中国建筑

① 童寯. 对南工建筑研究室的批判 [M] // 童寯文集：四. 北京：中国建筑工业出版社，2006：398-399.
② 童寯. 中国园林——以江苏浙江两省园林为主 [M] // 童寯文集：一. 北京：中国建筑工业出版社，2000：62-74.
③ 童寯. 满洲园 [M] // 童寯文集：一. 北京：中国建筑工业出版社，2000：77-78.
④ 童寯.《中国园林》设计前言 [M] // 童寯文集（一）. 北京：中国建筑工业出版社，2000：138-139.

艺术常常令人想到辫子的传说"来嘲讽建筑实践中的普遍现象，^① 表达了对于将选材、结构理性和形式创造三者割裂开来进行建筑设计的反感，这是一种明显不同于市面上流行趋势的价值观。进而又强调：

"……若干世纪以来，瓦屋顶与平屋顶组合于一座建筑的做法，在西藏、蒙古、热河特别是青海等地相当典型。令人惊讶的是，这类建筑在平整的墙面上加一些窗楣和简单的压顶线之后，整体看与瓦屋顶一样是中国式的。最为奇特的是，边疆地区的很多地方，一座座建筑竟完全是平屋顶，而且这些建筑的中国式形象令人叹服，它们所达到的艺术水平，是所谓的复兴式风格所难以企及的"。^②

这是童寯首次论及"中国特点"和地域建筑之关系，指出"中国特点"并不应局限于官式建筑的大屋顶。这是明确的个人观点，虽与前述墨菲的观点类似，^③ 但就对于中国建筑地域特征之成因的实质性理解而言，童寯显然是胜出一筹，且有感而发。进而，童寯又提出：

"……当今，中国古典建筑艺术除了表面装饰，别无它物可为现代建筑采用。由于建筑的持久性与崇高性，完全取决于结构的种种价值。无需想象即可预见，钢和混凝土的国际式（或称现代主义）将很快得到普遍的采用……不论一座建筑是中国式的或是现代式外观，其平面只可能是一种：一个按照可能得到的最新知识作出合理的和科学的平面布置。作为平面的产物，立面自然不能不是现代主义的。"^④

这在今日看来稍嫌乐观的结论或曰信念初步反映了童寯对于建筑设计之形式创造、结构理性和建造模式之间应达成某种相互忠实的匹配关系，以及建筑设计平面布置科学性及其与立面生成之间应有合理的逻辑推演关系之"科学"设计思想；同时，作者也认识到："任何富赋予'地方色彩'的意图，将需要学习、研究与创造"，而并非那么轻而易举即可达成。

接下来，童寯又在1941年于《战国策》杂志第八期发表《中国建筑的特点》一文，认为中国建筑的特点即在于选用木材作为结构主材、显著外露的屋顶、为保护木架所做的装饰、正厢分主宾且串以游廊的平面布置方式，指出在近代科学发达以前这些特点都是优点，但采用钢筋混凝土结构技术之后则变成弱点，由此批评"协和医院式"建筑不伦不类。^⑤

进一步，童寯于1944～1945年又撰写手稿《中国建筑艺术》，^⑥ 侧重探讨中国木构建

---

① 童寯. 建筑艺术纪实 [M] // 童寯文集：一. 北京：中国建筑工业出版社，2000：85-88.
② 童寯. 建筑艺术纪实 [M] // 童寯文集：一. 北京：中国建筑工业出版社，2000：85-88.
③ 郭伟杰. 谱写一首和谐的乐章：外国传教士和"中国风格"的建筑，1911—1949 年 [J]. 中国学术，2003（1）：68-118.
④ 童寯. 建筑艺术纪实 [M] // 童寯文集：一. 北京：中国建筑工业出版社，2000：85-88.
⑤ 童寯. 中国建筑的特点 [M] // 童寯文集：一. 北京：中国建筑工业出版社，2000：109-111.
⑥ 童寯. 中国建筑艺术 [M] // 童寯文集：一. 北京：中国建筑工业出版社，2000：151-158.

筑建造模式与其艺术表现之间的关系，其核心思想是：依赖榫卯实现节点连接的中国木构未能引入构件连接的三角形组织法而一直采用矩形，以致稳定性不佳；但由于采用模数制和预制构件，因而营造方法简单，"按此方式建成之结构质轻而空灵，其敞亮犹如鸟笼，窗牖配置自如，尺寸巨大，所挡碍者唯有柱子。墙垣仅围设于需要处。此诚所谓'自由立面'——勒·柯布西耶等奠基之现代学派之梦想"。而正因营造方法简单，匠师就可以转而工于装饰与装修，但"装饰无论何等纤巧，终不失其功用，此实为中国建筑中一切装饰做法之要旨"。

基于以上研究思考，童寯又于1946年在《公共工程专刊》第二集发表《我国公共建筑外观的检讨》（图4-21）。开篇即言明中国现代建筑表现"中国特点"的必要性，指出此前多年流行的"宫殿式"公共建筑实为业主指定式样，其理念、情势并不足取；进而论断中国木构建筑因用材引发诸多技

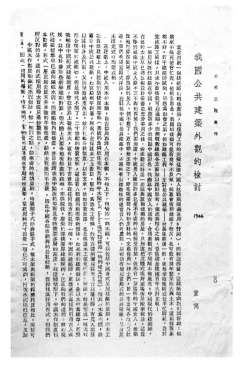

图4-21　童寯于1946年在《公共工程专刊》第二集发表《我国公共建筑外观的检讨》

术诉求，逐渐沉淀为形式特征，而现代建筑用材已发生巨变，则传统木作制度发生根本动摇。[1]中国木构与现代钢筋混凝土结构唯一相似之处仅在于二者结构原则皆为"架子式而非箱子式"，即结构布置原理相似，此外则差异很大——木架与钢架经济跨度不同，前者开间可小一半；钢筋混凝土耐久性较好，可不用彩画保护；木窗因糊纸镶蚌壳采光遮风，须用棂格，而采用玻璃之后则可不用密集窗棂。指出"教会大学建筑式样"之来历在于西人喜好中国建筑而不知其精粹何在，遂以中式屋顶移置于西式堆栈之上，[2]言下之意乃是极肤浅之举。同时，殊为可贵之处在于：童寯还申明并不是绝对地全盘否定大屋顶做法，而是要看机缘，在钢筋、水泥等现代建筑材料不易获得或即使能够获得而不经济的地方，还是可以考虑采用传统木构建筑体系。总之，提倡一种"忠实原则"——笔者理解其理念是材料选择应遵循其可获得性，结构应忠实于材性，形式应忠实于结构。进而，又提醒应突破对于中国建筑特点仅为大屋顶的粗放认知，应关注中国建筑形式与地理、气候环境相关的地域性特征，如大量存在的平屋顶，并指出抗战爆发之前中国现代建筑已做出不用

---

① 童寯. 我国公共建筑外观的检讨 [M] // 童寯文集：一. 北京：中国建筑工业出版社，2000：118-121.

② 童寯. 我国公共建筑外观的检讨 [M] // 童寯文集：一. 北京：中国建筑工业出版社，2000：118-121.

"宫殿式"屋顶而仍带有中国作风的成功尝试。[①]

综上，自1937年至1946年近十年期间，童寯一直没有停止有关建筑创作实践如何体现中国特点的研究与思考，在坚持现代主义建筑基本理念前提之下，其具体主张和表述也经历了一个逐步精确、严密和完善的过程：最初不免有些偏激和教条，但到了1946年前后，关于前述"中国特点"两个层面的基本问题，童寯已有非常明确和有说服力的理论认知，尤其是认为不必拘泥于屋顶形式和提倡"忠实原则"，这几乎是终极性的价值判断，即使在今日仍具意义。考虑到本研究已着重论述过的抗战胜利前后重庆国民政府内政部营建司"全国公私建筑制式图案"颁行的失败，以及抗战后方"战时建筑"设计实践积极采用或借鉴民间建筑易建性诉求背后的环境适应性分析，还有同期刘敦桢等研究兴趣转向之呼应的回溯，则有理由推断，童寯这一理论思考的成熟很可能与抗战时期具体的创作条件发生巨大变化所带来的刺激有关——在钢筋、水泥等现代建筑材料不易获得或即使能够获得而不经济的地方，还是可以考虑采用传统木构建筑体系，只要坚持"忠实原则"就好。

如果结合"华盖"在这期间建筑作品的梳理，不难发现它确实是一直在致力于弱化"宫殿式"的影响，无论是采用体量打破、细部简化，甚至直接采用平屋顶加局部装饰等哪一种做法，如南京外交部办公大楼、故宫博物院保管处和中山民众教育馆等（图4-22～图4-24），其创作意图都在于探索如何在采用钢筋混凝土等现代结构技术且避免使用"宫殿式""大屋顶"之前提下仍能体现"中国特点"，这应与童寯的研究思考有直接关联，也从个人的视角反映了建筑设计实践者作为中国本土性现代建筑之技术主体的挺立。

图4-22　南京外交部办公大楼外景

---

① 童寯. 我国公共建筑外观的检讨［M］// 童寯文集：一. 北京：中国建筑工业出版社，2000：118-121.

图 4-23　南京故宫博物院
　　　　保管处外景

图 4-24　南京中山民众教育馆外景

4.2　群体：基于学缘和地缘关联的隐性主体性

既往研究对于第一代中国建筑学人的关注，主要集中于两个层面：个体层面的代表性人物，以及机构层面的代表性单位。然而，正所谓"物以类聚，人以群分"，在个体与机构之间尚存一种中间层面的状态——因求学地点（学缘—同学）、出生和成长地点（地缘—同乡）等缘由而频繁接触、朝夕相处，而不乏志同道合者逐渐形成较紧密的合作关系，结成事业上同进退、共患难的群体。从兴学、创业到成立社团、推动行业发展，这些学人群体比个体更成规模，却又比机构更具灵活性，发挥了无可替代的作用。下文将尝试对此作出具体阐释。

4.2.1　学缘与地缘：两种关联

学缘关系在这里是指中国建筑学人因求学地点在不同空间与时间层级、不同范畴上相同或相近而形成的较为紧密的群体关系——求学于同一国家与地区、同一学校、同一专业、同一班级、乃至同一年度入学，皆可成为一种"同学"关系。如此形成的"圈子"，在留学生极为稀缺的 20 世纪上半叶颇具凝聚力。

例如较为知名且同为留美生的杨宽麟（学校及专业：密歇根／土木，时间：1912-1916，籍贯：青浦。体例下同）、吕彦直（康奈尔／建筑，1914-1918，东平／滁州）、过养默（康奈尔／麻省理工／土木，1917-?，无锡）、李锦沛（普拉特／麻省理工／哥大／建筑，1917-1923，台山）、李铿（康奈尔／土木，?-1917，嘉定）、董修甲（密歇根／政治经济学，加州大学／市政管理，?-1921，六合）、裘燮钧（康奈尔／土木，1917-1918，嵊县）、冯宝龄（康奈尔／土木，?-1922，武进）、罗邦杰（明尼苏达／冶金工程，麻省理工／建筑工程，?-1918，大埔）、关颂声（麻省理工／建筑，哈佛／土木和建筑，?-1919；番禺）、朱彬（宾大／建筑，1918-1923，南海）、范文照（宾大／建筑，1919-1921，顺德）、赵深（宾大/建筑，1920-1923，无锡）、杨廷宝（宾大/建筑，1921-1925，南阳）、刘福泰（俄勒冈/建筑，?-1925，宝安）、董大酉（明尼苏达/建筑，哥大/美术考古，1922-1927，杭县）、陈植（宾大/建筑，1923-1928，杭州）、李扬安（宾大/建筑，1923-1928，台山）、黄耀伟（宾大/建筑，1923-1930，开平）、谭垣（宾大/建筑，1924-1929，香山）、梁思成（宾大/建筑，哈佛/建筑及美术史，1924-1928，新会）、林徽因（宾大/建筑美术，耶鲁/戏剧，1924-1927，闽侯）、童寯（宾大/建筑，1925-1928，沈阳）、过元熙（宾大/麻省理工/建筑，1926-1930，无锡）、蔡方荫（麻省理工/建筑工程/土木工程，?-1928，南昌）、徐敬直（密歇根/匡溪/建筑，1927-?，香山）、杨润钧（密歇根/建筑，?-1931，香山）、李惠伯（密歇根/建筑，?-1932，新会）、鲍鼎（伊利诺/建筑，1928-1933，蒲圻）以及王华彬（宾大/建筑，1928-1932，福州）等。[①] 上述留美生不乏在职业生涯中合作、共事的案例，如李锦沛、刘福泰、裘燮钧皆曾于吕彦直创办的设计机构工作，赵深、徐敬直、李惠伯也曾于范文照创办的设计机构工作，新中国成立之前最负盛名的三家设计机构"基泰"、"华盖"和"兴业"，也均为留美生合作创办。

因求学而结缘的当然也不仅限于留美生，如陆谦受（A.A./建筑，1927-1930，新会）、黄作燊（A.A./建筑，?-1937，番禺）、陈占祥（利物浦大学/UCL/规划，1938-1945，奉化）以及王大闳（剑桥/哈佛/建筑，1936-1943，东莞），[②] 这四位留英生加上郑观宣共同创办了"五联建筑师事务所"。

留日生虽因国际政治关系影响而相对低调，[③] 其实质性影响却并不可低估。如蒋骥（东京高工/建筑，?-1918，武进）、柳士英（东京高工/建筑，1915-1920，吴县）、刘敦桢（东京高工/建筑，1916-1921，新宁）、朱士圭（东京高工/建筑，1915-1919，无锡）和王克生（东京高工/建筑，?-1919，川籍）。后四人合作创办了"华海公司建筑部"，甚至"三士"还共同创办了苏州工专建筑科，对"中国本土性现代建筑"之学理形成作出了重要贡献。

除学缘关系之外，因地缘关系而形成的"乡党"素来是形成"熟人"关系的重要因素，这里指中国建筑学人因籍贯相同或相近而形成较紧密的群体关系，其中来自广东者尤为引人注目，台山人更是其中的佼佼者。如较为早期的杨锡宗（康奈尔/建筑，?-1918，香山）、林克明（里昂中法大学/建筑，1921-1926，东莞）、谭天宋（北卡/建筑工程，哈佛/建筑，?-1924，台山）、李锦沛（普拉特/麻省理工/哥大/建筑，1917-1923，台山）、李扬安（宾大/建筑，1923-1928，台山）、陈荣枝（密歇根/建筑，?-1926，台山）、夏昌世（卡尔斯普厄工大/建筑，图宾根大学/艺术史，?-1932，新会）和陈伯齐（柏林工大/建筑，1934-1939，台山）。其中林克明创办勷勤大学建筑系，谭天宋、陈荣枝均在此

① 本节所涉及的中国近代建筑师个人信息，其主要资料来源为：赖德霖主编，王浩娱、袁雪平、司春娟编. 近代哲匠录：中国近代重要建筑师、建筑事务所名录 [M]. 北京：中国水利水电出版社，2006.
② 吴耀东. 访王大闳 [J]. 世界建筑，1998(3)：38-39.
③ 童寯. 关于刘敦桢的交待材料 [M] // 童寯文集第四卷. 北京：中国建筑工业出版社，2006：405-407.

任教；[1]而陈伯齐、夏昌世则于后期加入抗战复员后的中山大学，遂成为华南理工大学建筑学科的中坚力量。再如黎抡杰（勷勤/建筑，？-1937，番禺）和郑祖良（勷勤/建筑，？-1937，中山），二人是现代主义建筑在岭南地区早期传播和研究的关键人物。

此外，还存在着一种学缘与地缘双重关联的情况——合作者既是同学又是同乡，以兴业建筑师事务所三位合伙人为代表，即徐敬直（密歇根/匡溪/建筑，1927-？，香山）、杨润钧（密歇根/建筑，？-1931，香山）和李惠伯（密歇根/建筑，？-1932，新会）。

4.2.2　从学缘、地缘关联到志趣相投而合力共事

20世纪上半叶，上述不同背景的中国建筑学人群体，因应不同的环境条件和个人境遇，这里特别是指由于共同或相近的专业志趣，主要在兴学从教、创业实践和社团活动三个方面作出了大量富有成效的工作，为中国本土性现代建筑在技术方面的发展奠定了基础、作出了贡献。

论及专业志趣，这可能是群体得以形成的一个极重要的前置条件。因为早先结下的同学情谊，加以回国之后投身事业过程中逐步形成的相投志趣，使得他们常常能够在日常工作、生活中互通声气、彼此提携，成就许多学术史上的佳话。比如这些建筑师中，杨廷宝虽然职业化程度很高，但也不能说他对于研究性的事情完全是漠然置之，相反他对此也是极敏感的，以下可资佐证：其一是和梁思成互通声气，戏剧性地促使其"发现"蓟县独乐寺；[2]随后，梁思成迅速策划了蓟县独乐寺的田野调查，[3]这才有了《蓟县独乐寺观音阁山门考》这篇经典文献的发表，辽代建筑乃至于唐代建筑逐渐进入中国建筑历史与理论学者的调查范围。其实当时杨廷宝虽然也名列"中国营造学社"社员之位，但其实际工作并非在学社，而是在基泰工程司。之所以能够及时促成此事，正是由于此前杨、梁二人拥有在清华留美预备学校（杨1915~1921，梁1915~1924）和宾夕法尼亚大学（杨1921~1925，梁1924~1927）总计八年（清华6年、宾大2年）的同窗之谊，加以其时杨廷宝正因主持北平文物建筑修缮工程而对北方官式建筑下大力气学习，于是二人在此领域自然形成共同的专业志趣，互通声气。

正是基于上述共同或相近的学缘、地缘以及专业志趣，这些中国建筑学人群体在兴学从教方面为中国建筑教育体系的初步建立做出了开创性的贡献，其中较早者为三位留日生柳士英、刘敦桢、朱士圭合力创办苏州工业专门学校建筑科；而更为人们熟知的是留美生、留日生与留欧生合力创办中央大学建筑（科）系，以及留美生创立东北大学建筑系，还有广东籍学人群体开办了勷勤大学建筑系。

具体而言，1927年中央大学建筑科初创时仅有四位教师，除一名助教濮齐才以外，科主任刘福泰为留美生，李祖鸿为留英生，刘敦桢为留日生；至全面抗日战争爆发之前又

---

① 彭长歆. 现代性·地方性：岭南城市建筑的近代转型 [M]. 上海：同济大学出版社，2012：312-315

② （美）费慰梅. 梁思成与林徽因——一对探索中国建筑史的伴侣 [M]. 曲莹璞，关超，等译. 北京：中国文联出版公司，1997：66.

③ 林洙. 建筑师梁思成 [M]. 天津：天津科技出版社，1996：35.

有留德生贝季眉，留美生卢树森、谭垣、鲍鼎、朱神康及陈裕华，留法生卢毓骏（兼）、虞炳烈及刘既漂等加入。如此，留美生渐占多数，而留学欧洲各国的又以留法居多，也不乏就学于英、德、日者——从其师资来源之留学生群体组成也可以理解中央大学建筑（科）系办学理念的多元与包容，以及因留学美、法者居多而逐渐形成中国建筑教育"学院派"大本营的深层原因。因为"布杂"的主要设计方法之一就是组构（Composition），而这对于中国本土性现代建筑的诉求即"转译"和"再现"正是至关重要的技术路径。可以说，如果没有"布杂"，就意味着不强调"组构"这种设计方法，"转译"和"再现"就难以找到操作路径，一种可（易）被公众认知的工作成果也就难以达成。

而东北大学建筑系于1928年初创时，主要教师一共有五位：梁思成、林徽因、陈植、童寯和蔡方荫，皆为留美生。其中，除蔡方荫毕业于麻省理工学院建筑工程专业，前四位皆毕业于宾夕法尼亚大学建筑学专业，为典型的同校留学生群体，其师资来源之集中由此可见一斑。

与上述两所最早的高等建筑学教育机构由学缘相近或相同的建筑学人群体创设不同，广东省立勷勤大学工学院建筑工程学系的师资来源具有鲜明的地域性，其主要创始人林克明、胡德元、麦蕴瑜，包括主要教师陈荣枝、过元熙、罗明燏、林荣润、李卓、谭天宋、杨金、陈逢荣、谭允赐、刘英智以及金泽光等，虽留学于美、日、德、法等不同国家，但几乎皆为广东籍人士（除胡德元为四川人、过元熙为江苏人之外）。[①] 也可能正因他们的籍贯存在如此集中的地缘关联，以至于对建筑科技问题和建筑文化的地域属性自然有较多相同或相近的认知，以至于形成教学理念和课程体系对于建筑技术问题的关注，尤其对于建筑技术问题在岭南地区独特的地理气候环境条件中的具体表现的积极回应，成为中国本土性现代建筑的技术发展在1950年代以后逐步开拓新思路的滥觞。

不仅是兴学从教，基于上述共同或相近的学缘、地缘以及专业志趣，这些中国建筑学人群体还在创业实践方面团结协作，合力兴办建筑设计机构，为中国本土性现代建筑的发展作出了初步的尝试。如东南、华海、彦记、基泰、华盖、兴业等著名设计单位的创办，皆为归国留学人员所为。具体而言，东南建筑公司由同学于康奈尔大学的过养墨、吕彦直创办；而三位留日生柳士英、刘敦桢、王克生则合力创办上海华海公司建筑部；彦记建筑事务所由吕彦直于1925年创办于上海，先后有李锦沛、刘福泰与裘燮钧等加入工作，他们都是留美生。又如关颂声于1920年在天津创办基泰工程司，先后有朱彬、杨廷宝、杨宽麟以及关颂坚加入成为合伙人，五位合伙人均出身于清华，其中朱彬、杨廷宝和关颂坚皆为学建筑的留美生，而朱、杨二位均求学于宾夕法尼亚大学。再如华盖建筑事务所三位合伙人赵深、陈植、童寯皆为留美生，皆毕业于宾夕法尼亚大学建筑学专业。而兴业建筑师事务所三位合伙人徐敬直、李惠伯、杨润钧亦皆为留美生，皆毕业于密歇根大学。较晚的五联建筑师事务所由陆谦受、黄作燊、陈占祥、郑观宣和王大闳五人创办，除郑观宣学缘不明以外，其余四位皆为留英生。

中国建筑学人群体不仅投身兴学从教、开展创业实践，而且积极组织社团活动，尤其是参与中国营造学社等学术组织的活动，乃至于和同道者自发相约共同研究中国建筑，在一定

---

① 彭长歆. 现代性·地方性——岭南城市与建筑的近代转型 [M]. 上海：同济大学出版社，2012：312-315.

程度上推动了中国本土性现代建筑的发展。除了像童寯这类对于建筑历史与理论研究抱有浓厚兴趣的建筑设计实践者以外，其时还有不少建筑师不同程度、以不同形式参与过中国建筑研究的相关活动，对于本研究关注的问题之解决作出过直接或间接的贡献。有意思的是，他们的这种参与性往往以群体的方式出现，比如参加中国营造学社，作为社员参与调查、写作、募捐等各类活动。由1937年6月前后"本社社员"名录可知，不算主要从事规划专业工作且年纪更长一辈的华南圭，当时的一线职业建筑师中至少有赵深、陈植、卢树森、庄俊、夏昌世、关颂声、杨廷宝、鲍鼎、徐敬直和童寯（名单虽未列入，但有关报道均称其为社员）十人已加入学社成为其"社员"，[1]而关颂声和赵深还先后担任了学社理事，由此可见设计实践者们声援研究机构之规模。尤其值得注意的是，这10位"海归"建筑师中除夏昌世一人曾留学德国以外，其余无一例外均为留学美国，而这9位留美生中又有5位曾就学于宾夕法尼亚大学。不仅如此，其时中国人自营的三家著名建筑设计机构中，"华盖"三位合伙人赵深、陈植、童寯悉数加入营造学社，"基泰"的三位主要合伙人中有关颂声、杨廷宝两位加入，"兴业"合伙人中排第一位的徐敬直加入。建筑设计者们不仅加入营造学社，而且还以个人身份、行业组织或设计机构身份向学社捐款资助基础研究，为中国建筑历史与理论研究作出了实实在在的贡献，如庄俊、中国建筑师学会以及"华盖"等，皆为营造学社捐过善款。[2],[3]

具体到留美生这一群体，则杨廷宝在这其中发挥了很有意思的作用。他不仅利用在天津"基泰"和华北"基泰"工作之便经常参与中国营造学社的学术活动，与梁思成、林徽因老同学等过从甚密，促成了蓟县独乐寺的发现。甚至还亲自披挂上阵，参与古建筑调查活动。如杨1936年9月在中国营造学社汇刊6卷3期头版发表《汴郑古建筑游览纪录》，[4]洋洋洒洒，含插图四幅，图版十四幅、照片数十张。不仅是实例调查，杨廷宝还注重向老匠师请教北方官式建筑做法的诸多细节：

"……1934年初，北平的文物整理委员会特聘杨师北上，到北平主持天坛祈年殿和东南角楼的两项重点文物的修缮、加固和重建工作。他以侯寿臣老师傅为师，虚心求教，取得第一手资料……杨师在工作中，既信书本的科学知识，又能不耻下问，向在一线的有经验的师傅学习。"[5]

张镈认为，正因杨廷宝能够虚心学习，才能对清官式做法了如指掌，有利于高效地完成那一时期颇受青睐的"中国固有式"建筑创作。[6]

可能正是以这样一种"处处留心皆学问"式的工作方式和生活方式，杨廷宝积淀了即使是在精英同侪中亦不多见的中国传统建筑素养以及非凡的设计技巧。除此之外，杨廷宝

① 佚名. 本社社员 [J]. 中国营造学社汇刊, 1937, 6 (4).

② 佚名. 本社纪事 [J]. 中国营造学社汇刊, 1935, 5 (4): 167-174.

③ 童寯. 关于刘敦桢的交待材料 [M] // 童寯文集：四. 北京：中国建筑工业出版社, 2006: 405-407.

④ 杨廷宝. 汴郑古建筑游览纪录 [J]. 中国营造学社汇刊, 1936, 6 (3): 1-14.

⑤ 张镈. 我的建筑创作道路 [M]. 北京：中国建筑工业出版社, 2007: 32.

⑥ 同上。

图 4-25　1930 年代中期杨廷宝、童寯
一同考察江南古迹名胜

图 4-26　1930 年代中期赵深考察"基泰"北平文物修缮
工程天坛现场

图 4-27　1930 年代中期杨廷宝在
"基泰"北平文物修缮工程天坛现场

还经常利用工作出差南下之便考察、研究中国建筑。如 1930 年代杨廷宝积极利用去上海出差从事设计业务之机，工余和童寯一道考察江南建筑与园林（图 4-25）。

"……基泰业务由天津发展到南京、上海，从 1934 年起，杨因业务关系常到上海，一住便是几个月。上海建筑师熟人很多，但我和他作为两个北方人过从最密。我们两人几乎每星期日见面，经常同游上海附近城镇，浏览古迹名胜，数次到角直保圣寺看唐塑或游南翔古猗园……"①

"华盖"的赵深也和杨廷宝保持密切联络，抽空参观杨代表"基泰"在北平展开的那两项著名的文物修缮工程（图 4-26），也曾与童寯一道或独自考察民间建筑，并付诸设计实践。这里有个细节值得关注：翻阅第一代中国建筑学人（特别是建筑设计实践者）1920~1930 年代的生活照和工作照，不难发现他们平常习惯于西装革履、衣冠楚楚。如果说他们都是当时社会上的新派人物，衣着举止和生活方式多受现代潮流影响而无可厚非，那么杨廷宝在基泰工程司北平文物修缮工程天坛现场的这张留影似乎更能说明问题（图 4-27）——他显然是爬上了祈年殿的宝顶！而问题是：在这样的维修项目工地上，又要攀登脚手架查验工程进展，西装革履显然多有不便。

---

① 童寯．一代哲人今已矣，更于何处觅知音——悼念杨廷宝［M］//童寯文集：二．北京：中国建筑工业出版社，2001：311-312.

为何明知不便而又刻意为之？这不能不让人联想到第一代中国建筑学人某种群体性的身份认同：既区别于几近贩夫走卒的传统工匠，体现自己作为现代意义的知识人的学术背景和社会地位；也区别于早数十年登台的土木工程师，标示自己更偏爱新潮美学情调的专业特征——这与当今建筑师流行一袭黑衣似存异曲同工之妙。

综上，可以发现正因存在特定的学缘和地缘关系，中国建筑学人有可能得以拥有共同志趣并合力共事，从而形成某种带有共同目标与特征的群体，研究与实践之间的疆界遂得以被突破，乃至于形成互补。这其中，共同志趣显然是一种强有力的纽带，在中国本土性现代建筑的技术主体成长中发挥了建设性的作用。另一方面，就个体而言，其时的中国建筑学人多依托组织、机构参与专业性的建筑活动，如杨廷宝投身建筑遗产保护工作的最初阶段乃是依托"基泰"，但很自然地要和中国营造学社发生横向关系。其时，重要的建筑设计实践者和历史理论研究者皆积极参加中国营造学社，即使并不在中国营造学社工作，却积极与之联络、互动。那么，与相对松散的学人群体即学术兴趣共同体相比，组织形式更为紧密的各类学术机构——如研究单位和教育单位——在主体成长过程中发挥的作用与影响究竟是什么？这正是以下进一步研究拟回答的问题。

4.3　机构：开创性的研究单位与教育单位

既往研究对于 20 世纪上半叶中国人自营建筑设计机构已有诸多观察与分析，而本研究更为关注中国本土性现代建筑的基础性工作——如何提取"原型"，又如何表述并传承其学理，故将研究重点置于学术机构方面。而 1950 年代之前的中国建筑学术机构之研究单位中，论及规模化、正规化、持续性、研究成果水准以及影响之深远，"中国营造学社"无疑是首屈一指的。而另一方面，作为一个教育单位，以及中国最早的高等建筑教育系科，中央大学—南京工学院早期的建筑教育状况也已经得到了初步的系统研究。有关上述两个单位，既往研究虽已有诸多梳理与阐发，但本研究主要讨论的，显然是与中国本土性现代建筑之技术主体成长有关的史实及其意义。也就是说，作为第一个以研究中国古代建筑及其文化传统为主要目标的研究单位，以及中国最早的高等建筑教育单位，在前述两个关键技术问题之解决方面究竟发挥了什么作用？

4.3.1　中国营造学社：由科学研究"原型"而获得成长

1. 正确选人、用人，合理组建团队

学社成立之初，除社长朱启钤本人以外，全职的"常务"工作人员仅有以下6人："编纂兼日文译述"阚铎，"编纂兼英文译述"瞿兑之，"编纂兼测绘工程司"刘南策，"编纂兼庶务"陶洙，"收掌兼会计"朱湘筠，"测绘助理员"宋麟徵。[①]而在发挥实质性学术研究作用的前四位之中，排在首位的阚铎，早年虽为留日生，但就学于日本铁道学校本科，

---

① 朱启钤. 社事纪要 [J]. 中国营造学社汇刊，1930，1（1）.

后又入日本高等警察学校学习。回国后先后担任湖广总督文案、湖北布政使司秘书、江苏提法司科长等职，辛亥革命后赋闲在家；[①] 第二位瞿兑之，是一位"博涉多通"的历史学家；[②] 第三位刘南策，为陶湘之婿，毕业于北洋大学土木工程专业，[③] 应是这四人之中专业背景最接近建筑学的；而排在末位的陶洙，为陶湘之弟，前清附生，[④] 其行状目前虽仍不完全清楚，但没有任何证据表明他学过建筑学（有记述提及其"红学"研究背景）。总之，四位研究骨干居然无一人是建筑学专家。其实，此时梁思成、林徽因、陈植三位建筑学专家已担任学社"参校"，[⑤] 但仅仅是名义上的，尚未任实职并参与实质性研究工作。

有没有建筑学专业背景的人参与研究工作，意味着是否具备采用科学研究方法的主体条件——在建筑学视野之下注重文献考据和田野调查互证，也是需要有这方面的专门人才方可实现的。有关于此，也不能说朱启钤没有足够的认知。朱在《中国营造学社缘起》一文中不仅强调科学辞典、科学眼光与科学方法，而且就文献考据和田野调查专门作了进一步说明，尤其是"远征搜集。远方异域。有可供参考之实物。委托专家。驰赴调查。用摄影及其他诸法。采集报告。以充资料"一节，[⑥] 也颇能体现其对于田野调查的重要性有一定程度的认知。而他既然说"委托专家"，应该是也认识到其时社内主要四位成员还不足以充任此项工作，才需要另行委托。故其时学社团队组成之专业配套尚不齐全，应从经费来源、组织计划、人事安排等方面进一步探究，可能为一时实在缺乏适合人选之故。

对此，朱启钤在后来给"中华教育基金董事会"的致函中曾说明："……原拟分设文献法式两股，物色专门人才，分工合作，现经聘定梁思成君，充法式主任，而以原有编纂阚铎君，改充文献主任，并将其他职员，酌量改组。"[⑦] 经此改组"转型"，[⑧] 中国营造学社的学术团队组成大为改观。梁思成和刘敦桢分别于1931年6月和1932年6月加入学社，分任法式部主任和文献部主任。[⑨]"两君皆青年建筑师，历主讲席，嗜古知新，各有根底。就鄙人闻见所及，精心研究中国营造，足任吾衣钵之传者。南北得此二人，此可欣然报告于诸君者也。"[⑩] 由此可见朱对于学社获得二位已学有所成的青年建筑师的加入是何等欣欣鼓舞。

这里可举一例为证，来说明朱启钤的兴奋实在是事出有因。梁思成在《宝坻县广济寺三大士殿》报告中，特别是关于三大士殿的阑额之安全荷载计算分析中，明确标注为参考Kidder编写的《The Architects' and Builders' Pocket-book》第629页的简支梁及其中部荷载计算公式（图4-28），且结果是2820公斤，[⑪] 数据极为精准。梁思成此举并非孤

① 傅凡. 阚铎传统建筑与园林研究探析 [J]. 中国园林，2016（1）.65-67.
② 田吉. 瞿宣颖年谱 [D]. 上海：复旦大学，2012：I.
③ 林洙. 叩开鲁班的大门——中国营造学社史略 [M]. 北京：中国建筑工业出版社，1995：30.
④ 林洙. 叩开鲁班的大门——中国营造学社史略 [M]. 北京：中国建筑工业出版社，1995：35.
⑤ 朱启钤. 社事纪要 [J]. 中国营造学社汇刊，1930，1（1）.
⑥ 同上.
⑦ 佚名. 本社纪事 [J]. 中国营造学社汇刊，1931，2（3）：16.
⑧ 胡志刚. 从传统到现代：梁思成与中国营造学社的转型 [J]. 历史教学，2014（14）：47-51.
⑨ 同上.
⑩ 佚名. 本社纪事 [J]. 中国营造学社汇刊，1932，3（2）：162.
⑪ 梁思成. 宝坻县广济寺三大士殿 [J]. 中国营造学社汇刊，1932，3（4）：1-52.

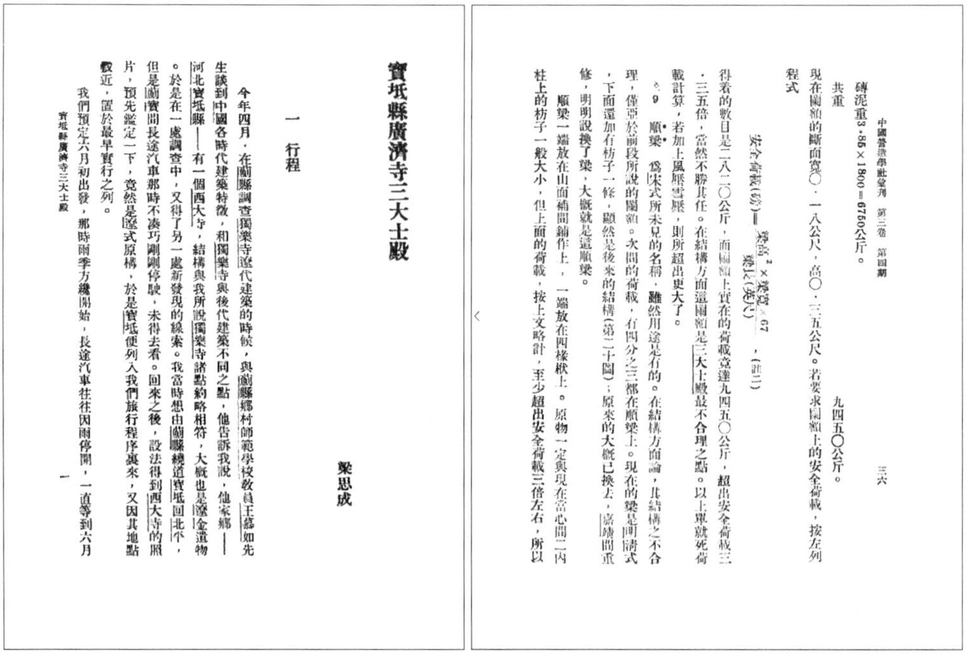

寶坻縣廣濟寺三大士殿

梁思成

一　行程

今年四月，在薊縣調查獨樂寺遼代建築的時候，與薊縣鄉村師範學校教員王慕如先生談到中國各時代建築特徵，和獨樂寺與後代建築不同之點，他告訴我說，他家鄉——河北寶坻縣——有一個西大寺，結構與我所說獨樂寺諸點約略相符，大概也是遼金遺物。於是在一處調查中，又得了另一處新發現的線索。我當時想由薊縣繞道寶坻回北平，但是薊寶間長途汽車那時不湊巧剛剛停駛，未得去看。回來之後，設法得到西大寺的照片，預先鑑定一下，竟然是遼式原構，於是寶坻便列入我們旅行程序裏來，又因其地點較近，置於最早實行之列。

我們預定六月初出發，那時雨季方纔開始，長途汽車往往因雨停開，一直等到六月

寶坻縣廣濟寺三大士殿　一

中國營造學社彙刊　第三卷　第四期　三六

磚泥重3·85×1800＝6750公斤。

共重　九四五〇公斤。

現在闌額的斷面寬〇·一八公尺，高〇·三五公尺。若要求闌額上的安全荷載，按左列程式

$$安全荷載(磅)=\frac{梁高^2\times梁寬\times67}{梁長(英尺)}$$，(註二)

得着的數目是二八二〇公斤，而闌額上實在的荷載竟達九四五〇公斤，超出安全荷載三·三五倍，當然不勝其任。在結構方面這闌額是三大士殿最不合理之點。以上單就死荷載計算，若加上風壓雪壓，則所超出更大了。

9　順梁　爲宋式所未見的名稱，雖然用途是有的。在結構方面論，其結構之不合理，僅亞於前段所說的闌額。次間的荷載，有四分之三都在順梁上。現在的梁是明清式，下面還加有枋子一條，顯然是後來的結構(第二十圖)；原來的大概已換去，嘉靖間重修，明明說換了梁，大概就是這順梁。

順梁一端放在山面補間鋪作上，一端放在四椽栿上。原物一定與現在當心間二內柱上的枋子一般大小，但上面的荷載，按上文略計，至少超出安全荷載三倍左右，所以

图 4-28　梁思成著《宝坻县广济寺三大士殿》首页及其使用结构计算公式分析安全荷载

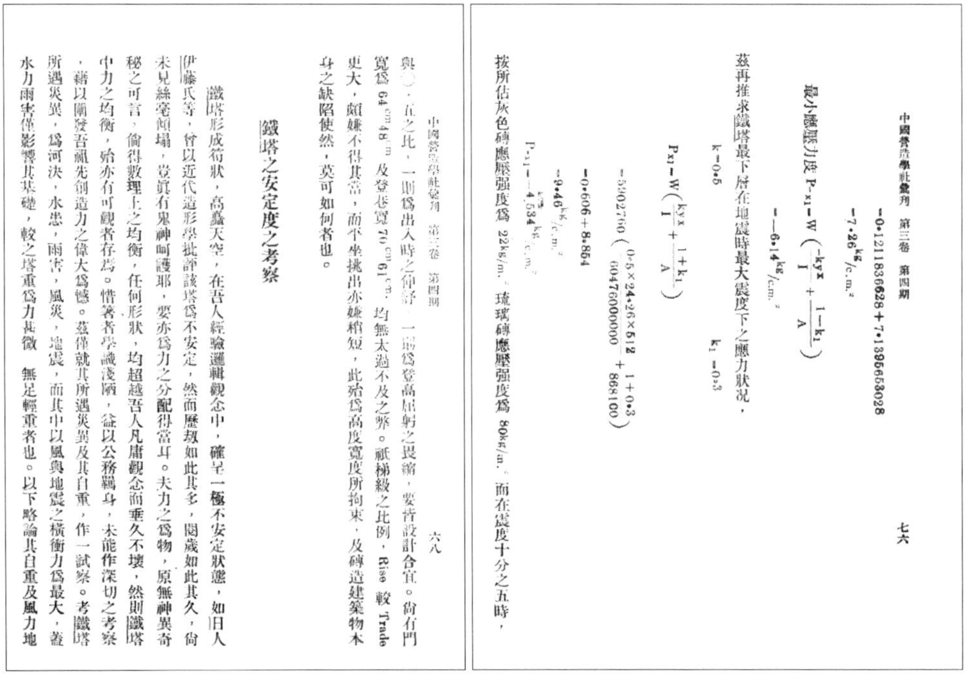

中國營造學社彙刊　第三卷　第四期　六八

與〇·五之比，一則爲出入時之伸舒，一則爲登高屈躬之畏縮，要皆設計合宜。尚有門寬爲 64cm 48cm 及登巷寬 70cm 61cm. 均無太過不及之弊。祇梯級之比例，Rise 較 Trade 更大，頗嫌不得其當，而平坐挑出亦嫌稍短，此殆爲高度寬度所拘束，及磚造建築物本身之缺陷使然，莫可如何者也。

鐵塔之安定度之考察

鐵塔形成筍狀，高矗天空，在吾人經驗邏輯觀念中，確呈一極不安定狀態，如日人伊藤氏等，曾以近代造形學批評該塔爲不安定，然而歷劫如此其多，閱歲如此其久，尚未見絲毫傾塌，豈眞有鬼神呵護耶，要亦爲力之分配得當耳。夫力之爲物，原無神異奇秘之可言，倘得數理上之均衡，任何形狀，均超越吾人凡庸觀念而垂久不壞，然則鐵塔中力之均衡，殆亦有可觀者存焉。惜著者學識淺陋，益以公務羈身，未能作深切之考察，藉以闡發吾祖先創造力之偉大爲憾。茲僅就其所遇災異及其自重，作一試察。考鐵塔所遇災異，爲河決，水患，雨害，風災，地震，而其中以風與地震之橫衝力爲最大，蓋水力雨害僅影響其基礎，較之塔重爲力甚微　無足輕重者也。以下略論其自重及風力地

中國營造學社彙刊　第三卷　第四期　七六

$=0·1211836628+7·1395653028$

$=7·26^{kg}/c.m.^2$

最小應壓力度 $P_{-x1}=W\left(\frac{-kyx}{I}+\frac{1-k_1}{A}\right)$

$=-6·14^{kg}/c.m.^2$

茲再推求鐵塔最下層在地震時最大震度下之應力狀況，

$k=0·5$　　$k_1=0·3$

$P_{x1}=W\left(\frac{kyx}{I}+\frac{1+k_1}{A}\right)$

$=5902760\left(\frac{0·5\times24·26\times512}{60476000000}+\frac{1+0·3}{868100}\right)$

$=0·606+8·854$

$=9·46^{kg}/c.m.^2$

$P_{-x1}=-4.534^{kg}/c.m.^2$

按所估灰色磚應壓强度爲 22kg/m.² 琉璃磚應壓强度爲 80kg/m.² 而在震度十分之五時，

图 4-29　龙非了著《开封之铁塔》结构安全一节标题页及其使用公式作地震时的结构应力分析

图 4-30　蔡方荫、刘敦桢、梁思成著《故宫文渊阁楼面修理计划》首页及其使用公式作结构荷载分析

例，而是其时中国建筑学人已自觉运用现代建筑科学理论与知识之表征。如龙非了在《开封之铁塔》一文中，也大量应用了结构力学公式进行风压、地震时的应压力度和应剪力度的计算分析（图 4-29）；又如蔡方荫主笔的《故宫文渊阁楼面修理计划》使用公式作结构荷载分析（图 4-30），凡此种种，不胜枚举。

如此采用现代结构科学定性描述、定量分析的研究方法，显然是缺乏现代科技教育背景的旧式文人不可能做到的。而这正是中国营造学社当时急于解决的问题，也凸显了朱启钤是一位知人善任的组织者和管理者。

实际上，今天我们已明确认识到：实证型研究方法与考据型研究方法并无不可调和的矛盾，而应相互结合。诚如费慰梅所言，"由于野外研究与文献研究在操作上分不开，他们每人都是两样都干"。[1] 和长于文献考据而缺乏现代建筑学眼光、知识和技能的阚铎、瞿兑之相比，两位青年学者的优势不仅在于"嗜古知新"，这"新"不仅是指新的专业即建筑学及其相关眼光、知识和技能，而且也意味着掌握了一种基于工科属性的、可以进行定性描述、定量分析的实证科学研究方法。相形之下，中国营造学社初创时，在团队组成和专业配置方面存在的问题主要是尚未（来得及）发现和选用这种既掌握实证科学研究方法又熟悉传统文献考据的专门人才。

---

① （美）费慰梅. 梁思成与林徽因——一对探索中国建筑史的伴侣［M］. 曲莹璞，关超，等译. 北京：中国文联出版公司，1997：71.

2. 致力于促进建筑文化建设各类主体的共同成长

弘扬中华传统文化、面向未来建设新的中国建筑文化，需要专业人士投身学术研究和创作实践，更需要普罗大众的了解、学习和支持。中国营造学社不仅自行筹设"建筑学研究所"[①]，建立起研究生制度，[②]循此途径培养出莫宗江、陈明达等新一代年轻学者，为研究机构自身的发展壮大制造新鲜血液；而且更富远见处在于以各种形式参与社会公众教育服务，促进中国建筑文化建设其他方面的主体共同成长——中国传统营造匠艺历来为儒家文化所不齿，而新引入的现代建筑学，无论是作为学科还是专业，更不为社会公众所知。通过各种展会活动，将"沟通儒匠"的本意公诸于世，引起社会各界的兴趣、认知和关注与理解，即使是在今日亦不失为一重要课题，何况是 1930 年代！

首先是与国内外各高校与科研机构合作，为中国建筑教学和研究提供帮助与便利——受托制作木构建筑模型、绘制古建筑图样，用于开展教学与科研。如 1931 年暑期中央大学建筑系刘敦桢教授带领学生赴北平参观营造学社，并拟合组旅行团赴大同、太原、蓟县、正定等地考察古建筑，只因时局不稳、铁路受阻而未果。后改在北平当地考察、测绘智化寺，中国营造学社派出技师予以辅导，并受托代制模型四种、绘制彩画图样百余幅，于年底完成并寄送中央大学供教学使用；[③]当年度又有交通大学唐山工学院林炳贤教授委托代制模型图样五种；[④] 1934 年还受托北洋大学工学院、交通大学唐山工学院以及丹麦加尔斯堡研究院，监制中国建筑模型多种，供教学、研究使用。[⑤]

其次是给一线建筑设计机构提供中国建筑参考资料，从中国本土性现代建筑关键技术问题之解决的实际效果来看，这可能是最为直接的一种途径。如 1935 年前后"本社受上海华盖建筑事务所本社社员赵深先生之委托，代制清式彩画标本三十余张，凡清代习用之宫殿、庙宇内外檐之'宫式'彩画，及亭榭、别馆所用之'苏式'彩画，以及天花、梁架等彩画之标准样式，皆经绘制，备设计参考之用"；[⑥]此外，又受天津"中国工程司"工程师阎子亨委托代制清式建筑模型两座等。[⑦]

再者，中国营造学社还积极参与各种展会活动，在国内外宣传、普及中国建筑文化。如为参加 1933 年芝加哥博览会中国馆展品组织，呈递圆明园盛时鸟瞰照片、蓟县独乐寺测绘图、清工部工程做法补图以及学社自行出版的汇刊实物等参展；1932 年 10 月上旬还组织"北平学术团体联合展览会"，以自身所藏中国建筑研究之文献资料、模型、照片以及测绘图等参展，所得票款赈济因"九·一八"事变来自东北的难民；[⑧]又如 1936 年春2 月假北平"万国美术会陈列室"举办"中国建筑展览"，"计陈列汉魏迄清照片二百幅，

---

① 佚名. 本社纪事 [J]. 中国营造学社汇刊, 1931, 2 (3): 19.
② 胡志刚. 从传统到现代: 梁思成与中国营造学社的转型 [J]. 历史教学, 2014 (14): 47-51.
③ 佚名. 本社纪事 [J]. 中国营造学社汇刊, 1932, 3 (1): 187.
④ 佚名. 本社纪事 [J]. 中国营造学社汇刊, 1932, 3 (2): 166.
⑤ 佚名. 本社纪事 [J]. 中国营造学社汇刊, 1934, 5 (2): 127+131.
⑥ 佚名. 本社纪事 [J]. 中国营造学社汇刊, 1934, 5 (3): 156.
⑦ 佚名. 本社纪事 [J]. 中国营造学社汇刊, 1934, 5 (3): 157.
⑧ 佚名. 本社纪事 [J]. 中国营造学社汇刊, 1932, 3 (4): 134.

各附以简明说明，模型十余件，实测图复古图及工程做法补图共十余幅，并本社全部出版物。为时一周，观众数千人。"[①] 此外，中国营造学社还积极参加 1936 年 4 月在上海举办的"中国建筑展览会"，"本社出品有辽独乐寺观音阁，及历代斗栱模型十余座，古建筑相片三百余幅，实测图六十余张，并由社员梁思成君出席讲演我国历代木建筑之变迁"。[②]可见学社自制中国建筑模型，不仅只是用于研究，而且也有意用于展览，[③] 如蓟县独乐寺观音阁模型比例尺为 1/20，以及其他数种时代的斗栱模型，其制作本身耗时耗工、价值不菲，能够作到研究与展览兼用，则社会意义显然更大。此外，学社还向国内外发售研究工作搜集到的古建筑照片及图版，以此种最简便方式促进中国建筑文化"以广流传"。[④]

总之，中国营造学社以各种形式参与社会公众教育活动，促进中国建筑文化建设其他方面的主体共同成长。

3. 结合实践需求布局研究方向的主体意识

学以致用是中国学术精神的传统，中国营造学社成立之初衷，即有结合中国建筑社会实践开展学术研究之意图，这可以通过"九·一八"事变前夕刘致平在梁思成带领下拜访朱启钤时的切身感受略窥其一二：

> "……他热情地接待了我们……拿出一卷图向我们展示，说这些图全是老木匠画的，由于没有运用比例尺，不大科学。他指出：今后一定要深入调查、测绘，作图要用比例尺，要用科学方法对中国古建筑进行研究。"[⑤]

可见至少朱启钤本人早已有此宏愿。很明显，这种主体意识既不同于传统工匠满足于具体工程实施的短浅视野，也不同于传教士弘法传道的救世精神或域外来华建筑师"捞一票就走人"的过客心态。其主要表现在于以下两方面：

一是以多种路径策应设计实践需求。中国营造学社的首要工作是运用科学方法整理中国建筑经典文献，即主要是整理两部"文法课本"：清《工部工程做法》和宋《营造法式》，还有编订清式工程做法相应的营造算例、营造语汇整理等，这部分工作的成果使得古代建筑文献得以与当时尚存的建筑实物互证，经过考辨、科学制图、分析与注释，重新出版成图书和学术论文，从而成为新知识，为"中国固有式"建筑设计之关键技术问题的解决提供了条件，即如何将现代建筑技术体系与北方官式建筑样式这二者加以调适——如何给科学性的"骨"罩上民族性的"衣"。

为此，学社在制订研究目标、产出成果形式等方面很注重历史理论研究与设计实践的学理关联，其代表性举措当推梁思成、刘致平编印《建筑设计参考图集》，意在"专供国

---

① 佚名. 本社纪事 [J]. 中国营造学社汇刊，1937, 6 (4)：181.
② 佚名. 本社纪事 [J]. 中国营造学社汇刊，1936, 6 (3)：197.
③ 佚名. 本社纪事 [J]. 中国营造学社汇刊，1935, 5 (3)：156.
④ 佚名. 本社纪事 [J]. 中国营造学社汇刊，1937, 6 (4)：186.
⑤ 刘致平口述，刘进记录整理. 忆中国营造学社 [J]. 华中建筑，1993 (4)：66-70.

式建筑图案设计参考之助"。① 不仅如此，还以中国建筑专门研究机构的身份为有关社会实践提供权威性的咨询与帮助，如"审定新建北平图书馆彩画图案"② "修改青岛湛山寺塔图案"③ 等。此一诉求直至学社发展后期也从未放弃过，如《中国营造学社汇刊》第七卷第二期之末篇，其内容居然是"桂辛奖学金"大学生设计竞赛"后方农场"，反映出前所未有的、带有机构性质的、学术研究服务于社会实践的主体意识。诚如梁思成所言："我们这个时期，也是中国新建筑时产生的时期，他们自己在文化上的地位是他们自己所知道的。他们对于他们的工作是依其意向而计划的；他们并不像古代的匠师，盲目地在海中漂泊。他们自己把定了舵向，向着一定的目标走。"④ 梁思成在此自比于古代工匠，明确指出"中国新建筑"的主体即中国建筑师对于自己在文化传承与发展方面的历史责任是有高度自觉的，这正是中国本土性现代建筑技术主体挺立与成长的重要标志。

二是引入科学方法开展建筑遗产保护研究与实践。建筑历史与理论研究者的工作对象主要分两类，一为实物，一为文献。而保护好现存实物是开展研究并使之具有可持续性的关键，更是社会和国家层面保存和弘扬传统文化的先决条件。具体到中国本土性现代建筑设计实践而言，如果没有了古物，"原型"势必难以查明，何来转译与再现？这应是建筑遗产保护的初始意义所在。中国现代建筑学科自 1920 年代诞生之日起，尤其是从中国营造学社成立以来，就自然面对中国建筑遗产保护研究与实践这一现实问题。而 1928 年南京国民政府成立"中央古物保管委员会"、1930 年颁布实施《古物保存法》则从制度与法律层面确立了建筑遗产保护研究与实践的基础。中国营造学社正是在这一时期切入了该项工作，成为中国人有组织地开展建筑遗产保护研究与实践的先声。

发表于中国营造学社汇刊第三卷第二期，由关野贞讲授、吴鲁强与刘敦桢翻译的《日本古代建筑物之保存》，是迄今所知中国近代时期第一篇系统介绍国外建筑遗产保护状况的学术文献。其主要内容涉及：（1）日本建筑之特征及古代建筑物保存之状况；（2）神社佛寺保护法令；（3）国家宝物保护法令；（4）根据新法令受保护或已被认为国家纪念品的建筑物；（5）纪念建筑物的时代观；（6）纪念建筑物之修葺；（7）修葺的原则；（8）保护下建筑物之登记；（9）纪念建筑物的比例尺度图；（10）纪念建筑物之影片；（11）壁画及装饰图案之影印；（12）灾害之防御。文末还有刘敦桢撰写的"结论"，言及国人"急起直追，保存先哲艺术，此正其时"，⑤ 并附有《法隆寺防火设备》及《法隆寺防火设备水道工事竣工报告书》两篇文章，有"法隆寺境内防火栓配置图"，可谓具体而微。

此外，中国营造学社还结合"中央古物保管委员会""旧都文物整理委员会"等单位及各地方当局需求，接受相关委托与咨询，开展建筑遗产保护实务工作。其主要形式是担任技术顾问，先行勘察、测绘、评估，初拟技术鉴定报告和修缮计划，再由当事方委托具体设计机

---

① 梁思成. 建筑设计参考图集序 [J]. 中国营造学社汇刊, 1935, 6 (2): 73-79.

② 佚名. 本社纪事 [J]. 中国营造学社汇刊, 1931, 2 (3).

③ 佚名. 本社纪事 [J]. 中国营造学社汇刊, 1936, 6 (3): 197.

④ 梁思成. 建筑设计参考图集序 [J]. 中国营造学社汇刊, 1935, 6 (2): 73-79.

⑤ 关野贞. 吴鲁强, 刘敦桢译. 日本古代建筑物之保存 [J]. 中国营造学社汇刊, 1932, 3 (2): 101-123.

构与设计者，进行后续工作。以北平故宫文渊阁为例，1932 年 10 月故宫博物院总务处长余星枢因文渊阁楼面凹陷，委托中国营造学社代为检查以便修理。社长朱启钤亲携刘敦桢、梁思成及清华大学土木工程系教授蔡方荫多次前往勘察，并进行基于土木工程专业的结构承载力之科学分析。终由蔡方荫担任主角，刘敦桢与梁思成共同署名，拟就《故宫文渊阁楼面修理计划》正式发表于中国营造学社汇刊第三卷第四期，[①] 这是迄今所知最早发表的中国古建筑专业修理计划。其特征主要表现在：一是以现状大柁断面尺寸为依据，计算其结构承载力，判断是"略与黄松安全应张力度相等，然现有之柁系拼合而成，非整块巨材，其应张力度，至多只能认为整块黄松之半。"给出了结构变形、发生楼面下陷的根本原因。接下来又提出更新木柁、工字钢梁、Trussed Girder（桁架梁）、Tie-rods（拉杆）以及钢筋水泥梁五种修理方案，又进一步考量其结构效能、施工便利、经济性、是否有碍观瞻等方面逐一分析各案利弊，

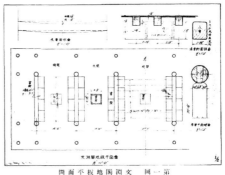

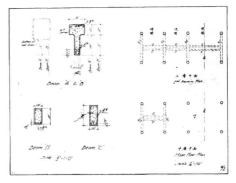

图 4-31　蔡方荫、刘敦桢、梁思成著《故宫文渊阁楼面修理计划》采用精准现状图和新结构设计图

经权衡之后，结论是置换为新的 T 形断面钢筋水泥梁最为适当，并给出具体的修理工程施工注意事项。文中配有精准插图两幅（图 4-31），分述"文渊阁地板平面图"之现状大柁和拟采用"文渊阁水泥梁计画"之钢筋水泥梁各项指标。应该说，这是中国营造学社组织结构工程专家进行有关专业合作，开展北方官式建筑大木结构科学分析之精彩开端。

　　中国营造学社在战前还陆陆续续参与制订国内多项重要古建筑的维修计划，如北平故宫东南角楼、南薰殿、[②]景山诸亭、[③]杭州六和塔、曲阜孔庙、[④]河北赵县大石桥、正定隆兴寺塑壁、河南登封观星台。[⑤]其中梁思成著《曲阜孔庙之建筑及其修葺计划》发表于中国营造学社汇刊第六卷第一期，对于建筑群体中各单体"通常破坏情形"给出分析原因、修补原则和施工说明书。这是那一时期遗产保护领域技术研究中较为全面、系统的案例。

综上，中国营造学社在结合社会实践需求布局学术研究方向上，为后世作出了值得称道的范本，也可以视为今日"科技工作者要把论文写在祖国大地上"的一种早期尝试。有趣的是，与中国营造学社有些类似之处的中国建筑研究室，在此一方面究竟有哪些不同？既往研究缺少专门梳理。本文希望对此议题的讨论有所推进。

4. 与中国建筑研究室比较

1953年2月5日，中国建筑研究室在南京工学院诞生。如果说中国营造学社是第一个以研究中国古代建筑及其文化传统为主要目标的研究机构，则中国建筑研究室即为中华人民共和国成立以后正式创办的第一个研究中国建筑的学术机构，为中国建筑史学研究开启了一个新的历程。二者虽皆为中国建筑研究机构，但在诸多方面存在差异。

首先，研究内容侧重点不同。中国营造学社更为关注北方官式建筑，虽也进行过一些住宅研究，但其时已是困居西南的抗战时期，仅在"后方作了一点实地调查"。[①] 而中国建筑研究室主要研究民居，研究范围不仅限于住宅，还囊括私家园林、桥梁、码头、庙宇以及聚落环境等，是对此前中国营造学社之中国建筑"原型"研究内容的巨大拓展，补充了对中国传统建筑的认知。这种研究内容和研究视野的拓展，是中国本土性现代建筑技术主体挺立的重要标志。

其次，调研地域范围不同。中国营造学社至1937年抗日战争全面爆发前，主要于山东、山西、河南、河北等地进行大量调查测绘工作，后期才在西南地区开展一些调查。而中国建筑研究室因研究对象和物资条件差异，前期调研偏于南方，后扩大范围，调研区域更广。具体而言，自1953年起，中国建筑研究室展开对南京、苏州一带的传统民居住宅和古典园林的测绘工作，1954年起测绘范围又扩大至安徽、浙江、福建、河南、陕西、山东、山西、河北、热河、辽宁等地。1953—1957年间，研究室先后完成了《中国住宅概说》《徽州明代住宅》《闽西永定县客家住宅》等主要成果，留下大量测绘图和照片，以期为中国建筑创作提供参考和指导。正如刘叙杰教授指出的那样：

> "当时主要的研究对象是民居，因其量大面广，在结构上和造型上变化很多，又是我国古代官殿、官署、寺庙等大型官式建筑的渊源，所以对它的研究意义重大……值得注意的是在皖南与苏南一带，还发现了一批数量不小的明代住宅，它们尚保留了许多当时的建筑手法和地区特点，无论就其建筑意义与历史价值方面，都是极可宝贵的文化遗产。"[②]

再次，人才培养模式不同。中国营造学社专门筹建"建筑学研究所"并积极展开与社会各界的互动合作；而中国建筑研究室在1953年曾计划培养师资，在南京工学院1953

---

① 梁思成. 复刊词 [J]. 中国营造学社汇刊，1944，7（1）：180-181.
② 刘叙杰. 创业者的足迹——记建筑学家刘敦桢的一生 [M] // 杨永生，等. 建筑四杰. 北京：中国建筑工业出版社，1998：18.

级毕业生内挑选两人培养，并开列专门课程。惜此项计划未能落实。[①] 实际上，研究室的人员培养基本在实践中磨合完成——将新毕业生分别派入不同的调查小组，由老成员带领外出考察调研数月。如 1954 年，研究室安排章明、胡思永、邵俊仪、乐卫忠四位就读南京工学院的研究生和研究室成员奔赴山东、北京、承德、山西考察，刘敦桢亲自讲解。又如 1960 年派赴浙西北、浙东和皖南的调查小组，组长为研究室成员戚德耀，组员为叶菊华（南京工学院新毕业生）。[②] 当时，对于年轻人的培养，采用老教授现场亲授的方式，因而效率很高。有关此事，当事人的回忆可资佐证："刘先生每到了一个地方以后，先讲建筑的特点，宋代的唐代的元代的，它的特点是什么，再讲细部，主要是讲木结构方面的，讲解之后我们就自己看，自己画，拍照，停留一段时间体会这些东西。"[③]

研究室的人才培养范围不局限于南京工学院。研究室成立之初接收的华东建筑设计公司派来合作的技术人员也接受了研究室的正式培训："我们来这边的时候正好是假期。刘先生让前一批来的人——窦学智、张步骞、张仲一，还有潘谷西出去考察了，去北京、西安等。我们刚来的时候还碰到刘先生，刘先生还没出去，那么我们三个人，就委托杨先生了，杨廷宝，杨老。几天后，杨老通知我们，随他到白下路清真寺（净觉寺）参观实习。学习古建筑的第一课，是杨先生给我上的。杨先生告诉我们，古建筑怎样测绘；我们测绘的时候，杨先生在一边画钢笔画。"[④]

这种主要依托高等教育机构自身的培养职能优势，注重新老成员合作，并通过实践不断磨炼的培养模式，让新人得以快速成长，有利于成员间相互学习、取长补短。1953—1964 年期间，中国建筑研究室正是依托高校优质教育资源，采用这"近水楼台先得月"的方式培养出了一批优秀的建筑人才，实实在在地促进了全国各地建筑历史与理论领域的研究与发展。

可见，中国营造学社和中国建筑研究室虽都是重要的学术研究机构，但在研究内容侧重点、调查的地域范围和人才培养模式等方面存在差异，故能提供大量一手资料而得以互补，都为中国本土性现代建筑的"原型"研究作出了积极贡献。两者成立和活跃期虽相距多年，在研究内容和人才培养上却又有异曲同工之妙——建筑毕竟是一门实践性学科，而建筑技术更是与实践密不可分。

综上，中国营造学社以融入世界学术体系为目标，以专业建筑人才为骨干，以科学研究方法为路径，致力于中国古代建筑文化学术研究，以新方法阐释"旧知识"，而学术研究又反哺人才培养与机构建设。换言之，中国营造学社的诞生、运作与发展过程，揭示了

---

① 东南大学建筑历史与理论研究所. 中国建筑研究室口述史（1953—1965）[M]. 南京：东南大学出版社，2013：15.

② 东南大学建筑历史与理论研究所. 中国建筑研究室口述史（1953—1965）[M]. 南京：东南大学出版社，2013：64.

③ 潘谷西先生访谈，转引自：东南大学建筑历史与理论研究所. 中国建筑研究室口述史（1953—1965）[M]. 南京：东南大学出版社，2013：15.

④ 戚德耀先生访谈，转引自：东南大学建筑历史与理论研究所. 中国建筑研究室口述史（1953—1965）[M]. 南京：东南大学出版社，2013：17.

近代时期中国建筑研究机构的成长与中国本土性现代建筑的关键技术问题之解决之间的逻辑关系，即关于"原型"的系统研究促进了人的成长与机构的发展。

4.3.2 苏州工专—中大—南工：兼顾"原型"与技能

"公立苏州工业专门学校"于 1923 年增设建筑科，开中国专科院校建筑学专业之先河。[①]1927 年，当时的国民政府中央教育行政委员会颁令试行"大学区制"。江苏以原东南大学为基础，联合省内另八所专科以上学校组建"国立第四中山大学"，该校工学院中设置了中国高等院校第一个"建筑工程科"。[②]同年 10 月 16 日，第四中山大学工学院全面接收苏州工业专门学校，该校全部校产正式移交第四中山大学工学院。1928 年 2 月，第四中山大学易名"江苏大学"，8 月又改名为"国立中央大学"并始招新生。至 1949 年中华人民共和国建立，原中央大学改组为南京大学，建筑工程系得以保留。1952 年"院系调整"，又以原中央大学工学院为主体组建南京工学院，下设建筑工程系。[③]

中央大学—南京工学院的建筑工程系是今日东南大学建筑学院前身，也是中国最早的高等建筑教育单位，对于后世的影响众所周知。而本研究则聚焦其初创过程中相关课程体系的发展历程，特别是有关中国建筑历史和建筑技术类课程的比重变化、建筑技术类课程组合方式的改革，分析这些变化与改革背后的动因，以便更为真切地观察中国本土建筑师的教育与培养，厘清中国本土性现代建筑相关技术主体的成长和贡献。

众所周知，自 1952 年"院系调整"开始，中国的高等教育和教学体制全面学习当时的苏联，这是一个带有全局性的、方向性的转变，各教育单位的基本状况在此前后的差异和变化很大。因此，本研究亦按常理将 1952 年作为分期的时间节点，自 1927 至 1952 年这 25 年为前期，变化较为缓慢；而 1952 年之后至 1960 年代之前的七八年为后期，处于剧烈变动之中。

1. 缓慢变化的前期：历史和技术类课程均衡分布

中央大学建筑工程系的课程开设与人才培养经历过一番开创性的尝试工作。从 1927 至 1952 年这 25 年，虽就政治与经济、国家与社会等外部环境而言，经历了内战与抗战、内迁与复员以及随之而来的大量人员流动，似乎一直处于非稳定状态。但其教学体系尚处于初创期，从系科负责人到教师再到学生，上上下下几乎都能倾心竭力维系其不断地生长和发育，甚至在八年抗战的艰难困苦煎熬之下，居然于逆境之中迎来了"繁荣兴旺的沙坪坝时期"。因此，这 25 年期间，一直持续影响至今的"一体两翼"课程体系——以建筑设计类课程为中心和主体，以建筑历史和建筑技术类课程分别为两翼，配合设计课形成教学体系的主干——逐步形成而臻于完善。既然是一体之两翼，最紧要的自然是保持平衡，否则易招致失稳和破坏。而与本研究之议题密切相关的是：历史类与技术类课程的平衡如何把握，是学科能否顺利培养出既能立足于本土而又能面向现代的专业人才的核心问题。

① 徐苏斌. 近代中国建筑学的诞生［M］. 天津：天津大学出版社，2010：114.

② 潘谷西、单踊. 关于苏州工专与中央大学建筑科——中国建筑教育史散论之一［J］. 建筑师，1999（90）：89-97.

③ 同上。

其实，将不同时期的课表进行专项比较，则不难看出某种变化趋势。首先是苏州工业专门学校建筑工程科1926年的课表，①因其教学目标侧重工程实施，倾向于培养工业专门人才，其课程开设也相应侧重于工程技术，计有相关课程14门，而历史理论类课程仅有2门，设计类课程也较少。甚至因为师资条件所限，部分建筑史类课程至第二三年才真正开出。②

至1928年中央大学建筑工程科时期，培养以建筑设计为主业的职业建筑师的意图已初步显现，计有建筑技术类相关课程15门，而历史理论类课程有3门，即建筑史、文化史、美术史，学生视野得到很大拓展。

1933年中央大学建筑工程系的课表则更为强调培养职业建筑师的目标，去掉了苏州工专时期的"金木工"课程，新增"建筑组织"课程。同时，苏州工专时期的"卫生建筑学"课程拓展为"供热、流通、供水"和"电光电线"两门课，更为详细和专业（表5-1）③，其时建筑技术类课程总计14门。而历史理论类课程更是拓展为4门，即中国建筑史、西洋建筑史、美术史和中国营造法。

1949年南京大学工学院建筑工程系课表受到特定的政治环境影响，国家建设急需专门人才，学制调整为三年，建筑技术类课程大量缩减，计有8门。"营造法"课程甚至被归并到历史理论类课程中，而历史理论类课程则仍有3门，即西洋建筑史、西方建筑史和中国建筑史。

1952年南京工学院建筑工程系课表则因"院系调整"，大大加强政治类课程，学制虽调整回到四年制，但专业课程继续压缩，计有建筑技术类课程6门，而历史理论类课程则仍有3门。

可见，若不考虑课时量、学分数，仅就课程门数而言，也能够明显看出在这25年间乃至于苏州工专时期以来，建筑技术类课程在不断减少，而历史理论类课程在基本不变的总体状况之下还有小幅增长，课程门数比例由14：2、15：3、15：3、8：3直至6：3。一个学院派教学体系逐步形成、初期"重技"状况得到逐步扭转，历史和技术类课程渐呈均衡的变化趋势跃然纸上。

另一方面，作为一个教育单位，对"原型"的教学探索也并未局限于建筑历史与理论类课程。1950年代，潘谷西等一批年轻教师在"设计初步"课程中进行"中国古典"改革④：即在原有以"西方古典"建筑渲染为主体内容的设计训练基础上，分出一批学生进行"中国古典"建筑渲染设计训练（图4-32）。受制于当时中国传统建筑既有研究成果的水平，缺少成熟的中国古典建筑细部设计参考书籍，且师资短缺，无力指导每位学生进行不同的构图设计训练。故此次教学改革最终演化为"歇山一角"水墨渲染训练（图4-33）：即去掉构图环节，单纯训练学生的绘图技巧。时至今日，水墨渲染仍不失为

---

① 潘谷西，单踊. 关于苏州工专与中央大学建筑科——中国建筑教育史散论之一[J]. 建筑师，1999（90）：89-97.
② 同上.
③ 此表5-1在下一章，为一巨型工作表兼信息比对表，第4、5两章皆有涉及。作者注.
④ 潘谷西，李海清，单踊. 一隅之耕[M]. 北京：中国建筑工业出版社，2016：24.

图4-32　1950年代南京工学院建筑学专业古典亭榭设计作业
（1965届卢志昌完成）

图4-33　1950年代南京工学院
建筑学专业"歇山一角"渲染作业
（1959届鲍家声完成）

建筑学专业入门课程中的重要训练环节和基本表达方式之一。1950年代的这种"歇山一角"训练，抛开其他影响因素，集中对建筑部件、构件、细部和比例进行设计训练和表达，从二维层面加深了学生对中国古典建筑"原型"的认知和理解。

2. 剧烈变动的后期：教学改革中的各类课程比重与课程组合

1952年经"院系调整"之后，国家与社会层面发生了若干重大历史事件，如1956年完成了国民经济的社会主义改造，1958年开展"大跃进"与人民公社化运动，集中体现为经济建设领域的"大干快上"诉求，1959年又举办了国庆十周年庆典，尤以首都北京最为规模宏大、仪式隆重。毫无疑问，在这一时代背景之下，此时期南京工学院建筑工程系的专业教育、教学体系与全国各其他同类单位相似，经历了一番跌宕起伏的剧烈变动。

其教学改革形式主要表现为教学计划因应政治形势和国家建设的现实需求，在短短几年时间里不断修订和调整。而核心问题主要有两方面：一是如何确立各类课程尤其是建筑技术类课程学时数占总学时数的比重，二是建筑技术类课程自身的组合形式如何调整。

如南京工学院建筑工程系1954版教学计划，四年总学时数3977，其中技术类课程学时数：建筑材料36，建筑设备72，建筑构造124，建筑及装饰施工65，工程结构124，建筑力学147，总计568，占比14.3%。设计类课程（不含各门设计原理课）学时数1411，占比35.5%；建筑史类课程314，占比7.9%；政治类课程学时数436，占比11.0%。该教学计划在南京工学院建筑系《教改专刊》上刊登出来（图4-34、图4-35左），其按语明确指出它"是学习苏联以后拟定的，与生产实

图4-34　南京工学院建筑工程系
"教改专刊"封面

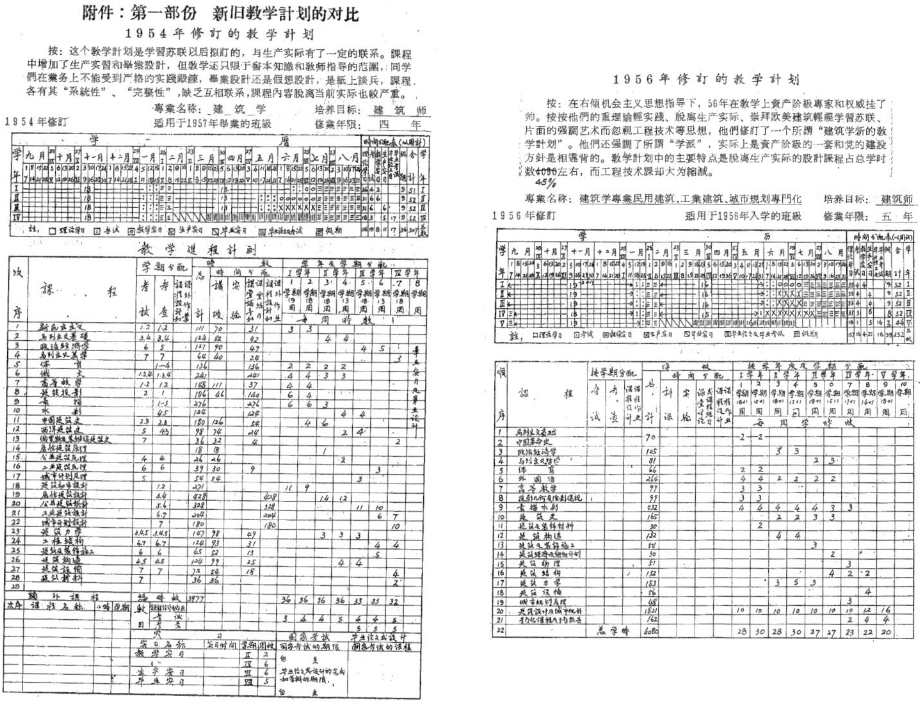

附件：第一部份　新旧教学计划的对比

1954 年修订的教学计划

按：这个教学计划是学习苏联以后拟订的，与生产实际有一定的联系。课程中增加了生产实习和暑假设计，但教学还只限于书本知识和教师指导的范围，同学们在业务上不能受到严格的实践锻炼，毕业设计还是假想设计，是纸上谈兵，课程各有其"系统性""完整性"，缺乏互相联系，课程内容脱离当前实际也比较严重。

1956 年修订的教学计划

按：在右倾机会主义思想指导下，56 年在教学上资产阶级专家和权威挂了帅。按他们的重理论轻实践、脱离生产实际、崇拜欧美建筑轻视学习苏联、片面的强调艺术而忽视工程技术等思想，他们修订了一个所谓"建筑学新的教学计划"。他们还强调了所谓"学风"，实际上是资产阶级的一套和党的全面发展方针是相违背的。教学计划中的主要特点是脱离生产实际的设计课程占总学时数约60%左右，而工程技术课却大为缩减。45%

教　学　进　程　计　划

图 4-35　南京工学院建筑工程系 1954 年与 1956 年修订的教学计划

际有了一定的联系。课程中增加了生产实习和毕业设计，但教学还只限于书本知识和教师指导的范围，同学们在业务上不能受到严格的实践锻炼，毕业设计还是假想设计，是纸上谈兵，课程各有其'系统性''完整性'，缺乏互相联系，课程内容脱离当前实际也比较严重"。[1]

紧接着的是 1956 版教学计划（图 4-35 右），五年总学时数 4080，其中技术类学时数：建筑及装饰材料 30，建筑设备 56，建筑构造 132，建筑物理 51，建筑及装饰施工 54，建筑结构 132，建筑力学 183，总计 638，占比 15.6%。设计类课程（不含各门设计原理课）学时数 1821，占比 44.6%；建筑史类课程 165，占比 4.0%；政治类课程课程学时数 256，占比 6.3%。[2] 其按语反映出当时的权威判断认为该计划在方向上有问题："在教学上资产阶级专家和权威挂了帅，按他们的重理论轻实践、脱离生产实际、崇拜欧美建筑轻视学习苏联、片面地强调艺术而忽视工程技术等思想，他们修订了一个所谓'建筑学

① 佚名. 附件：第一部分　新旧教学计划的对比——1954 年修订的教学计划 [J]. 南京工学院建筑系教改专刊，1959（1）：28.

② 佚名. 附件：第一部分新旧教学计划的对比——1956 年修订的教学计划 [J]. 教改专刊，1959（1）：29.

新的教学计划’。他们还强调了所谓‘学派’，实际上是资产阶级的一套，和党的建设方针是相违背的。教学计划中的主要特点是脱离生产实际的设计课程占总学时数 45% 左右，而工程技术课却大为缩减。”[①]而实际上，根据教学计划开列出的各门类课程占比的计算分析可以看出，工程技术课并没有缩减，而是比 1954 年略有增加（14.3% 增至 15.6%），只不过远远赶不上设计类课程增加的幅度（35.5% 增至 44.6%），而真正被大幅削减的是政治类课程（11.0% 减至 6.3%）和建筑历史类课程（7.9% 减至 4.0%）。

既然方向有问题，则 1958 年 8 月版教学计划又作了调整（图 4-36），四年总学时数 2817，技术类课程学时数：构造、材料、施工 80、建筑物理 45、建筑设备 45、施工组织及预算 40、建筑结构 142、建筑力学 165、测量 100，总计 617，占比 21.9%。设计类课程学时数 720，占比 25.6%；建筑史类课程 60，占比 2.1%；政治类课程课程学时数 360，占比 12.8%。权威判断认为“双反中批判了资产阶级的教学方向、教学中的脱离实际脱离生产劳动后，党的教育方针挂了帅。以后数月经过几次修改，拟出了三结合的教学计划，把教学与设计院的生产、工地的劳动结合了起来；但是这个计划中主要的课程还以课堂教学为主”。[②]不难看出，与 1956 和 1954 年教学计划相比，这一版教学计划中的技术类课程学时数占比明显增加，而设计类课程学时数占比则大幅度降低。该教学计划在技术课程方面还有另外两个特点：一是增开了建筑物理和工程测量

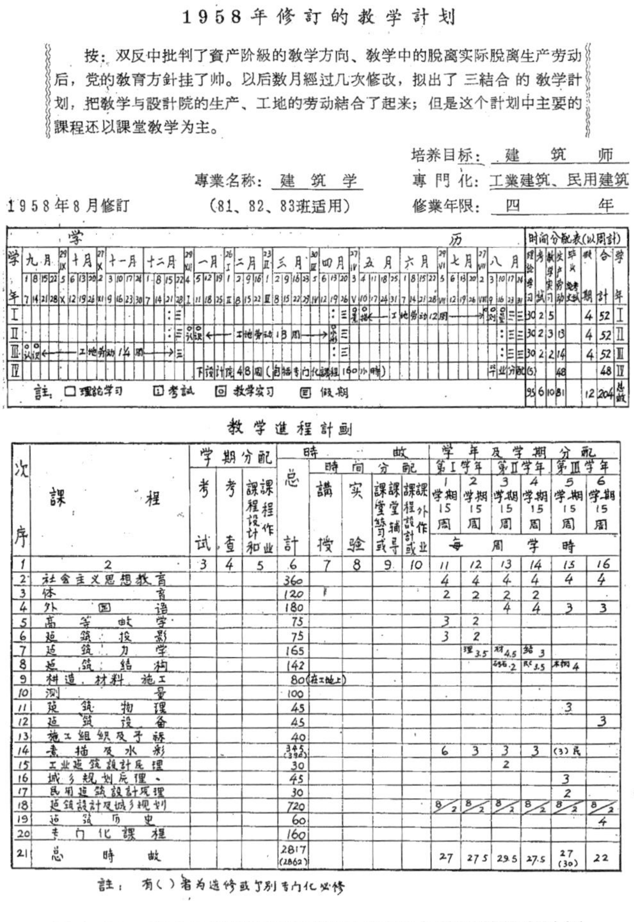
1958年修訂的教学計划

按：双反中批判了資产阶級的教学方向、教学中的脫离实际脫离生产劳动后，党的教育方針挂了帅。以后数月經过几次修改，拟出了三結合的教学計划，把教学与設計院的生产、工地的劳动結合了起来；但是这个計划中主要的課程还以課堂教学为主。

培养目标：建筑师

專業名称：建筑学（81、82、83班适用）

專門化：工業建筑、民用建筑

1958年8月修訂

修業年限：四年

註：□理論学习 ⊡考試 回教学实习 圓假期

教学進程計劃

次序	課程	学期分配 考试	学期分配 考查	学期分配 課程設計和課程作业	时数 总計	时间分配 講授	时间分配 实验	時间分配 課堂练习或課堂辅导	时间分配 課程設計或課外作业	第Ⅰ学年 1学期15周	第Ⅰ学年 2学期15周	第Ⅱ学年 3学期15周	第Ⅱ学年 4学期15周	第Ⅲ学年 5学期15周	第Ⅲ学年 6学期15周
										每周学時					
1	2	3	4	5	6	7	8	9	10	11	12	13	14	15	16
2	社会主义思想教育				360					4	4	4	4	4	4
3	体育				120					2	2	2	2		
4	外国语				180							4	4	3	3
5	高等數学				75					3	2				
6	建筑投影				75					3	2				
7	建筑力学				165						理 3.5	材 4.5	結 3		
8	建筑結构				142							砖石 2	RC 3.5	木钢 4	
9	構造、材料、施工				80(在工地上)										
10	测量				100										
11	建筑物理				45									3	
12	建筑設备				45										3
13	施工組织及预算				40										
14	素描及水彩				345 (390)					6	3	3	3	(3) 民	
15	工业建筑設計原理				30							2			
16	城乡規划原理				45									3	
17	民用建筑設計原理				30									2	
18	建筑設計及城乡規划				720					8/2	8/2	8/2	8/2	8/2	8/2
19	建筑历史				60										4
20	专门化課程				160										
21	总時數				2817 (2862)					27	27.5	29.5	27.5	27 (30)	22

註：有（ ）者为选修或个别专门化必修

图 4-36 南京工学院建筑工程系 1958 年修订的教学计划

① 佚名. 附件：第一部分新旧教学计划的对比——1956 年修订的教学计划[J]. 教改专刊 1959(1)：29.
② 佚名. 附件：第一部分新旧教学计划的对比——1958 年修订的教学计划[J]. 教改专刊 1959,(1)：30.

1958 年 12 月新訂的教学計划（初稿）

按：这个教学計划是我們貫徹党的教育方針以来，經过九个月的实踐后修訂的，計划的特点是整个教学和生产劳动紧密結合，而以生产实踐为紅綫。一年級进行基础訓練（各門基础課已經过教改，大部分已編出教材）基础課时間不減少，做到学深、学厚、学透，專業課和基础技术課的課堂教学是減少，減少的是一般重复部分，增加了重点部分和先进科学成就，但是联系实际的教学时間增加了一半以上。二年級开始按同学不同年級的設計水平，分配不同規模的生产任务，專業理論課随着生产由小到大，由淺入深，由低級到高級，循序进行。同学在接受生产任务后，有計划的經过几次循环，系統的有提高的掌握全面理論。同学的設計一变过去只做初步設計的情况，进而能进行技术設計和工程計算，每次設計都經过調查研究、收集資料、总結、写报告……使“三結合”得到貫徹。所以理論水平是可以大大提高。同学的劳动每年安排三个月，在建筑工地进行。結合一年級的工地劳动，上三技术課（構造、材料、施工），劳动中要达到二級徒工水平；三、四年級工地劳动分别达到二級技工和三級技工以上的水平。这样同学根据“应知应会”的要求，二年級能进行一般标准設計；三年級培养多面手达到一專四会，即專設計会施工、結構、預算、設备，能設計中型建筑；四五年級的达到設計高、尖、新的大型建筑和进行比較高深的科研。按照这一过程培养出来的学生，在理論和实际的水平上，都較过去有很大提高。

学历

学年	九月（1–7, 8–14, 15–21, 22–28）、29 IX–5 X、十月（6–12, 13–19, 20–26）、27 X–2 XI、十一月（3–9, 10–16, 17–23, 24–30）、十二月（1–7, 8–14, 15–21, 22–28）、29 XII–4 I、一月（5–11, 12–18, 19–25）	26 I–1 II	二月（2–8, 9–15, 16–22）、25 II–1 III、三月（2–8, 9–15, 16–22, 23–29）、30 III–5 IV、四月（6–12, 13–19, 20–26）、27 IV–3 V、五月（4–10, 11–17, 18–24, 25–31）	六月（1–7, 8–14, 15–21, 22–28）、29 VI–5 VII、七月（6–12, 13–19, 20–26）	27 VII–2 VIII、八月（3–9, 10–16, 17–23, 24–31）
Ⅰ	基础教学（基本理論与訓練）	寒	同上学期	测量；工地劳动（上三技术課）	暑
Ⅱ	二年級設計院（标准設計）同时上理論課		同上学期	一竿子到底或分阶段集中的工地劳动	
Ⅲ	水彩；三年級設計院（多面手）同时上理論課		同上学期	一竿子到底或分阶段集中的工地劳动	
Ⅳ	四年級設計院高、大、新、尖同时上理論課		同上学期	一竿子到底或分阶段集中的工地劳动	
Ⅴ	生产与科研	假	生产与科研	一竿子到底的工地劳动	假

— 31 —

图 4-37　南京工学院建筑工程系 1958 年 12 月新订的教学计划

方面的课程，二是明显加强各门技术类课程的整合，将原先分设的材料、构造和施工三门课合并成为所谓“三技术”，总学时数由 225（1954 年）、216（1956 年）骤减至 80（1958 年），所削减的学时数实际上匀给了两门新开出来的课程——建筑物理和测量。

而 1958 年 12 月版教学计划（初稿）（图 4-37）则更进一步，五年总学时数 4282，技术类课程学时数：三技术 80、三力学 116、三结构 166、建筑物理 30、建筑设备 28、测量与钻探 100，总计 520，占比 12.1%。设计类课程（无各门设计原理课）学时数 2116（其中 917 为工程技术部分），占比 49.4%；建筑史类课程 0，占比 0；政治类课程课程学时数 572，占比 13.4%。① 很明显，与上一版即同年 8 月版教学计划相比，该计划的课程整合度明显提高，不仅将建筑技术科学类课程整合成三技术、三结构和三力学，而且还将建筑设计类课程与技术类课程加以整合，明确提出“建筑设计学时 2116，其中建筑设计部分占 1199 学时，而工程技术部分占 917 学时。设计中二年级的 1∶1 系指设计和工程技术部分之比，三年级的 1∶2∶1 系指设计、结构、设备之比，三年级的 1∶2∶1 系指设计和工程技术之比。”该计划特点是“教学和生产劳动紧密结合，而以生产实践为红线”，“基础课实践不减少”，二年级以上“同学劳动每年安排三个月，在建筑工地进行，

① 佚名．附件：第一部分新旧教学计划的对比——1958 年修订的教学计划［J］．教改专刊 1959，（1）：31．

结合一年级的工地劳动上三技术课（构造、材料、施工），劳动中要求达到二级技工水平，三四年级工地劳动分别达到二级技工和三级技工以上的水平……三年级培养多面手，达到一专四会，即专设计、会施工、结构、预算、设备，能设计中型建筑……四五年级的达到四级高阶新的大型建筑和进行比较高深的科研，按照这一过程培养出来的学生，在理论和实际的水平上，都较过去有很大提高。"①

  然而，实际状况并没有那么乐观。1959 年 4 月"系总支书记张宗福传达旧省委强调教学为主的黑指示"，"我系低年级课程作了调整，取消联系实际环节和现场教学，开始恢复课堂教学体现教学为主"。②至 1960 年秋建筑构造课拟改为"五技术"（以构造为主，适当结合材料、施工、物理、设备），基本上否定了 1958 年以参加工地劳动和现场教学为主的做法，恢复了课堂理论教学，③但此次课改因师资等困难并没有成功并推广。"1960 年冬，全系教改夭折，全面恢复 1958 年以前的教学制度和内容——1958 年的'三技术'课改实际施行过，而因设备、物理无人会教，1960 年的'五技术'从未施行过。"④

  那么，1960 年的"五技术"和 1958 年的"三技术"相比究竟有什么更大的困难以至无法推行呢？联系实际环节和现场教学究竟有何不妥而必须取消呢？要想回答这些问题恐怕不能不从两个方面来加以检讨。首先自然是表观层面的师资原因：年轻老师自己还没来得及联系实际、参加实践和积累经验，何谈带领学生综合把握建筑活动全局或至少是将材料、施工、物理、设备（尤其是后二者）整合进建筑构造课里去？但更为纵深的理论问题是：建筑活动作为一种具有高度复杂性和综合性的社会经济建设活动，具有显著的物质性和将其达成而必需的操作性，意识到这其中体力劳动和脑力劳动之间的相对分离和必要的紧密联系，以及对这种联系进行必要的观察、分析、判断和处理，无疑是一种明智之举。但能不能就此认为只要将侧重抽象和分析的理论学习取而代之以体力劳动就能够万事大吉？回答自然是否定的，这涉及对于建筑和建筑活动究竟是什么的认知。理论侧重抽象和分析，实践侧重具体和综合，而建筑活动的复杂性和综合性恰恰在于其目标虽然指向后者，而过程却无法回避前者：每一个具体的建筑项目都要面对一定的客观环境，必须解决现实问题，而对这些环境条件和现实问题进行观察、分析和思考的过程，正是运用理论进行脑力劳动的过程和内容。因此，建筑师需要做的工作是如何在二者之间寻求某种微妙的、却也是非常关键的平衡，而不是简单地仅仅倚重某一方面而将其他方面弃之不顾或置若罔闻——这应是社会分工前提下，侧重综合把握和解决问题的建筑学专业以及建筑师职业得以存在的根本原因。

---

① 佚名．附件：第一部分新旧教学计划的对比——1958 年修订的教学计划［J］．教改专刊 1959，（1）：31.

② 南京工学院东方红战斗公社建筑系教育革命小组．建筑系十七年两条路线斗争大事记 1949—1966［G］．1967：19.

③ 南京工学院东方红战斗公社建筑系教育革命小组．建筑系十七年两条路线斗争大事记 1949—1966［G］．1967：20.

④ 唐厚炽先生口述（未刊稿）［Z］，2015 年 9 月 4 日，采访人：李海清，王琳嫣.

1958 年 12 月版教学计划虽然并未放弃课堂上的理论教学，但显然对于实践教学即参加现场劳动的学习方式寄予了过高期望，甚至要求学生能够达到二、三级技工的专业水准乃至于"一专四会"——三年级学生就能完整设计出中型建筑，包揽设计、施工、结构、预算、设备五个方面的技术工作，这种诉求在专业人才紧缺和整个国家都忙于追求速度的"大跃进"时期是可以理解的，而它是否具有可行性则已被实践所检验：之后重新回到以培养工程设计实施人才为目标、注重整体均衡发展的课程体系和教学建设思路，乃是一种历史的必然。

无论如何，自 1952 年院系调整之后开始，尤其是 1954 年之后，南京工学院建筑系的课程设置和教学体系经历了一个与时代背景紧密相连的剧烈变动期。其教学改革的探索方向触及了建筑学专业和建筑师职业的根本问题。限于历史条件，虽然这些改革探索并未取得出惊天动地的成就，但却从思维层面打开了一扇大门，那就是对于由域外引入的"建筑学"究竟应该持什么样的态度？它和中国的具体社会实践之间究竟应该是怎样的关系？

4.4 本章小结

在 1910 至 1950 年代，中国本土性现代建筑主要有两大类：第一大类包括较为早期的，主要由西方建筑师和工程师设计建造的各类教会学校建筑和文化建筑，继而是抗战全面爆发之前主要由中国建筑师在南京、上海、广州等地设计建成的大批"中国固有式"建筑；第二大类则是抗战后方部分"战时建筑"。前者的关键技术问题是如何在现代建筑技术体系与北方官式建筑样式这二者之间进行调适——如何给科学性的"骨"罩上民族性的"衣"；而后后者的关键技术问题，则是如何在民间的地域性建造模式中植入科学性——如何对民族性的"骨"进行科学的测算、评估和加固、改良。二者的共性问题都是要确立中国建筑活动的科学属性——既要以科学的观念、方法和视野去研究过往的建筑活动，也应以科学的观念、方法和视野去设计未来的建筑活动。

那么，从个体的人物之求学/研究/执业、群体的形成以及相关机构建立与运作的角度看，所谓主体成长对于上述关键技术问题的解决，尤其是其共性问题即中国建筑活动科学性的确立究竟发挥过何种作用？反过来，"中国本土性现代建筑"上述关键技术问题之探索又如何促进其主体的成长？

本章基于上述思考，将相关主体划分为人物、群体及机构三个层面加以分别考察。在个体性的人物层面，分别考察以梁思成、刘敦桢为代表的研究者和吕彦直、童寯为代表的实践者，结合他们主导或参与的具体学术事件和设计创作，深入分析中国本土性现代建筑关键技术问题的解决如何推动了他们自己的成长；在群体层面，分别考察了地缘和学缘两种因素在早期中国建筑学人形成合作共事关系中发挥的作用，揭示了这些群体对中国本土性现代建筑关键技术问题的解决做出的基础性贡献也使自己获得了发展壮大；在机构层面，则分别以中国营造学社这样一个研究单位和中央大学—南京工学院建筑工程系这样一个教学单位为例，分析它们在推动中国本土性现代建筑发展过程中如何通过基础性的科研工作和开创性的教育、教学工作使得自己获得了成长。

第5章

术语·课程·图集：
中国本土性现代建筑的技术
知识建构

中国本土性现代建筑之"本土性"，不仅应首先应该由中国的地形、气候、物产、交通、经济以及基于"性格地图"的建筑工艺水平等客观环境条件赋予并限定，更要依托相关技术主体的成长和技术知识的建构来进一步加以界定——其知识建构过程与主要内容因置身于中国的本土环境而呈现出某种独特性。既往研究虽已有相关讨论，但多集中于"转型"或者说中（旧）、外（新）之间的对比。①~④ 在知识建构的本土性之由来方面仍存较大研究空间。本研究的目标是探究以术语整理、课程建设、图集绘编为主要内容的知识建构何以对中国本土性现代建筑的关键技术问题解决具有重要意义。具体而言，在本研究所框定的 1910 至 1950 年代期间，以相关文献梳理、档案资料查证为主要方法，考察、描述与分析那一时期中国建筑学人对于古今中外建筑活动专用语汇的整理，以及为其规范化作出的努力和研究成果；以"中国营造法"为代表的核心课程建设过程中，不同时期的教学内容、教学方法，及其与西洋"营造法"课程的联系和区别，包括与不同宗脉院系类似课程的比较；在科学"制图"观念影响下，梁思成与刘致平、刘敦桢与陈从周以及赵正之与陈文澜三个不同团队所绘编的三本不同的图集，如何显现出各自的探索方向及其意义。换言之，本研究将循着术语、课程、图集这三条路径讨论中国本土性现代建筑之关键技术问题的解决与知识建构之间的关系。

5.1　术语：中国建筑学人对于专业词汇的系统整理

清末乃至整个民国时期，正是西方近现代建筑技术大举引入，而中国营造传统却也一息尚存之际。中、外建筑师与工程师，中、外营造商（含工匠）与材料商、中、外业主，为了共同的营生，必须要联系与交流，正所谓华洋杂处。而西方现代建筑技术自身也在发生革命性转变，各方因缘际会，建筑活动呈现出迥异于此前的复杂状况。试想 1930 年代前后的中国建筑师与营造商，他们该怎样合作"中国固有式"建筑？如果在公文、信函和电话中沟通工程项目，连有关专用词汇都难以统一，更不用说在各类学术媒体或非学术媒体上进行交流以便相互理解。即使是同一术语，也极有可能在短短二三十年间发生含义上的显著变化。⑤

因此，面向中国古代营造传统和西方现代工程技术，搜集、整理有关专用词汇，使之科学化、系统化、规范化，自然就成为业界共识，其高峰时段为 1930~1940 年代，而第一代中国建筑学人以及相关机构在其中发挥了关键性作用。在中国营造学社的早期学术工作中，社长朱启钤对"纂成营造辞录"工作重要性有着明确认知，而以阚铎为代表的学社

① 赖德霖. 中国近代建筑史研究［M］. 北京：清华大学出版社，2007.
② 徐苏斌. 近代中国建筑学的诞生［M］. 天津：天津大学出版社，2010.
③ 钱海平，杨晓龙，杨秉德. 中国建筑的现代化进程［M］. 北京：中国建筑工业出版社，2012.
④ 王凯. 现代中国建筑话语的发生［M］. 北京：中国建筑工业出版社，2015.
⑤ 邵星宇. 中国建筑"图案"溯考（1920—1940 年代）［J］. 建筑学报，2019（7）：114-119.

主要成员已开始有关营造辞汇纂辑方式的研究。[1] 只是这一时期的营造术语整理工作处于起步阶段，侧重基础性的方式、方法。而随着"九·一八"事变后阚铎退出学社，营造辞汇编纂复归于搁置。[2] 真正意义上的大规模整理工作开始于梁思成、刘敦桢加入中国营造学社之后。这其中，又以梁思成等整理研究《清式营造则例》、张镛森和刘敦桢等整理研究《营造法原》以及上海市建筑协会杜彦耿编著《英华·华英合解建筑辞典》等学术工作引人瞩目。下文将以《清式营造则例》之"清式营造辞解"、《营造法原》之"检字及辞解"以及梁思成、杜彦耿关于《英华·华英合解建筑辞典》之互动这三个典型案例，呈现第一代中国建筑学人为此作出的巨大努力及其意义。

5.1.1 《清式营造则例》与北方官式建筑术语整理

1.《清式营造则例》及其"清式营造辞解"概况

正如朱启钤所言："营造所用名词术语，或一物数名，或名随时异。亟应逐一整比，附以图释，纂成营造词汇，既宜导源训诂，又期不悖于礼制"。[3] 应当说，创立中国营造学社的初衷，即有此整理专用词汇之意图。而富有成效的具体工作，应当是从梁思成、刘敦桢加入学社之后开始的。

梁思成在 1930 年代初于中国营造学社工作期间，从文献整理考辨与实物调查分析两个方面潜心研究清代官式建筑做法，[4] 而《清式营造则例》则是其针对清雍正十二年（1734年）清工部颁布的《工程做法则例》展开研究的初步成果。此书脱稿于 1932 年，1934 年由中国营造学社正式出版，目前市面上已很难看到这一版本。而较为常见的是 1981 年由中国建筑工业出版社出版的版本（图 5-1），以及 2001 年由中国建筑工业出版社出版的《梁思成全集》之第六卷。

与常规字面意义的理解不同，《清式营造则例》一书并非只是对《工程做法则例》加以注释，而是从中"提滤"出清代官式建筑的代表性做法，[5] 包括各部构件之名称、功能、位置和尺寸，并配以现代建筑学意义上的工程制图以及大量实物照片而著成。全书分为绪论、平面、大木、瓦石、装修及彩色六章，加以清式营造辞解、清式营造则例各件权衡尺寸表、清式营造则例图版以及附录的《营造算例》等另外四

图 5-1　梁思成著《清式营造则例》1981 年中国建筑工业出版社出版之封面

① 阚铎. 营造辞汇纂辑方式之先例 [J]. 中国营造学社汇刊，1931，2（1）.
② 傅凡，李红，段建强. 阚铎与中国营造学社 [J]. 华中建筑，2014，32（6）：13-16.
③ 朱启钤. 中国营造学社缘起 [J]. 中国营造学社汇刊，1930，1（1）.
④ 梁思成关于《营造法式》的研究虽同样始于 1930 年代，但时断时续，成书出版则迟至 1980 年代，现在常见的《营造法式注释》是 1983 年由中国建筑工业出版社出版的单行本，或 2001 年由中国建筑工业出版社出版的《梁思成全集》之第七卷。因为是"遗稿"，本研究未对其展开深入讨论。
⑤ 梁思成. 序 [M] // 梁思成. 清式营造则例. 北京：中国建筑工业出版社，1981.

个部分，较为全面地反映清代官式建筑的技术特征和范式。自1934年正式出版以来，一直是中国建筑学术研究工作成果之典范，也是中国建筑历史与理论研究领域以及建筑遗产保护领域的两部重要"文法课本"之一。[①]而其中的"清式营造辞解"应为现代意义上的中国建筑学人首次针对本国古代建筑典籍进行的专用词汇研究整理之成果。

从表象上看，"清式营造辞解"就是一部集萃清代官式建筑词汇简编而成的辞典。作为《清式营造则例》一书的重要组成部分，"清式营造辞解"的总篇幅量却很有限。在1981年中国建筑工业出版社的版本中，位于73～86页；而在2001年中国建筑工业出版社出版的《梁思成全集》第六卷中，位于65～84页。这一辞典的检索方法是按笔画数排序，并有检字之设。检字从一至二十二画共254字，依据该检字法总计收录了506个词汇，[②]皆属清代官式建筑在平面、大木、瓦石、装修及彩绘等方面的专用词汇。

其条目编写方法极为简明扼要，即词汇—释义—检索图号。如：

"大斗斗栱—攒最下之斗，亦称坐斗［十一，叁，捌］。"[③]其中，中括号内小写的中文数字表示插图编号，而大写的中文数字则表示图版编号。即"大斗"这一条目相应的图示可见于插图11号和图版3号及8号。这一编写方法的优势之一，在于部分词汇按必要性设有和书中图版、插图相应的检索标注，便于读者将图、文二者加以比照阅读和理解。这显然是加强可读性的非常重要的做法，即明确表达图示语言描述和文字语言定义之间的对应关系，直观易懂。为此还发展出一种在三维的局部透视图上直接标注构件名称的做法，如插图11、13和15即分别为"平身科""柱头科"和"角科"各部名称（图5-2～图5-4），使读者看上去对于名词和实体构件之间的对应关系一目了然。

2. "清式营造辞解"的内容与特点

这里需要注意的是，编者很明确地指出，"清式营造辞解"的主要目标，是针对清官式建筑做法及各部分构材名称，权衡大小、功用，包括与其他部分在位置和机能上的关系，用文字描述，辅以图样标示。[④]另外，此项工作，"仅以'建筑的'的方面为限，至于'工程的'方面，由今日工程眼光来看，甚属幼稚简陋，对于将来不能有所贡献"。[⑤]意即术语整理侧重"建筑学"视角的、带有创造性的设计工作，而几乎未涉及工程技术方面。

从"清式营造辞解"收录的506个词

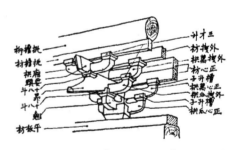

图5-2　梁思成著《清式营造则例》1981年中国建筑工业出版社出版之插图之一："平身科"

① 梁思成. 中国建筑之两部"文法课本"[J]. 中国营造学社汇刊，1945，7（2）.
② 梁思成. 清式营造则例[M]. 北京：中国建筑工业出版社，1981：73-86.
③ 梁思成. 清式营造则例[M]. 北京：中国建筑工业出版社，1981：76.
④ 梁思成. 序[M]// 梁思成. 清式营造则例. 北京：中国建筑工业出版社，1981.
⑤ 同上。

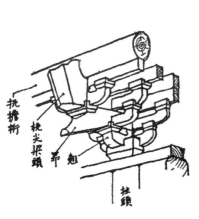

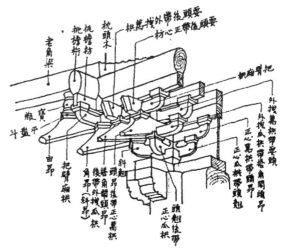

图 5-3 梁思成著《清式营造则例》1981 年中国建筑工业出版社出版之插图之二:"柱头科"

图 5-4 梁思成著《清式营造则例》1981 年中国建筑工业出版社出版之插图之三:"角科"

汇及部分词汇相应的图版、插图检索标注来看,辞解的内容涵盖清式建筑单体的平面、大木、瓦石、装修及彩色等各个方面,较为全面地囊括了营造活动中有关"建筑"自身的各种专用词汇。其中,有极少数是日常生活用语且其意思与专业术语相同或相近的状况,如"山墙""大门""门框""天花""瓦""间""围墙"以及"进深"等。但绝大多数是与日常用语相去甚远、难以望文生义的真正的专业性词汇,局外人初读起来简直是不明就里。如果没有像老木匠杨文起、彩画匠祖鹤洲这样的老匠师帮忙加以指示和解释,[①]不仅著书者本人难以完全弄懂,且后人更是无从查考与理解。如"彩色"部分的"一整二破""二碌瓣""方光""花心""和玺""箍头"以及"蜈蚣圈"等,又如"大木"部分的"三才升""太平梁""外拽""桁椀""由戗""采步金"和"霸王拳"等。从这个意义上说,用图像与文字逐一对应的方法来整理这些专用词汇,其必要性正在于让后学者不至于丧失信心——这些看起来要么像"暗语"、要么像"黑话"的词汇,其实就是在与营造活动有关的各行当匠师内部口口相传的专业术语,经过比照实物的系统整理、校订,是可以采用现代意义的工程图学加以直观描述,且可以用现代汉语加以精确定义的,进而也就可以被有效率地学习和理解的。即使如此,著者也坦陈:"至今《营造算例》里还有许多怪异名词,无由知道其为何物,什么形状,有何作用的"。[②]

类似于"由今日工程眼光来看"这样的表述,在《清式营造则例》一书中比比皆是。而这恰恰很清楚地说明其学术上的理路是:以现代工程技术学科的视角重新审视中国营造

---

① 梁思成 . 序 [M] // 梁思成 . 清式营造则例 . 北京:中国建筑工业出版社,1981.
② 同上。

传统，对其加以整理、分析与阐释。"由今日工程眼光来看"，区区九字，表面上似乎轻描淡写，但真正落实并不容易，不仅需要现代工程技术学科的知识储备，同时还要熟知中国营造传统有关技术细节，而最关键处在于"看"：看什么？怎样看？为什么这样看？如第六章"瓦石"，开篇即言明："《工程做法》和中国其他关于建筑的书籍，都把瓦作与石作分开讨论。其实瓦作与石作在构造原则上是一样的，在现代工程学内统称为砖石结构。我们可以说砖瓦是一种人造石，他们的机能和用法都与石相类似。在一座建筑物中，砖和石常常可以称掺杂并用，乃至相互替代。所以应当放在一起解释。"[1]在中国营造传统典籍之中，瓦作与石作分开讨论已近千年，未尝有过什么问题，也并不妨碍典籍的使用和有关技能的传授。这里偏偏要将二者放在一起讨论，究竟为什么？这是因为在现代工程学范畴内，就其构造原理而言，二者实质上是一样的，即皆为砖石结构（masonry structure）。有没有领会和运用这一科学属性的原理，将会直接影响对于现象背后之本质的捕捉和洞察，进而直接影响知识的迁移——能不能触类旁通、举一反三乃至于创造性地运用于实践并产出新的知识？

3. 整理北方官式建筑术语的意义

首先，这是中国建筑学人首次用现代工程学的眼光审视中国营造传统及其典籍，在学术上具有开创意义，且对于设计实践也将产生基础性的影响。正因为"中国本土性现代建筑"在那一时期的核心技术问题是"中国固有式"建筑在使用现代建筑材料、结构和施工方法的技术条件下如何与中国官式建筑样式进行调适，那么后者作为前者转译与再现的原型，搞清楚其在建筑学和工程学上的状况究竟是怎样的就成为解答上述问题的一个前置条件，而这也自然成为中国营造学社开展学术研究的重要目标之一。更进一步，要想搞清楚中国北方官式建筑在建筑学和工程学方面的基本状况，从清代官式建筑做起显然不失为一个明智的选择，不仅时间距离最近，很多匠师还健在，而且无论是文献还是实物资料都易于搜集和掌握，具备了初步展开研究的可能性。

然而，究竟该从哪里入手？或者用今日的科研术语来说，选择什么样的路径来展开研究？梁思成作为本书著者，在序言中给出了自己的回答：研究清工部《工程做法则例》的抓手正是对于清式营造专用名词的整理。[2]换言之，整理清代官式建筑专业词汇的意义不仅在于弄懂词汇本身，而更在于经由它才能实现对于《工程做法则例》的全面了解和掌握。今人完全明白严格的概念界定是科学研究工作的起点，而在现代科学理念极度匮乏的前工业时代，全程操控营造活动的工匠们却根本不关心于此，甚至还要刻意保守职业技巧的秘密和个人经验。正是从这个意义上，梁思成不无抱怨地谈到了"清式营造专用名词中有许多怪诞无稽的名称，混杂无序，难于记忆"；甚至连清工部《工程做法则例》本身也是名实不符，"因为它既非做法，也非则例，只是二十七种建筑物的各部尺寸单，和瓦石、油漆等作的算料算工算账法"；"而且匠师们并未曾对任何一构材加以定义，致有许多的名

---

① 梁思成. 清式营造则例［M］. 北京：中国建筑工业出版社，1981：33.
② 梁思成. 序［M］// 梁思成. 清式营造则例. 北京：中国建筑工业出版社，1981.

词，读到时茫然不知何指。所以本书中较重要的部分，还是在指出建筑部分的名称。在我个人工作的经过里，最费劲最感困难的也就是在辨认、记忆及了解那些繁杂的各部件名称及详样"。①

但进入现代社会以后，由于从事建筑设计工作的人作为一种职业从原本的营造业主体架构中分离出来，即营造业主体裂变成为设计主体和生产主体两个方面的职业，中国建筑师逐渐进入建筑活动的社会生产领域并占有一席之地，逐步取代传统工匠的设计职能并从中获利。在1920年代以来复兴传统文化的社会背景之下，面对"中国固有式"建筑之可观社会需求的建筑设计实践者，以及怀揣中国文化复兴理想的建筑历史理论研究者，都很自然地需要学习关于古老建筑的"新知识"。这正是中国营造学社不仅能延揽梁思成、刘敦桢与林徽因等建筑学专业出身的饱学之士从事专职研究工作，而且还能吸引关颂声、杨廷宝、赵深、陈植、童寯等活跃在设计实践一线的著名建筑师参与外围活动、摇旗呐喊甚至直接冲锋陷阵的根本原因。对于这样一批经由现代高等教育体系训练出来的知识人和工程技术人员而言，欲学习这关于古老建筑的"新知识"，还有什么比采用科学方法与路径更合理的选择吗？而采用科学方法与路径首先需要精确的概念界定——专业词汇的可理解性、可识别性以及规范化。

如果说梁思成在《清式营造则例》中以"清式营造辞解"针对清代北方官式建筑作了术语整理工作，那么姚承祖、张镛森（至刚）和刘敦桢在《营造法原》中专设"检字及辞解"，则是对明清江南民间建筑进行了类似性质的工作。

5.1.2 《营造法原》与江南民间建筑术语整理

1.《营造法原》及其"检字及辞解"概况

《营造法原》原稿是营造世家出身的传统匠师姚承祖于1920年代在苏州工专建筑工程科教授"中国营造法"课程时所编的讲稿。刘敦桢最早于1926年前后向姚提议出版而未获允。1929年，姚承祖正式委托刘敦桢代为整理研究与出版。后因刘任教于中央大学建筑系以及转赴北平中国营造学社工作，无暇顾及此事，遂于1935年秋委托其门生张镛森（至刚）整理研究。至1937年夏抗战爆发前，张镛森增编的《营造法原》书稿杀青。②然出版事宜却因"抗战军兴"而搁置，后又因时局变化直至1959年方得正式出版。③今天我们常见的版本应是"姚承祖原著、张至刚增编、刘敦桢校阅"的1959年建筑工程出版社版本（图5-5），以及1986年中国建筑工业出版社推出的第二版（图5-6）。

与《清式营造则例》类似，《营造法原》并非是对江南地区民间建筑做法的一般性的

---

① 梁思成. 序 [M]//梁思成. 清式营造则例. 北京：中国建筑工业出版社，1981.
② 刘敦桢.《营造法原》跋 [M]//刘敦桢. 刘敦桢文集：三. 北京：中国建筑工业出版社，1987：447.
③ 张镛森. 自序 [M]. //姚承祖原著，张至刚增编，刘敦桢校阅. 营造法原. 北京：中国建筑工业出版社，1986.

搜集整理和简单释义，而是"唯一记述江南地区代表性传统建筑做法的专著"，[①]被誉为中国南方建筑宝典。它系统阐述了江南地区民间建筑的基础与平面形制、木构架种类与形式、各种构件细部、配料工限、装修做法、度量与模数关系以及名词术语等内容，且论及园林建筑布局与做法。全书共十六章，分述地面、大木、提栈、牌科、厅堂、殿庭、装折、石作、墙垣、屋面、砖作、工限、园林建筑和杂俎等，另有附录收入量木制度、检字及辞解，以及鲁班尺与公尺换算

图 5-5 《营造法原》 图 5-6 《营造法原》
　1959 年版封面　　　　1986 年版封面

表。与《清式营造则例》相似，《营造法原》也配有现代建筑学意义上的工程制图以及大量实物照片，方便读者图文互证（图 5-7～图 5-9）。其中附录所收录的"检字及辞解"，应为中国建筑学人首次针对江南地区民间建筑进行专业词汇研究整理之系统成果。

简而言之，"检字及辞解"就是一部关于江南地区民间建筑名词的简编辞典。作为《营造法原》一书的重要组成部分，"检字及辞解"的总篇幅量也十分有限。在 1959 年建筑工程出版社的版本中，位于 104～124 页；而 1986 年中国建筑工业出版社推出的第二版中，位于 94～112 页。这一辞典的检索方法也是按笔画数排序，并有检字之设。检字从一至二十二画共 334 字，根据检字法总计收录 537 个词汇。[②]比《清式营造则例》之"清式营造辞解"的词汇量略多 30 余条目。其条目编写方法的特点在于部分词汇按必要性附有括弧内的"北方术语"，以便读者将二者加以比照阅读和理解。如：

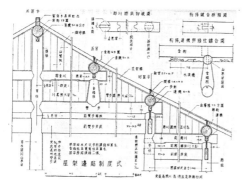

图 5-7 《营造法原》1986 版"屋架边贴制度式"

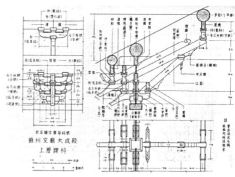

图 5-8 《营造法原》1986 版"苏州文庙大成殿上檐牌科"

---

① 张镛森. 自序［M］. // 姚承祖原著，张至刚增编，刘敦桢校阅. 营造法原. 北京：中国建筑工业出版社，1986.

② 姚承祖原著，张至刚增编，刘敦桢校阅. 营造法原［M］. 北京：中国建筑工业出版社，1986：94-112.

"川夹底（穿插枋）位于川下之短梁，断面长方形，以增强联系，仅用于边贴"。① 其中，写在前面的汉字表示江南地区术语，后面紧跟的小括弧内汉字则表示"北方术语"——即"川夹底"在北方就叫作"穿插枋"。这一编写方法的优势很明显，对于部分词汇按必要性设有相应的"北方术语"标注，不仅便于读者将二者加以比照阅读和理解，而且在某种意义上还可能暗示了南北方做法之间的关联性。诚如朱启钤已作出的精辟分析那样："《营造法原》书中所辑住宅祠庙、佛塔泊岸及量木计围诸法，未见官书，足传南方民间建筑之真相……它虽限于苏州一隅，所载做法，则上承北宋，下逮明清，今北京匠工习用之名辞，辗转讹误，不得其解者，每于此书中得其正鹄。然则穷究明清两代建筑嬗变之故，仰助此书正多，非仅传苏杭民间建筑而已。"② ——《营造法原》不仅记载江南民间建筑的专业术语，而且对

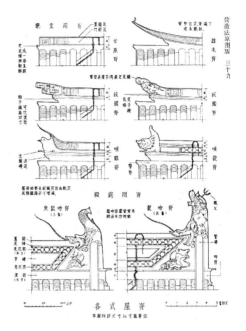

图 5-9　《营造法原》1986 年版图版三十九
"各式屋脊"

北方官式建筑的研究也多有裨益。这里面的道理其实已被前辈学者辩明：地理学和建筑学意义上的空间是死的，可是人却是活的。两晋南北朝以来，中国经济文化中心南移，而居于北方的历代统治者则往往大举征发南方工匠北上，以效力都城建设。这样大规模专业技术人员群体性流动，自然会将工程学意义的南方做法携带过去，再经过漫长的环境适应过程而流传、演变至今。③

2.《营造法原》"检字及辞解"的内容与特点

从"检字及辞解"收录的 537 个词汇来看，辞解内容涵盖江南地区民间建筑单体的基础与平面形制、木构架种类与形式、各种构件细部、配料工限、装修做法、度量与模数关系以及园林建筑布局与做法等各方面，较为全面地囊括了相关营造活动中有关"建筑"自身的各种名词、术语。其中，有极少数是日常生活用语中人们常用，且其意思与专业术语相同或相近的状况，如"大梁""天井""方砖""地板""阳台""间""柱"以及"脊"等，但和"清式营造辞解"类似，《营造法原》"检字及辞解"收录的绝大多数是与日常用语相去甚远、难以望文生义的真正的专业性词汇，如"厅堂"部分的"一枝香""磕头轩"

---

① 姚承祖原著，张至刚增编，刘敦桢校阅．营造法原 [M]．北京：中国建筑工业出版社，1986：96.
② 朱启钤．题姚承祖补云小筑卷 [J]．中国营造学社汇刊，1933，4（2）：86-87.
③ 单远慕．论北宋时期的花石纲 [J]．史学月刊，1983（6）：22-29.

与"抬头轩","大木"部分的"扁作""蒲鞋头"与"剥腮","屋面"部分的"亮花筒""铁秀花哺鸡""花篮靠背"以及"牌科"部分的"山雾云"等。

这其中比较有趣的是，涉及南北方术语对照的情况，部分词汇在词和义两方面是南北方相同的和共享的，没有什么区别，如"间（间）"[①、②]和"悬山（悬山）"；[③、④]而大部分则是义同词（或字）异，如"落翼（梢间）"[⑤、⑥]和"四合舍（庑殿）"；[⑦、⑧]却也有极少数词同义异者，如"大木（大木）"：[⑨、⑩]"李氏营造法式，及清式营造则例，所载木作制度，凡殿庭架构、斗栱、门窗和栏杆等，有大木、小木之分。依南方香山规则，则均归大木，但有花作之分，小木指专做器具之类"。[⑪]而北方所谓"小木"意指门窗、栏杆等内檐装修部分的做法，在南方统统归入"大木"，属"装折"。即南方"大木"包括装修，"小木"则专指木制器具，如家具、工具与器皿等。这种词同义异的现象显然是必须引起重视的重要差别。

另外，在术语应用的表现形式上，《营造法原》正文中还以从民间搜集到的十多首"匠家歌诀"反映工程做法，例如：[⑫]

二间三贴三脊柱　六步六廊六矮柱
六条双步十二川　步枋四条廊相同
脊金短机十二头　十八桁条八连机
六椽二百零四根　眠檐勒望用四路

如此歌诀再与"检字及辞解"进行配合，给读者或初学者极大的便利，这是它与《清式营造则例》仅于附"营造算例"中收录一首《拉扯歌》迥异之处。[⑬]能够如此处理"匠家歌诀"，使其堂堂正正进入学术专著，也在一定程度上反映了原作者、增编者以及校阅者的观念是不同于古代文人士夫的。

---

① 姚承祖原著，张至刚增编，刘敦桢校阅．营造法原［M］．北京：中国建筑工业出版社，1986：102.
② 梁思成．清式营造则例［M］．北京：中国建筑工业出版社，1981：79.
③ 姚承祖原著，张至刚增编，刘敦桢校阅．营造法原［M］．北京：中国建筑工业出版社，1986：108.
④ 梁思成．清式营造则例［M］．北京：中国建筑工业出版社，1981：83.
⑤ 姚承祖原著，张至刚增编，刘敦桢校阅．营造法原［M］．北京：中国建筑工业出版社，1986：110.
⑥ 梁思成．清式营造则例［M］．北京：中国建筑工业出版社，1981：79.
⑦ 姚承祖原著，张至刚增编，刘敦桢校阅．营造法原［M］．北京：中国建筑工业出版社，1986：59.
⑧ 梁思成．清式营造则例［M］．北京：中国建筑工业出版社，1981：79.
⑨ 姚承祖原著，张至刚增编，刘敦桢校阅．营造法原［M］．北京：中国建筑工业出版社，1986：95.
⑩ 梁思成．清式营造则例［M］．北京：中国建筑工业出版社，1981：76.
⑪ 姚承祖原著，张至刚增编，刘敦桢校阅．营造法原［M］．北京：中国建筑工业出版社，1986：41.
⑫ 姚承祖原著，张至刚增编，刘敦桢校阅．营造法原［M］．北京：中国建筑工业出版社，1986：7-8.
⑬ 梁思成．清式营造则例［M］．北京：中国建筑工业出版社，1981：147.

3. 整理江南民间建筑术语的意义

首先可以明确，在运用现代工程学和建筑学的眼光审视与整理中国营造传统经验方面，其意义与《清式营造则例》是相近的。但《营造法原》之"检字及辞解"与《清式营造则例》之"清式营造辞解"的显著差异在于：有意识地和"宋营造法式""清工部做法"进行比照，其方法是在正文中不断对具体工程做法术语的南北方之异同加以比较，如关于提栈、举折、举架的定义："提栈宋营造法式名为举折，清工部做法谓之举架。按营造法式大木制度，举折条下均有规定：今俗谓之定侧样，亦谓之点草架。定侧与提栈两字音相近"；[①]关于牌科与斗栱的称谓之对应关系："牌科北方谓之斗栱。其功用为承屋檩之重量，使传递分布于柱与枋之上。南方建筑，凡殿庭、厅堂、牌坊等皆用之。北方大式建筑，几悉遵斗口，而南方用材常以规定尺寸计之，虽经变通，尤多依照。不失为中国建筑之特征"。[②]又如"北方建筑翘头有作六分头、菊花头、蚂蚱头等，南方营造，无此规定"；[③]"琵琶科颇似北方之溜金斗栱，于结构上别具一式"；[④]"草架制度盛行于南方厅堂建筑，北方较为罕见，疑系明代创作，与宋法式迥异"；[⑤]可谓不一而足，不厌其烦。以今日的学术视野来看，这种地域比较意识和时代比较意识诚属难能可贵，反映出一种对于共时性与历时性交叉叠合状态的深刻认知。

其次，从关注江南民间建筑地域技术特征的视角来看，《营造法原》之"检字及辞解"的整理体现出关于方言的考量在此类带有历史地理学性质的研究中的重要性。关于这一点，张镛森在《自序》之"订正讹误"以及"加编辞解"部分阐述得较为清晰："苏州匠工所用术语，每以讹传讹、莫可穷究。兹就见闻所及，加以改正。例如……以及'面沿''今柱''同柱''字板''八风'等改为'眠檐''金柱''童柱''字碑''博风'……但是'川''界''宿腰''细眉''雨挞'等以吴语读之，显然与'穿''架''束腰''须弥''雨搭'相同，因为没有得到原著者的同意，同时苏州习用已久，因而没有擅改"。[⑥]由此亦可见刘敦桢选择将整理任务委托给苏州籍的张镛森，其中蕴涵着方言考量之良苦用心——即使是专业技术人员，如果不了解苏州当地工匠的习惯做法，特别是也不谙习吴语的话，确实是难以担此重任的。

5.1.3 西文建筑专业术语译介

从清末至民国，中国的社会、经济与文化等各方面皆处于急变时期。在西方现代建筑技术逐渐传入中国的大背景之下，新"进口"的专用词汇之翻译和定名即成为有关人士的研究重点，对其进行搜集、整理、翻译和介绍，是当时建筑活动的现实发展需求。然而棘

---

① 姚承祖原著，张至刚增编，刘敦桢校阅. 营造法原 [M]. 北京：中国建筑工业出版社，1986：12.
② 姚承祖原著，张至刚增编，刘敦桢校阅. 营造法原 [M]. 北京：中国建筑工业出版社，1986：16.
③ 姚承祖原著，张至刚增编，刘敦桢校阅. 营造法原 [M]. 北京：中国建筑工业出版社，1986：17.
④ 姚承祖原著，张至刚增编，刘敦桢校阅. 营造法原 [M]. 北京：中国建筑工业出版社，1986：18.
⑤ 姚承祖原著，张至刚增编，刘敦桢校阅. 营造法原 [M]. 北京：中国建筑工业出版社，1986：24.
⑥ 姚承祖原著，张至刚增编，刘敦桢校阅. 营造法原 [M]. 北京：中国建筑工业出版社，1986：4.

手处在于：传统的中文里几乎不可能直接找到与上述专用词汇严格对应者，而需要引入者根据自己对于西文原意的理解，使用中文加以翻译和解释。而由于主事者的身份、背景以及写作方式与习惯存在较大差异，这就难免存在一定的主观性，译名混乱现象比比皆是。譬如今日所谓"钢筋混凝土"（Reinforced Concrete），在梁思成著《清式营造则例》开篇序言之中，居然出现三种称谓——钢筋水泥[1]、钢骨水泥[2]和铁筋混凝土[3]，这还不包括"铁筋三合土""铁筋混凝土""铁骨混凝土""铁骨水泥"乃至于"钢骨混凝土"等当时常见的其他类似译名。后学者以及使用者在沟通交流时不胜其烦，以致造成实质性误解。所谓"名不正则言不顺"，"正名"不仅是以中国传统儒家思想为代表的"旧学"之精髓，[4]也是当时建筑活动现实发展急需"新学"之形势所迫。

由于土木工程专业在中国的引入早于建筑学专业，[5] 最初开始这一领域工作的其实是土木工程师，其代表性成果是1915年出版的《新编华英工学字汇》，以及出版于1928~1930年的《英汉对照工程名词草案》。但它们都是基于典型的现代工学背景，前者所收录的专用词汇，关于土木工程与机械工程者较多，而少有涉及建筑学；而后者则因建筑学没有被列入"工程名词"分类，关于建筑艺术和建筑历史方面的名词却并没有被大量收录。[6][7] 较为全面地以建筑学视角做成这一工作的，当推上海市建筑协会杜彦耿编著的《英华·华英合解建筑辞典》。下文将针对这两个代表性先例逐一评介，并讨论其与中国本土现代建筑的技术之内在关联。

1.《新编华英工学字汇》与《英汉对照工程名词草案》

近代科学诞生于西方，西方科学门类中的一些专业术语在中文中缺乏对应的词汇，这是一个不争的事实。这些专业术语随着清末大举引入"西学"鱼贯而入，至20世纪初，随着外国人在华殖民活动和中国人自身大量工程营建活动的开展，近现代工程技术在中国逐渐普及，与土木、建筑相关的西文专业术语更是大规模引入，迅速暴露出译名混乱、标准不一及交流困难等问题。相关土木工程类术语的译名统一工作亟待开展，而以詹天佑为首的中华工程师学会走在最前列——1915年出版由詹天佑编著、赵世瑄等人补充校对的《新编华英工学字汇》（图5-10）。詹天佑在《编纂华英工学字汇缘起》中写道：

图5-10 《新编华英工学字汇》封面

① 梁思成. 序 [M] // 清式营造则例. 北京：中国建筑工业出版社，1981.

② 同上。

③ 同上。

④ 孟琢. 论正名思想与中国训诂学的历史发展 [J]. 北京师范大学学报（社会科学版），2019（5）：67-72.

⑤ 李海清. 中国建筑现代转型 [M]. 南京：东南大学出版社，2004：74-80.

⑥ 王凯. 现代中国建筑话语的发生 [M]. 北京：中国建筑工业出版社，2015：06.

⑦ 吴承洛. 三十年来之中国工程 [C]. 中国工程师学会南京总会，1946.

"窃维工程学术之发达必待名词之统一，西学东来历时虽久，工学名称迄未准定……于是西文一名中国则有文义俗义之分，南言北言之异，以及日本名词之别，掺杂错乱，莫衷一是。学者即苦其纷纭事业，亦因之阻滞。天佑凤鉴于此，不揣浅陋……积二十年之岁月，勉得成编。至于所译名词，或根据旧籍，或沿用俗名。中国所未译出者，必征集众意，方始决定。斟酌损益，易稿屡矣。惟是天佑学识多疏，见闻尤狭，遗漏舛谬，正复不少，不敢据以所译者作为定名出而问世。乃前岁中华工程师会成立，各会员闻天佑辑有是篇，屡促付梓，以符会章审定名词之旨；辞不获已，乃重加校勘，以付梨枣……"①

由上文中可知，其时专业词汇的现实状况较为复杂，普遍存在着文义和俗义的不同、方言差异以及易与日文名词混淆等因素的干扰，乃是近代工程术语"掺杂错乱、莫衷一是"的三大原因。而詹天佑正是有鉴于此，利用其工作之便，收集记录相关专业术语，并参考旧时书籍，沿用俗称，征求众意，经过 20 年积累方成此书。但综合来看，这部《新编华英工学字汇》所收录的词语"惟关于土木、机器二科者较多"，里面包括土木工程、铁路及机械工程等多方面词汇，体量较大，涉及范围也较广，而关于建筑学的内容则十分有限，且偏重于建筑技术方面。

此外，1918 年在美国成立的中国工程学会在成立之初就专门组织"名词股"，以审定各种工程学名词。1925 年中国工程学会"工程名词审查委员会"成立，自 1928 至 1930 年间，陆续出版由该委员会编辑的《英汉对照工程名词草案》，收录词汇共分土木、机械、航空、汽车、道路、电机、无线电、化学及染织九种，由程瀛章、张济翔编订的土木工程名词就有 1800 余则。相比《新编华英工学字汇》，该"草案"的专业分类明显加强，但是建筑学没有被列入"工程名词"的分类中，虽然名词数量有所增加，关于建筑艺术和建筑历史的名词并没有被大量收录。②、③

2.《英华—华英合解建筑辞典》与杜彦耿、梁思成之互动

1931 年 2 月 28 日，上海市建筑协会正式成立。协会同仁有感于建筑专用词汇混乱之弊端，遂又于 1932 年发起"建筑学术讨论会"，并与中国建筑师学会下设"建筑名词委员会"及中国营造学社充分合作，意图编订建筑专用词汇。

具体而言，首先，上海市建筑协会在《建筑月刊》的发刊词中，就认为有在学术方面"研究讨论建筑文字"的必要，其"建筑学术讨论会"提出，首先要讨论的问题就是确定建筑技术及材料的名词统一。在《建筑月刊》第一卷第二期的通信栏中发表协会分函杨锡镠等十数人讨论名词术语问题的来往信件，如：

---

① 詹天佑. 编纂华英工学字汇缘起 [M] // 詹天佑纪念馆. 詹天佑文集: 纪念詹天佑诞辰 145 周年. 北京: 中国铁道出版社, 2006: 46.
② 王凯. 现代中国建筑话语的发生 [M]. 北京: 中国建筑工业出版社, 2015: 06.
③ 吴承洛. 三十年来之中国工程 [C]. 中国工程师学会南京总会, 1946.

"盖我国建筑名辞，庞杂不一，非惟从业者每感不便，即事业之演进亦受影响。故对于'名辞'决仅先讨论，一矣名辞确定，即通知全国建筑界一律采用。名辞即统一，乃进而探讨其他问题。"①

由此可知，协会已认识到统一名词的迫切性和重要性，及其对建筑研究的基础性价值。正是基于对专用词汇问题的重视，协会推举庄俊、董大酉、杨锡镠以及杜彦耿四人担任统一名词委员会起草委员，分工负责②——庄起草建筑材料名词，董起草装饰名词，杨起草地位名词，杜起草依英文字母排列的名词。并规定每两周开一次会。③ 其后主要由杜彦耿独立完成工作，于1936年6月正式出版，共440页，可谓鸿篇巨制（图5-11）。其中"英华之部"共264页，分上下两编，上编200页，下编64页，以英文字母表顺序索引；"华英之部"共176页，以部首笔画数排序索引。

就具体的编纂方法而言，在"英华之部"采取"英文单词—中文译名—中文解释"的编辑方式。其中，中文解释有部分配图④（图5-12）。而在"英华之部"下编开头缩略语部分，用于解释与建筑科学相关的英文缩略词之中文释义，采取"缩略词—单词全拼—中文解释"的编辑方式⑤"华英之部"则较简略，采取"中文名词—英文单词全称或缩略词"的编辑方式。⑥

图5-11 《英华—华英合解建筑辞典》封面

图5-12 《英华—华英合解建筑辞典》中英文词汇"ARCH"之释义

---

① 通信栏［J］. 建筑月刊，1933，1（1-2）：113.
② 杜彦耿. 自序［M］∥杜彦耿. 英华—华英合解建筑辞典. 上海：上海市建筑协会，1936.
③ 同上.
④ 杜彦耿. 英华·华英合解建筑辞典［M］. 上海：上海市建筑协会，1936：11.
⑤ 杜彦耿. 英华·华英合解建筑辞典［M］. 上海：上海市建筑协会，1936：201.
⑥ 杜彦耿. 英华·华英合解建筑辞典［M］. 上海：上海市建筑协会，1936：267.

关于此辞典的价值，梁思成在《营造学社汇刊》第六卷第三期的"书评"栏目给予了充分肯定，[①] 也针对性地提出订正意见：首先提出"英华之部"上下两编可以全部合为一编；其次就英文单词中遗漏的释义作出补充；再次是指出原著中意义含混的地方；第四指出释译错误的单词；第五指出译名中的别字或不够雅训者；最后是插图问题等。[②]

其中，梁思成对于 reinforcement 的译法之纠正颇值得讨论和玩味，认为"Reinforcement"应译为增强的力量或材料，而不应译为钢筋，因为钢筋是水泥里的 reinforcement，麻刀是白灰里的 reinforcement，而麻刀却不是钢筋——把麻刀看成是石灰的 reinforcement，这样的理解富有"沟通儒匠"且中西互通的神韵。虽然中国本土性现代建筑在那一时期的核心技术问题之一就是倚重钢筋混凝土结构、钢结构或钢木组合结构等现代建筑技术再现北方官式建筑样式，但梁对于这一术语的理解表明他没有神化钢筋混凝土，而是力图使读者理解其科学性原理，且指明这一科学原理在中国传统建筑技术做法里同样有发挥作用的机会。只是前者是基于精确的、采用力学量化研究过的原理，而后者则是未经精确量化的、纯经验式的原理或者可称为"道理"。这种思维和表述方式应有助于不熟悉现代建筑技术的中国从业者加深理解。

随后，对于梁思成上述意见和建议，杜彦耿在《建筑月刊》第四卷第八期的"编者琐话"栏目中，以《关于英华—华英合解建筑辞典》一文予以回应和说明：

"建筑辞典之编也，重在实用，故名词之雅训，初非顾及……其他尚有不少术语，未经加入辞典中者，如木匠以钉钉木，斜钉曰'揪'，钉一枚钉曰'收一只钉'或'吃只钉'……等等许多术语现在尚无适当之字，故未加入。但此种术语甚为重要，在作场中只一开口，即知此人是否内行也。"[③]

杜彦耿在文中从"作场"中实际应用的通俗俚语出发，以"率头"和"衬平"等其他术语为例，强调该辞典的编纂以实用为出发点，回应梁思成提出的译名之雅训问题。而从有经验的工匠口述或在施工现场中搜集名词亦是统一和整理术语的重要工作方法——毕竟是工场中工匠的口头用语，是习惯。故而有些词汇英译汉看似不准确，却正好可以说明科学性的"术语"与习惯性的"口语""俗语""俚语"之异同。

梁思成、杜彦耿关于专业词汇统一工作的上述互动过程，是近代中国建筑学术界罕见的高水准、高效率学术交流。今人观之，与乐嘉藻著《中国建筑史》遭痛批迥异。梁注重从学理上提出看法，更关注术语翻译蕴含的科学原理，而杜则从工程实践运用出发，以"作场"易于通用为准则。二者出发点有所不同，自会引发学术讨论，但也确实能够展现对于中国建筑现代化进程有关问题的思辨，有利于夯实中国本土性现代建筑的技术知识体系的学理基础。

---

① 梁思成. 书评 [J]. 中国营造学社汇刊, 1936, 6 (3): 183-194.
② 同上.
③ 杜彦耿. 关于英华—华英合解建筑辞典 [J]. 建筑月刊, 1937, 4 (8): 131.

综上，在西文建筑专业术语的引入与统一中，随着学科分化的逐步深入，从詹天佑编著《新编华英工学字汇》，到中国工程学会出版的由工程名词审查委员会编辑的《英汉对照工程名词草案》，再到上海建筑协会杜彦耿编纂的《英华—华英合解建筑辞典》，由工学而具体到土木工程，再到建筑学，专业分化逐步深入，收录的词汇涉及建筑设计、历史、构造、装饰、设备、材料、施工、结构、测量及制图等诸多专业领域，既有助于建筑业从业者对英文原有词汇的理解，也有助于行业内术语标准的形成，是一项极具价值的基础性工作。而中国本土性现代建筑技术涉及以现代钢筋混凝土结构、钢结构或钢木组合结构等再现北方官式建筑样式，则西文建筑专业术语译介与统一势必也影响其关键技术问题的研求与交流。

从1930年代建筑学者对中外古今建筑术语的整理和规范化成果来看，就北方官方建筑相关词汇而言，梁思成在整理《清工部工程做法》与《营造算例》专用术语基础上著成《＜清式营造则例＞辞解》；而在对江南民间建筑专用词汇的整理上，张镛森完成《营造法原》注解工作，编成相应《检字及辞解》；另一方面，在西文建筑专业术语译介与统一工作中，杜彦耿编成《英华—华英合解建筑辞典》，而梁思成与其展开的专业检讨与互动等都是那一时期业界的基础性研究工作，为建筑专用词汇的阐释与统一作出了基础性贡献，为中国本土性现代建筑的技术知识建构奠定了基础。

5.2 课程：以"中国营造法"为代表的核心课程建设

中国本土性现代建筑，其技术知识建构的基础工作之最前端莫过于专业词汇整理和统一，而如何在专业教育方面通过有关课程对其加以表述和传授则事关知识建构的可持续性，尤其是建造工艺传承，涉及技术主体即从业人员的教育和成长，非课程建设莫能为之。而在近代中国建筑教育发展过程中，与中国本土性现代建筑直接相关的课程，除中、西建筑史及建筑技术类课程之外，尚有一门课程横跨二者之间，且与建造工艺直接相关——"中国营造法"及其类似科目。1920年代姚承祖在苏州工专开设《中国营造法》课，以《营造法原》为讲稿；1930年代中央大学刘敦桢开设《中国营造法》课，在重庆沙坪坝时期亦有鲍鼎教授此课，南京工学院之初由张镛森讲授此课；而1928年东北大学建筑系课表中有"营造则例"之设，1950年代清华大学赵正之开设《中国建筑营造学》课程，并配有《中国建筑营造图集》……"中国营造法"或相似课程在早期中国建筑教育中为何开设？意义何在？对指导当时的建筑实践有何价值？本章针对以上议题，从发展简况、纵向比较和横向比较三个方面探讨其对中国本土性现代建筑技术知识建构的意义和影响。

5.2.1 从苏州工专到南京工学院："中国营造法"课程简史

1. 建筑技术类课程体系中的"中国营造法"

中国最早的建筑学科教学计划见于1902年张百熙拟定的《钦定京师大学堂章程》，随后清廷于1904年颁布《奏定学堂章程》（史称"癸卯学制"），其中《大学堂章程》有建筑学科教学计划，与建筑技术相关的课程有 13 门（表 5-1）；[①] 而高等农工商实业学堂建筑科以及中等工业学堂木科的课程皆有相关课目。[②、③] 从上述设置可见清末建筑技术类课程关注近代西方建筑技术，而未涉及中国传统营造技术。

1912 年"壬子癸丑学制"之建筑技术类课程中增加了"中国建筑构造法、铁筋混凝土构造法"，并取消"地震学"（表 5-1）；[④] 在《工业专门学校规程》建筑技术类课程也大幅增加，含"中国建筑法"课程。[⑤] 可见"壬子癸丑学制"中的大学与工业专门学校之建筑技术类课程，包括"铁筋混凝土构造法"课程增设在内，尤其是"中国建筑构造法"和"中国建筑法"课程的首次出现，皆是其重要特征。

目前学界已取得普遍共识，即中国人自己创办的、成体系的建筑学专业教育始于1923 年成立的"公立苏州工业专门学校"（多简称"苏州工专"）建筑科，属高等专科性质。在 1926 年苏州工专建筑科的教学计划中，实开建筑技术类课程 16 门（表 5-1），[⑥] 其中，"中国营造法"课程首开近代中国建筑教育设置传统营造技术课程之先河。

1927 年，苏州工专建筑科并入"国立第四中山大学"，1928 年学校更名为"国立中央大学"，其建筑科颁布"中央大学建筑科学程一揽"，由此可知其开设 16 门建筑技术类课程（表 5-1），其中有中国营造法（Chinese Building Construction/3）。[⑦]

1933 年刊发的"中央大学建筑工程系课程标准"共有建筑技术类课程 15 门（表 5-1），[⑧] 其中有中国营造法课程。从苏州工专到中央大学的前后三份教学计划中"中国营造法"课程的持续设置，可看出其课程架构的延续性。

1939 年国民政府教育部颁布全国统一科目表，刘福泰、梁思成、关颂声在综合中央大学和东北大学建筑科的课程基础上，制定建筑学的教学计划，学制上效仿美国大学，一共四年，其中技术类课程 15 门，作为现今学者对近代建筑学教学计划的一种解读，"中国营造法"这门课由技术类转入历史类。[⑨]

1949 年南京解放后，国立中央大学改名国立南京大学，因中华人民共和国建立初期人才紧缺，49 级和 50 级学生提前一年毕业，出现了三年学制，在这一特殊学制中，技术类课程大幅减少，仅余 7 门（表 5-1），"中国营造法"不再出现在课程计划中，而"营造法"课程出现在历史类课程中。[⑩]

① 徐苏斌. 近代中国建筑学的诞生 [M]. 天津：天津大学出版社，2010：110.
② 徐苏斌. 近代中国建筑学的诞生 [M]. 天津：天津大学出版社，2010：111.
③ 徐苏斌. 近代中国建筑学的诞生 [M]. 天津：天津大学出版社，2010：60.
④ 徐苏斌. 近代中国建筑学的诞生 [M]. 天津：天津大学出版社，2010：110.
⑤ 徐苏斌. 近代中国建筑学的诞生 [M]. 天津：天津大学出版社，2010：111.
⑥ 赖德霖. 中国现代建筑教育的先行者——江苏省立苏州工业专门学校建筑科 [C] // 建筑历史与理论第五辑. 中国建筑学会建筑史学分会，1993：7.
⑦ 本书编委会. 1927—2017 东南大学建筑学院学科发展史料汇编 [M]. 北京：中国建筑工业出版社，2017：84.
⑧ 佚名. 中央大学建筑工程系小史 [J]. 中国建筑，1934，1（2）：34.
⑨ 赖德霖. 中国近代建筑史研究 [M]. 北京：清华大学出版社，2007：169.
⑩ 仲伟君."正阳卿"小组教学科研与创作实践研究 [D]. 南京：东南大学，2015：86-88.

东京工业大学—苏州工业专门学校—中央大学—南京大学—南京工学院建筑学科科课程比较

（括号内数字为学年，括号外数字为学分或学时数）

表 5-1

学校　　课类	东京帝国大学造家学科（后称建筑科）(1887)	东京高等工业学校建筑科 (1907)	癸卯学制《大学堂章程》(1904) 建筑门	壬子癸丑学制《大学规程》(1912) 建筑科	苏州工业专门学校建筑科 (1926)	国立中央大学建筑工程科 (1928)	国立中央大学建筑工程系 (1933)	南京大学工学院建筑工程系 (1949)	南京工学院建筑工程系 (1954)
公共课	数学 (1)	数学	算学 (1) 2	数学	伦理(1, 2, 3) 国文(1, 2, 3) 英文 (1) 第二外国语 (2, 3) 微积分 (1) 高等物理 (1) 体育(1, 2, 3)	语言学 (1), 6 微积分 (1), 6 物理 (1), 8	党义 (1) 2 国文 (1) 6 英文 (1) 4 微积分 (1) 6 物理 (1) 8	政治常识 (1, 2) 5 政治讲座 (3) 0 微积分 (1) 8 普通物理 (1) 8 物理实验 (1) 2	新民主主义 (1) 111 马列主义基础 (2) 124 政治经济学 (3) 137 马列主义美学 (4) 64 体育 (1, 2) 136 俄文 (1, 2) 241 高等数学 (1) 148
其他基础课				工业经济学	经济 (3) 簿记 (3)	经济原理 (4) 6			

课类 / 学校	东京帝国大学造家学科（后称建筑科）(1887)	东京高等工业学校建筑科（1907）	癸卯学制《大学堂章程》建筑学门(1904)	壬子癸丑学制《大学规程》建筑科（1912）	苏州工业专门学校建筑科（1926）	国立中央大学建筑工程科（1928）	国立中央大学建筑工程系（1933）	南京大学工学院建筑工程系（1949）	南京工学院建筑工程系（1954）
技术基础课	地质学（1） 应用力学（1） 应用力学制图及演习（1） 水力学（2） 地震学（3） 建筑材料（1） 家屋构造（1） 日本建筑构造（2） 铁骨构造（2） 卫生工学（2）	地质学 应用力学 应用力学制图及实习 地震学 建筑材料 家屋构造 日本建筑构造 铁骨构造 卫生工学	地质学（1）1 应用力学（1）2 应用力学制图和演习（1）2 水力学（2）1 地震学（3）2 建筑材料（1）1 房屋构造（1）1 卫生工学（2）2	地质学 应用力学 图法力学及演习 水力学 力学 建筑材料学 房屋构造学 中国建筑构造法 钢筋混凝土构造法 卫生工学	地质（1） 应用力学（1） 材料力学（2） 建筑材料（2） 洋屋构造（1） 中国营造法（2） 铁骨构架（3） 铁筋混凝土（2，3） 土木工学大意（2） 卫生建筑（2）	地质（1）1 工程力学（2）5 材料力学（2）5 构造材料（4）3 营造法（2）2 中国营造法（3）2 铁筋三合土（3）4 结构学（3）2 工程图案（4）9 土石工（4）3 供热、通风、供水（3）1 电光电线（3）1	应用力学（2）5 材料力学（2）5 图解力学（3）2 营造法（2）6 中国营造法（3）2 铁筋混凝土（3）4 铁筋混凝土屋计画（3）2 铁骨构造（4）2 暖房及通风（4）1 给水及排水（4）1 电焊学（4）1	应用力学（2）4 材料力学（2）12 结构学（3）15 钢筋混凝土结构（3）10 房屋结构设计（3）4	建筑力学（2，3）147 工程结构（3，4）124 建筑构造（2，3）124 建筑设备（4）72 建筑材料（4）36

课类\学校	东京帝国大学造家学科（后称建筑科）（1887）	东京高等工业学校建筑科（1907）	癸卯学制《大学堂章程》建筑学门（1904）	壬子癸丑学制《大学规程》建筑科（1912）	苏州工业专门学校建筑科（1926）	国立中央大学建筑工程科（1928）	国立中央大学建筑工程系（1933）	南京大学工学院建筑工程系（1949）	南京工学院建筑工程系（1954）
技术基础课	测量（1）测量实习（1） 制造冶金学（3）热机关（1） 施工法（2）建筑条例（3）	测量 测量实习 制造冶金学 热机关 施工法 建筑条例	测量（1）测量实习（1）1 冶金制器学（2）1 热机关（1）1 施工法（2）1	测量学及实习 冶金制器法 热机关 施工法 建筑法规	测量及实习（2、3） 金木工实习（1） 施工法及工程计算（3）建筑法规与营业（3）	测量（1）3 材料试验（4）2 建筑师职务（4）2	测量（4）2 建筑组织（4）1 建筑师职务及法令（4）1 施工估价（4）1	测量学（3）6 施工及造价（3）4	建筑及装饰施工（3）65
史论课	建筑历史（1）日本建筑历史（1）	建筑历史 日本建筑历史	建筑历史 1	建筑史	西洋建筑史（1、2、3）中国建筑史（3）	建筑史（2、3）4 文化史（1）1 美术史（4）1	西洋建筑史（2、3）6 中国建筑史（3、4）4	营造法（2）17 西洋建筑史（2）6 西方建筑史（3）4 中国建筑史（3）4	中国建筑史（1、2）180 西洋建筑史（2、3）98 俄罗斯及苏维埃建筑史（4）36

课类\学校	东京帝国大学造家学科（后称建筑学科）(1887)	东京高等工业学校建筑科 (1907)	癸卯制《大学堂章程》建筑门(1904)	壬子癸丑学制《大学规程》建筑科 (1912)	苏州工业专门学校建筑科 (1926)	国立中央大学建筑工程科 (1928)	国立中央大学建筑工程系 (1933)	南京大学工学院建筑工程系 (1949)	南京工学院建筑工程系 (1954)
史论课	建筑意匠（1，2）美学（2）装饰法（2，3）	建筑意匠 美学 装饰法	建筑意匠（1，2）1+2 美学（2）1	建筑意匠学 美学 装饰法		建筑组构（3）2 古代装饰（2）2	美术史（3）1	建筑设计原理（3）4	居住建筑原理（2）18 公共建筑原理（2）26 工业建筑原理（3）39 城市计划原理（3）54
绘图课	制图及透视法实习（1）应用规矩（1）透视画法（1）	制图实习透视法实习 应用规矩 透视画法	制图及配景法（1）3 应用规矩（1）1 配景法及装饰法（1，2）1+1	配景法 制图及配景法 实习	投影画（1）规矩术（2）	投影几何（1）3 阴影法（1）2 透视法（2）2	投影几何（1）2 阴影法（2）2 透视画（1）2	投影几何（1）2	建筑投影（1）186
美术课	自在画（1，2，3）	自在画	自在画（1，2，3）2+3+3	自在画	美术画（1）	西洋绘画（1，2，3）3+6+6 建筑画（1，3）2 泥塑术（3）2	建筑初则及建筑画（1）2 徒手画（1）2 模型素描（1，2）6 水彩画（2，3，4）10	建筑初则及建筑画（1）2 徒手画（1）2 铅笔素描（1）2 模型素描（2）2 水彩画（2，3）9	素描（1，2）276 水彩（2，3）124

学校 / 课类	东京帝国大学造家学科(后称建筑学科)(1887)	东京高等工业学校建筑科(1907)	癸卯学制《大学堂章程》建筑学门(1904)	壬子癸丑学制《大学规程》建筑学科(1912)	苏州工业专门学校建筑科(1926)	国立中央大学建筑工程科(1928)	国立中央大学建筑工程系(1933)	南京大学工学院建筑工程系(1949)	南京工学院建筑工程系(1954)
设计课	计画及制图(1,2) 日本建筑计画及制图(2) 卒业计画(3)	计画及制图 日本建筑设计画及制图 卒业计划	计画及制图(1,2,3) 15+15+24	计画及制图	建筑图案(1) 建筑意匠(2,3)	建筑大要(1,2,3) 初级图案(1,2,3) 建筑图案(2,3,4)12+10+12	初级图案(1)2 建筑图案(2,3,4)29	建筑设计(1,2,3)60 市镇设计(3)14	建筑初步设计(1)271 居住建筑设计(2)428 公共建筑设计(3)328 工业建筑设计(3,4)204 城市计划设计(4)180
	装饰画(2,3)	装饰画	装饰画(2,3)4+3	装饰画	内部装饰(3) 庭园设计(3) 都市计画(3)	内部装饰(4)2 庭园图案(3)2 都市计画(4)2	内部装饰(3)4 庭园学(4)2 都市计画(4)3		
实习课	实地演习(2,3)	实地演习 实地实习	实地演习(2,3)不定	实地实习	建筑实习(2,3)				教学实习 生产实习 毕业实习

1952 年全国高等学校院系调整，国立南京大学工学院改为南京工学院，建筑系随之并入。在 1959 年出版的南京工学院建筑系《教改专刊》中，附有 1954 年在全面学习苏联的方针下制定的教学计划，该计划具有典型的苏联特色，注重意识形态教育和美术功底的训练，强调社会主义思想下的住区和工业建筑建设，而建筑工程技术类课程有 6 门（表 5-1）。至此，无论是"中国营造法"或"营造法"课程，不再出现在之后的南京工学院教学计划中。虽然此二课程名称皆被取消，但后续发展有所不同——"营造法"这门课实际上只是更名而已，其教学内容完全由"建筑构造"课程继承了下来；而"中国营造法"作为一门课确实是不存在了，但 1980 年代南京工学院建筑系潘谷西主编全国统编《中国建筑史》教材时，其第七章《古代木构建筑的特征与详部演变》由南京工学院刘叙杰负责撰写，内容主要是关于中国木构建筑外观形式特征及其结构与构造方面，且分为南北两类分别阐述与表达。而 1990 年代朱光亚在东南大学建筑系开设《古典亭榭小品》课、薛永骥开设《仿古建筑结构》课，其教学内容皆与此有关。

总体上看，在苏州工专—中央大学—南京工学院的发展脉络中，"中国营造法"这门课程的设置虽不断变化，但在以技术思维特别是结构、构造和施工视角观照中国木构建筑的教学理念上是一脉相承的，成为研究中国高等建筑教育有关课程发展的一个标本。

2. "中国营造法"课程设置溯源

"中国营造法"作为一门正式的课程在近代中国建筑教育中颇具特色，其教学内容据亲历者回忆主要是关于中国木构建筑的法式及其工程技术做法，作为正规高等建筑教育的一门专业课程，这还是历史上的第一次。1939 年全国统一科目表、中大 1933 版课表、1928 版课表以及苏州工专 1926 版课表中皆有此课程之设置，若再向前追溯，1913 年北洋政府"教育部大学规程"相关课表也有类似课程，名为"中国建筑构造法"。而 1903 年清末"奏定大学堂章程"课表中却没有。进一步再向前追溯，则可以发现 1907 年东京高等工业学校和 1887 年东京帝国大学相关课表中皆有"日本建筑构造"课程。考虑到清末民初基于"新学"背景的高等教育体系的建立与日本明治维新之后发展新型高等教育之间的渊源关系，以及第一次世界大战期间和之后，政治民族主义和文化民族主义两种思潮在中国社会和经济生活中的遥相呼应、左右逢源——对于本土传统建筑技术体系如何进行科学化认知、表述与传播，是当时中日这两个典型的后发现代民族国家在建筑文化方面所共同面临的现实问题。投射到近代建筑教育中课程设置的具体问题上，有理由推断"日本建筑构造"课程对近代中国建筑教育之"中国建筑构造法 / 中国营造法"课程的启迪。

5.2.2 不同时期"中国营造法"课程教学状况

1. 早期的"中国营造法"教学内容

上文已提出，"中国营造法"课程设置最初受"日本建筑构造"课程之影响。而其教学实践肇始于苏州工业专门学校建筑科由"江南耆匠"姚承祖承担的有关教学工作，而《营造法原》正是苏州工专时期"中国营造法"课程的教学内容，其证据有三：

一是在陈从周整理的《姚承祖营造法原图》上作者的自序（图 5-13）：

"甲子春，苏州工专学校于建筑科中教授本国营造法。余非专门人才，而滥膺教师之职。四五年间，绘图八十余种，编成营造法原一册……当时因排日授课，虽有图样……置筐中矣……"①

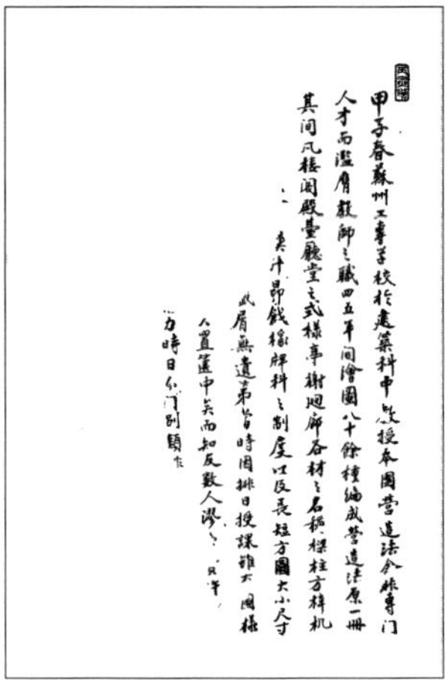

图 5-13 《姚承祖营造法原图》作者自序

由此可知，在1924年（甲子春）及其后的四五年间，姚承祖均任教于苏州工专建筑科，讲授"中国营造法"课程。籍此用几年时间编成了教学用讲义，成为《营造法原》原著书稿；

二是张镛森在《营造法原》"自序"中明确提到"该书因仅供当时讲授之用，可随时口释，所以与普通书籍体裁不同"。② 说明张也确认《营造法原》原著书稿为教学用讲义；

三是刘敦桢《营造法原》跋的有关记载：

"民国十五年秋，余执教于苏州工业专门学校，始识姚先生承祖。姚氏自清嘉道以来，累叶相承，为吴匠世家，至先生益为光大，岿然为当地木工之领袖。先生晚岁本其祖灿庭先生所著《梓业遗书》与平生营建经验，编《营造法原》一书，以授工校诸生。"③

这说明刘敦桢也确认《营造法原》原著书稿乃是教学用讲义。比照上述三位当事人的有关记述，再与已获诸多学者理清和确证的苏州工专建筑科课程表核对，当时确有"中国营造法"这门课，因而可以综合得出肯定的判断，即《营造法原》确实是1920年代苏州工专建筑科所开课程"中国营造法"的教学内容。此外，在《营造学社汇刊》第四卷第二期中，有朱启钤著《题姚承祖补云小筑卷》，其中有：

"补云祖父灿庭先生，曾著《梓业遗书》五卷，惜未得寓目。而补云题记之所称述，承先启后之思，实有所本，是其平生目营心计，咸出其祖若父之手法，木渎香山之遗规，其在斯乎。"④

由此可知，苏州工专时期"中国营造法"课程的具体授课内容，即《营造法原》原著

① 姚承祖绘，陈从周整理. 姚承祖营造法原图［C］. 同济大学建筑系，1979：10.
② 张镛森. 自序［M］//姚承祖原著，张至刚增编，刘敦桢校阅. 营造法原. 北京：中国建筑工业出版社，1986.
③ 刘敦桢.《营造法原》跋［M］//刘敦桢. 刘敦桢文集：三. 北京：中国建筑工业出版社，1987：447.
④ 朱启钤. 题姚承祖补云小筑卷［J］. 中国营造学社汇刊，1933，4（2）：86-87.

书稿的内容，除了姚氏祖传营造秘笈《梓业遗书》外，还结合其生平实际营造经验，亦融汇苏州地区其他工匠做法，整体代了江南地区的民间建筑做法，是谓"传南方民间建筑之真相"。

之后姚承祖将其授课讲稿、图册交由刘敦桢代为整理，刘又转交张镛森负责。后经张持续工作，书稿于1937年杀青，惜因战乱未获面世，至1959年方正式出版。[①] 全书共16章，依次是：地面总论，平房楼房大木总例，提栈总论，牌科，厅堂总论，厅堂升楼木架配料之例，殿庭总论，装折，石作，墙垣，屋面瓦作及筑脊，砖瓦灰砂纸筋应用之例，做细清水砖作，工限，园林建筑以及杂俎。此后，同济大学陈从周又于邹宫伍处获《营造法原》姚承祖自绘原图，[②] 并于1979年由同济大学建筑系印行，包含地盘、屋架及牌科之分布、做法、制度，戗角制度及图样、屋脊图样、墙垣砌法、补云小筑图、云岩寺大殿设计图等内容，均采用传统木作图样表达方式。从姚承祖原著、张致刚增编、刘敦桢校阅的《营造法原》和姚承祖原著、陈从周整理的《姚承祖营造法原图》这两本著作可略窥苏州工专时期"中国营造法"课程的实际讲授内容及其特点：

首先，《营造法原》中记述的是江南地区民间建筑做法，具有显著地域特征。如将进深方向的剖面称"贴"，且有"正贴""边贴"之分，其基本构成单位是"界"，即两桁之间水平投影的距离。在"平房楼房大木总例"一章中，用贴式图说明平房的四、五、六、七界，楼房的六、七界木架负重情况等。

其次，《营造法原》虽主要记述江南地区民间建筑做法，却诚如朱启钤所言，与北方官式建筑做法之联系不可忽视。如"提栈总论"中提到柱下石质的鼓状柱础'鼓磴'，木质则为'櫍'，在《营造法式》中即有"造柱下櫍"条款。

再次，《营造法原》及相关图版中有较多基于"吴语"的营造术语，体现当地语言习俗和思维方式。如"架"/"界""束腰"/"宿腰""穿斗"/"串逗"等均表现出明显的方言特征。此外，亦有许多当地特色的营造术语，如斗栱/"牌科"，举折/"提栈"等。同时，《营造法原》中术语同其他文献相比，含义却可能不同。如大木、花作、小木之分，与宋《营造法式》、清《营造则例》比较，三者大木之意均为木构建筑结构部分。而《营造法式》《营造则例》中的小木指门、窗、天井装修等，《营造法原》中则用花作（装折）来专指这部分，其小木意指器具之类。

此外，《营造法原》中建筑构件模数关系，并没有传统的"材分"和"斗口"那样严谨，其木构尺寸多以面阔、进深等为基准，而与"牌科"无关，且圆形截面木构件尺寸常用围径而非直径。如《厅堂升楼木架配料之例》中列出"厅堂木架配料计算围径比例表"（图5-14），对"围径"较为重视。[③]

---

① 刘敦桢.《营造法原》跋[M]//刘敦桢.刘敦桢文集：三.北京：中国建筑工业出版社，1987：447.
② 陈从周.姚承祖营造法原图序[C]//姚承祖营造法原图.上海：同济大学建筑系，1979.
③ 蔡军.苏州香山帮建筑特征研究——基于《营造法原》中木作营造技术的分析[J].同济大学学报（社会科学版），2016，27（6）：72-78.

厅堂木架配料计算围径比例表

梁		柱		枋 桁 及 其 他	
名　称	围　径	名　称	围　径	名　称	围　径
大　梁	按内四界进深2/10	廊　柱	按轩步柱 9/10	廊　枋	高按廊柱 1/10
山界梁	大梁 8/10	边廊柱	正廊柱 9/10		厚按斗料或枋高 1/2
双　步	大梁 7/10	轩步柱	步柱 9/10	轩　枋	高按轩步柱 1/10
边双步	大梁 7/10	边轩柱	正轩步 9/10	步　枋	高同轩枋或步柱高 1/10
正　川	大梁 6/10	步　柱	大梁 9/10	桁	开间 1.5/10
边　川	大梁 6/10		或正间面阔 2/10	桁	圆按廊桁 8/10
轩　梁	轩深2/10~2.5/10	边步柱	步柱 8/10		方按斗料 8/10
边轩梁	或大梁 7/10	脊　柱	同山界梁或同廊柱	机	长按开间 2/10
荷包梁	轩梁 8/10	金　童	同大梁	内界椽	照界深 2/10
边荷包梁	轩梁 8/10	边金童	正童 8.5/10		用料作八寸算，椽作荷包状
双步夹底	双步 8/10	脊　童	同山界梁	出檐椽	照界深2/10，用料1.01尺
	开为二片	川　童	同双步	飞　椽	用料1.2尺，矩形
川 夹 底	川 9/10	边川童	或同边双步		宽按出檐椽径 8/10
	开为二片				厚按出檐椽厚(荷包状处)8/10
				弯　椽	用料3尺~3.6尺
					一般宽自2.5寸~3寸
					厚自1.6寸~1.8寸
				帮脊木	脊桁 6/10

附注：1. 平房木架配料可应用上表计算，并可酌减。
2. 殿庭木架配料，除大梁按内四界深加三，及步柱可按前后檐进深加一计算外，余按
此表推算。

图5-14 《营造法原》厅堂木架配料计算围径

由此可见，苏州工专时期"中国营造法"课的讲授内容，既体现了江南地区建筑做法与北方官式做法之联系，又表现出其独特的构架体系和模数关系，营造术语还融合方言习俗，呈现出江南民间建筑的鲜明地域特征。

2. 后期"中国营造法"教学内容变化及其讨论

1927年苏州工专并入中央大学之后，"中国营造法"课程由刘敦桢继续教授。著名建筑师张镈曾回忆："1932年下半年，我提前选修他开的中国营造法课，同年秋他被营造学社请去，任文献部主任(梁师为法式部主任)。"[1]而中央大学工学院建筑工程系1933年课表中仍有"中国营造法"之设，可见自1932年刘赴北平中国营造学社工作至抗战爆发前这几年，该课程一直是持续开设的，但具体由谁讲授、怎样讲授目前尚不清楚。在抗战时期的重庆中央大学建筑系，由鲍鼎教授中西建筑史和中西营造法；[2] 1943年刘敦桢重回中央大学建筑系任教并于次年担任系主任，而鲍鼎则因故于1944年离开中央大学去武汉任

---

① 张镈. 我的建筑创作道路 [M]. 北京：中国建筑工业出版社，1994：10.
② 刘光华. 回忆建筑系的沙坪坝时期 [M] // 潘谷西. 东南大学建筑系成立七十周年纪念专集. 北京：中国建筑工业出版社，1997：57-59.

职。[1]由于鲍鼎为人谦和，完全有理由推断：1943年刘敦桢重回中央大学建筑系任教之后，"中国营造法"课程则仍应由刘敦桢讲授，直至1950年代初期由张镛森接替。据1947级学生潘谷西忆述：刘敦桢为他们讲授"中国营造法"课程，上课时先在黑板上画图，再讲解。而教学内容则是北方官式建筑做法，不讲南方做法。[2]中华人民共和国建立初期，"中国营造法"课改由张镛森讲授，据1950年入学的刘先觉忆述：张镛森上课讲的是北方官式建筑做法，并告诉学生若欲了解南方民间建筑做法，可课后去系资料室借蓝图看，有问题可专门去请教他。[3]

综上可知，这门课程自身的教学内容曾发生过显著的变化：在苏州工专时期，课程名称虽为"中国营造法"，但姚承祖讲授的实际上是江南地区民间建筑做法；而在中央大学后期，课程名称虽仍为"中国营造法"，

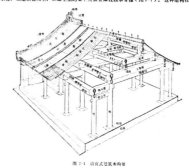

第七章 古代木构建筑的特征与详部演变

第一节 概 说

图5-15 1982版《中国建筑史》教材之第七章首页

但刘敦桢讲授的是北方官式建筑做法；至南京工学院初期，张镛森在此课上讲授的也是北方官式建筑做法，且提供南方做法资料图片供学生参考。

此后，1982年南京工学院潘谷西主编、由中国建筑工业出版社出版的全国统编教材《中国建筑史》，南京工学院刘叙杰负责编写第七章《古代木构建筑的特征与详部演变》（图5-15），[4]内容主要是关于中国木构建筑外观形式特征及其结构与构造方面，且分为南北两类分别阐述与表达。而1990年代朱光亚在东南大学建筑系开设《古典亭榭小品》课、薛永骥开设《仿古建筑结构》课，其教学内容皆与此"中国营造法"课程有关。

可见，"中国营造法"课程的教学内容，从最初仅关注南方民间建筑，到长期关注北方官式建筑，直至1980年代以来从更为宏观的人文地理学视角对于南、北两大地域建筑文化采取兼容并包的态度，经历了一番耐人寻味的变化。那么，在与本研究关系最为密切的1910至1950年代这一时段内，上述变化主要表现为从最初苏州工专时期仅关注南方民间建筑到中央大学后期、南京工学院初期关注北方官式建筑，这一转变背后的诱因究竟

① 黄康宇.怀念鲍鼎教授［M］//潘谷西.东南大学建筑系成立七十周年纪念专集.北京：中国建筑工业出版社，1997：63-64.

② 据东南大学建筑学院李海清2018年4月2日访谈潘谷西文字记录。

③ 据东南大学建筑学院李海清委托课题组成员汪晓茜2018年4月2日访谈刘先觉文字记录，当时虽然《营造法原》一书尚未出版，但在南京工学院建筑系资料室有相应蓝图收藏。

④《中国建筑史》编写组.中国建筑史［M］.北京：中国建筑工业出版社，1982：07.

是什么？

要回答上述问题，必须理清转变过程的两个端点。首先是苏州工专时期为何仅关注南方民间建筑？这首先要看当时的专业知识生产已具备怎样的条件：中国近代最为重要的建筑研究机构"中国营造学社"1930年才正式成立，而姚承祖在苏州工专开设这门课是从1924年开始的，那时由专业人士开展的关于中国建筑的专门的实勘研究尚未真正开始，遑论中国南北方建筑文化之地域差异？——就连稍早于中国人自己展开建筑文化研究的日本和欧美学者，他们的工作成果也尚未正式发表——日本学者伊东忠太于1931年出版《支那建筑史》，载于《东洋史讲座》第11卷；并于1937年由上海商务印书馆推出中文版，陈清泉译补，梁思成校订，名为《中国建筑史》，[①] 收录于《中国文化史丛书》。而瑞典历史学家喜瑞仁（Osvald Sirén）所著《中国古代美术史》之第四册《建筑》也是1929年才出版于伦敦（图4-1）。即使是开课者有心，也无力在这样的知识储备条件下作出更多的尝试。

其次，也要分析办学单位自身的基本条件。苏州工专乃是一所新近成立的省立高等工业专科学校，而并非久负盛名、经费充足、专业人才趋之若鹜的教会大学或国立综合性大学，其办学视野、培养目标以及师资条件均受到客观环境因素的诸多制约，立足江苏是一条基本准则，从苏州当地物色一名学有所成的建筑工匠来担任"中国营造法"课程教学是再自然不过的事情——地方院校聘请地方工匠，教学内容自然就会基于地域建筑工艺，这应是一种合理推断。

那么后来又为何转而关注北方官式建筑？从近代中国建筑设计实践状况来看，以"大屋顶"为主要形式特征、以西方现代建筑技术再现北方官式建筑样式的"中国化"教会建筑以及"中国固有式"建筑是当时占据主流的社会现实需求之一，而未见建筑设计中转译民间建筑的成规模需求，这种状况一直持续到抗战全面爆发之前。反映到建筑教育中，基于上述需求，在教学内容方面关注北方官式建筑做法也就顺理成章。

5.2.3 横向比较：相关课程教学内容与不同宗脉

1. "中国营造法"与西洋"营造法"课程教学内容之比较

近代中国最早的建筑学教学计划，见于1904年清政府颁布的《奏定学堂章程》。稍后，天津张锳绪于1910年出版《建筑新法》，是中国现今所知最早的建筑学教科书。其序言《建筑新法叙》提到："……故在东京大学时，即稍治建筑之学，归国后复于京保各处，监理工程，得以实地考验。本年春又应农工商部高等实业学堂监督袁钰生太史之聘，任该堂建筑功课，乃参考东西各籍编成《建筑新法》一书……"[②] 其汉字书名虽不得要领，但英文书名"Building Construction"却明白无误地昭示了核心内容（图5-16左）。由此可知，该书是为农工商部高等实业学堂建筑课程准备的教科书。其内容以建筑构造

---

① 赖德霖. 林徽因《论中国建筑之几个特征》与伊东忠太《支那建筑史》[M] // 史建. 新观察：建筑评论文集. 上海：同济大学出版社，2015：405-416.
② 张锳绪. 建筑新法叙 [M] // 建筑新法. 北京：商务印书馆，1910.

为主，侧重介绍当时西方先进建筑技术为主——全面引介洋灰、砖墙承重、木构三角桁架与建筑采暖通风等知识概念，说明全新的材料接合方法与建筑体系，而并未涉及对中国传统营造知识的讲解。

图5-16　张锳绪著《建筑新法》英文封面（左）以及序言首页（右）

此后，对西方近代建筑技术知识的引介与传播一直是中国建筑教育的重要教学内容，从"癸卯学制"的"房屋构造"，到"壬子癸丑学制"的"房屋构造学"，再到苏州工专时期的"洋屋构造"，以及中央大学时期的"营造法"，1939年全国统一科目表中的"营造法"，1949年南京大学时期的"营造法"，直至1954年南京工学院时期的"建筑构造"。虽课程名称长期为"营造法"，教学内容也是以西方现代建筑技术中的构造做法为主体，但西洋"营造法"与"中国营造法"教学内容的差异究竟何在？其间有无联系？西洋"营造法"中体现的西学知识和背后的科学原理对于"中国营造法"有何影响？下文拟就民国时期建筑教育中最能代表以上二者的文献专著予以比较考察，以期作出初步解答。

关于西洋"营造法"相关课程教学内容的研究，选取《建筑新法》和《建筑构造浅释》为标本。张锳绪著《建筑新法》于1910年10月由商务印书馆出版，是第一部由中国人撰写的介绍西方近代建筑学的专著，其内容几乎包含了当时建筑工程的所有问题，已为学界熟知，选取它的理由自不待言。而关于盛承彦和《建筑构造浅释》，则需要详加介绍与考察。

盛承彦（1892—1945），浙江嘉兴人，字宓仍，为"洋务运动"代表人物盛宣怀之曾孙。[1]1919年毕业于东京高等工业学校建筑科，期间曾与王克生、柳士英、刘敦桢同校。1921年在宣传科学民主思想的《学艺》上连载《住宅改良》一文，这是他早期对住宅研究和设计体验的总结，并说明中国建筑需要改良。[2]回国后在杭州开设西湖土木建筑事务所，设计西湖博览会工业馆，具有"装饰艺术"特征。1933年7月到1935年夏任教于嘉兴省立二中开办的高级土木科，同时也经营由其创立的"杭州审美设计事务所"。盛承彦还曾在福建汕头市政府和江苏徐州市政府工作，曾任浙江省政府技术室主任、辰州兵工厂建筑处主任、重庆市工务局建筑科长、重庆大学建筑科教授以及西北公路局总工程师。[3]其著作除《建筑构造浅释》（商务印书馆，1943年8月）以外还有《医院建筑》，可惜于

① 宋路霞. 细说盛宣怀家族［M］. 上海：上海辞书出版社，2015：348.
② 徐苏斌. 从《学艺》看近代留日学生传播信息的媒介作用［M］// 张复合. 中国近代建筑研究与保护：2. 北京：清华大学出版社，2001：37.
③ 嘉兴市政协文史资料委员会. 一代水工汪胡桢［M］. 北京：当代中国出版社，1997：177.

战争中流失。[①]作者虽明确此书并非教材，但考虑到其学术背景、担任教职及其对于当时国内大学建筑系科缺乏适用的构造工法教学内容与教材之体认，[②]乃至2000年前后东南大学建筑学科重编建筑构造教材时，主审者唐厚炽教授仍主张借鉴此书理念的史实，本研究选择此书作为标本，借以窥伺其时西洋"营造法"相关课程可能的教学内容。

《建筑构造浅释》初版于1943年8月（图5-17），是迄今所知最早以建筑构造即 Building Construction 为主要内容的中文

图5-17 盛承彦著《建筑构造浅释》封面（左）目录首页（右）

版著作，而不同于此前"构造"的中文语义主要源于日文汉字"構造"，意指建筑结构即 Structure of Building 的理路。作者在第一章"总论"中首先提出关于建筑物和建筑构造的定义。其中关于建筑构造的定义，是中文专著之首例：

"研究如何构造，或如何实施构造之学问，谓之建筑构造学。屋顶如何盖法；楼地板如何铺法；门窗如何装法；以及砖石如何砌筑；木竹如何搭接；如何利用钢铁之便于自由屈曲与耐拉，以及混凝土之致密与耐压耐火，加以适当配合，以代替天然材料，抵抗巨风地震；更进一步，如何应用照明、排水、给水、暖房、冷气装置、人工换气等设备，以完成建筑构造与构造实施之能事。盖因文化之进步，建筑构造之方面，已有日趋繁重之势也。"[③]

作者在"自序"中旗帜鲜明地提出应从真、善、美三个方面来检讨建筑物的构造、外观与平面，[④]而三者中构造最重要——若无构造，则平面不能实现，外观无所附属。其次又从城市防空、建筑教育、建筑防火、防震、防灾的角度阐释建筑构造之重要性。继而在第一章"总论"中富有创建性地提出建筑构造种类分为"砌叠、架构与整块"三种，[⑤]与现代意义上的建构学理论认知即"Stereotomic"和"Tectonic"[⑥]竟然不谋而合！

在《总论》之后，作者又以独立成章的篇幅分别介绍砖造及石造、木造、钢铁构造、钢筋混凝土构造以及建筑物之灾害及其防止等，也涉及现代建筑技术与中国传统木构技术相结合的论述，如对传统建筑中"五木构造法"提出的改良措施等。显然，就中国本土性

① 徐苏斌. 近代中国建筑学的诞生 [M]. 天津：天津大学出版社，2010：210.
② 盛承彦. 自序 [M]. // 盛承彦. 建筑构造浅释 [M]. 北京：商务印书馆，1943.
③ 盛承彦. 建筑构造浅释 [M]. 北京：商务印书馆，1943：3.
④ 盛承彦. 自序 [M] // 盛承彦. 建筑构造浅释 [M]. 北京：商务印书馆，1943.
⑤ 盛承彦. 建筑构造浅释 [M]. 北京：商务印书馆，1943：4.
⑥ （美）肯尼思·弗兰姆普敦. 建构文化研究 [M]. 王骏阳，译. 北京：中国建筑工业出版社，2007：5

现代建筑的话题而言，选择此书作为标本进行比较、分析较为适宜。

具体而言，盛承彦认为战时国家贫弱，钢铁紧缺，现存传统木构建筑之价值尤为突出。[①]而当时建筑学者的职责就在于如何使用钢铁构件加固之，同时充分利用硬木、藤皮、竹篾等大量易得之材料，整理传统木结构及构造的用法，继承并创造出优良的木构建筑新体系——在做出适当技术措施改良前提下，可利用大量民间的穿斗式建筑，即对"五木穿斗"式建筑加以改良：在基础上，为防止木构骨干倾斜，应采用斜档、增强串枋、兴建地龙；在构件接合上，主要构材接榫处应用铁件或螺钉加固，且开榫孔不宜过大；[②]在建筑物周围和四角及承重屋架处应用统柱（通长之柱），其余可用拼接柱；在楼地板构造上可按情况选用以适应不同跨度，弥补传统民居空间跨度较小的不足。[③]盛承彦进一步提出理想之建筑构造学应遵循"真、适、卑"三字："真"即不伪饰，"适"为适材适用，"卑"乃切近易行，合乎此原则方能适应国情。[④]这种关注现实国情、寻求多方面指标整体平衡的设计观念，聚焦如何与中国建筑活动的具体环境条件相结合，提出中、西营造学应相互融合，切合实际建造环境。这与先前相关专著中纯粹介绍西方近代钢铁或钢筋混凝土结构、构造技术有着本质的不同（表5-2）。

殊为遗憾之处在于：这样一本具有开创性价值的建筑构造专著，却没有一张插图。原来作者本意是另编写一本"姊妹书"《建筑构造图解》，以与此专著配合使用。[⑤]只是迄今为止尚未发现该出版物。有理由推断：很可能因作者英年早逝，未能及时完成编著工作。即使是这样，也丝毫不能遮蔽或损毁其在中国建筑学术发展过程中所具有的理论意义和实践参考价值——《建筑构造浅释》在按照常规分门别类阐述不同材料、结构体系的构造做法之外，建立了一整套定义、观察和描述方法，且构筑起建筑构造相关价值判断的核心理念，探讨了如何加强中国传统木构的科学性等根本问题。其中关于理想构造学应遵循"真、适、卑"的三字箴言，是近代以来中国建筑学人首次深刻、全面和系统地构建并阐释建筑技术观，至今仍具警示价值；而《建筑构造浅释》成书于抗战时期更是具有一种象征意义——中国建筑学人所致力的专业知识建构，在前期侧重外部引入之基础上，开始尝试自主思维。

早于《建筑构造浅释》三十余年成书的《建筑新法》，则又是另一种状况。《建筑新法》全书共分两卷，凡例中简介本书具体内容，并明确提出采用配图、公式与例题，辅以说明问题。[⑥]第一卷"总论"中详述设计原理、构造做法，特别是砖木结构有关构造做法。[⑦]第二卷"分论"中介绍建筑的通风、取暖、采光、疏水的原理和做法，建筑绘图布局方法，

① 盛承彦. 建筑构造浅释 [M]. 北京：商务印书馆，1943：57-58.
② 盛承彦. 建筑构造浅释 [M]. 北京：商务印书馆，1943：66-67.
③ 盛承彦. 建筑构造浅释 [M]. 北京：商务印书馆，1943：83-84.
④ 盛承彦. 建筑构造浅释 [M]. 北京：商务印书馆，1943：296.
⑤ 盛承彦. 自序 [M] // 盛承彦. 建筑构造浅释 [M]. 北京：商务印书馆，1943.
⑥ 张锳绪. 建筑新法 [M]. 北京：商务印书馆，1910.
⑦ 张锳绪. 建筑新法 [M]. 北京：商务印书馆，1910.

以及剧场、医院、住宅和工场等使用要求和设计要点。[①] 应当可以确认，《建筑新法》是一本关于建筑设计的专著，但对于建筑构造等技术问题给予了极大的关注，特别是第一卷针对其时常见的砖木结构，分别以独立成章的篇幅阐述了瓦工、木工、粉饰油饰及玻璃工等构造做法（表5-2）。

"中国营造法"课程即选取上文已有过详细讨论的《营造法原》和《姚承祖营造法原图》。其中《营造法原》的内容前文章节已有重点评介，不复赘述。《姚承祖营造法原图》中所载即是姚承祖本人在苏州工专时期教授"中国营造法"所用原图，共有50余幅，涉及几乎所有平房楼房的结构与构造做法（表5-2）。

比较以上四本有关著作，涉及"中国营造法"的是《营造法原》和《姚承祖营造法原图》两本，它们主要论述江南民间建筑做法，不仅开列样式，还有构造、材料、施工和用料等方面一应俱全，几可视为苏州地区建筑设计与施工专业活动指南；而《建筑新法》是一部意在引进西方近代先进建筑技术的建筑设计专著，除介绍建筑通风、取暖、采光、排水和科学制图法以外，对砖木结构、三角桁架结构与构造做法的阐释是其重点；《建筑构造浅释》则聚焦建筑工程实现的构造方面，详细介绍构造方法与建筑防灾等，进一步探讨引入西方现代建筑技术改良中国传统木构体系，即使对于今日建筑学发展仍有不可忽视的基础理论价值。

从组成内容上看，"中国营造法"更为关注整体的、从设计到施工的完整技术系统，但其立足点是中国传统木构建筑技术体系，早期侧重江南民间建筑；而西洋"营造法"其实只是现代建筑学意义上的、建筑构造这一方面的知识，其覆盖范围明显较小，但其求知意图已发生改变：由早期全面学习西方的"洋屋构造"到后来意在中西结合的"建筑构造"，其立足中国本土发展现代建筑技术的观念值得关注。

从表述方式上看，"中国营造法"方面的《姚承祖营造法原图》因其初成于1920年代中期，仍使用中国传统的文言文体和图样表达方式，而《营造法原》则利用现代科学技术知识和工程制图方法，以文、图、物的严格对应关系科学诠释中国传统营造技术；至于西洋"营造法"方面的《建筑新法》，更是运用现代工程技术知识，以数学计算、公式、图表、投影图、透视图等表述建筑构造做法。《建筑构造浅释》则基于现代建筑学和工程学，结合当时具体国情，提出"以材料为经、以灾害为纬"的研究目标，采用以解决实际问题为导向的叙述方式，可惜未能按计划出版《建筑构造图解》，以其缺乏配套插图而成为遗憾。

上述表述方式的差异，具体可从三本著作中的插图看出。在《姚承祖营造法原图》正文首页中，是描绘苏式住宅位置和间架的"地盘图"，图中仅有双线和单线分出房间和木构间架，双线是房屋实体边界，区分院落和房间，单线是表达间架体系，即每帖屋架位置，但不画柱子，不表示柱子位置和大小，用文字标注出每座房屋开间、进深尺寸（图5-18）。而在《营造法原》图版部分首页——苏州留园东宅平面布置图中，单线表示

---

① 张锳绪. 建筑新法 [M]. 北京：商务印书馆，1910.

课程	"中国营造法"		西洋"营造法"	
著作	《姚承祖营造法原图》	《营造法原》	《建筑新法》	《建筑构造浅释》
作者	姚承祖、陈从周	姚承祖、张镛森、刘敦桢	张瑛绪	盛承彦
出版年份	1979	1959 初版，1986 再版	1910 年 10 月	1943 年 8 月
出版单位	同济大学建筑系	中国建筑工业出版社	商务印书馆	商务印书馆
章节内容	姚承祖营造法原序 题补云小筑图 平房楼房屋架贴式图 厅堂贴式图 地盘图 牌科之分类 牌科侧面、行间形式 屋架制度图样 梁橼、桁与柱、穿枋配合贴式 殿庭、厅堂山雾云正面、侧面之式 戗角（嫩戗 / 老戗）制度、图样，镶合寸尺之名称、做法及形式 脊吻式样 墙垣砌法 补云小筑图 云岩寺大殿设计图	自序 / 再版弁言 第一章《地面总论》 第二章《平房楼房大木总例》 第三章《提栈总论》 第四章《牌科》 第五章《厅堂总论》 第六章《厅堂升楼木架配料之例》 第七章《殿庭总论》 第八章《装折》 第九章《石作》 第十章《墙垣》 第十一章《屋面瓦作及筑脊》 第十二章《砖瓦灰砂纸筋应用之例》 第十三章《做细清水砖作》 第十四章《工限》 第十五章《园林建筑》 第十六章《杂俎》 附录：量木制度 / 检字及辞解 / 鲁班尺与公尺换算表 营造法原插图 / 图版	序言与凡例 第一卷总论 第一章《瓦工》 第二章《木工》 第三章《粉饰油饰及玻璃工》 第二卷分论 第 一 章《通 气、取暖、采光、疏水》 第二章《绘图布局》 第三章《应用问题》	序言与凡例 第一章《总论》 第二章《砖造及石造》 第三章《木造》 第四章《钢铁构造》 第五章《钢筋混凝土构造》 第六章《建筑物之灾害及其防止》
页数	35	223	80	296
建筑图	50 余幅	照片及插图 128 幅 / 图版 51 幅	144	0
数据表格	无	26	8	0
数理公式	无	无	数则	0

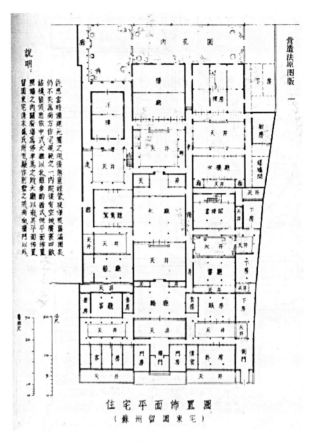

图 5-18 《姚承祖营造法原图》载某
　　　 住宅地盘图

图 5-19 《营造法原》载苏州留园东宅平面布置图

有层高差异，即踏步、楼梯之处，双线表示门窗、格栅、隔墙等处，粗实线表示砖墙，实
心圆点表示柱子大小和位置，图幅在下角另附比例尺，即完全采用科学的工程制图法——
在现场调研、测绘基础上，以正确的比例、合理的线型精准反映该住宅的实际面貌
（图 5-19）。再如"提栈图"，张镛森增编 1986 版《营造法原》是按照"举折"的实质
性做法绘制成连续折线，而《姚承祖营造法原图》1979 版中居然绘制成曲线（图 5-20、
图 5-21）。姚本人是工匠出身，拥有丰富的实践经验，不可能不知道"举折"实际是由
不同步架的椽子形成连续折线，只是他对于屋面呈现的外观（现象）与内部结构、构造的
实际做法（实质）之间的关系难以作出精微分辨——姚承祖毕竟没有受过新式专业教育，
仅初步读过《百家姓》《千字文》这类启蒙读物和《大学》《中庸》等儒家文献，[①] 没有新
学知识背景作为基础，致其研究方法在科学性方面难免存在不足——"造"最看重料形、
尺寸以及构件之间的连接关系，而"营"却要兼顾外观效果的最终考量。"营造"出身的

---

① 李洲芳，马祖铭. 一代宗匠姚承祖 [J]. 古建园林技术，1986（2）：63-64.

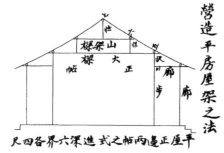

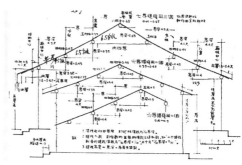

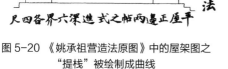

图 5-20 《姚承祖营造法原图》中的屋架图之 "提栈" 被绘制成曲线

图 5-21 1986版《营造法原》之 "提栈" 按 "举折" 实质性做法绘制成连续折线

人对于 "营" 和 "造" 的复杂关联如何分辨与表述可能存在着模糊不清的混沌状态,由此可见一斑。

而在《建筑新法》中,以第136图即墙身剖面图形式阐释便所建筑构造(图 5-22);第140图即讲堂平面、立面、桌椅布置图和切面图说明其设计及构造;第141图更是以东京高等工业学校三层平面图说明学堂建筑的布局方法;此外,卷二 "绘图布局" 一章论述了绘图步骤,运用工程制图原理,平、立、剖面图之间有严格、准确的对应关系,反映建筑结构与构造组成以及准确的比例与尺度。

将《姚承祖营造法原图》《营造法原》及《建筑新法》中的插图进行比较,可见后者(包括中者)不再借助文字说明房屋尺寸,而以尺寸数据和比例尺使得 "图" 和具体建筑 "物" 之间建立起一种精确的投射关系,这种 "图" 应可视为现代建筑学知识体系的基础之一;而前者的 "图" 更像是概念认知。另外,由图示推及全文叙述方式,可见在 "中国营造法" 内容的表达上,存在着经过现代建筑学和工程学 "转译" 前后的差别,而由于西洋 "营造法" 有关成书较早,其借鉴和应用科学表述方法和工程制图法在先,有可能成为 "中国营造法" 表述方式发生变化的诱因——毕竟,《营造法原》图版科学表述建筑 "图" "物" 对应关系,对《姚承祖营造法原图》传统图样进行科学转译这一工作是由张镛森主导的,而张镛森恰恰是在苏州工专系统学习过 "洋屋构造" 和 "中国营造法" 这两门课,完全具有这一知识储备条件。

2. 不同宗脉建筑院系类似课程之比较

除了苏州工专—中央大学—南京工学院一脉的 "中国营造法" 课程值得关注外,国内其他不同宗脉的建筑院系还有没有类似课程?其教学内容是什么?有无具体差异?这首先要从紧接着中央大学建立的另一个建筑院系——东北大学工学院建筑系开始梳理。

1928年,梁思成任东北大学工学院建筑系主任,建筑系时任教师有五位:梁思成、林徽因、陈植、童寯以及蔡方荫。由《童寯文集》第一卷《建筑教育》一文所附东

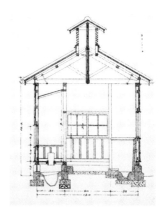

图 5-22 《建筑新法》中阐释便所建筑构造的剖面图

北大学工学院建筑系四年制教学计划表可知其建筑技术类课程有 15 门，并未出现"中国营造法"。但值得注意的是，一年级教学计划有"建筑则例"课程。[①] 据该系 1928 级学生刘致平回忆：

"我在东北大学建筑系作学生时，梁思成先生曾带着我们一班学生去拜访过朱启钤先生，他当时很热情地拿出很多古建筑的图纸（请木匠师傅画的清工部《工程作法》图纸）给我们看，给我留下很深的印象。"[②]

而该系 1930 级学生张镈在《我的建筑创作道路》中也曾写道：

"梁师作为建筑史专家、学者，自然对祖国建筑艺术产生好感。因此，在 1930 年下学期，开始先到东大近邻的北陵去做实地的调查测绘工作。开始了他向中华民族文化进军的科研生涯。"[③]

梁思成曾于宾夕法尼亚大学学习时即已收到梁启超寄来的宋《营造法式》重印本，并已开始着手研究；[④] 完成硕士学位学习之后转赴哈佛大学，"以研究西方学者关于中国艺术和建筑的著作"。[⑤] 而通过上述东北大学建筑系两位学生的文字可知，梁在沈阳时期就已对中国传统营造技术产生极大兴趣，并展开具体研究工作，故而可推测"建筑则例"课程可能是由梁本人讲授，内容或以清官式建筑做法为主。

梁思成转入中国营造学社工作之后即已脱离建筑教育岗位，直至 1946 年又重入清华大学创办营建学系。而在梁于 1949 年发表的《清华大学营建学系（现称建筑工程学系）学制及学程计划草案》上可以获知：其时该系课表却无"中国营造法"之设。[⑥] 但依据侯幼彬《寻觅建筑之道》一书记载，1952 年因全国高校院系大调整，北京大学工学院建筑系并入清华大学，侯于 1952 年 9 月入清华大学建筑工程学系就读，并在 1953 年前后学习由原北大赵正之讲授的"中国建筑营造学"课程；同时，清华大学建筑工程学系以赵正之和陈文澜在原北大教学时绘制的图样为基础，编印《中国建筑营造图集》作为教学辅助用书，具体授课内容是清官式建筑做法。[⑦]

---

① 童寯. 建筑教育 [M] // 童寯. 童寯文集：第 1 卷. 北京：中国建筑工业出版社，2000：112-117.
② 刘致平. 纪念朱启钤、梁思成、刘敦桢三位先师 [J]. 华中建筑，1992（1）：1-3.
③ 张镈著. 我的建筑创作道路 [M]. 天津：天津大学出版社，2011：8.
④ 费慰梅. 梁思成传略 [M] // 梁思成. 梁思成全集：第 8 卷. 北京：中国建筑工业出版社，2001：4-10.
⑤ 同上.
⑥ 梁思成. 清华大学营建学系（现称建筑工程学系）学制及学程计划草案 [M] // 梁思成. 梁思成全集：第 5 卷. 北京：中国建筑工业出版社，2001：46-54.
⑦ 侯幼彬口述，李婉贞整理. 寻觅建筑之道 [M]. 北京：中国建筑工业出版社，2018：62-63.

此外，在中国南方的高校中，1935 年建立的勷勤大学建筑系并无此类课程；[①]1940 年代抗战期间，重庆大学建筑学教学参照中央大学课程体系设置，因而有此课，其教学工作也多由中央大学有关教师兼任；[②]1952 年中国高校院系调整之后新成立的同济大学建筑系，其课程体系中并无此课，直至 1979 年风景园林专业成立时才成为本科选修课程之一。最早的授课者是王绍周教授。教学内容以古代建筑构造为主，参考书目主要是《营造法原》。[③]

再回到"中国营造法"课程的发源地：苏州工专。1946 年上海工业专科学校（原江苏公立苏州工业专门学校部分）、（伪）江苏省立苏州职业学校合并组建江苏省立苏州工业专科学校，并于 1947 年复办建筑科，由留日学者蒋骥负责。该校又于 1951 年更名为苏南工业专科学校，简称苏南工专。在苏南工专 1951 年第 2 学期的教学计划中，并没有"中国营造法"这门课，只是由主要讲授建筑史课程的蒋骥讲授"营造学"，且只有 1 学分（图 5-23～图 5-25）。[④]而同济大学陈从周曾于 1953～1954 年间兼课于苏南工专，教授"中国建筑史"与"中国营造法"；[⑤]此外，陈从周还记述香山匠人贾林祥曾任职苏南工专，后随工专并入西安建筑工程学院。[⑥]可见苏南工专建筑科的课程中也曾有"中国营造法"之设，由陈从周讲授，内容应以江南民间建筑做法为主，而香山匠人贾林祥很可能参与了辅助教学。

图 5-23　苏南工业专科学校 1952 年呈报机械、土木、建筑、纺织四科教学计划、专业设置档案封面

图 5-24　苏南工业专科学校 1952 年呈报机械、土木、建筑、纺织四科教学计划、专业设置呈文

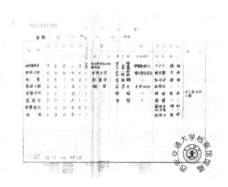

图 5-25　苏南工业专科学校建筑科 1951 学年度三年级第二学期教学计划

① 彭长歆. 现代性地方性——岭南城市与建筑的近代转型 [M]. 上海：同济大学出版社，2012：304-319.
② 郭小兰. 重庆陪都时期建筑发展史纲 [D]. 重庆：重庆大学，2013：122-123.
③ 李浈. 扣时代脉搏，展历史风采——"中国营造法"课程教学在同济大学 [J]. 建筑史，2008（23）：157-163.
④ 西安交通大学档案馆馆藏档案. 关于报送 1951 年第二学期各科教学计划 [A]. 苏南工业专科学校档案. 全宗号：SNGZ，1952-SNGZ-Y，7.0000.
⑤ 陈从周. 我与苏南工专 [M] // 陈从周. 陈从周全集：11：随宜集·世缘集. 南京：江苏文艺出版社，2013：270-271.
⑥ 陈从周. 姚承祖与营造法原 [M] // 陈从周. 陈从周全集：12：梓室余墨. 南京：江苏文艺出版社，2015：81-82.

由上述信息比对可知，除苏州工专——中央大学——南京工学院一脉以外，国内其他宗脉的建筑院系也曾开设过与"中国营造法"类似的课程，其中以清华大学建筑工程学系 1950 年代开设的"中国建筑营造学"课程较为系统，并编印《中国建筑营造图集》作为教学辅助用书，具体内容是清官式建筑做法。

综上，"中国营造法"及类似课程是近代中国建筑教育发展过程中首批确立的专业课程之一。就其课程起源来看，应该是受到 1907 年东京高等工业学校和 1887 年东京帝国大学相关课表中"日本建筑构造"课程的影响。考虑到清末民初大举引入西学和第一次世界大战之后政治民族主义、文化民族主义的觉醒，对传统建筑技术体系的科学整理，是日本和中国这两个同属后发现代民族国家在建筑学领域共同面临的现实问题，具有相似境遇。投射到建筑教育上，即"日本建筑构造"课对"中国营造法"课程开设可能产生的启迪。

"中国营造法"及类似课程的教学内容在同一宗脉的不同时期（纵向）与不同宗脉的建筑院系（横向）之间皆存有一定差异，而苏州工专—中央大学—南京工学院一脉存在着较强的连续性：苏工专时期姚承祖讲授江南地区建筑做法，中央大学时期刘敦桢讲授北方官式建筑做法，而后南京工学院时期张镛森讲授北方官式建筑做法，但提供江南民间建筑做法图纸供学生参考。此外，在东北大学—清华大学一脉中，梁思成可能在前者开设过"建筑则例"课程，而赵正之 1950 年代在清华大学开设"中国建筑营造学"课程，讲授清官式建筑做法。

与西洋"营造法"课程相比，"中国营造法"更关注整体技术系统，从设计、预算直至用料和施工做法等；在表述方式上，除早期姚承祖仍以传统方式讲授外，其后的教学均应经过现代科学技术知识和工程制图方法的"转译"。总体来看，"中国营造法"课程的教学内容、表述方式和思维方法都很有价值，利于夯实中国本土性现代建筑的技术知识建构之基础。

5.3 图集：不同指向的努力与相近背景的学理

有关建筑学的专业实践与研究，毫无疑问具有一定程度的工程技术属性。即使是在现代性意识尚未得到充分启蒙和觉醒的农耕时代，建筑活动也需要图示思维的辅助，无论是修建罗马水道还是秦始皇的陵寝，无论是维特鲁威的《建筑十书》还是李诫的宋《营造法式》，图示都是不可或缺的、最为基本的思维、表达和交流方式。正是图示思维提供了以下两种可能：一是设计者（待在办公室）可以与施工者（待在现场）相互分离，专门从事脑力劳动的人可以试图用图示语言作为工具，去控制施工现场的工作目标、流程及其结果；二是研究者（待在办公室）可以与施工者（待在现场）相互分离，专门从事脑力劳动的人可以用图示语言还原过去发生过的建造活动的流程及其具体行为，以便于作出基于各种目标的进一步研究。

以上两种形式的分离也就是社会分工，一种是从图到物的、关于建筑活动的社会生产，一种是从物到图的、关于建筑知识的专业生产。无论是哪种形式的生产，甚至这两种形式的生产在形式上居然是逆向的，图都在其中发挥了极重要的媒介和桥梁作用——它是人脑思维的外显，是对于即将发生的建筑活动的筹划，或是对于已经发生过的建筑活动

图 5-26　三本图集封面

的检讨，而都需要人脑在图和物之间作出精确的投射。如此，则图对于建筑专业工作者而言，具有极其重要的传道、授业、解惑的意义。它既是设计主体试图实现工程项目全过程远程控制（办公室—现场）的工作指南，也是历史理论研究的基础工作方法和路径。甚至，绘编图集有可能触动设计观念转变，[①] 其意义与影响不应被忽视。

那么，在本研究关注议题之内，自 1910 到 1950 年代的中国建筑师曾经作过什么样的绘编图集工作？迄今所知至少有以下三本图集值得关注（图 5-26）：

首先是 1930 年代中国营造学社梁思成、刘致平团队绘编《建筑设计参考图集》，他们有感于以往设计实践对中国建筑重形式模仿缺深度认知而绘编图集；其次是 1953 年刘敦桢、陈从周团队编辑《中国建筑史参考图》，意在解决"断代法"叙述导致无法认清建筑构件演变之问题；再次是 1950 年代清华大学建筑系赵正之为有关课程编印《中国建筑营造图集》。此三本图集绘编、出版于不同历史时期，出自不同学术团队，皆针对中国传统建筑。它们与中国本土性现代建筑的技术知识建构究竟有何关系？具体作出了哪些探索？各自的价值何在？下文拟就此依次加以评介与比较。

5.3.1　梁思成、刘致平与《建筑设计参考图集》

诚如梁思成在营造学社汇刊第六卷第二期《建筑设计参考图集序》中所言："为中国创造新建筑，不宜再走外国人模仿中国式样的路，应该认真地研究了解中国建筑的构架、组织，及各部做法权衡等，始不至落抄袭外表皮毛之讥。"[②] 而创造新的需要对于前人留下的丰厚遗产有真切而深刻的认知，《建筑设计参考图集》的意义即在于其对于设计实践的

---

① 李华，邵星宇. 从"依图组合"到"案图效形"——从《建筑设计参考图集》看一种中国建筑设计观念 [J]. 建筑学报，2016（11）：1-9.

② 梁思成. 建筑设计参考图集序 [J]. 中国营造学社汇刊，1935，6（2）：73-81.

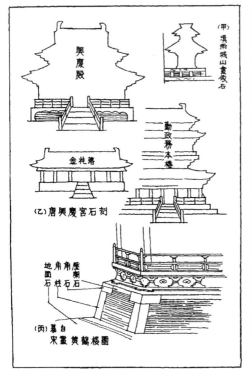

图 5-27　汉、唐、宋之"台基"对比

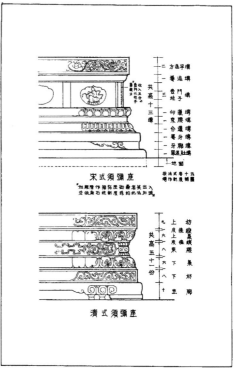

图 5-28　宋式、清式"须弥座"对比

参考价值，借以帮助建筑师对于中国古建筑有一个较真切的认识，并可作为设计实践参考。该图集由梁思成主编、刘致平编纂，自 1935 年起陆续出版，抗战前共出十集，分别是：台基、石栏杆、店面、斗栱（汉—宋）、斗栱（元明清）、琉璃瓦、柱础、外檐装修、雀替/驼峰/隔架及藻井/天花。[1]梁、刘二人各为前后五集执笔，每集由简说和图版构成，图版由实例照片或图示组成，并配文字说明。

　　具体到各图集编排，则以宋《营造法式》和清《工部工程做法则例》为文法课本，辅以学社对已调研古代建筑之分析，详述中国传统建筑中各部构件在历朝历代的演变特征。如在第一集关于台基的描述中，首先，概括台基在世界各地建筑中的发展历史；其次以文献检索考察其源流，从古籍中记载的"堂"，[2]到宋代所谓"阶基"，及至清代与现今之"台基"；最后再从形式上看历代之变化（图 5-27、图 5-28）。此外，也有将历朝历代做法

① 目前所知《建筑设计参考图集》的正式出版之版本，除却《中国营造学社》六卷二期（1935 年 12 月）刊出了《建筑设计参考图集序》以及以"简说"形式推出的台基、石栏杆、店面三集之外，正式出版单行本是中国营造学社于全面抗战爆发之前出版的十集，再有就是收入了 2001 年由中国建筑工业出版社出版的《梁思成全集》之第六卷了。
② "台基见于古籍的均作'堂'。《墨子》谓：'尧堂。高三尺，士阶三等'……由此看来，古所谓'堂'，就是宋代所谓'阶基'，清代及今所谓'台基'，当没有多大疑问。"参见：梁思成，刘致平. 建筑设计参考图集简说 [J]. 中国营造学社汇刊，1935，6（2）：80-105.

融入木作构件的分类之中阐述，如关于雀替的七种类别及其相关做法。

非但如此，亦有以章节重点阐述某一时期（主要是清末和民初）的做法，如第六集《琉璃瓦简说》，主要是关于清式屋顶琉璃瓦作，并附有转自《营造算例》的《琉璃瓦房座算例》和《琉璃瓦料正式名件尺寸表》。而全图集的叙述方式是以现代科学与工程技术知识体系为基础的：以平行投影和透视法等现代工程制图法再现传统木作构件，辅以大量实物照片，以文、图、物的严格对应与投射关系科学诠释传统营造技术。如第五集《斗栱（元明清）》，利用表格、透视图、投影图、模型和实物照片等方式辅助说明斗栱在明清时期的演变和做法。在术语释义方面，采取现代科学知识和方法来定义、指称这些概念。如关于"琉璃"的释义中，将其定义为一种有光彩、不渗水的釉质，施于陶体而成琉璃瓦，其伸展力强，然若烧制得宜，则不易剥蚀或碎裂，其成分由二氧化矽（SiO_2）及其他金属氧化物等混合烧制而成；[①]可资比较的是宋《营造法式》卷十五中所述"凡造琉璃瓦等之制，药，以黄丹洛河石和铜末，用水调匀，冬月以汤……"[②]由名词解释对比可见，兼具中国传统文化和西学背景的现代中国建筑学人开始借助现代科学与工程技术知识体系，尝试对中国传统营造技术进行转译，从而希望建立起一种新的范式：将传统的、基于经验科学的知识体系转型为现代科学与工程技术知识体系之一部分。

在初步了解上述来龙去脉之后，再反观梁思成在序言中提出的、针对当时设计实践的诸多批判，可见其敏锐的问题意识：不了解中国建筑结构理性之"诚朴合理"精神、缺乏细部研究和布局研究，就难以完成高水平的设计实践。就此而言，该图集的出版及时回应了社会现实需求，至少可作为工具书，为设计实践提供参考模板。

综上，《建筑设计参考图集》其实是一部面向建筑设计实践的细部参考图，其核心理念在于"设计"。图集内容是以中国营造学社早期对北方古建筑田野调查与分析为基础，多用北方官式建筑为案例；利用现代科学与工程技术知识诠释营造传统术语和文本，以现代工程制图法再现中国古代（尤其是明清北方官式）建筑细部。

5.3.2 刘敦桢、陈从周与《中国建筑史参考图》

《中国建筑史参考图》原系刘敦桢为南京工学院建筑系学生学习"中国建筑史"课程而绘编，[③]具体以刘敦桢负责编辑，同济大学建筑系陈从周、戴复东、吴庐生代为整理，南京工学院潘谷西和部分学生协助绘图、标注。图集于1953年4月编成，以非卖品方式付印，可视为二系合编教材。

关于绘编图集之目的，主要是刘敦桢认为采用"断代法"讲述中国建筑史多有不妥：首先，中国建筑虽一直在发展变化，但长期处于封建社会，以致建筑演变较为迟缓，除宫殿、陵寝及都城布局外，建筑式样与结构很少因改朝换代而发生显著变化，以"断代法"

---

① 梁思成，刘致平. 建筑设计参考图集第六集：琉璃瓦简说［M］//梁思成. 梁思成全集：第六卷. 北京：中国建筑工业出版社，2001：325.

② 李诚. 营造法式［M］. 北京：中国建筑工业出版社，2006：11.

③ 刘敦桢. 前言［M］//刘敦桢. 刘敦桢全集：第七卷. 北京：中国建筑工业出版社，2007：91.

讲中国建筑之演进，难免诸多与事实不符之处；^① 其次，中国建筑史教学应使学生能掌握建筑各部位演变特征，以便创作应用。如对式样结构的某一项目，想了解其起源、发展与演变，势必要从各朝代抽取相关资料加以整理，才能获悉全貌。既如此，不如明确采取"纵断法"更为直接有效。^②

《中国建筑史参考图》分前、中、后三篇，前篇先讲中国建筑总体特征与背景，其次以生产关系简介建筑发展状况，使读者获得关于中国建筑的概貌。前篇有中国建筑各种平面、辽宋元明清平面比较及屋顶式样等；中篇从住宅始，说明都市计划、庭园、商店（附小庙）、楼阁、宫殿衙署、寺庙、陵墓、塔幢（附其他纪念物）、石窟、亭、牌坊及桥梁等各种建筑演变与特征；而后篇则阐述各种结构装饰单位演变与特征。

其图片内容是将各时期建筑或城市从宏观的总平面图直至微观的节点大样、模型、拓片及实物照片等，就相关主题统一排版，分门别类讲述。如前篇各类平面图主要反映木作间架体系；中篇庭园和商店主要以照片呈现重要案例；都市计划主要以总图、府城图及平面复原想象图呈现演变特征（图5-29～图5-31）。而一旦具体涉及建筑类型时，则采取多种图示综合说明。后篇虽也按各详部依次展开，如"斗栱"一节有汉代斗栱、唐宋元明清斗栱比较图、宋式及清式斗栱、清式五踩溜金斗栱图等，貌似与梁思成、刘致平《建筑设计参考图集》类同。但因本图集仍为教学之用，故与梁、刘图集仍有较大差异。如比较刘、陈图集之"门窗"与梁、刘图集之"外檐装修"，前者实物照片大为减少，取代的是以较多的线稿表现窗棂格栅。

总体而言，该图集回应了当时急迫的教学需求，知识面涵盖也较为全面，从宏观的城市到中观的建筑类型，再到微观的建筑细部皆已纳入。但编者也坦言因考虑控制篇幅以减少印刷费用、减轻学生负担，故有些重要例证和可以板书之图未收入。^③

在叙述方式上，中、后篇皆用"纵断法"，以便于学习、记忆和应用。如在中篇《陵

图5-29　南京平面图（明）

图5-30　平江府治平面图（宋）

图5-31　元大都城坊宫苑平面配置想象图

---

① 刘敦桢. 前言 [M] // 刘敦桢. 刘敦桢全集：第七卷. 北京：中国建筑工业出版社，2007：91.
② 同上.
③ 刘敦桢. 前言 [M] // 刘敦桢. 刘敦桢全集：第七卷. 北京：中国建筑工业出版社，2007：91.

墓》中，利用考古测绘图、实景照片、投影图、画像砖等说明陵墓在周末、西汉、东汉、唐、宋、明、清等朝代的建筑形制和演变；在后篇《栏杆》中，依次说明五代、辽、金及明、清两代栏杆之发展变化。但也有篇目并不以各朝代对比为主，如"住宅"反映各地民居特色，"彩画"图案也皆以清式为准。

比较而言，刘、陈图集之"纵断法"其实在梁、刘图集中也有采用。如关于斗栱，二者皆从汉代斗栱一直谈到明清斗栱，皆关注"时间上漫不可信的变迁"。[①]但刘、陈图集主要为应对教学之需，而梁、刘图集则面向设计实践提供参考。就教学来看，以知识体系自身建构为导向的学习过程需要更强的系统性和完整性。综上，《中国建筑史参考图》明确回应建筑史课程教学需求，其核心理念在于"历史"，虽也采用"纵断法"，但内容更为全面而系统。

此外，刘、陈图集的绘编时间毕竟比梁、刘图集晚了近二十年，前者所能掌握的各类资料诸如建筑考古学进展、研究专著、论文等更为充裕，因此所采用的案例图片更为丰富，资料性更强。仍以斗栱为例，刘、陈图集不仅有日本奈良唐招提寺金堂檐柱斗栱图，还收录了山西五台山佛光寺大殿柱头铺作为唐代遗构实际案例，而梁、刘图集则没有，而只能以日本奈良唐招提寺金堂檐柱斗栱图作为辅助资料（图5-32）。这是因为梁、刘图集之前三辑（台基、石栏杆、店面）在《中国营造学社汇刊》出版是1935年12月，

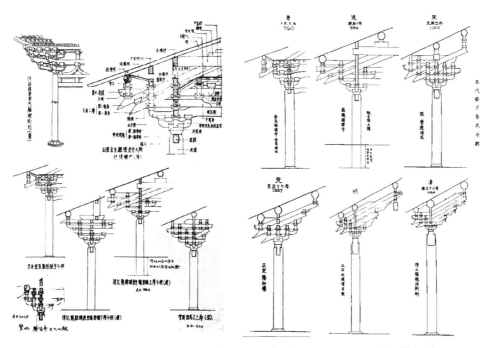

图5-32　刘敦桢、陈从周《中国建筑史参考图》之"唐宋（辽）元明清斗栱之比较（一）"（左）与梁思成、
刘致平《建筑设计参考图集》之"各代带下昂式斗栱"（右）

---

① 梁思成，林徽因. 平郊建筑杂录 [J]. 中国营造学社汇刊，1932，3（4）：98-110.

至抗战爆发前该图集已出版 10 辑，"斗栱"为第四辑，紧随前三辑之后，其出版时间应为 1936 年上半年。此时距离 1937 年 7 月 5 日梁思成、林徽因发现五台山佛光寺大殿还有一年多。所以梁刘图集当时还不可能将其收录。

5.3.3 赵正之、陈文澜与《中国建筑营造图集》

1953 年前后，赵正之在清华大学建筑系开设"中国建筑营造学"课程，[①] 为方便教学出版《中国建筑营造图集》，全图集共 70 页。系根据之前陈文澜在北京大学工学院建筑系为中国建筑教学所需而编绘的蓝图图底翻印而成。[②] 整体来看，这本图集较完整地反映了清官式建筑的建造技术，但其具体内容正如编者在开篇中所述：图集的系统性不够，部分图片与《清式营造则例》或中国建筑史上的图片类似。

考察《中国建筑营造图集》的具体内容，可从两方面入手，其一是赵正之 1950 年代在清华大学建筑系开设"中国建筑营造学"课程的教学内容，该系 1952 级学生侯幼彬在其著作《寻觅建筑之道》中有关于该课程的忆述；其二是赵本人作于 1960 年春季的论文《中国古代建筑工程技术》，[③] 后正式出版，收录于清华大学建筑系 1983 年编印的《建筑史论文集第 1 辑》。

据侯幼彬忆述，赵正之专门为此深入匠师职业生活，熟稔清官式建筑工程做法。关于这一点，赵在《中国古代建筑工程技术》开篇即指出，在中国传统木构建筑各分支中，华北和中原地区最具代表性。[④] 所以他在研究中国木构建筑体系时，就以华北和中原地区建筑为主，深入分析官式建筑工程技术做法，这种关注也体现在图集收入的具体内容中。

如《中国建筑营造图集》所载内容，在横梁与檩条结合处，大式做法与小式明显不同。侯幼彬忆述有详细解释：赵正之在讲到清式建筑中檐檩与梁端搭接时，说小式做法是直接把圆檩搭在梁头的半圆卯口内，大式做法则在梁头的半圆卯口内做了一道"鼻子"，构造连接稳定得多。[⑤] 这也体现在赵著《中国古代建筑工程技术》一文中，提出中国木构建筑成长阶段最后为"矩形架道梁架"阶段，如明清官式建筑结构做法特点之一，就是在每一横梁的两端挖出"架道"（清称桁椀），使檩条位置不易滑移（图 5-33）。

此外，针对《中国建筑营造图集》第 56 页琉璃瓦各分件图（图 5-34），赵正之在"中国建筑营造学"课程教学中对"正吻"技术做法作如下结构与构造逻辑之解读：正吻是由

---

① 侯幼彬，李婉贞. 寻觅建筑之道 [M]. 北京：中国建筑工业出版社，2018：62-63.
② 其具体内容则有装饰与纹样、砖石构筑，法隆寺、普贤阁、佛光寺、太和殿图示，宫室平面图，檩数分配图，各大式与小式建筑做法（五檩、六檩、七檩、九檩），清式举架、庑殿推山、歇山收山、悬山挑出之法，角梁构造、大样与长度求法，大门装修，井口天花大样，圆、方、八角亭平面与断面图，斗栱（一斗二升、一斗三升、三踩、五踩、九踩），斗栱分件图，屋脊大样，瓦作、琉璃作，琉璃瓦合分件，封护檐，围墙顶，大木构件权衡表，小木装修、瓦作、石作名件权衡表。
③ 赵正之. 中国古代建筑工程技术 [M] // 清华大学建筑系. 建筑史论文集：第 1 辑. 北京：清华大学出版社，1983：10-33.
④ 同上。
⑤ 侯幼彬，李婉贞. 寻觅建筑之道 [M]. 北京：中国建筑工业出版社，2018：62-63.

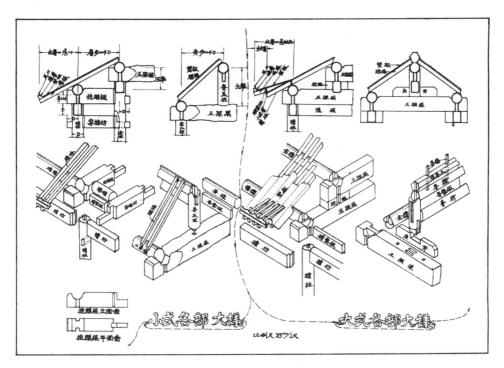

图 5-33 赵正之、陈文澜《中国建筑营造图集》大式小式各部大样图

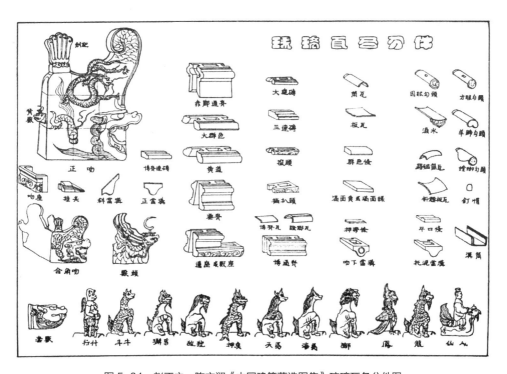

图 5-34 赵正之、陈文澜《中国建筑营造图集》琉璃瓦各分件图

琉璃件拼装而成，为减重而中空，施工时以碎砖破瓦填实。这需要在正吻上开口以便填料，而"剑靶"就是这开口的盖子。"背兽"最初也是因其塞子的作用而存在：正脊内有长铁杆贯通，以连接各段琉璃件，而"背兽"部位洞口即为横穿铁杆而设，塞子做成"背兽"形象。[①] 综上，通过考察赵正之"中国建筑营造学"课讲授内容及相关论文，可看出图集偏重于清官式建筑工程做法阐释，其核心理念在于"营造"。

整体来看，就中国本土性现代建筑的技术知识建构而言，由不同团队开展的三本图集绘编，其工作目标指向各有侧重：梁思成、刘致平的《建筑设计参考图集》应设计实践所需，侧重"参"，为建筑细部设计图集；刘敦桢、陈从周的《中国建筑史参考图》明确针对教学需求，侧重"史"，刻意采用"纵断法"而非"断代法"表述，按建筑发展历程总览—建筑不同类型—建筑详部三个环节说明其演变与特征，较为全面和系统；而赵正之、陈文澜的《中国建筑营造图集》亦是应教学需要，为"中国建筑营造学"课程之参考图，内容上侧重"造"，重点讲述清官式建筑工程做法。其实，三本图集内容都侧重北方官式建筑，特别是梁思成、刘致平的《建筑设计参考图集》，和赵正之、陈文澜的《中国建筑营造图集》，这从一个侧面反映了特定历史时期中国建筑研究真实的阶段性状况，以及实践需求的影响。

三本图集的编印出版，对于中国本土性现代建筑的技术知识建构具有极为重要的意义。因为建构这一知识体系的首要工作，即是运用现代科学有关知识作为基础平台和话语体系，去转译和再现主要以经验形态存在和传播的中国传统营造技术；而科学"制图"法则是现代建筑学的知识基础，运用现代工程制图法测绘、分析和还原中国古代建筑，尤其是北方官式建筑，具有代表性和开创性。就此而言，图集汇编虽由不同团队于不同时间点分别展开，具体的目标指向也不尽相同，但却共享同一种学理，即现代科学技术有关知识和基于现代建筑学和工程学的科学制图法。

5.4 本章小结

中国本土性现代建筑之所谓"本土性"，不仅首先应源自客观环境条件，也必然关乎其"本土性"得以成立的知识建构特征——其建构过程与主要内容因置身于中国的本土环境而呈现出某种独特性：术语整理、课程建设、图集绘编何以具有重要意义。

关于术语整理，1930年代以来，中国建筑学人成规模展开建筑术语整理和科学化、规范化工作，梁思成注释清官式建筑做法，著成《〈清式营造则例〉辞解》；而在对江南民间建筑专用词汇的整理上，张镈森通过调查、测绘，完成《营造法原》注解及相应的《检字及辞解》；在西方建筑专用词汇的译介与统一方面，杜彦耿编成《英华·华英合解建筑辞典》，梁思成则与其展开互动。上述术语整理都属于20世纪上半叶中国建筑学术领域最初的科学研究工作，为建筑专用词汇的阐释、归纳与统一奠定了基础。

---

① 侯幼彬，李婉贞. 寻觅建筑之道 [M]. 北京：中国建筑工业出版社，2018：62-63.

其次是课程建设。"中国营造法"课程起源应受到日本相关课程的影响，其教学内容在不同时期和不同宗脉之间皆存有一定差异，而苏州工专—中央大学—南京工学院—脉存在着较强的连续性：前期讲授江南民间建筑做法，中后期则讲授北方官式建筑做法。此外，东北大学建筑系可能开设过"建筑则例"课程，而 1950 年代清华大学建筑工程学系则开设"中国建筑营造学"课程，讲授清官式建筑做法。与西洋"营造法"课程相比，"中国营造法"更关注整体设计与技术系统，其任课教师最初为传统工匠，后为建筑学专业出身的学者，其教学内容均应经过现代科学技术知识和工程制图法的"转译"。

再次是绘编图集。梁思成、刘致平的《建筑设计参考图集》侧重"设计"，为建筑细部设计图集；刘敦桢、陈从周的《中国建筑史参考图》侧重"历史"，主要供中国建筑史教学之用；而赵正之、陈文澜的《中国建筑营造图集》侧重"营造"，重点是清官式建筑工程做法，亦应教学之需。三本图集汇编虽由不同团队于不同时间点分别展开，目标指向也不尽相同，却共享同一种学理，即现代科学技术有关知识和科学制图法。

总体来看，实践中的术语称谓关乎中国本土现代建筑的现实表述可能，课程建设与教学攸关中国本土性现代建筑知识体系的建构与传承，而图集的编辑出版对于教学和实践的多元探索更具有专业特征很强的参考和推动作用。无论是中西建筑术语的整理、阐释、归纳与统一，还是有关核心课程的教学内容、表述方式和思维方法，以及关于中国建筑的专业图集之绘编和出版，都有利于将本土经验和现代科技链接起来，夯实中国本土性现代建筑的技术知识建构之科学基础——引入和学习外来的建筑文化，谓之新知识；而搜集、整理和转译自己的古老经验，使之也成为"新"知识。二者虽皆具创新性，但后者却更近于"与古为新"，在操作上更困难。也正因如此，才应该更有价值。

第 6 章

回归 · 整合 · 再造：
"中国问题" 的凸显与解答

前文二～五章针对 1910～1950 年代的中国本土性现代建筑，围绕其技术选择机制、技术产业基础、技术主体成长以及技术知识建构四个方面展开了趋势描述、史实铺陈、案例解剖、特征概括和成因分析，初步勾勒出 20 世纪上半叶中国本土性现代建筑技术发展的基本状况，以获得较为清晰的整体图景。而问题在于，是什么使得中国本土性现代建筑之技术发展具有某种不可忽视的特殊性？就现代建筑的本土性之比较而言，中国与日本究竟有何共同尤其是差异之处？日本现代建筑早已获得国际公认的成就，其中可资借鉴的经验究竟是什么？对于当代中国建筑发展究竟应该产生何种影响？——"中国问题"是何以真正凸现出来的？在未来又如何才可能获得超越性的解决？本章正是试图开展一种超越以上四章分项研究的综合研究，从目标回归、思维整合和范式再造三个方面对此加以综合性的分析和研讨。首先是从《建筑学报》内容选题和"全国厂矿职工住宅设计竞赛"两个切片看 1950 年代中国本土性现代建筑之技术发展的整体图景；进而从日本现代建筑的传承与再创造以及建筑院系名称、课程设置的中日比较入手，分析建筑活动思维方式的"中国问题"的由来；更进一步，以建造模式现代转型视角下的乡村建筑为议题，展开针对当下中国建筑设计实践的批判性检讨。

6.1 从两个切片看1950年代中国本土性现代建筑之技术发展的整体图景

如果说 1930～1940 年代抗战时期的中国建筑经历了一次痛苦而又不乏新生的洗礼，那么 1949 年中华人民共和国成立以后，渡过最初的战争创伤恢复期，特别是 1950 年代开始走上经济建设正轨以来，中国建筑在国家工业化背景之下，进入全面快速发展期，直至"十年动乱"爆发之前。之所以选择《建筑学报》内容选题和"全国厂矿职工住宅设计竞赛"作为两个切片，用以观察此一时段中国本土性现代建筑之技术发展的整体图景，其主要原因即在于其本身的信息负载量和代表性。

首先，《建筑学报》于 1954 年在北京创刊，由官方背景的"中国建筑学会"主办，迄今已历 65 年之久。除"十年动乱"期间曾于 1966～1972 年停刊以及在此前后各一小段时间短暂的发刊不正常以外，一直是有规律出版的正规专业期刊，在中国建筑界享有很高的学术声誉，在很多大专院校和学术机构的升等考核中被视为"本学科最高级学术刊物"。另外，其刊发的内容较为全面，特别是 1980 年《建筑结构学报》另立门户创刊之前，《建筑学报》的内容在很大程度上代表了整个国家建筑活动的学术水平和各种不同的专业方向。从它在 1954～1959 年这几年间所刊发内容的选题所呈现出的若干线索，应该能够反映出新的国家和社会管理阶层对于建构本土建筑技术体系的意志——一种实际上已上升为国家意志的政策导向及其影响。

而"全国厂矿职工住宅设计竞赛"作为一个具体事件，也是由中国建筑学会主导开展的、首次以厂矿职工居住建筑设计为议题的全国性专业学术活动。参赛者来自全国各大高校、科研机构和设计单位，建筑界的著名学者和实践型建筑师参与了竞赛规则制订和作品评选，且有关成果（包括评语在内）得以结集出版，其水平在相当程度上代表了当时国内建筑设计行业总体状况，也应反映了政策导向。

上述关注将有助于判明一种疑问：1950 年代以来的中国建筑界，是否像一般印象中那样一直沉溺于"形式与内容"或"民族形式与社会主义内容"的抽象讨论？是否只是对以"大屋顶"为代表的"形式主义"铺张浪费耿耿于怀而并未采取任何行之有效的反制措施？建筑技术究竟在学术界的专业讨论和实践中占有多大分量？其重要性究竟如何？

6.1.1 《建筑学报》：反映建构本土建筑技术体系的国家意志

《建筑学报》于 1954 年 6 月刊出第一期，当年共出版 2 期，为季刊；1955 年刊出 3 期，为双月刊。1956 年改为月刊，出版 9 期；1957～1959 年三个年度每年正常出版 12 期。就笔者关注的 1950 年代而言，共出版了 50 期。和 1949 年之前那两份最重要的建筑类期刊完全不同——《中国建筑》由中国建筑师学会主办，《建筑月刊》由上海市建筑协会主办，二者皆为纯粹的民间组织。而《建筑学报》则由半官方的中国建筑学会主办，这从它的发刊词可以一窥端倪：

"建筑学报是一个关于城市建设、建筑艺术和技术的学术性刊物。内容主要是指导性的理论论文和重要的技术论文……它是为国家总路线服务的，那就是为建设社会主义工业化的城市和建筑服务的……此外，批判地介绍祖国建筑遗产及其优良传统，也是学报的重要任务。"①

很明显，和《中国建筑》以及《建筑月刊》当年的发刊词相比，是完全不同视野、立场和气质的论调，显示出新政权超强的社会动员意志，而理论与技术则是其选题内容的两大方面。通过对 1954～1959 年这六年共 50 期内容选题作出如下归类梳理和统计分析，基本上可以认清一条明确的线索。

（1）现代建筑科学技术和中国民间建筑研究的并行推进

在建筑结构方面，有关于井字梁设计施工、②悬索结构设计等。③而清华大学周卜颐以《近代科学在建筑上的应用（二）》一文，④详细介绍了空间结构、钢筋混凝土薄壳结构、预应力钢筋混凝土结构、预应力钢结构等新型建筑结构科技在国际上的最新研究与实践进展，其案例不乏英国、比利时等老牌资本主义国家第二次世界大战后恢复建设期大量采用新结构技术降低耗材和投资的案例（图 6-1、图 6-2），也有西班牙、墨西哥和哥伦比亚等国的类似实践尝试。这表明以结构设计和施工技术创新来提高结构效率已成为国际间的普遍共识，而与此前十余年中国建筑师从战争环境中和民间建筑里开发出的混合型设计策

---

① 佚名. 发刊词 [J]. 建筑学报，1954（1）：扉页.

② 刘镇宗小组. 北京政协大礼堂井字梁设计施工的介绍 [J]. 建筑学报，1956（5）：43-50.

③ 王震元，郭启荣，等. 圆形悬索结构在轻型机械制造工业建筑中应用问题的探讨 [J]. 建筑学报，1959（5）：9-13.

④ 周卜颐. 近代科学在建筑上的应用：二 [J]. 建筑学报，1956（7）：48-53.

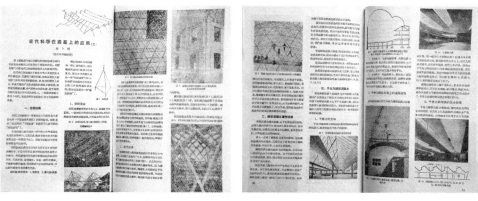

图 6-1 《近代科学在建筑上的应用（二）》详细介绍建筑结构科技在国际上的最新研究与实践进展之一

图 6-2 《近代科学在建筑上的应用（二）》详细介绍建筑结构科技在国际上的最新研究与实践进展之二

略有相似之处。

在建筑构造方面，有关于双层窗、单层窗诸多问题的讨论；[①~③] 厂房漏水、凝水与相关技术处理，[④] 以及外墙技术经济分析。[⑤] 其中，郑州肉类联合加工厂冷库墙身构造（图6-3），采用泡沫混凝土预制块作为热工绝缘层材料，并辅以斜向钢筋网加固，[⑥] 为此前所罕见。且其设计概念具有显著的科学基础，并非是容易引起歧义与误解的"保温""隔热"概念，而是很准确地使用了热工"绝缘"这一专业术语，表明其时设计人员的专业知识已达可观水准。此外，著名建筑师杨锡镠等介绍了大量泳池建筑构造设计详图，[⑦] 专业性极强。

在建筑物理方面，周卜颐从热、光、声、气四个方面详细介绍了近代科技在建筑中的应用原理与最新进展，[⑧] 如此全面的建筑科技进展介绍，是中国建筑学科有史以来的第一次。如果进一步细分，建筑热工方面的研究涉及外围护结构经济选择之热工计算分析、[⑨] 针对现有热工计算理论的意见、[⑩] 屋面隔热性能试验（针对本土气候特点的设计实验及其

① 许照. 双层窗的卫生意义及其经济价值的商榷 [J]. 建筑学报, 1955（3）：94-95.

② 张永煜. 对双层窗的卫生意义及其经济价值的商榷 [J]. 建筑学报, 1956（3）：115-116.

③ 于家祺. 单层窗适用地区的讨论 [J]. 建筑学报, 1956（2）：108-109.

④ 许屺生. 关于纺织工厂厂房防止漏水、凝水及地下渗水问题及其处理 [J]. 建筑学报, 1956（1）：95-101.

⑤ 李济慈. 几种外墙的技术经济分析 [J]. 建筑学报, 1959（7）：29-3.

⑥ 欧阳骖. 郑州肉类联合加工厂的设计 [J]. 建筑学报, 1957（10）：49-53.

⑦ 杨锡镠, 等. 北京陶然亭游泳池设计 [J]. 建筑学报, 1957（9）：74-92.

⑧ 周卜颐. 近代科学在建筑上的应用：一 [J]. 建筑学报, 1956（4）：60-65.

⑨ 陈启高. 南方房屋外围护结构的经济选择 [J]. 建筑学报, 1959（4）：21-22.

⑩ 宿百昌. 北方地区房屋外墙现有热工计算理论的初步意见 [J]. 建筑学报, 1959（12）：29-31.

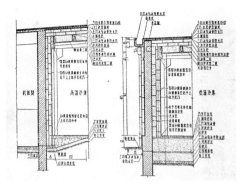

图 6-3　郑州肉类联合加工厂冷库墙身构造

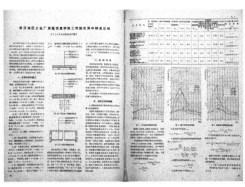

图 6-4　工业厂房热工性能实测和调查采用了科学方法

性能实测)、①垂直绿化降温、②厂房热工
性能等（图 6-4）；③建筑光学方面，采
光照明设计得到充分重视，研究与实践
涉及剧院音质、④厅堂音质设计⑤、大型会
堂照明设计，⑥有关建筑类型延伸至美术
馆、博物馆与展览馆建筑，⑦~⑨乃至剧场
和大型体育馆建筑的有关问题；⑩~⑫声
学方面，有关于国外音乐厅音质设计的
介绍（图 6-5）。⑬此外，还有建筑日照

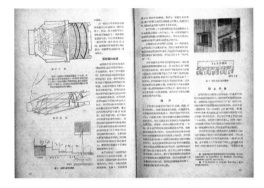

图 6-5　关于英国皇家节目音乐厅音质设计的介绍

① 建工部建研院物理室热工组．几种不同屋面隔热性能的试验研究［J］．建筑学报，1959（4）：
　23-25.
② 建筑科学研究院建筑物理研究室建筑热工组．居住建筑垂直绿化降温效能［J］．建筑学报，1959
　（3）：32-33.
③ 西安冶金学院建筑物理研究室．武汉地区工业厂房夏季热工性能实例及调查总结［J］．建筑学
　报，1959（5）：14-18.
④ 清华大学建筑系建筑声学研究组．北京天桥剧院的音质测定及初步分析［J］．建筑学报，1959
　（4）：4-11.
⑤ 建筑科学研究院建筑物理研究室声学组．一种新的厅堂音质模型试验方法［J］．建筑学报，1959
　（4）：12-14.
⑥ 建筑科学研究院建筑物理研究室．大型会堂照明新方案的探讨［J］．建筑学报，1959（4）：19-
　20.
⑦ 蒋中钧，胡心潞．关于美术馆的采光照明设计［J］．建筑学报，1959（2）：30-32.
⑧ 吴庆华．博物馆照明设计之一例［J］．建筑学报，1957（4）：44-45.
⑨ 陈鲛．展览馆建筑的采光与照明［J］．建筑学报，1959（3）：23-29.
⑩ 刘世铭．关于剧场建筑的舞台、灯光和观众厅设计［J］．建筑学报，1956（8）：50-60.
⑪ 吴庆华．井口天花的灯光处理［J］．建筑学报，1957（7）：39-41.
⑫ 梅季魁．大型体育馆的型式、采光及视觉质量问题［J］．建筑学报，1959（12）：16-21.
⑬ 王季卿．英国皇家节目音乐厅音质设计的介绍［J］．建筑学报，1957（11）：58-67.

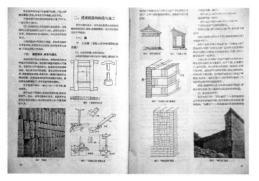
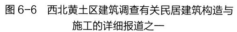
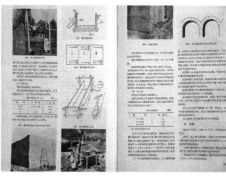

图6-6　西北黄土区建筑调查有关民居建筑构造与　　图6-7　西北黄土区建筑调查有关民居建筑构造
　　　　施工的详细报道之一　　　　　　　　　　　　　　与施工的详细报道之二

问题、[①]沼气和太阳能利用等。[②、③]通盘梳理可见，对于建筑热工和建筑光学的关注是较为突出的。

很明显，1950年代《建筑学报》有关建筑科学技术问题的内容很多，且涉及建筑结构、建筑构造、建筑设备与建筑物理各个方面，较为全面地反映了建筑活动之专业属性的分殊特征以及具体到特定历史时期的社会现实需求，这是此前1930年代的《中国建筑》和《建筑月刊》无法企及的。

而另一方面，与上述建筑科技内容相映成趣的是：正如《建筑学报》在其《发刊词》中早已言明的那样，艺术和技术并重，"批判地介绍祖国建筑遗产及其优良传统"也是该刊编辑的重要环节。所以，对于民居调查研究也有频密报道，[④~⑧]其中有关民居建筑构造与施工的资料尤为详细，有大量图片记述（图6-6、图6-7）；1956年第4期更是全文发表了刘敦桢的《中国住宅概说》。可见，关于中国建筑的研究，也并非完全局限于诸如中国建筑的特征、[⑨]中国建筑发展的历史阶段[⑩]、继承和发扬民族建筑的优秀传统[⑪]这样宏大的历史理论议题，也并不总是在诸如北京友谊宾馆、[⑫]三里河办公大楼[⑬]以及民族形式

① 陆风鸣. 居住建筑日照与方位问题的初步研究 [J]. 建筑学报，1958（4）：37-39.
② 中南工业建筑设计院. 一个既经济、效率又高的沼气发生站设计 [J]. 建筑学报，1958（9）：5.
③ 唐璞. 太阳能在建筑上的利用 [J]. 建筑学报，1958（9）：6-7.
④ 赵正之. 解放前东北平原地带农村建筑调查 [J]. 建筑学报，1955（3）：76-84.
⑤ 岑树岑. 广东中部沿海地区的民间建筑 [J]. 建筑学报，1956（2）：36-46.
⑥ 贺业钜. 湘中民居调查 [J]. 建筑学报，1957（3）：51-58.
⑦ 贺业钜. 湘中民居调查：续 [J]. 建筑学报，1957（4）：33-43.
⑧ 冶金建筑科学研究院. 西北黄土区建筑调查 [J]. 建筑学报，1957（12）：10-27.
⑨ 梁思成. 中国建筑的特征 [J]. 建筑学报，1954（1）：36-39.
⑩ 梁思成，林徽因，莫宗江. 中国建筑发展的历史阶段 [J]. 建筑学报，1954（2）：108-121.
⑪ 王鹰. 继承和发扬民族建筑的优秀传统 [J]. 建筑学报，1954（1）：32-35.
⑫ 张镈. 北京西郊某招待所设计介绍 [J]. 建筑学报，1954（1）：40-51.
⑬ 张开济. 三里河办公大楼设计介绍 [J]. 建筑学报，1954（2）：100-103.

高层建筑[①]等实践探索方面就"大屋顶"形式老调重弹。

尤为值得关注的是：在《上海虹口公园改建记——鲁迅纪念墓和陈列馆》一文中，陈植和汪定曾居然破天荒地明确提出设计实践采用"地方风格""具备江南民居风味"（图6-9），而结构设计方案也是根据空间布局实际需要采用混合策略——密肋梁、井字梁等不同结构形式配合使用。[②]无独有偶，同期还刊登了夏昌世的《广州鼎湖山教工休养所建筑纪要》，虽为新建与修建混合项目，但也采用因地制宜的混合策略，且在技术上多有因陋就简的革新之举：利用旧料、采用竹筋混凝土、钢筋砖楼面等。[③]这两个项目的总体设计技术策略选择，集中体现了某种新的趋向：中国本土性现代建筑的"再现"对象不再仅限于北方官式建筑，而是拓展到各地民间建筑；而且，其技术支持手段也不再局限于以现代钢筋混凝土结构为代表的缺省选项，而是因地制宜、顺势而为，吸取民间建筑在选材、做法等方面的经验。它们能够在权威的《建筑学报》上刊登出来，便足以表明：一方面，现代科技逐渐深入到中国建筑研究者和设计者的视野之内；而另一方面，关于文化传承的理解也突破了某种脱离地域属性的、僵化的建筑形式教条，逐步滋养出源于日常生活之具体情境的灵韵。

（2）本土技术研发——创新型设计实践对于科技和地域因素的整体观照

如何开发出适用于中国各地自身建材工业化水平和经济发达程度的本土技术措施，是摆在中国建筑学人面前的一个长期性课题，且影响深远——从1910年代的教会建筑到1920~1930年代的"中国固有式"建筑，从第二次世界大战时期的"战时建筑"到"全国公私建筑制式图案"，种种实践探索莫不如是。中华人民共和国初期的大规模基本建设也必然要面对如何"多快好省地建设社会主义"的问题，这从《建筑学报》的内容选题一样可以得到反映。

在大型公共建筑方面，华东师范大学竹构风雨操场，采用24米大跨度竹拱，变传统竹架结构为竹拱结构，在显著加大结构跨度的同时，完全不使用钢筋水泥，而且也不使用木材，达到极高的结构设计效率（图6-8、图6-9），[④]属于典型的实验型设计实践。在居住建筑方面，赵冬日介绍了采用预制小梁砖拱楼板的住宅设计（图6-10），[⑤]明确提出减少钢筋、水泥用量；甚至出现结合民间建筑传统技术的居住建筑设计方案，使用三层高土坯拱。[⑥]除上述较高层次的设计实践尝试了结合民间技术与传统技术以外，也

① 陈登鳌. 在民族形式高层建筑设计过程中的体会 [J]. 建筑学报，1954（2）：104-107.
② 陈植，汪定曾. 上海虹口公园改建记——鲁迅纪念墓和陈列馆 [J]. 建筑学报，1956（9）：1-10.
③ 夏昌世. 广州鼎湖山教工休养所建筑纪要 [J]. 建筑学报，1956（9）：45-50.
④ 董景星. 采用大跨度竹拱结构的风雨操场 [J]. 建筑学报，1956（9）：38-44.
⑤ 赵冬日. 北京市北郊一居住区的规划方案和住宅设计 [J]. 建筑学报，1957（2）：42-48.
⑥ 建筑工程部设计总局地方设计处. 大跃进中居住建筑设计方案介绍 [J]. 建筑学报，1958（6）：1-6.

图 6-8 华东师范大学风雨操场采用大跨度竹拱
结构的报道之一

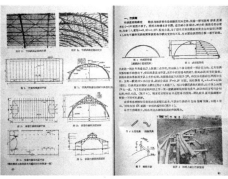

图 6-9 华东师范大学风雨操场采用大跨度竹拱
结构的报道之二

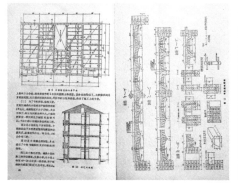

图 6-10 北京郊区住宅设计采用预制小梁砖拱
楼板结构

图 6-11 夏昌世撰文探讨亚热带建筑降温问题

有更为"接地气"的简易做法实验，如采用芦苇建房[1]及简易房屋设计；[2]关于快速施工、土竹木结构的介绍，[3]凡此种种，不一而足。甚至《建筑学报》1959 年第 8 期居然成为广州建筑专辑，第一次全面报道某一地区的新建筑成就——"地域""地方"的概念开始逐步被接受。

这其中，有两份研究性报道颇值得关注：一是夏昌世撰文探讨亚热带建筑降温技术，[4]基于定性分析，结合批量实践，颇有说服力，是那一时期的代表性探索。首先，论文开篇即指出中央要求"研究制定全国建筑气候分区"，明确这一极为重要的战略部署出自国家意志；接下来分为遮阳、隔热、通风三条技术路径，基于采用地方廉价材料、因地制宜的实践经验和定性的图示分析（图 6-11），探讨亚热带建筑的降温措施——设置综合遮阳、双重水平遮阳、木百叶遮阳、隔热砖、大阶砖隔热层、1/4 厚砖拱隔热层、1/2

① 武汉城市建筑设计院. 芦苇在民用建筑中的使用 [J]. 建筑学报，1957（6）：60-62.
② 陈式桐，张寅江. 三门峡水力枢纽简易平房设计 [J]. 建筑学报，1957（12）：1-9.
③ 丁家保. 一种多快好省的土竹木结构 [J]. 建筑学报，1958（12）：42.
④ 夏昌世. 亚热带建筑的降温问题：遮阳·隔热·通风 [J]. 建筑学报，1958（10）：36-39.

厚砖拱屋面以及组织过堂风等，并以中
山医学院 400 床医院室内外温度实测结
果支持了结论的提出——可使室内、室
外温差相差 4～6℃。[①]

　　这是实践型建筑师有意识地关注地
域气候特点，利用地产材料并结合实践
经验，提出具有科学依据的设计策略
之典型例证。而一年之后，南京工学
院建筑系建筑物理实验室专文讨论西
墙隔热问题，[②] 则又是另一类型的创新
（图 6-12）：以中国民间建筑空斗墙为

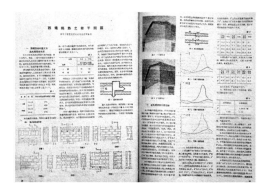

图 6-12　南京工学院建筑系建筑物理实验室专文
探讨西墙隔热

基础，利用热压或风压在墙内组织通风孔道，设计多种通风墙方案，并与传统的（不通
风）空斗墙体进行对比，进而在南京江东人民公社江东门新建居民点建成并进行热工性能
实测。再依据实测数据进行量化比对分析，结论是就隔热而言，通风墙优于空斗墙、水平
通风墙优于垂直通风墙；墙面色彩越深，墙体吸热越多；南方建筑墙体热惰性不宜过大，
否则夜间难以降温。[③]

　　不仅如此，研究还进一步考虑通风墙实用性、结构强度及冬季保温等技术问题，并以
有关计算分析给出判断。南京工学院建筑系建筑物理实验室初创于 1956 年，[④] 其负责人甘
圣于 1947 年进入中央大学建筑工程系学习建筑学专业，并于 1952 年留系工作后受命开
展建筑物理方向的教学、研究与实践，后又受派赴外校跟随当时的苏联专家研修建筑物
理。由于受过建筑设计的系统训练，加以专门学习过建筑物理有关科学知识，从而得以在
实践研究层面加以整合。如此以创新型设计实践为目标，基于现代工程科学技术的实测和
计算分析的定量研究方法，且兼顾汲取中国营造传统之养分的实践型科研成果，在以往
《中国建筑》和《建筑月刊》的发表中还从未出现过，即使是在《建筑学报》的学术发表中，
也是当之无愧的第一次。

　　（3）工业建筑设计研究与实践的全面发展。

　　这一条与《建筑学报》明确的办刊目的直接相关，即为"总路线"服务，为建设社
会主义工业化的城市和建筑服务。"总路线"的基本要点有：在重工业优先发展的条件
下，工业和农业同时并举；中央工业和地方工业同时并举，大型企业和中小型企业同时并
举。[⑤] 可见，工业化是"总路线"的精髓之一，而加快工业发展急需加强工业建筑的建设。

① 夏昌世 . 亚热带建筑的降温问题：遮阳・隔热・通风 [J]. 建筑学报，1958（10）：36-39.
② 南京工学院建筑系建筑物理实验室 . 西墙隔热之若干问题 [J]. 建筑学报，1959（11）：48-50.
③ 同上.
④ 东南大学建筑学院学科发展史料编写组 . 东南大学建筑学院学科发展史料汇编（1927—2017）
　　[M]. 北京：中国建筑工业出版社，2017：106.
⑤ 吴庆生 . 对 1958 年建设总路线的历史审视 [J]. 求索，2003（5）：55-57.

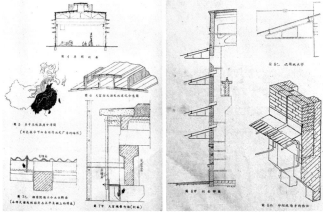

图 6-13　1120 绪缫丝小型工厂
定型设计中的锯齿形车间平面与
剖面详图

图 6-14　著名建筑师杨芸关于适宜南方的开敞式热加工厂房设计介绍

在此时代背景下，大量报道工业建筑设计研究与实践势成必然。如 1954 年第 1 期创刊号即有苏联建筑师联盟召开关于工业建筑会议的决议；[①]之后又有苏联厂房设计、[②]锯齿形厂房、[③]工业建筑生活间及国外同类项目设计、[④、⑤]水电站建筑[⑥]和拖拉机站规划、[⑦]工业建筑及模数，[⑧、⑨]以及工业建筑经济性等的介绍。[⑩]

　　而 1958 年第 2、5、9 三期均为工业建筑专辑，有关于各类工业厂房设计实践的报道，其中第 5 期缫丝厂车间锯齿形剖面设计颇为细致精彩（图 6-13）、[⑪]第 9 期制糖厂设计直接言明"建厂技术条件不高"，可用当地最经济材料建成，一般瓦工即可砌筑。[⑫]1957 年第 4 期更是刊发适宜南方的开敞式热加工厂房设计，[⑬]详列采暖区和非采暖区的差别，并有详图比对（图 6-14）。值得称道的是，西安冶金学院建筑物理研究室针对武汉工业厂

①　佚名. 关于工业建筑会议的决议［J］. 建筑学报，1954（1）：29-31.
②　汪达尊. 学习苏联单层工业厂房标准设计的体会［J］. 建筑学报，1956（2）：47-56.
③　施嘉干. 锯齿形厂房的发展及其最新形式［J］. 建筑学报，1956（3）：78-91.
④　谢仲然，朱恒谱. 厂房生活间的设计［J］. 建筑学报，1956（6）：13-18.
⑤　北京工业建筑设计院工业标准室. 工业厂房生活间标准单元的比较方案［J］. 建筑学报，1956（8）：36-47.
⑥　林进声. 水电站建筑［J］. 建筑学报，1957（8）：10-17.
⑦　马浩然. 北京农业拖拉机站的设计［J］. 建筑学报，1957（8）：47-54.
⑧　许屺生. 十万锭纺织工业厂房的定型设计［J］. 建筑学报，1957（10）：10-20.
⑨　施嘉干. 建筑模数制国际的统一问题［J］. 建筑学报，1957（10）：61-64.
⑩　萧巽华，陈登鳌. 积极吸取工业建筑设计中贯彻"勤俭建国"的经验［J］. 建筑学报，1958（2）：1-5.
⑪　纺织工业部设计公司第四设计室. 1120 绪缫丝小型工厂定型设计［J］. 建筑学报，1958（5）：21-22.
⑫　黑龙江省制糖工业设计公司. 3000 斤 /8 小时甜菜土法制糖厂［J］. 建筑学报，1958（9）：40.
⑬　杨芸. 适宜于南方的开敞式热加工厂房设计介绍［J］. 建筑学报，1957（4）：26-32.

房夏季热工性能作实测研究，并就热工标准明确提出意见，[①] 即当时在设计中国南方地区外围结构常以苏联标准为依据，设很厚的隔热层。这种做法适合苏联气候特点，但未必适合中国南方地区的气候条件。[②]

这是中国学者以学术讨论方式对于引入外来建筑技术标准的气候适应性提出了质疑，而质疑的对象居然是当时被称为"老大哥"的苏联。从全文严谨的实测记录、数据分析和详尽的图表编排来看，不能不说是受到了科学精神的强力支撑，堪称工业建筑设计做法和技术标准气候适应性研究之经典——即使是功能属性很强、并不刻意追求艺术表现的工业厂房设计，也同样存在着气候适应和经济适应等技术需求，并最终呈现出某种形式。

（4）开展标准设计和建筑工业化研究与实践。

既然工业化是"总路线"的精髓，那么建筑业也必须走大量采用工厂预制构件、装配式建造的工业化道路，以实现"多"和"快"的目标。而建筑工业化的前提是必须推行标准化设计，有关这两方面的报道在1955年之后呈逐渐上升趋势。首先是标准化设计方面，如波兰建筑师关于标准设计的报告（合理性：模数组合是确保工业化大量生产的唯一的规格化条件，技术的诗化就是建筑）、[③] 苏联单层工业厂房标准设计、[④] 全国标准设计评选会中选方案介绍、[⑤][⑥] 住宅标准设计、[⑦] 猪舍标准设计[⑧] 及标准手术室等。[⑨] 对于北京住宅标准设计1号方案的介绍，[⑩] 甚至还附有预制钢筋混凝土波形瓦和墙身大样。其中，1956年第6期彭一刚、屈浩然对于居住建筑标准设计生硬搬用苏联经验而脱离国情的倾向明确提出了批评，[⑪] 并针对中国气候南北差异较大的特点，提出一种适合南方地区的居住建筑标准设计——外廊式小面积居室方案（图6-15）。其对于建筑设计气候适应性的严肃、细致的考量令人印象深刻。

① 西安冶金学院建筑物理研究室. 武汉地区工业厂房夏季热工性能实例及调查总结 [J]. 建筑学报，1959（5）：14–18.

② 西安冶金学院建筑物理研究室. 武汉地区工业厂房夏季热工性能实例及调查总结 [J]. 建筑学报，1959（5）：14–18.

③ （波）海伦娜·锡尔库斯. 关于标准设计的报告 [J]. 建筑学报，1955（2）：56–68.

④ 汪达尊. 学习苏联单层工业厂房标准设计的体会 [J]. 建筑学报，1956（2）：47–56.

⑤ 城市建设总局规划设计局. 全国标准设计评选会议简讯 [J]. 建筑学报，1956（1）：3–31.

⑥ 城市建设总局规划设计局. 全国标准设计评选会议对选出方案的意见和单元介绍 [J]. 建筑学报，1956（2）：57–72.

⑦ 李扈光. 对目前住宅标准设计存在的一些问题的意见 [J]. 建筑学报，1956（2）：99–102.

⑧ 保定河北省城市建设局设计院. 猪舍标准设计 [J]. 建筑学报，1958（6）：37–39.

⑨ 姚丽生. 标准手术室 [J]. 建筑学报，1957（5）：50–51.

⑩ 陆仓贤，沈兆鹏，金诚. 1958年北京市楼房住宅标准设计1号方案介绍 [J]. 建筑学报，1958（3）：29–32.

⑪ 彭一刚，屈浩然. 在住宅标准设计中对于采用外廊式小面积居室方案的一个建议 [J]. 建筑学报，1956（6）：39–48.

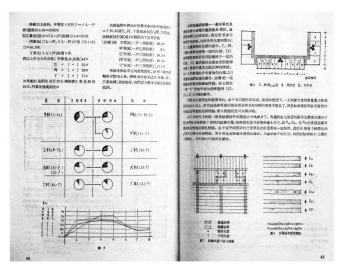

图6-15　适于南方地区的居住建筑标准设计：外廊式小面积居室方案

再者是工厂化生产与装配式建造方面，有装配式钢筋混凝土屋面结构，[1]预制阳台；[2]
装配式大型砖砌块试验住宅方案、[3]预制薄壳大型贮仓等。[4]这其中，梁思成撰文介绍波兰
建筑事业，以相当篇幅详细描述波兰的标准设计、新材料、新结构和预制厂等建筑工业化
发展状况，尤为引人注目。[5]梁思成在中国建筑界的地位尽人皆知，此研究不管出于何种
境遇得以成文并刊发，在客观上都会形成重要影响。而知名建筑师毛梓尧更是直率表达了
专业界面对快速施工实践需求的一种姿态：[6]毛当时担任建筑工程部东北工业建筑设计院
副总工程师，并兼任沈阳市规划建筑设计院副院长，[7]在业内具有较高专业地位。他的专
文刊发于《建筑学报》，篇幅虽仅一页，但其中的专业判断应该是代表了在一线从事建筑
设计实践及其管理的专家的真切认知。

（5）各类农村规划建设与建筑的起步。

中国是农业大国，1950年代初期，中国的城市化水平还非常低，农村人口占绝大多
数。农村的规划及建筑设计，在相当程度上决定了整个国家的规划建设水平。同时，中国
共产党领导的中国革命发源于农村，农村和农民长期哺育了中国革命者的成长及其队伍的
壮大。获得政权之后，如何回馈为革命事业作出巨大贡献的农村和农民，也是摆在执政党
面前的一个重大课题——"总路线"的核心虽然是工业化，但也明确提出了工业和农业

① 北京煤矿设计院标准科土建组．装配式钢筋混凝土屋面结构［J］．建筑学报，1955（3）：61-
　66．

② 北京工业建筑设计院标准室．住宅设计中的预制阳台［J］．建筑学报，1956（3）：92-102．

③ 陆仓贤．装配式大型砖砌块试点住宅［J］．建筑学报，1958（9）：1-3．

④ 徐炳华．预制薄壳大型贮仓［J］．建筑学报，1958（9）：4．

⑤ 梁思成．波兰人民共和国的建筑事业［J］．建筑学报，1956（7）：15-38．

⑥ 毛梓尧．设计应为快速施工创造条件［J］．建筑学报，1958（12）：40．

⑦ 周畅，毛大庆，毛剑琴．新中国著名建筑师毛梓尧［M］．北京：中国城市出版社，2014：13．

同时并举、建设现代化农业的战略目标，这些都对农村的规划建设提出了具体要求。那一时期的《建筑学报》必然要对此作出积极回应，而它关于农村规划建设与建筑的报道大体可分为以下三个方面。

一是调查研究。如关于农业合作社、人民公社自然村、人民公社新建居民点以及乡村医院等的访问调查等。[1]~[4]

二是人民公社规划。其中耐人寻味之处在于：1958年第3期封底的"建筑学报征稿简约"显示，选题内容的重要性排序依次是工业建筑、民用建筑和城市规划，而并未涉及农村建设和人民公社规划方面。而不到半年之后，1958年第8期是一期规划专辑，其中约有半数论文涉及农村规划建设问题，其主题分别是农业社新建居住点、农庄规划及农村规划等，且与"人民公社"无关。紧接着的第9期则刊发清华大学三位作者的《人民公社的规划问题》，针对人民公社总体规划和居民点规划，依托北京市昌平区红旗试点公社规划工作，系统提出有关理论探讨与实践路径，[5]可见当时政治形势发展之快，及其对于专业工作方向的影响。更进一步，接下来的1958年第10、11、12期以及1959第1期，连续四期都有人民公社规划专辑。而到了1959年第2期仅有一篇介绍广东番禺人民公社居民点建筑设计，之后就再也没出现过关于人民公社规划建设的报道。这种选题方向的起落和变化，确实反映了当时整个国家的政治、经济形势。

具体来看，1958年第8期刊发江苏省城市建设厅规划处和南京工学院建筑系的专文，[6]坦陈了参与农村规划工作的切身感受，在那一时期颇具代表性：

"我们过去没有搞过农庄规划。当我们接受了当地县委的任务后，我们在思想上首先政治挂帅，决心把科学技术为劳动人民服务鼓足干劲，破除迷信。在敢想敢做的号召下，花了一个星期的时间搞了这个农庄规划。我们工作方法是依靠当地党组织，从调查研究入手，走群众路线，边做边学……"[7]

他们关于盐城地区乃至整个苏北农宅的调查研究反映了当时的真实状况：几乎全部都是土墙草顶，阴暗潮湿、居住条件亟待改善。同期还有黑龙江省建设厅设计室的专文，较

---

① 林兆龙. 天津大学建筑系对天津郊区两个高级农业合作社的访问报告[J]. 建筑学报，1956（2）：25-35.

② 南京工学院建筑系建筑历史教研组. 东山与浦庄人民公社自然村调查与居民点规划[J]. 建筑学报，1958（11）：25-29.

③ 南京工学院建筑系建筑历史教研组. 因陋就简、由土到洋，在原有基础上建设新居民点[J]. 建筑学报，1959（1）：7-9.

④ 建工部建筑科学研究院，南京工学院合办公共建筑研究室. 江苏地区八个乡村医院的调查情况和设计方案介绍[J]. 建筑学报，1958（7）：1-9.

⑤ 沛旋，刘据茂，沈兰茜. 人民公社的规划问题[J]. 建筑学报，1958（9）：9-14.

⑥ 江苏省城市建设厅规划处，南京工学院建筑系. 江苏省盐城县环城乡南片农庄规划介绍[J]. 建筑学报，1958（8）：51-58.

⑦ 同上。

深刻和全面地反映了专业工作者的基本主张：除系统阐述农村规划依据、合理布局之外，对农村居住房屋改造诸多问题展开了深入细致分析并给出具体建议。如人畜分居、逐步实现房屋砖瓦化、房屋采光与保暖应因地制宜、农民洗澡问题以及东北地区改变对面炕的问题。接下来，更进一步提出实现改造农村落后居住条件的措施，即群众路线、典型示范、建立组织和培养骨干等。[①]之所以说它深入细致，从"逐步实现房屋的砖瓦化"可见一斑：本来由土坯进化到烧结砖瓦是一大进步，只是由于几千年来农民受经济条件所限，未能普遍采用。而对于砖瓦房构造，按气候条件不同而异。南方采用一层砖即可；而北方寒冷，一般要采取一砖半或两层砖。为节约用砖，可采用半砖半坯及外砖内坯。在东北高寒地带亦可采用两边砌砖中间填充其他材料（如泥土灰渣等）的办法，以利保温。为推行砖瓦化，必须分散建立各类小砖瓦窑，农闲脱坯烧制，农忙停止。有条件的地方可一个社或几个社组织联合窑厂。[②]如此详尽的技术考虑和组织安排，不可谓不深入细致。

三是具体的建筑设计。当时报道出来的农村建筑设计主要有两大类型：第一类是农村居民点的居住建筑及公共建筑设计，如龙芳崇、唐璞为成都西城乡友谊农业社新建居住点所做居住建筑设计，[③]同济大学建筑系李德华、董鉴泓等为青浦县红旗人民公社规划所作食堂和居住建筑设计，[④]王吉螽为上海郊区先锋农业社农村规划所做的居住建筑设计，[⑤]天津大学建筑系为天津小站人民公社所作的居住建筑设计、[⑥]华南工学院建筑系为河南省遂平县卫星人民公社第一基层规划设计所作的居住建筑设计、[⑦]河北省建工局设计院为河北省徐水县水城人民公社规划所作的居住建筑设计，[⑧]以及西南工业建筑设计院徐尚志、吴德富等为成都市龙潭人民公社总体规划及居民点所作礼堂、食堂、小学校、服务店和居住建筑设计等。[⑨]这些设计普遍注意到了结合当地经济、技术条件，借鉴民间建筑技术做法。如成都西城乡友谊农业社新建居住点所作居住建筑设计，尽量利用拆房旧料，还运用三合土基础、空斗砖墙、半砖墙和双面竹笆墙等（图6-16）。

第二类是家畜圈舍建筑设计，包括牛栏、猪圈、羊舍等，几乎成为每一个人民公社规划介绍的标配——针对不同地区的气候材料和工艺特点，采用不同的设计做法。如成都

① 郝力宁. 对农村规划和建筑的几点意见 [J]. 建筑学报, 1958（8）：61-62.

② 同上.

③ 龙芳崇, 唐璞. 成都西城乡友谊农业社新建居住点的介绍 [J]. 建筑学报, 1958（8）：48-50.

④ 李德华, 董鉴泓, 等. 青浦县及红旗人民公社规划 [J]. 建筑学报, 1958（10）：1-6.

⑤ 王吉螽. 上海郊区先锋农业社农村规划 [J]. 建筑学报, 1958（10）：24-28.

⑥ 天津大学建筑系小站规划组. 天津市小站人民公社初步规划设计 [J]. 建筑学报, 1958（10）：14-18.

⑦ 华南工学院建筑系人民公社规划建设调查研究工作队. 河南省遂平县卫星人民公社第一基层规划设计 [J]. 建筑学报, 1958（11）：9-13.

⑧ 王廷铮, 邬天柱, 等. 河北省徐水县遂城人民公社的规划 [J]. 建筑学报, 1958（11）：14-18.

⑨ 徐尚志, 吴德富. 成都市龙潭人民公社总体布置规划及居民点设计 [J]. 建筑学报, 1958（11）：19-21.

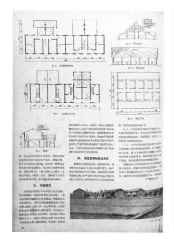

图 6-16 成都农村居住建筑
设计借鉴民间做法

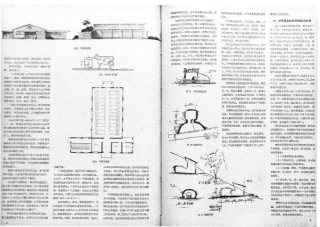

图 6-17 博罗人民公社牛栏、猪圈设计

西城乡友谊农业社、①盐城县环城乡南片农庄，②以及广东博罗人民公社等，③都配套有猪圈、牛栏等家畜圈舍建筑设计（图 6-17）。当然，为农村地区采用机械化饲养方法而规划、建设的新型养殖业圈舍而作出的建筑设计，则与上述做法既有联系也有区别。如国营双桥农场猪舍建筑采用传统材料、新结构形式的竹架结构（图 6-18），④内蒙古农业站和牧业站的规划设计中的羊舍则采用砖柱、土坯墙、胡麻秸抹草泥屋面。⑤而机械化饲养万头猪场完全采用工业化、机械化、电气化的设备系统，⑥代表了另一种完全不同的发展方向。

综上，纵观 1950 年代《建筑学报》的内容选题，可以清晰地辨别出一条线索，那就是建构本土技术体系的国家意志得以清晰表现：首先是业界逐步普遍意识到"中国问题"的存在及其意义，由域外引入的现代建筑科学原理和具体技术，一旦要运用于中国实践时，必须注意与各地具体的气候、经济和技术条件相结合，盲目照搬苏联或其他别国经验、数据并不可取。其次是建筑研究与实践初步形成城乡并举格局，而不是有所偏

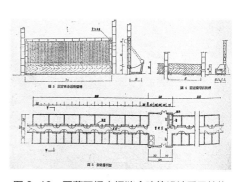

图 6-18 国营双桥农场猪舍建筑设计采用竹构

---

① 龙芳崇，唐璞. 成都西城乡友谊农业社新建居住点的介绍 [J]. 建筑学报，1958（8）：48-50.
② 江苏省城市建设厅规划处，南京工学院建筑系. 江苏省盐城县环城乡南片农庄规划介绍 [J]. 建筑学报，1958（8）：51-58.
③ 全君，崔伟，易启恩. 广东博罗人民公社规划 [J]. 建筑学报，1958（12）：3-9.
④ 刘宝祥. 国营双桥农场猪舍建筑实像 [J]. 建筑学报，1958（6）：40.
⑤ 徐强生，等. 一个农业站和牧业站的规划设计 [J]. 建筑学报，1959（1）：19-23.
⑥ 劳远游，张国玺. 机械化饲养的万头猪场设计简介 [J]. 建筑学报，1958（12）：13-14.

废。人民公社运动作为一种政治运动，不免属于一种“幻想式的探索”，[①]最终也无疑是失败了。但其政治运动式的快速推进也在客观上为主要从事脑力劳动的知识人提供了一种机会（尽管有时是迫不得已的），对于中国城乡二元结构的理论认知以及农村规划建设与建筑实际情况的观察调研起到了促进作用。如何处理好城乡关系至今仍是中国发展战略中的重中之重。再次是科学理念与科学方法的运用得到不断加强，关于建筑技术尤其是建筑结构和建筑物理方面的研究，已普遍采用计算分析、统计分析等定量方法，一些著名高等院校建筑学科的学术讨论会，其发言题目明显表现出重科技的倾向（图 6-19），[②]而消除建筑设计中的非科学态度之类的倡议，[③]更是振聋发聩。诸如人体各部尺寸比例这样的设计资料虽并不引人注目，[④]却反映了一种科学理念的形成：设计也是需要各类数据支撑的，其中就包括人们对于自己身体的认知这样的根本问题。此外，中国科学技术协会的组织与成立，乃至于中国科协一大会议号召科技献礼运动，也反映出国家与社会管理阶层对于知识界加强动员的主观意识。[⑤]建筑科技工作者自然也不能例外，一同参与进了社会变革和经济建设的洪流之中。

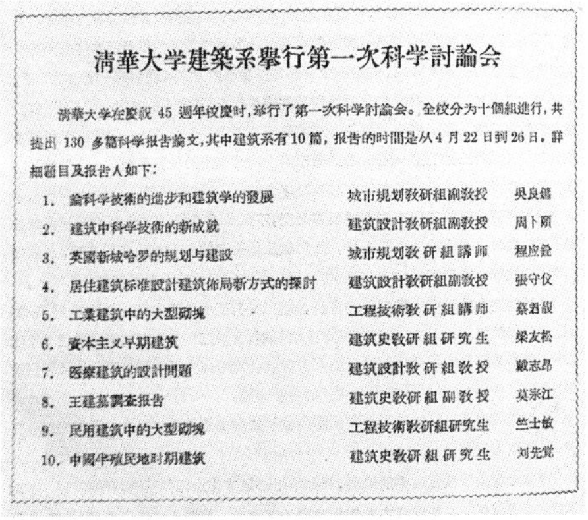

清華大学建築系擧行第一次科学討論会

清華大学在慶祝 45 週年校慶时，举行了第一次科学討論会。全校分为十個組進行，共提出 130 多篇科学报告論文，其中建筑系有10篇，报告的时間是从4月22日到26日。詳細題目及报告人如下：

1. 論科学技術的進步和建筑学的發展	城市規划教研組副教授	吳良鏞
2. 建筑中科学技術的新成就	建筑設計教研組副教授	周卜頤
3. 英國新城哈罗的規划与建設	城市規划教研組講师	程应銓
4. 居住建筑标准設計建筑佈局新方式的探討	建筑設計教研組副教授	張守仪
5. 工業建筑中的大型砌塊	工程技術教研組講师	蔡君馥
6. 資本主义早期建筑	建筑史教研組研究生	梁友松
7. 医療建筑的設計問題	建筑設計教研組教授	戴志昂
8. 王建墓調查报告	建筑史教研組副教授	莫宗江
9. 民用建筑中的大型砌塊	工程技術教研組研究生	竺士敏
10. 中國半殖民地时期建筑	建筑史教研組研究生	刘先觉

图 6-19　清华大学建筑系第一次科学讨论会发言题目表现出重科技倾向

那么，这种建构本土技术体系的国家意志又是如何在具体的事务运作中得以贯彻的？其意义与影响又究竟怎样？下文将以 1950 年代发生在中国建筑界的一个著名事件为例对此加以观察与评析。

6.1.2 “全国厂矿职工住宅设计竞赛”与本土技术的登场

1.“全国厂矿职工住宅设计竞赛”概况

全国厂矿职工住宅设计竞赛是由当时的“国家建设委员会”委托中国建筑学会组织举办的。于 1957 年 7 月发出竞赛办法和纲要，全国各地参赛方案共 1200 个。经过 37 个城市的初审，共选出 654 份。于当年 12 月底送到总会参选，由总会、各分会与各有关单位推举代表 18 人组成评选委员会，又向各有关单位聘请技术人员 32 人，成立办公室。由评委李荫蓬、赵深分别兼正、副主任。为广泛征求意见，评委会曾邀请杨廷宝、林克明、

① 沛旋，刘据茂，沈兰茜．人民公社的规划问题［J］．建筑学报，1958（9）：9-14.
② 佚名．清华大学建筑系举行第一次科学讨论会［J］．建筑学报，1956（2）：98.
③ 邓焱．消除建筑设计中的非科学态度［J］．建筑学报，1956（6）：52-55.
④ 佚名．建筑设计参考资料——人体各部尺寸比例［J］．建筑学报，1959（8）：21-24.
⑤ 佚名．关于开展建国十周年科学技术献礼运动和准备召开全国科学技术发明创造积极分子代表会议的决议［J］．建筑学报，1958（11）：3.

杨锡镠、张镈和汪坦等著名建筑师及学者共12人参加座谈
会和试评工作。初选阶段共选出229个方案，复选阶段又
选出数十个方案。后经集中研究、反复评比与平衡，评定得
奖与优良方案。共计三等奖8个、四等奖19个、优良方案
20个。今天能见到的关于这次活动的报道主要有二：一是
《建筑学报》1958年第3期（1~28页）和第4期（4~29页）
分别刊登有关竞赛结果以及获奖方案的报道；二是1958年
6月建筑工程出版社出版的单行本《全国厂矿职工住宅设计
竞赛选集》（图6-20）。

图6-20 《全国厂矿职工
住宅设计竞赛选集》封面

　　这次设计竞赛，是1949年中华人民共和国成立以来举
办的第一次全国性建筑专业设计竞赛。不仅如此，它还是中
国历史上第一次由官方鼓励采用地方材料和工艺的设计竞
赛，更是获奖方案来源地覆盖全国不同的省市地区最为全面的竞赛：包括西北的新疆、青
海、兰州、西安；华北的北京、天津、保定、包头；华东的上海、南京、福州、济南；西
南的重庆、贵州；中南的广州、武汉、长沙；以及东北的哈尔滨和沈阳等，充分体现了业
界的广泛关注、各地的积极参与态度以及竞赛主办方强大的组织管理效能。

　　关于此次极为重要、对于全国建筑活动影响深远的设计竞赛，既往研究十分有限，且
视角主要集中在设计竞赛机制、[①]设计成果综合评述等方面，[②]而本研究主要关注竞赛获奖
方案的技术选择倾向及其背后的成因。

　　首先，"全国厂矿职工住宅设计竞赛"的时代背景与任务要求究竟是什么？《厂矿职工
住宅设计竞赛办法》开宗明义地指出："为了更合理、经济地解决第二个五年计划厂矿职
工住宅，并提高设计水平，根据增产节约、勤俭建国和百花齐放、百家争鸣的方针，征求
适合于我国目前生产水平和生活水平的职工住宅设计方案，举办这次设计竞赛。"[③]

　　中华人民共和国刚刚成立百废待兴，由于制度建设不完善，在经济建设过程中尤其是
基本建设方面存在浪费现象。1951年12月1日，中共中央做出《关于实行精兵简政、增
产节约、反对贪污、反对浪费和反对官僚主义的决定》，此后便开展起全国规模的"三反"
运动。后来，中华人民共和国国务院又于1957年6月3日发布《国务院关于进一步开展
增产节约运动的指示》，其中明确指出：

　　"……今后还要根据我国人多田少、经济落后、人民生活水平低的特点，根据反对盲
目追求现代化、机械化和高标准的要求，力争用最少的钱办最多的事的原则……在保证经
济、适用和质量的前提下，纠正建筑标准过高、技术经济定额过大等缺点……民用建筑应

---

① 梁爽. 国内建筑设计竞赛研究 [D]. 上海：同济大学，2003.
② 朱晓明，吴杨杰. 新中国"全国厂矿职工住宅设计竞赛"[J]. 建筑学报，2018（11）：72-77.
③ 中国建筑学会. 全国厂矿职工住宅设计竞赛选集 [M]. 北京：建筑工程出版社，1958：3.

该提倡简易房屋……"①

正是在上述背景之下，竞赛主办方中国建筑学会才在 1957 年 7 月 25 日发出了《厂矿职工住宅设计竞赛办法》。从字面意义上看，国务院的指示虽涉及"简易房屋"，竞赛办法的目标却比较抽象，只简略提及"合理""经济""增产节约""勤俭建国""适合于我国目前生产水平和生活水平"等框架性要求。而与"竞赛办法"配套，中国建筑学会同时还出台了《厂矿职工住宅设计竞赛纲要》，具体提出了四条设计要求，第一条是针对人均建筑面积指标的（4 平方米），而第二条即完全针对结构、构造等技术做法：

结构设计必须考虑其合理性及可能性，采用的构件类型应尽可能简单。应适当选择构造形式，以符合当前民用建筑中的建筑材料及施工技术条件，尤应根据"因地制宜、就地取材"的原则，大量采用地方材料和方法。②

那么，参赛者们究竟是如何回应上述设计要求的呢？正如后来编著成书的"前言"所描述的那样："大多数参加竞赛的设计人员，对因地制宜，利用地方材料（如土坯墙、空斗墙、竹结构等）采用民间做法，比较重视。不少图纸表现出地方风格，适合于地方生活习惯。亦有一定的创造性。"③获奖方案究竟采用了哪些具体做法回应了"因地制宜，就地取材"的要求？换言之，地方材料、民间做法如何与前述那些极为抽象的诉求获得了关联？

2. 竞赛获奖作品采用民间建筑技术的显著特征

首先，在建筑结构方面，有若干方案采用地域特征鲜明的土（坯）拱结构，均来自西北地区。如编号 2505 的西安方案，设计者为解放军总后勤部营管部设计处何志曾等。他们明确提出"考虑到目前我国经济情况和人民生活水平，大胆地使用地方性材料，和民间建造方法，而采用了土墙荷重和土坯拱。"④即灰土墙基、土墙荷重，土拱楼板和屋顶。两端山墙底层 70 厘米厚、二层 12 厘米厚。内墙一层 50 厘米厚，二层 38 厘米厚。为加强拱的纵向联系，在拱背上还加设了纵向竹筋（图 6-21）。又如编号 1604 的内蒙古西部方案，设计者为内蒙古设计院张海峰。其结构也采用土坯拱，室内平均高度 2.6 米。该方案对于拱脚的结构稳定性作了深入考虑，采用石砌带形基础。为防止地下潮湿影响土坯强

① 黄晓辉."厉行节约"是毛泽东经济思想的一项重要内容 [J]. 福建师范大学学报（哲学社会科学版），1988（1）：20-24.
② 中国建筑学会. 全国厂矿职工住宅设计竞赛选集建筑工程出版社 [M]. 北京：建筑工程出版社，1958. 90.
③ 中国建筑学会. 全国厂矿职工住宅设计竞赛选集建筑工程出版社 [M]. 北京：建筑工程出版社，1958. 1.
④ 中国建筑学会. 全国厂矿职工住宅设计竞赛选集建筑工程出版社 [M]. 北京：建筑工程出版社，1958. 69.

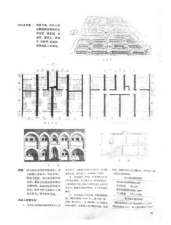

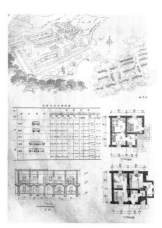

图 6-21　2505 号西安方案采用
两层高土坯拱

图 6-22　1604 号内蒙古西部
方案采用单层土坯拱

图 6-23　2914 号乌鲁木齐方案
采用不等跨土坯拱

度，在石基上平砌两层过河砖，并采取乡间的习惯做法，以芦苇避潮。[1]为解决边拱的水平推力，在尽端单元采取横向的中大边小的起拱办法。若把中部单元当尽端使用，还可把外侧山墙加宽来解决拱脚推力问题（图 6-22）。再如编号 2914 的乌鲁木齐方案，设计者为新疆军区生产兵团工程处设计处的技术人员李作楣等。为了最大限度节约木材，底层采用土坯拱结构，楼层为硬山搁檩外墙，为 44 厘米土坯墙到顶，内墙底层为 44 厘米，楼上为 29 厘米。[2]当然，该方案因采用不等跨土坯拱，施工比较复杂（图 6-23）。

　　其次，在墙体构造方面，出现了诸多结合地域条件的不同做法。如编号 1807 的北京方案，设计者为天津盐务局设计室毕万桩，[3]采用多种材质墙体混合策略，[4]即一砖墙及承重砖柱、半砖墙、碎砖 / 土坯或其他填充材料的外墙、碎砖 / 土坯或密竹篱及其他材料筑成的围墙、竹笆 / 芦苇 / 刨花板或其他轻质材料做成的隔墙，以及支撑局部屋顶的木柱等，属于典型的多样材料墙体混合做法。也有多个方案采用竹笆抹灰墙，如编号 3110 和 3115 的两份重庆方案，设计者巫光琳、陈佳懿以及白深宁，均来自重庆建筑工程学院[5][6]；而编号 4407 的湖南方案[7]，设计者欧鸣来自长沙有色冶金设计分院土建科二组。这三份方案均采用了单竹笆或双竹笆抹灰墙体作为非承重墙。另外，也有采用土坯墙的做法，如前述编

① 中国建筑学会. 全国厂矿职工住宅设计竞赛选集 [M]. 北京：建筑工程出版社，1958：54-55.

② 中国建筑学会. 全国厂矿职工住宅设计竞赛选集 [M]. 北京：建筑工程出版社，1958：73-74.

③ 疑为毕万椿，1952 年毕业于南京大学建筑系，与著名建筑师和建筑学者齐康、郭湖生为同班同学。因"椿"字与"桩"的繁体"樁"相近，极易误读、误写。详见：东南大学建筑学院学科发展史料编写组. 东南大学建筑学院学科发展史料汇编（1927—2017）[M]. 北京：中国建筑工业出版社，2017：220.

④ 中国建筑学会. 全国厂矿职工住宅设计竞赛选集 [M]. 北京：建筑工程出版社，1958：22-24.

⑤ 中国建筑学会. 全国厂矿职工住宅设计竞赛选集 [M]. 北京：建筑工程出版社，1958：34-35.

⑥ 中国建筑学会. 全国厂矿职工住宅设计竞赛选集 [M]. 北京：建筑工程出版社，1958：36-37.

⑦ 中国建筑学会. 全国厂矿职工住宅设计竞赛选集 [M]. 北京：建筑工程出版社，1958：65-66.

号 4407 的湖南方案以及编号 2914 的乌鲁木齐方案。可见，如果说竹笆墙主要是用于中国中南部广袤的竹材产区，而土坯墙则很明显有着更为广阔的地域适用性。此外，空斗砖墙作为最常用的民间做法，因其省料、省工而得到了设计者们的普遍青睐，但通常都会与其他种类的材料墙体混合使用，以尽可能节省用砖量。如编号 3114 的重庆方案，[1] 其设计者为西南工业建筑设计院徐尚志，外墙用 24 厘米空斗砖墙和 12 厘米实砌（眠砌）砖墙，内墙用 24 厘米空斗砖墙，隔墙为 12 厘米实砌（眠砌）砖墙以及双竹笆墙。其中，厨房烟囱、安装水槽处等均采用实砌砖墙，以利安全。又如编号 3401 的徐州地区方案，其设计者为徐州市城市建设局设计室，除半砖隔墙之外，其余所有墙体均采用空斗砖墙。[2]

墙体构造方面还有一类非常典型的做法：在同一堵墙体之内采用不同材料组合，以达到不同的技术设计意图。如编号 1405 的哈尔滨方案，其设计者为哈尔滨工业大学建筑系教研组邓林翰、李行，其外墙采用 32 厘米土坯墙两面加秫秸板，而内隔墙用 9 厘米秫秸夹泥板及秫秸板两面糊牛皮纸。[3] 这里，秫秸板的出现显然有保护土坯和夹泥的作用。而编号 4007 的济南方案，设计者为山东省公安厅劳改局修建办公室设计组，外墙外皮用砖，内用砖坯（图 6-24），内墙除局部用砖外，均用砖坯，原槽乱石基。[4] 又如编号 1111 的沈阳方案，其设计者为沈阳煤矿设计院李白齐，其外墙外侧为 24 厘米厚承重墙体，内贴 6 厘米泡沫水泥块以便保温，外墙总厚度达 30 厘米，隔墙采用炉渣混凝土。[5]

再次，在楼板与屋顶构造方面，虽然极少采用土拱楼面这样的传统做法，但也结合各地建筑工业化水平研发出不少新做法，如编 1410 的哈尔滨方案，采用预制双孔楼板和预制钢筋混凝土屋架；[6] 而编号 1853 的北京方案，其设计者为北京市规划局设计院陆仓贤等，适用预制钢筋混凝土楼板或砖小拱楼板，屋面铺钢筋混凝土檩条和钢筋混凝土波形瓦。[7] 而编号 3731 的上海方案，设计者为上海市民用建筑设计院许汉辉、汪定增和上海市规划勘测设计院姚金麟和顾钟涛等，采用预制和现浇相结合的做法：[8] 前部（卧室）采用预制钢筋混凝土双孔楼板，后者（厨房、卫生间）采用现浇钢筋混凝土楼板。

综上，竞赛获奖作品普遍重视采用地方材料与民间做

图 6-24　4007 号济南方案
外墙为复合墙体：外皮用砖，
内用砖坯

① 中国建筑学会．全国厂矿职工住宅设计竞赛选集［M］．北京：建筑工程出版社，1958：10-11.
② 中国建筑学会．全国厂矿职工住宅设计竞赛选集［M］．北京：建筑工程出版社，1958：29.
③ 中国建筑学会．全国厂矿职工住宅设计竞赛选集［M］．北京：建筑工程出版社，1958：9.
④ 中国建筑学会．全国厂矿职工住宅设计竞赛选集［M］．北京：建筑工程出版社，1958：61.
⑤ 中国建筑学会．全国厂矿职工住宅设计竞赛选集［M］．北京：建筑工程出版社，1958：76.
⑥ 中国建筑学会．全国厂矿职工住宅设计竞赛选集［M］．北京：建筑工程出版社，1958：49.
⑦ 中国建筑学会．全国厂矿职工住宅设计竞赛选集［M］．北京：建筑工程出版社，1958：78-79.
⑧ 中国建筑学会．全国厂矿职工住宅设计竞赛选集［M］．北京：建筑工程出版社，1958：80-81.

法，其显著技术特征主要在于因地制宜的混合策略，即不拘泥于某一类技术做法，而是根据实际需要和条件许可，混合采用多种做法，以此提高结构和构造的效率。联系到抗战时期中国后方"战时建筑"普遍采用的混合设计策略，[①] 不难看出，自那时起，中国建筑学人对于各地建筑设计技术方面的具体环境条件诸如地形、气候、物产、交通、经济乃至于工艺水平等，都有了更加具体、深入的认知，且能够立足于以科学知识和技术策略解决实际问题的积极姿态作出有效应对。

综上所述，无论是整个 1950 年代《建筑学报》内容选题线索所反映出的建构本土建筑技术体系的国家意志，还是具体到 1957 年"全国厂矿职工住宅设计竞赛"所反映的本土技术的集聚性登场，这两者之间存在着这样的逻辑关联：由于大规模基本建设必须面对中国本土的具体技术条件，"多快好省"自然成为目标，由此导向建构本土建筑技术体系的国家意志的铸成。正是在此国家意志之下，因地制宜，利用地方材料、采用民间做法才成为回应大规模基本建设需求的技术策略，并由此形成了迥异于 20 世纪上半叶中国建筑的新气象——中国本土性现代建筑活动的整体图景至此已发生方向性的转变——1920～1930 年代，"中国固有式"建筑作为一种主流设计思潮，以投资相对充裕的官方行政办公建筑为主要载体，以形式再现为主要设计目标，在技术上主要依托外来的现代建筑新技术如钢筋混凝土结构和钢结构等，虽留下一批经典之作，但也不可否认它在某种程度上束缚了当时的设计思维，建筑技术因素处于相对消极的工具状态，"中国固有式"建筑技术合理性和经济合理性普遍受到质疑。[②]

而抗战时期的"战时建筑"必须以快速搭建满足大量性需求，加以地处建筑工业化水平极低的中西部地区，投资普遍吃紧乃至于捉襟见肘；同时，中国建筑师在颠沛流离的战争环境中也普遍感受到中国民间建筑在易建性、经济性和结构合理性方面存在一定优势，因此被 1930～1940 年代的中国建筑师与工程师们主创的"战时建筑"多有借鉴，并与西式建筑的空间适用性和某些结构合理性形成整合与互补，[③] 初步跳脱了战前"中国固有式"建筑的设计思维之形式再现窠臼。

进入中华人民共和国成立初期的 1950 年代，正如上述史实分析已透彻阐明的那样，由于大规模基本建设必须面对中国各地的具体技术条件，"多快好省"自然成为目标，正是在建立本土建筑技术体系的国家意志确立之前提下，因地制宜，利用地方材料、采用民

---

① Haiqing Li, Denghu Jing. Structural Design Innovation and Building Technology Progress Represented by a Hybrid Strategy: Case Study of the "Wartime Architecture" in China's Rear Area during World War II [J]. International Journal of Architectural Heritage, 2020, 14 (5): 711-728.

② 李海清. 中国建筑现代转型 [M]. 南京：东南大学出版社，2004：314-322.

③ Haiqing Li, Denghu Jing. Structural Design Innovation and Building Technology Progress Represented by a Hybrid Strategy: Case Study of the "Wartime Architecture" in China's Rear Area during World War II'. International Journal of Architectural Heritage, 2020, 14 (5): 711-728.

间做法才成为回应大规模基本建设需求的技术策略；[①]而正因有国家动员体制，类似全国设计竞赛这样的科学化、组织化的设计技术行为也在一定程度上塑造了实践产出的基本品质，而并非是对"战时建筑"那种临时、简陋之举的自发延续。至此，形式再现对于设计思维的束缚已明显得到缓解，而设计工作目标已初现回归创意生活本身的端倪——至少在大批量兴建的居住建筑和工业建筑领域，情况确实如此。

通过对 1910～1930 年代中国本土性现代建筑发展状况整体图景的回顾，有这样一种认知自然得以形成，即专注于北方官式建筑形式再现的设计意图在相当程度上禁锢了建筑设计思维的健康生长，从而引发了始于抗战时期的中国营造学社研究方向的自发转变，以及"战时建筑"设计实践的新尝试，并成为 1950 年代进一步发展至建构本土技术体系的国家意志和战略布局的诱因。然而，和中国近现代时期建筑活动发展有着类似经历的日本——尤其是日本也曾出现过一批与"中国固有式"建筑异曲同工的"帝冠式"建筑——为什么却能够在 20 世纪后半叶国际建筑舞台上迅速崭露头角并获得公认的地位？在近现代建筑发展的初期，中国和日本究竟有什么相似或不同之处？使得他们走上并不完全一样的道路？这正是下文将要进一步展开讨论的。

6.2　与日本的比较：分离与整合的历史逻辑

讨论中国现代建筑的发展，日本是一个绕不开的话题。这不仅仅是因为在中国引入现代的建筑教育、学术研究和行政管理等制度系统的初期，日本发挥了一种有趣的中介作用，更为紧要的是：在过去几千年中，中日文化交流频繁，日本从中国文化中汲取了大量养分。而近代以来。日本奉行"脱亚入欧"国策，包括建筑活动领域在内，其现代化建设方面获得了飞速进展。凡对日本现代建筑稍有了解者，普遍会有这样一个基本印象，即其现代建筑中深深融入了日本文化的传统精神，且设计和技术整合度非常之高，在国际上也获得了公认的地位。在此情形之下，中国人内心深处萌生"赶超"意识是在所难免的。从某种意义上说，1920～1940 年代中国现代建筑学术体系得以快速建立，还真的要归因于以梁思成、刘敦桢等为代表的第一代中国建筑学人，基于民族主义之精神底色，抱持着在建筑文化研究上赶超日本学术界的急切心态。今人回望之，固然有诸多可检讨与指摘之处，[②、③] 但那种使命感和责任感却也令人无法仰视。

然而时至今日，中国建筑文化随着自身经济、技术的发展一并进入国际社会主流圈层之后，中心议题已经逐步发生变化，姿态也必须做出相应调整。考量中、日建筑在近代时期发展之异同，应以更宽阔视野和更长远眼光进行深入检讨，而不应再深陷于民族主义情感的包围之中。问题是这检讨究竟该从何处入手？

---

① 方山寿，等. 工矿住宅设计的内容与形式问题 [J]. 建筑学报，1959（3）：8-13.
② 赵辰. "民族主义"与"古典主义"——梁思成建筑理论体系的矛盾性与悲剧性之分析 [M] // 张复合. 中国近代建筑研究与保护：二. 北京：清华大学出版社，2001：77-86.
③ 徐苏斌. 关于中国近代建筑发展动力机制的再思考 [J]. 建筑师，2020（1）：96-102.

笔者在过去二十多年从事中国建筑现代转型研究的经验是：建筑活动是建立在技术、制度和观念三个层面之上的、复杂的社会生产，[1] 正因如此，一个复杂问题如果真正需要彻底解决，还必须从制度层面入手。如此，则既可向下落实到技术层面的具体匠作，也可向上提升至观念层面的抽象思辨。没有制度建设和运作作为一种保证，任何事情都无法真正在现代语境中讨论，更无法确保在现代社会条件下去实现。

正是就此认知而言，与日本的比较研究将着重从制度层面展开。通过"建筑之日本展"以及村松贞次郎《日本建筑技术史——近代建筑技术的形成》[2]之编撰的回顾与剖析，试图以日本近代建筑技术发展及其建筑界共识为线索，来呈现"建筑学"这样一个从未因真正细分而割裂的专业在日本现代建筑发展中的地位；再者，通过建筑院系名称演变和课程设置的中日比较，进一步梳理出在建筑教育制度方面，中国建筑与工程技术之间的实质性关系，以及日本的相关状况。借此专业主体自身生产的比较，进一步探讨制度的意义和日本经验的影响。

6.2.1 日本经验：从未真正因细分而割裂的"专业"

1. "建筑之日本展：基因的传承与再创造"

从历史向度来观察，在 21 世纪来临之前，中国本土性现代建筑的终极诉求无非两条：第一，精神层面的自我认同，即自我认知其根本乃是对于中国传统文化的继承和发展，在建筑上的具体反映则是新建筑理应具有中国传统建筑的形式特征；第二，物质层面的接受意识，即由基于经验理性的东亚农耕文明转型为基于科技理性的工商业文明，并参与其竞争与合作。这在建筑活动上的具体反映，则是大量运用现代的建筑材料、结构、构造、物理、施工等方面的科技成就。因此，考究是否本土性现代建筑，其实首先应考察其是否具有本土基因，是否传承了自己文化的独特品质，并通过运用现代科技有了进一步的再创造。就此而言，中、日两国的本土性现代建筑在诉求上并无本质区别。然而，"大家都认为受到国际认可的日本现代建筑在某些方面与日本传统建筑有关联。"[3]而中国现代建筑则尚未能获得如此清晰和明确的公认，这其中的原因自是令人感兴趣——日本现代建筑为何能较好地继承了自己的传统？又为何能较早获得国际地位？

更进一步，欧洲建筑传统的主流是以石、砖为主材的砌体结构体系，而以中、日、韩为代表的东亚建筑传统之主流是木构体系，与欧洲有显著区别。而问题在于，日本建筑传统和中、韩在共享某些特征与旨趣以外究竟有何不同？[4] 它是以何种方式高效地对于自身传统文化加以继承、发展和再创造的？日本经验的启发作用与借鉴意义何在？——这

---

[1] 李海清. 中国建筑现代转型 [M]. 南京：东南大学出版社，2004：340-348.

[2] 村松贞次郎. 日本建筑技術史——近代建築技術の成り立ち [M]. 東京：地人書館株式會社，1963（昭和三十八年）.

[3] 包慕萍. 建筑之日本展：基因的传承与再创造——策划总监藤森照信访谈录 [J]. 建筑师，2018（6）：6-17.

[4] 同上.

些正是深入研究"建筑之日本展：基因的传承与再创造"的动机。该展览于 2018 年 4 月 25 日至 9 月 17 日在东京六本木 Hills 的森美术馆举行，为期近 5 个月，策划总监是著名近代建筑史家和建筑师藤森照信。展览重点落笔于日本传统文化，其目标是"明确日本现代建筑与日本传统文化的关联性"[①]——挖掘与阐释日本传统文化诸面相对于其现代建筑成长所发挥的至关重要的影响。有关于此，旅日学者包慕萍近期已有专文发表，成为本研究的首要参考指南——在藤森照信以及包慕萍既有批判性思考之基础上，更加侧重针对中国建筑专业界自身的反思。

藤森照信认为，日本传统建筑文化对现代建筑的贡献主要体现为空间的连续性和梁柱构架之美。[②] 而能够达到这种水准是有条件的，即必须透彻理解营造传统并善于消化吸收之——深入探究"传统木构工法与结构原理的现代可能性"。如木桥博物馆、米兰世博会日本馆以及国际教养大学图书馆等作品，都得益于斗栱榫卯技术及悬臂结构的启发，以经过工业化处理的、平易的标准化木构件作出具有现代使用功能的大跨建筑空间（图 6-25、图 6-26）。[③]

以当下正值巅峰期的隈研吾为例，其设计创意多以构法引领，而臻"与古为新"之境。而这不能不让人联想到他早年的导师内田祥哉教授，是来自构法研究室的学者。[④]1998～2000 年建于马头町的安藤广重博物馆是隈研吾的另一力作（图 6-27），其屋顶、墙壁、隔断、家具等皆用工业化、组件化的地产杉木，尽可能少用钢筋混凝土，以期融入周边环境。为此甚至还新开发了不燃杉木，以及运用 CAAD 技术使细部尺度与百叶的纤细形态接近，可见隈研吾在运用现代工程技术塑造与自然共生之传统精神方面走得有多远。

图 6-25　高知县梼原町木桥博物馆外景

图 6-26　秋田国际教养大学图书馆内景

---

① 包慕萍. 建筑之日本展：基因的传承与再创造——策划总监藤森照信访谈录 [J]. 建筑师，2018（6）：6-17.

② 同上。

③ 同上。

④ 同上。

图6-27　安藤广重博物馆外景

图6-28　塞维利亚世博会日本馆
　　　　主入口

　　其实，循此路径寻求设计创意灵感的日本现代建筑又岂止以上几例？安藤忠雄早已作过此类尝试：1992年西班牙塞维利亚世博会日本馆的主入口灰空间之下，两组巨型木架恰到好处地呈现了层叠式悬臂木构之抽象表达，隐喻斗栱这一木构体系中的关键部件（图6-28）。由于这两组采用工业化集成材的装配式木架在建筑中确实发挥结构支承作用，而并非纯粹装饰性部件，其设计思维上的整体性价值自是可圈可点。不难发现，日本现代建筑对于其木构营造传统的养分汲取，并没有止步于外形、构造和施工等表观层面，而是进一步去关注选材、构法等技术原理之深层理解，[①]并将其加以凝练，外化为视觉呈现。这种所谓继承更为抽象，却又能紧紧锚固于丰厚的营造传统之上。

　　在物质性层面的传统木构技术之上，连续（流动）空间的"发现"对于日本现代建筑也至关重要。日式传统住宅以模数化木构作为居住空间单元限定方式，若主体建筑规模较大，复杂的组合式层叠屋顶就会覆盖连成一片的各种房间，而这是通过嵌在柱间、糊了纸张的木框推拉门之开合与装拆来实现的，达成较小空间之间的分隔及空间"流动"——在历史建筑中"发现"似乎本应是现代建筑专有的"流动空间"之原理及其技术上的根由。[②]

　　可见，连续的网格化木构架和其间的推拉门是日本传统建筑形成连续（"流动空间"）的必要条件（图6-29）。而既有研究尚未找到证据表明，推拉门是由中国大陆或朝鲜半岛流传到日本的。同时，宋《营造法式》三十二卷中虽有"格子门""乌头门""牙头护缝软门""合版软门"等做法，[③]但都与推拉门相去甚远。太田博太郎认为推拉门应是日本建

---

① 包慕萍. 建筑之日本展：基因的传承与再创造——策划总监藤森照信访谈录 [J]. 建筑师，2018（6）：6-17.

② 同上.

③ 李诫. 营造法式 [M]. 北京：人民出版社，2011：292-296.

图 6-29　桂离宫一景：网格化木构和灵活可变的　　图 6-30　直岛大厅建筑设计对于传统屋顶形式再现
　　　　　推拉门有助于形成流动空间　　　　　　　　　　　　和建筑设备技术措施加以高度整合

筑由"寝殿造"向"书院造"变化过程中得到空前发展的结果。[1] 而日本建筑历史学者将其对空间分合模式的影响和西方现代建筑抽象的"流动空间"理念嫁接，为日本建筑传统衔接现代建筑创作提供了理论资源——这种理论资源其实和具体构造技术有着至为紧要的关联，若无如此学术视角和思维方式，那么建筑历史研究成果无非又是诸如"日本古建筑图录"之类的资料集而已——而且，这一重大"发现"及其学术出版是发生在1929年！而中国营造学社于1930年才正式成立。

　　除去较为抽象的连续（流动）空间，即使是最为直白的形式再现，也是可以拿出来加以比较和检讨的。以中日现代建筑设计中关于传统木构建筑共有的"大屋顶"意象为例，中国设计实践对于"大屋顶"的探讨，近百年来基本停留于具象的形式模仿，以至于"形似"和"神似"之争，就算是达到了顶峰。而日本早期现代建筑虽然也经历了具象模仿"大屋顶"的"帝冠式"建筑这一阶段，[2] 但在后来的实践探索中却能不断延伸。如三分一博志于2017年设计建成的直岛大厅，显然是抽象表达歇山屋顶，但并未局限于形式自身，而是将建筑室内物理环境调控技术设计措施加以高度整合（图6-30）——基于歇山屋顶悬山处的洞口组织自然通风路径[3]。可见，日本建筑师对于"大屋顶"的形式再现已超越形式本身，迈入技术整合和再创造的新境界。而反观中国建筑师的同期实践，则鲜见这种水平的创举，甚至早年间董大酉谈到将"大屋顶"正脊两端兽吻做成采暖系统锅炉之烟囱出风口已然成为绝唱。[4]

　　关于"大屋顶"的原型，藤森照信认为中日存在着更重要的差异之处是日本宫殿建筑一直沿用草顶[5]——传统屋顶意象原型不同，则现代建筑创作表现的方法也会不同。这看

① 太田博太郎. 日本建筑史序说［M］. 路秉杰，包慕萍，译. 上海：同济大学出版社，2016：125-129.
② 吴耀东. 日本现代建筑［M］. 天津：天津科学技术出版社，1997：43-46.
③ 包慕萍. 建筑之日本展：基因的传承与再创造——策划总监藤森照信访谈录［J］. 建筑师，2018（6）：6-17.
④ 侯幼彬口述，李婉贞整理. 寻觅建筑之道［M］. 北京：中国建筑工业出版社，2018：215-216.
⑤ 包慕萍. 建筑之日本展：基因的传承与再创造——策划总监藤森照信访谈录［J］. 建筑师，2018（6）：6-17.

图6-31 松江方塔园"何陋轩"草顶　　　图6-32 安徽马鞍山林散之艺术馆草顶外观
　　　　　外观

上去似乎是有道理的，毕竟北京紫禁城的金碧辉煌与京都桂离宫的黑柱白墙存在着巨大反差，后者与现代建筑的技术理念、审美趣味等趋近于无缝衔接。然而，中国民居从来就多采用土墙草顶，文人雅士隐居之所也早有"草堂"之制，近世园林建筑中同样使用极为素朴的简洁做法，乃至于现代建筑创作中直接采用"草堂"意象（图6-31、图6-32）。而这一切又说明了什么呢？其实，类似的疑问在藤森照信的推论中不只是一处。

在谈到日本建筑文化的国际影响时，包慕平的发问和藤森照信的回复所援引的案例使得问题的答案逐渐浮出水面。前者的疑惑在于：赖特以及Greene and Greene兄弟在设计上明确受到了1893年芝加哥万国博览会日本馆"凤凰殿"的影响，而中国同样在1933年芝加哥万国博览会展出的1：1仿建承德普陀宗乘庙金顶佛殿虽然很受欢迎，却似乎并没有在设计方面发挥影响力。[1] 这在当年的中国建筑界也算得上一件轶闻，留美背景的过元熙参与了该项工作，《中国建筑》也有相关报道。[2] 然其影响也确实不温不火——中国建筑学术界尚未来得及为此作出过全面和认真的检讨。而藤森有关于此的思考也颇为耐人寻味，即认为中国传统（官式）建筑和欧洲类似，立面皆用三段式，于欧洲人而言实属司空见惯。[3]

今天，作为对中国建筑稍有常识的人，完全有理由指出上述论点中的"中国古建筑"实特指官式建筑，特别是明清北方官式建筑。至于中国民居，以及概念上更为宽泛的民间建筑乃至于园林，则与"日本建筑"类似，同样也和"欧洲古建筑"几乎不存在所谓明确的"互换性"。也就是说，中国民间建筑和园林中同样也存在着被西方现代建筑十分重视并多所借鉴的那些品质。而问题是：两位高段位的专业人士为什么还会有上述疑问和看似故意变换概念的推论呢？

接下来的进一步讨论似乎有助于理解这一问题：中、日、韩传统建筑虽拥有某些共性特征，如木构、连续空间及与自然共生等，而日本现代建筑却能较好地继承并发扬。其根

---

① 包慕萍. 建筑之日本展：基因的传承与再创造——策划总监藤森照信访谈录［J］. 建筑师，2018（6）：6-17.
② 过元熙. 博览会陈列各馆营造设计之考虑［J］. 中国建筑，1934，2（2）：1-3.
③ 包慕萍. 建筑之日本展：基因的传承与再创造——策划总监藤森照信访谈录［J］. 建筑师，2018（6）：6-17.

本原因何在？ [①] 藤森照信认为这主要是由于中国普通百姓并不理解上层社会在园林中的精神追求，而日本则由于存在数量可观的中产阶层，其审美趣味得以更多被认同。[②]

或许不能完全赞同这一推论的诸多细节，譬如中国学术界早有研究指出明代江南地区即已萌芽资本生产方式；[③~⑤]中产阶级文化的起源及其基本特征也早已被言明，[⑥]而从徽商、晋商文化中也不难发现与其相通之处。直至近代时期，中国农村中的乡绅依然肩负着地方自治、道统维系和文化精英的多重责任与身份。[⑦、⑧]但这些似乎并不足以构成对以上藤森照信观感的颠覆，特别是对于"上层社会在园林中的精神追求没有渗透到下层社会"的判断，其眼光堪称敏锐，其意图也富有足够的挑战性。

综上，通过对"建筑之日本展：基因的传承与再创造"展览主题的深入剖析与比较讨论，结合第一、二章有关内容，不难发现：中、日两国的本土性现代建筑发展即对于传统建筑的转译与再现，都经过了形式—空间—建造的探索历程，但日本较早认识到形式、空间、建造这三者整合的可能性，以及技术、制度、观念这三者贯通的必要性，且发展至最近直接从"构法"（木构工法＋结构原理）——基于建造模式的创作理念——入手作设计。而中国人则由于对自身建筑历史的成规模研究本身就起步较晚：1930年代初自中国营造学社始；而从民居和园林研究开始意识到它们与现代建筑空间理念的共通性则更是迟至1950年代之后，甚至直到1990年代以来才算是在实践上对于以建造为先导的技术设计整合有所尝试。[⑨]

如果说中国建筑学人的"觉醒"以及"发现"等在时间上明显滞后，在很大程度上是受制于宏大历史背景中的各种机缘巧合，以致个人无法左右；那么，所关心问题的质量，则更多地取决于研究主体个人以及群体的学术视野与站位。就此来看，藤森照信对中国建筑研究者的委婉批评应视为鞭策，[⑩]值得引起重视。当然，日本学者既能如此，那就说明至少掌握了一些有力的策略和方法，作出了有针对性的明确回应。村松贞次郎著《日本建筑技术史——近代建筑技术的形成》就是一个很好的例子。

① 包慕萍．建筑之日本展：基因的传承与再创造——策划总监藤森照信访谈录［J］．建筑师，2018（6）：6-17.
② 同上．
③ 李之勤．论明末清初商业资本对资本主义萌芽的发生和发展的积极作用［J］．西北大学学报（哲学社会科学版），1957（1）：33-62.
④ 唐力行．论明代徽州海商与中国资本主义萌芽［J］．中国经济史研究，1990（3）：90-101.
⑤ 孟彦弘．中国从农业文明向工业文明的过渡——对中国资本主义萌芽及相关诸问题研究的反思［J］．史学理论研究，2002（4）：26-36+161.
⑥ （美）约翰·斯梅尔．中产阶级文化的起源［M］．陈勇，译．上海：上海人民出版社，2006.
⑦ 徐祖澜．近世乡绅治理与国家权力关系研究［D］．南京：南京大学，2011.
⑧ 黄博．乡村精英治理研究——以村庄自治形态为视角［D］．南京：南京农业大学，2013.
⑨ 李海清．从"中国"＋"现代"到"现代"＠"中国"：关于王澍获普利兹克奖与中国本土性现代建筑的讨论［J］．建筑师，2013（1）：46-51.
⑩ 包慕萍．建筑之日本展：基因的传承与再创造——策划总监藤森照信访谈录［J］．建筑师，2018（6）：6-17.

2. 从《日本建筑技术史——近代建筑技术的形成》看日本现代建筑自立的思维基础

《日本建筑技术史——近代建筑技术的形成》（日文为《日本建築技術史——近代建築技術の成り立ち》）这本书于昭和三十四年即 1959 年 11 月 28 日初版发行，其出版单位为"地人书馆株式会社"（图 6-33）。作者村松贞次郎于 1924 年生于日本静冈县[1]，1948 年毕业于东京大学第二工学部建筑学科。该书出版时，作者时年 35 岁，在东京大学生产技术研究所担任助教。他 1953 年研究生毕业以后一直在东京大学工作，历任助教、副教授和教授，期间

图 6-33 村松贞次郎著《日本建築技術史——近代建築技術の成り立ち》封面及版权页

并兼任芝浦工业大学讲师。1961 年，他以《日本建筑近代化过程的技术史》为毕业论文获得了博士学位。[2] 博士学位论文先出版，然后再答辩通过并获得学位，这在学术界亦属罕见。1985 年村松贞次郎于 60 岁时从东京大学退休，[3] 之后又受聘任法政大学教授，其接班人是至今活跃在近代建筑史研究领域的藤森照信。村松贞次郎长期专注于日本近代建筑技术史研究，发起并推动日本近代建筑大规模普查，并倡导其保存和再利用研究。作为他的退休纪念活动，1985 年在东京举行了一场以"东亚的近代建筑"为主题的学术讨论会。三位中国学者即同济大学路秉杰、清华大学张复合和北京市文物局王世仁应邀参加了此次会议。[4] 村松贞次郎在会上提出，讨论亚洲现代建筑其实就是讨论亚洲的现代化究竟是什么的问题，并且，只有普遍性和个性（固有性）二者兼备的建筑，才谈得上现代化。[5]

上述基本理念在《日本建筑技术史——近代建筑技术的形成》一书中其实已得到初步彰显。该书内容基本以时序为线索，分为以下九章：

第一章　西洋建筑技术的移植；
第二章　由政府机构推动的近代化的开始；
第三章　砖造建筑；

---

① 中国对于这位著名的日本建筑史家介绍不多，其中很重要的一篇文章还将其出生时间误写为 1925 年。参见：王炳麟."同僵硬的西方现代主义诀别"——记日本近代建筑史家村松贞次郎 [J]. 世界建筑，1986（3）：83-87. 村松贞次郎著. 日本建築技術史——近代建築技術の成り立ち [M]. 東京：地人書館株式会社，1963（昭和三十八年）.

② 王炳麟."同僵硬的西方现代主义诀别"——记日本近代建筑史家村松贞次郎 [J]. 世界建筑，1986（3）：83-87.

③ 同上。

④ 同上。

⑤ 同上。

第四章　木造建筑的近代化；

第五章　木工技术；

第六章　新建筑材料生产的开始；

第七章　钢骨与钢筋混凝土结构；

第八章　建筑业与施工技术；

第九章　今天的建筑。

这其中，笔者认为"第四章　木造建筑的近代化"和"第五章　木工技术"尤为重要：

四.一　砖结构和木结构及其评价；

四.二　木结构的合理化——三角形稳定性原理；

四.三　桁架结构的普及；

四.四　新木造建筑手法的出现；

四.五　木结构的第二次近代化及其未来。

五.一　新技术和工匠社会的转型；

五.二　木工技术的教育。

之所以说这两章特别重要，是因为和中国近代建筑技术发展的比较而言，它们是非常特殊的，即中国传统木结构体系并没有经历过一个真正的、科学意义上的"合理化"过程。可以说，至今仍存活在偏远地区的、极少量的中国民间建筑的木构系统，虽有局部改进，但总体上依然故我（图6-34、图6-35）。何以得出如此结论？村松贞次郎所说的日本传统建筑木结构所谓的"合理化"究竟是指什么？详见下文分析。

图6-34　2014年春云南大理新建民居采用木架、砖墙与钢筋混凝土构造柱混合结构

日本是多地震国家，1891年10月28日的浓尾大地震和1923年9月1日的关东大地震，对于日本现代建筑及其抗震技术的发展有决定性影响，而这不能不涉及对于传统木构建筑的评价。明治时期日本建筑界对于木构建筑的认可，可以说是受日本当时的经济实力、技术水平和居住传统等方面的负面影响，这种认可是消极的。而实际上，大量性的木构建筑在技术上的现代化及其相关的激进论述在当时不太可能被看到。然而最具颠覆性的是防灾运动，特别是对于抗震性

图6-35　2014年春云南大理新建民居采用传统的木架、夯土墙

能的要求，它对今天日本建造木构建筑的方法有很大影响。[1]

　　这里的关键问题是：关于自身的木构传统究竟该如何认知？具体而言，浓尾大地震发生地区远离大都市，西式砖构建筑引入很少，损毁的主要是传统的木构建筑，因此当时只注意到了木结构建筑的缺陷。而关东大地震则发生在大都市，英国人集中开发的银座大街西式砖构建筑也有很多倒塌，这才促使日本建筑界冷静地比较西式砖构建筑与日式木构建筑之短长，也才发现西式砖构建筑抗震性能并不那么理想，而日式木构建筑却比较耐震，但耐火和耐久性较差。这一认识的形成经历过一个曲折的变化过程。

　　损失惨重的浓尾大地震翌年，即1892年（明治二十五年）6月，日本成立防灾研究会议，反映出建筑工程界学者们的努力正在成为中心议题。受当时建筑杂志中看到的美国建筑师伊藤为吉的抗震结构方法之一即"耐震家屋"的影响，有人对日本传统木构房屋的结构缺陷作出如下分析评价：

　　（1）屋顶重量过大；

　　（2）木构立柱是孤立的，其间缺乏联系；

　　（3）木构节点连接用榫卯，孔洞开口较大，连接偏弱；

　　（4）水平和竖向构件之间节点连接采用榫卯辅以木楔，是非永久性的，连接偏弱。[2]

　　有关于此，针对性的改进建议主要有两条：（1）引入金属连接件，加强传统木构节点连接的刚性，解决榫卯节点偏弱的问题；（2）引入三角形稳定性原理，采用斜撑及角撑。这自然就涉及桁架的引入。

① 村松贞次郎. 日本建築技術史——近代建築技術の成り立ち［M］. 東京：地人書館株式會社，1963（昭和三十八年）：98-99.
② 村松贞次郎. 日本建築技術史——近代建築技術の成り立ち［M］. 東京：地人書館株式會社，1963（昭和三十八年）：99.

日本最初于 1850 到 1870 年之间引入欧式木桁架，但此时欧洲也没有开发出成熟的图解力学分析方法，所以日本当时桁架种类虽很多，设计分析也同样没有采用科学方法。真正的力学分析是从 19 世纪末期的美国开始的，美国桥梁工程师 SquireWhipple（1804—1888）的名著《桁架桥梁的力学》虽迟至 1947 年方得出版，仍不愧为这一研究方向的开辟者，且刺激了欧洲学者。瑞士的 Carl Culmann（1821—1881）、G. Monge（1746—1818）、J. V. Poncelet（1788—1867）等在评价以前的科学方法如画法几何、数学方法和图解力学方法方面作出了贡献，而这一成果的总结是 Wilhelm Ritter（1847—1906）于 1906 年完成的。其后，桁架的结构科学理论在德国、法国、意大利等国都得到了发展，并且开始讨论弹性荷载。然而，由于钢筋混凝土框架结构和钢框架结构的引入，此时日本对于引入桁架结构理论已经没有多大兴趣了，而更加关注钢筋混凝土和钢结构。因此，其时日本的桁架结构科学分析并无多大进步，只有实用方法上的改良而没有理论上的改进。但到了第二次世界大战前后，由于铁资源的严重不足，日本又需要大量使用木结构来替代钢结构。所以在较短时间内，木结构又重新获得了关注。[1] 这一点与中国在抗战后方借鉴传统木构技术，大量兴造基于快速搭建技术的战时建筑，是有着异曲同工之妙的。如盛承彦在《建筑构造浅释》中提出对于中国传统穿斗木构的深度反思和改良措施，[2] 几乎与前述日本人的四点分析如出一辙。而遗憾之处在于，当时中国建筑学人中真正达到盛承彦这种理论认知水平的并不多见。甚至考虑到其早期留学日本的经历，这种认知得以形成，与日本影响之间存在着关联也不无可能。

1930 年的伊豆地震之震害情况较为复杂，当时虽已开始采用改良的木构，但仍损毁很多，有人认为之前提出的两条改良方法不对，便完全否定了金属连接件以及斜撑、角撑的意义。但经过调查，发现基础和上部结构之间的连接才是关键问题。所以又重新肯定了木构、金属连接件、斜撑与角撑，关键是基础和上部结构之间的连接究竟采用何种做法，认为还是采用柔性连接更有利于抗震。[3]

很有趣的是，镰仓时代的日本传统木构里面也有斜撑，它并非是西式木构所独有。如法门寺舍利殿，以及同时代修复的莲花堂等。但斜撑并不美观，想把它处理成隐匿的构件又比较困难，所以很少采用。明治时代对于传统木构的再评价中，给予斜撑很高的地位，认为它对于抗震是有意义的。另外，日本传统木构中也有"下见板"的做法，可以从两侧包裹、隐匿斜撑，所以也有残存至今的斜撑做法。[4]

其实，刚性结构和柔性结构的自身的固有震动周期并不一样，前者较长而后者较短。考虑到防止共振现象的出现，如果地震波周期短，那么刚性结构比较有利，反之则柔性结

---

① 村松貞次郎. 日本建築技術史——近代建築技術の成り立ち [M]. 東京：地人書館株式會社：1963（昭和三十八年）：103-104.

② 盛承彦著. 建筑构造浅释 [M]. 商务印书馆，1943.59-60，83-84.

③ 村松貞次郎著. 日本建築技術史——近代建築技術の成り立ち [M]. 東京：地人書館株式會社，昭和38年. 110-111.

④ 村松貞次郎. 日本建築技術史——近代建築技術の成り立ち [M]. 東京：地人書館株式會社：1963（昭和三十八年）：108-109.

构比较好。但当时尚未认识到这些科学规律，以为越刚越好，刚性结构仍然是主流。[①]

从"九·一八"事变到第二次世界大战结束是一个转换过程，因钢铁大量用于军事用途，资源匮乏，钢筋混凝土和钢结构的使用条件受到了很大限制，所以木结构又得到了发展。由于大材获得也很困难，这时所要面对的主要问题是如何利用小材，而这需要研究。1936 年瑞士第一届国际木材会议提出了新型木材的工业化生产方法，即采用胶粘材料、变小材为大材的胶合木。[②]另一方面木结构防火研究进展也非常重要，刚开始是采用混凝土来粉刷。格罗皮乌斯后来又提出了干式生产法，速度快，无需等候。至 1943 年，日本决定采用公制度量衡标准即 m^2 来确定木结构建筑的生产规格，基于西方体系的标准化与合理化得到了实现。总体上看，日本的木构建筑在战争前后的建设量占比是有变化的。战争期间木构建筑越来越多，甚至 1941～1950 年期间新建项目几乎全为木构建筑，战后尤其是 1951 年之后木构建筑虽有减少，但仍占绝大部分。[③]

通过村松贞次郎的史学研究可见，由于日本建筑最紧要的需求是应对频发的地震灾害，关于如何看待自身的传统木构技术，经过了数十年的曲折变化过程，可以大体上作出如下判断：其弊在于结构科学性不足，耐火和耐久性能较差，而其利在于取材便捷、易于实施，有针对性地采用柔性构造则利于抗震。这是经过多次惨重的震害损失和科学检验换来的一种比较客观公允的认知，而并非一概否定自己的传统。相形之下，中国人在这一方面的认知就显得有些大而化之，[④、⑤]也就难免在成果上捉襟见肘，直至近年方得有所改进。[⑥~⑨]下文将以木结构合理化之三角形稳定性原理的引入为例，来具体说明日本人是如何在加强自身传统木构技术科学性方面作出的努力。

日本传统木结构与中国类似，为层叠式木构架，竖向传力体系较为明确，主要靠压重保持屋顶的稳定。但由于缺乏各类斜撑、角撑与横撑，致使结构体抗侧刚度总体而言不够理想，特别是纵向抗侧能力较弱，一旦遭遇地震、台风，极易损毁。经过从两次地震即浓尾大地震和关东大地震中吸取教训，日本传统木结构合理化进程开启于三角形稳定性原理

① 村松贞次郎．日本建築技術史——近代建築技術の成り立ち［M］．東京：地人書館株式會社，1963（昭和三十八年）：113.

② 村松贞次郎．日本建築技術史——近代建築技術の成り立ち［M］．東京：地人書館株式會社，1963（昭和三十八年）：114.

③ 村松贞次郎．日本建築技術史——近代建築技術の成り立ち［M］．東京：地人書館株式會社，1963（昭和三十八年）：117.

④ 梁思成．序 1［M］//梁思成．清式营造则例．北京：中国建筑工业出版社，1981.

⑤ 梁思成．清式营造则例［M］．北京：中国建筑工业出版社，1981：16.

⑥ 陈志勇，祝恩淳，潘景龙．中国古建筑木结构力学研究进［J］．力学进展，2012，42（5）：644-654.

⑦ 李瑜，瞿伟廉，李百浩．古建筑木构件基于累积损伤的剩余寿命评估［J］．武汉理工大学学报，2008，30（8）：173-177.

⑧ 淳庆，等．江浙地区抬梁和穿斗木构体系典型榫卯节点受力性能［J］．东南大学学报（自然科学版），2015，45（1）：151-158.

⑨ 王金平，郭贵春．中国传统建筑的经验理性分析［J］．科学技术哲学研究，2013（2）：94-99.

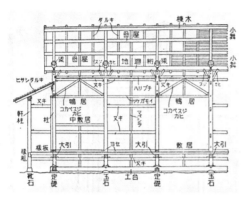

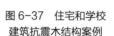

图 4.4 前 貫 家 図（东大构内）

图 4.5 东大楼内砖调室屋断面図

图 6-36　伊藤为吉 1893 年设计抗震住宅方案
以斜撑为传统木架引入三角形稳定性原理

图 6-37　住宅和学校
建筑抗震木结构案例

图 6-38　抗震住宅
设计采用变截面砖墙

的引入与使用。如图 6-36 所示，在伊藤为吉所做的抗震、抗风住宅设计方案中，图右侧下面是出入口，左侧也有较大开口。虽然其上下各有水平向构件"鸭居"（上槛）和"敷居"（下槛），但因为是较大尺寸的开口，自然成为木结构的薄弱处。而经过科学改良，这里居然引入了斜撑加固开口上部的矩形构架，使之局部成为桁架。虽这构件只出现在出入口或开口上面的矩形"小墙"里，但其加强结构整体性的作用是毋庸置疑的。图中每根柱子顶端的两根斜撑也有类似作用。这种利用三角形稳定性原理的"筋交い"（对角线斜撑）在更古老的日本建筑里是没有的，是近代以来受到西式木构的影响才增设的，其具体动因即在于此。更进一步，甚至出现了住宅和学校建筑直接利用人字屋架和类似密肋木框架（带角撑或对角线斜撑）的做法（图 6-37），其结构形式与美国的轻木框架"Balloon Structure"十分相像，且其基础也改用埋深较大、逐级扩出的"放脚"，而不再沿用传统的木架端直接搁置于"靴石"之上的简易技术。更有甚者，"东大构内"抗震住宅除了直接使用由三角形人字屋架演变而来的带气楼的梯形屋架之外，还在下部放弃传统木框，改用下厚上薄的砖墙，壁体重心显著降低，进一步加强了外围护结构的整体性和稳定性（图 6-38）。

　　综上，通过对"建筑之日本展：基因的传承与再创造"的主要内容分析，包括村松贞次郎的日本近代建筑技术史研究的梳理，可以判明这样几个基本状况：（1）日本现当代建筑设计思维融合了传统木构技术理念，并实现了现代技术条件下的再创造。这其中，因使用刀具和优质木材所形成的精良工艺传统得到了很好的继承和发扬。日本传统建筑范型"寝殿造"中常见的连续（流动）空间正是依赖于纤巧的木构系统方得形成，并为现代建筑的连续（流动）空间意象提供了一种日常生活原型；（2）日本建筑学在从传统向现代转型的过程中，于关东大地震发生之后集中出现了一次总体性格层面的转变，从先前的艺术化转向高度的工程技术化——结构计算、抗震设计获极端重视，而建筑意匠、样式等艺术属性则在一定程度上被压制，[①] 从而使得建筑学体系获得了某种平衡；（3）日本传统木

---

① 村松贞次郎 . 日本建筑的传统与现代化 [J]. 王炳麟，译 . 世界建筑，1989（4）：10-14.

造建筑在近代发生过一次科学化和合理化的转型过程，而且是知识人推动了这一过程的实现，抗震则是其主要动因，是其结构体系实现科学化的主要目标。这三种状况，即融合了（而非简单结合或者生硬拼合）技术因素和技术思维的现代建筑实践理念、设计策略乃至于本土原生建筑体系之科学化意义上的自我完善，是中国近现代建筑发展过程中比较缺乏的。

那么，侧重艺术的"建筑"与侧重技术的"工程"究竟怎样才算是融合？简单结合或生硬拼合又是什么状况？从以下关于中日两国院系名称、课程设置的比较中应可一窥端倪。

6.2.2 建筑与工程：院系名称演变及课程设置比较

1. 东南大学、清华大学有关院系名称演变

源自欧美的"博扎"体系即所谓"学院派"在中国现代建筑教育的主要源流中占据绝对优势。由于创办时间、办学连续性、课程与教学的体系性等原因，其在中国的大本营，毫无疑义是今日的东南大学建筑学院。然而，笔者自 1992 年来东南大学建筑系求学、1995 年硕士毕业留校任教时，还记得在若干次全校运动会上，建筑系扛出来的巨幅系旗是白地红字，上书"建筑工程系"五个大字。由此自然产生这样一个疑问：它的名称究竟是"建筑系"还是"建筑工程系"？二者之间有何差别？其实质又意味着什么？

对于有着 92 岁高龄、历经磨难的老院系，查清名称并非易事。而尝试探查主要是通过以下几个路径：一是该单位收藏的图书资料上的印章；二是有关档案公文；三是老旧期刊学术发表中使用的称谓；四是老照片。首先看该单位收藏的图书资料所盖印章——在 1970~1980 年代出版的几本重要著作、资料，诸如《苏州古典园林》《曲阜孔庙建筑》《唐怀素论书帖》以及《国内外城市交通基础资料汇编》等之上，都盖有蓝色印泥的"南京工学院建筑工程系图书室"或"南京工学院建筑工程系资料室"印章（图 6-39）。而 1953 年前后清华大学编印的《颐和园测绘图集》则盖有两个印章：封面上是 1970~1980 年代常用的"南京工学院建筑工程系图书室"，扉页上却是"南京工学院建筑系图书专用章"的繁体字印章（图 6-40）。故可以推测：后者为此资料出版、刚刚收藏时盖上去的老印章，前者为后期加盖的新印章。可见 1950 年代时，曾用名为"建筑系"，至 1980 年代又曾用名为"建筑工程系"。

那么这是不是意味着在 1960~1970 年代曾将"建筑系"改称为"建筑工程系"呢？若撇开"十年动乱"期间曾因建筑、土木二系短期合并而发生过的改名事件不计的话，[①] 笔者认为并未发生过实质性的改名。因为还有以下更早期的老照片、档案公文和老旧期刊同样使用了"建筑工程系"的称谓。比如 1953 年毕业集体照以及毕业证书上均称为"建筑工程系"或"建筑工程学系"（图 6-41 左）；1948 年中央大学校园总平面图上称为"建

① 东南大学建筑学院学科发展史料编写组. 东南大学建筑学院学科发展史料汇编（1927—2017）[M]. 北京：中国建筑工业出版社，2017：113.

图 6-39　东南大学建筑学院图书馆藏书 1970～1980 年代印章有"建筑工程系"之称谓

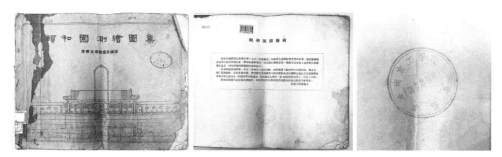

图 6-40　东南大学建筑学院图书馆 1950 年代藏书印章有两种称谓："建筑系"和"建筑工程系"

图 6-41　东南大学建筑学院 1940～1950 年代采用的称谓："建筑工程（学）系"

筑工程系"（图 6-41 右）。更早的史料，还有在中国第二历史档案馆查阅到国立中央大学时期的两份档案，一份为"国立中央大学三十二年度上学期各系科教授讲师助教统计表"（图 6-42），其中工学院有"建筑工程学系"的栏目；另一份是"国立中央大学教员名录卅一年十月制"（图 6-43），其中有"建筑工程系"的栏目。可见，"建筑工程系"是"建筑工程学系"的简称，略去"学"字而已，总之是有"建筑"与"工程"两个关键词。然而，同时期的另一份档案"国立中央大学月份俸薪人名单"上，却也有"建筑系"这一栏目（图 6-43）。再向前推，在 1933 年《中国建筑》第二期上，有《中央大学建筑工程系小史》

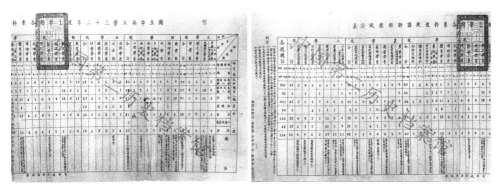

图 6-42　东南大学建筑学院 1943 年采用的称谓："建筑工程学系"

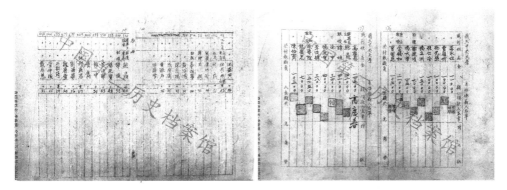

图 6-43　东南大学建筑学院 1942 年采用的称谓："建筑工程系"和"建筑系"

和《建筑工程系课程标准》。[1]乃至于1930年代初期的院系公章上，均称为"建筑工程系"。[2]

　　所以，可以作出这样的合理推断：中央大学工学院设立建筑学科之初，其名称就是"建筑工程（科）系"，为图方便而时常简称"建筑系"。之后数十年均按此路径称谓，即正式全称使用"建筑工程系"（极少使用"建筑工程学系"），简称则为"建筑系"。非常有趣的现象是，前述《苏州古典园林》和《曲阜孔庙建筑》两本经典著作，其扉页上的单位名称皆简写作"建筑系"，而近旁的图书印章却又是"建筑工程系"（图6-39）。如此重要的学术发表，单位名称却使用简称，这是否暗示着某种基于名称考量的学科属性思辨以及自我认同的选择？

　　无独有偶，同样为"学院派"建筑教育重镇、只是晚了近二十年成立的清华大学建筑学科，[3]其名称演变状况是：1946年建系时称为"清华大学建筑学系"，1948年9月报呈

① 佚名.中央大学建筑工程系小史［J］.中国建筑，1933，1（2）：34.

② 东南大学建筑学院学科发展史料编写组.东南大学建筑学院学科发展史料汇编（1927—2017）［M］.北京：中国建筑工业出版社，2017：84.

③ 梁思成.致梅贻琦信［M］//梁思成.梁思成全集：第五卷.北京：中国建筑工业出版社，2001：1-2.

教育部拟改称为"营建学系"，[1] 后在 1950 年代改称"清华大学建筑工程学系"，[2] 而日常则皆简称为"清华大学建筑系"。最为有趣的现象是：无论是东南大学还是清华大学，两家院系在世纪之交中国高校扩张风潮中，皆改名为"建筑学院"，究竟要不要"工程"二字再也不用颇费思量了，此举一直影响至今。

2. 东京工大（日）、宾大（美）、中央大学/东北大学课表之比较

名称中究竟有没有"工程"二字，其潜在的意涵究竟是什么？这自然涉及一所院系对于自己学科属性的判断乃至于自我认同。以下将从宾夕法尼亚大学、东京高等工业学校以及国立中央大学的建筑学科专业课表的比较来看工程技术在专业知识体系构成中的比重。之所以选择这三所学校的建筑学专业课表加以比较，其缘由概略如下：（1）国立中央大学的建筑学科的代表性显然毋庸置疑；（2）国立中央大学初创期的主要师资所受教育背景为美国和日本，刘敦桢于 1921 年毕业于东京高等工业学校建筑科，谭垣、杨廷宝、童寯等分别于 1929 年、1924 年、1928 年在宾夕法尼亚大学美术学院建筑系获学士学位，刘福泰于 1923 年在俄勒冈大学建筑系获学士学位，鲍鼎于 1932 年在伊利诺大学建筑系获学士学位。可见，最早参与创系并形成长期影响的刘敦桢之母校东京高等工业学校建筑科，以及早期参与建立教学体系的谭垣，见证"繁荣兴旺的沙坪坝时期"的杨廷宝、童寯，三人共同的母校宾夕法尼亚大学美术学院建筑系为样本进行比较是合乎情理的。

首先来看 1924 年宾夕法尼亚大学美术学院建筑系课表（图 6-44），其建筑技术基础类课程有：二年级的木构造、砖石与铁工构造，这两门构造课各 1 学分，合计 2 学分；三年级仍有以上两门构造课，合计 2 学分。建筑卫生学、供热与通风，管道与排水，这三门课，合计 1 学分。此外还有建筑机械学 2 学分，图解力学 2 学分，三年级技术类课程共有 7 学分。四年级有职业实践 1 学分，而一年级没有技术类课程。四学年全部课程总计 104 学分，技术类课程合计 10 学分，占比为 9.6%。与此相反，美术类课程则有"徒手画"合计 7 学分，水彩画合计 4 学分，已超出技术类课程；设计课为 39 学分，这一门课占比已超总学时数 1/3，与美术类课程合计 50 学时，占比 48.1%。已近一半！这还没算建筑画、历史装饰这类偏艺术性质的课程。可见，尽管技术类课程的训练深度亦属可观（图 6-45），但

图 6-44　宾夕法尼亚大学美术学院建筑系建筑学专业（四年制）课程计划（1924—1925）

---

① 梁思成. 代梅贻琦拟呈教育部代电文稿 [M] // 梁思成. 梁思成全集：第五卷. 北京：中国建筑工业出版社，2001：5

② 梁思成. 清华大学营建学系（现称建筑工程学系）学制及学程计划草案 [M] // 梁思成. 梁思成全集：第五卷. 北京：中国建筑工业出版社，2001：46-54

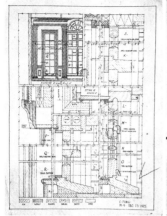
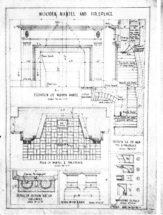
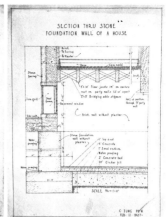
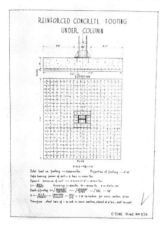
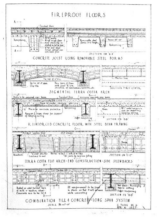

图 6-45　童寯在宾夕法尼亚大学美术学院建筑系学习时的建筑构造课作业，自左上开始分别为：木门窗、石构壁炉、石构地下室墙身、型钢柱与钢筋混凝土基础，以及各类钢骨混凝土或钢筋混凝土防火楼板

由于毕竟开设于美术学院内，其艺术、设计类课程总体比重近半。仅此一点，几乎不用进一步深入分析具体每门课程的内容，就可以技术类课程比重来做出专业属性的基本判断。难怪顾大庆坦言："'布扎'，归根到底是一所美术学校"，[1] 其工程技术类课程很少，甚至可以说无足轻重。

而在中央大学工学院建筑工程系 1933 年课表中，一年级也没有技术类课程，二年级有应用力学和材料力学各 5 学分，营造法 6 学分，合计 16 学分；三年级有中国营造法、钢筋混凝土屋计画和图解力学各 2 学分，钢筋混凝土 4 学分，合计 10 学分；四年级有暖房及通风、电焗学、施工估价、建筑组织、建筑师职务及法令、给排水各 1 学分，铁骨构造和测量各 2 学分，合计 10 学分。四学年各门课程总学分为 139 学分，其中技术基础类课程学分合计为 36 学分，占比为 25.9%。近四分之一的课程总量比重，远超宾夕法尼亚大学的 9.6%，约其三倍。可见，中央大学的建筑学专业开设于工学院中，就其工程技术类课程比重而言，称为"建筑工程系"名副其实。

① 顾大庆．"布扎"，归根到底是一所美术学校 [J]．时代建筑，2018（6）：18-23.

那么，是不是仅因将学科设于工学院内，而使得工程技术类课程比重可观呢？事情恐怕也没那么简单。从学科建立的组织路径来看，中央大学工学院建筑工程科的建立，是"乃将苏州工业专门学校建筑工程科移京"而成，[①]也即是说，苏州工专建筑工程科是中央大学建筑工程科的主要班底，从师资、学生到教学，无不如此——不仅是像刘敦桢这样的教师，也包括张镛森、郑定邦、刘宝廉等一批学生，[②]都随着迁校合并而进入新环境，其原本侧重工程技术人才培养的教学框架不太可能因此在极短时间内发生颠覆性变化——即使考虑到从高等专科学校变身为国立大学这样的等级提升而实际上存在着教学建设目标做出相应调整的必要，也不可能一蹴而就。关于此情状，通过分析苏州工专时期和中大最初建立时期的建筑工程科课表，即可一目了然。

由表 5-1 可以进一步推出表 6-1，可见苏州工专建筑科 1926 年的课表，虽然无法获知各门功课的准确学分数，但也至少可以通过功课门数做出判断：共有 34 门课，其中技术基础类课程 14 门，占比为 41.2%；而稍晚的中大建筑工程科 1928 年课表，总共有 36 门课，其中技术基础类课程 15 门，占比为 41.7%；中大建筑工程系 1933 年课表，总共有 35 门课，其中技术基础类课程 15 门，占比为 42.9%。从苏州工专到中央大学，技术基础类课程门数占比略有上升，看起来似乎稍重视了一些，然而其学分占比（实际上意味着课时数占比）却由 1928 年的 30.0% 显著降至 1933 年的 25.9%。不仅如此，技术基础类课程的门均课时数也降低了：从 1928 年的 15 门技术类课程合计 45 学分即门均 3 学分，变成了 1933 年的 15 门技术类课程合计 36 学分即门均 2.4 学分，打了八折。一边是与其他类别的课程比较而言，技术类课程学分占比（课时数占比）在这 5 年之中显著降低，而门数占比略有上升；另一边，技术类课程自身内部的门均课时数也显著降低了，这势必也在某种程度上影响了相应课程知识传授的深入度。这说明，相对而言，对于技术类课程的重视程度明显衰减，经济原理、建筑材料以及材料试验三门课程干脆取消，而增加了与职业建筑师业务实践有关的课程。

与此呈鲜明对比的是：无论是学分占比还是门数占比，美术类课程却从 1926 年到 1933 年均有显著增长，而且幅度非同寻常：学分占比从 1928 年的 12.7% 到 1933 年的 14.4%，门数占比从 1926 年的 2.9%、1928 年的 8.3% 到 1933 年的 11.4%，由仅有 1 门"美术画"课程发展至"建筑初则及建筑画、徒手画、模型素描、水彩画" 4 门课，训练路径更趋全面和专业。这又说明，相对而言，对于美术类课程的重视程度明显提升。与此相似，还有对于史论类课程重视程度的显著提升，都是对于艺术创作型职业建筑师的培养目标使然。而对于公共类课程重视程度的显著提升则体现在新设"党义"课和恢复英语课——南京国民政府对于高等教育的思想政治工作定位以及人才培养目标国际化可能性的考虑由此得以体现。

关于苏州工专建筑科的课程体系与日本有关学校课程体系的渊源关系以及它们侧重工

---

① 佚名. 中央大学建筑工程系小史 [J]. 中国建筑，1933, 1 (2)：34.
② 东南大学建筑学院学科发展史料编写组. 东南大学建筑学院学科发展史料汇编（1927—2017）
　　[M]. 北京：中国建筑工业出版社，2017：219.

从苏州工专建筑工程科到中央大学建筑工程科（系）转换期的课程比重变化

表6-1

课程类别 / 不同时期	设计类课程学分占比	技术基础类课程学分占比	美术类课程学分占比	绘图类课程学分占比	史论类课程学分占比	公共类课程学分占比
苏州工专1926（仅课程门数占比）	（5/34=14.7%）	（14/34=41.2%）	（1/34=2.9%）	（2/34=5.9%）	（2/34=5.9%）	（7/34=20.6%）
中央大学1928（括弧内为课程门数占比）	43/150=28.7%（6/36=16.7%）	45/150=30.0%（15/36=41.7%）	19/150=12.7%（3/36=8.3%）	7/150=4.7%（3/36=8.3%）	10/150=6.7%（5/36=13.9%）	20/150=13.3%（3/36=8.3%）
中央大学1933（括弧内为课程门数占比）	40/139=28.8%（5/35=14.3%）	36/139=25.9%（15/35=42.9%）	20/139=14.4%（4/35=11.4%）	6/139=4.3%（3/35=8.6%）	11/139=7.9%（3/35=8.6%）	26/139=18.7%（5/35=14.3%）
变化趋势	学分占比持平 门数占比显著上升后又显著回落	学分占比显著降低 门数占比略升	学分占比显著上升 门数占比显著上升	学分占比略降 门数占比显著上升	学分占比略升 门数占比显著上升后又显著回落	学分占比显著上升 门数占比显著降低后又显著回落

程技术知识传输的共性特征，既有研究已有很多分析。[1]、[2]本研究更为关心的是：从1920年代初期直至1950年代初期，在这近三十年的相对较长时期中，一个原本侧重工程技术知识传输的课程体系究竟发生了怎样的变化。而表6-2可以提供这样的观察路径。

由上表可知，最为显著的趋势有两个：首先是技术基础类课程的学分（或课时数）占比以及门数占比呈现出长期的、显著的下降趋势，除去1933到1949年的战乱频仍、政局动荡时期以外，无论是从1928到1933年的系科初创、架构初建时期，还是从1949到1954年（院系调整之后学苏联）的改弦易辙、"另起炉灶"时期，这一趋势均无任何改变。而与此恰恰相反的第二个趋势，则是设计类课程的学分（或课时数）占比呈现出长期的、显著的上升趋势，而且也没有受到因时代和局势变化造成的明显影响。技术基础类课程的学分（或课时数）占比从1928年的30.0%降至1954年的14.3%（这与宾夕法尼亚大学美术学院建筑系的技术类课程学分占比9.6%已相差无多），降幅超过100%；而设计类课程的学分（或课时数）占比则从1928年的28.7%升至1954年的35.5%，增幅为23.7%。技术类课程是各类课程中唯一一类总体显著下降的——课程门数越来越少，学分、学时也越来越少。如果说，从中央大学早期到南京大学时期再到南京工学院初期，美术类课程的变化趋势"学分占比略升后显著下降再回升"多少反映其经历了一种从被重视到被边缘而后又重新获得重视的曲折发展过程，包括背后可能存在的复杂心态；而公共类课程的变化趋势"学分占比显著上升后显著下降复更为显著上升"，两次显著上升均因设置分量越来越可观的思想政治课程而势不可当；那么，技术类课程的持续走低和设计类课程的持续走高，则应视为学科内部的一种潜意识之外显：要砍课程、砍课时，只能拿技术类课程开刀，以确保设计类课程占据足够稳固的统治地位。

一方面，是在名称上仍保留"建筑工程"这一关键词，以示对于本专业的工程技术属性之认同、坚持乃至于标榜；而另一方面，是相关课程的分量持续走低，以至于接近美术学院建筑学科的技术课程分量，这难道不正说明实际上是将建筑学专业看成是美术的一种主观认知或判断？同时，这不也在一定程度上说明压缩技术类课程在当时的理念中并不会对设计类课程的教学质量造成实质性的和颠覆性的影响？为什么不会呢？原因很可能在于：设计类课程和技术类课程只是貌合神离地编排在同一份课表之内，而在具体的教学操作展开上并无多少实质性的学理关联——设计类课程与设计实践并非立足于以技术思维启动的设计研究过程；而技术类课程也并非企图开发一种技术思维去引领——至少是参与设计教学与设计实践——先搞好"建筑"、搞好"设计"，接下来再"配结构""配设备""画施工图"就可以了。就设计思维的时序和属性而言，这显然是一种典型的割裂状态：设计构思与技术思维的发生缺乏共时性，技术思维严重滞后。等到设计构思基本完成乃至于完全确定之后再来考虑技术问题，除了让结构、构造、物理与设备等技术因素（"专业"）被动地适应和配合设计构思结果（已拟定的空间格局和形式目标），也不太可能有更好的选

① 徐苏斌. 近代中国建筑学的诞生 [M]. 天津：天津大学出版社，2010：109-124.
② 赖德霖. 中国近代建筑史研究 [M]. 北京：清华大学出版社，2007：144-155.

从中央大学建筑工程科（系）到南京工学院初期建筑工程系的课程比重变化

表 6-2

课程类别 不同时期	设计类课程 学分或课时占比	技术基础类课程 学分或课时占比	美术类课程 学分或课时占比	绘图类课程 学分或课时占比	史论类课程 学分或课时占比	公共类课程 学分或课时占比
中央大学 1928 年 （括弧内为课程门数占比）	43/150=28.7% （6/36=16.7%）	45/150=30.0% （15/36=41.7%）	19/150=12.7% （3/36=8.3%）	7/150=4.7% （3/36=8.3%）	10/150=6.7% （5/36=13.9%）	20/150=13.3% （3/36=8.3%）
中央大学 1933 年 （括弧内为课程门数占比）	40/139=28.8% （5/35=14.3%）	36/139=25.9% （15/35=42.9%）	20/139=14.4% （4/35=11.4%）	6/139=4.3% （3/35=8.6%）	11/139=7.9% （3/35=8.6%）	26/139=18.7% （5/35=14.3%）
南京大学 1949 年 （括弧内为课程门数占比）	74/206=35.9% （1/25=4.0%）	55/206=26.7% （7/25=28%） 营造法归入史论	17/206=8.3% （5/25=20.0%）	2/206=1.0% （1/25=4.0%）	35/206=17.0% （5/25=20.0%）	23/206=11.2% （5/25=20.0%）
南京工学院 1954 年 （括弧内为课程门数占比）	1411/3977=35.5% （5/31=16.1%）	568/3977=14.3% （6/31=19.4%）	400/3977=10.1% （2/31=6.5%）	186/3977=4.7% （1/31=3.2%）	451/3977=11.3% （7/31=22.6%）	961/3977=24.2% （7/31=22.6%）
变化趋势	学分占比持续显著上升后略上升后显著上升 门数占比显著下降后回升，总体略升	学分占比略升后再次更显著下降后显著下降 门数占比略升后持续显著下降，总体显著下降	学分占比略升后显著下降再下降后略降，总体略降 门数占比显著上升后显著略降	学分占比持续下降后显著回升，后略下降 门数占比略升后显著下降	学分占比显著上升后显著下降，总体显著上升 门数占比显著下降后显著上升，总体显著上升	学分占比显著上升后显著下降复再为显著上升，总体显著上升 门数占比持续显著上升，总体显著上升

择。这种状态，与日本现代建筑探索的"传统木构工法与结构原理的现代可能性"——设计思维的技术拉动和技术思维的设计指向之对进合击——相比，简直是存在着天壤之别。

上述批评是否有失实之嫌？只要看看学生作业就可清楚认知。以下为 1920 年代宾夕法尼亚大学美术学院建筑系的学生作业，线稿图均为童寯的建筑构造课作业，分别是木门窗、石构壁炉、石构地下室墙身、型钢柱与钢筋混凝土基础，以及结合了各类钢骨混凝土或钢筋混凝土做法的防火楼板（图 6-45）。可以说，以构造课为代表的技术类课程学分占比（课时数占比）虽然很低，但学生已深入接触到了当时常见乃至于较为先进的结构、构造技术做法。然而遗憾的是，这些新技术手段自身的固有形式特征（建构学意义上的物形关系特征）、空间塑造和形式生成的巨大潜能却完全没能得到彰显——渲染图均为同期的设计类课程或竞赛成果（图 6-46），所有的形式语言与上述新技术手段之间没有任何关联——这意味着，要么是它们被厚重的砖石砌体结构及其装修做法的形式外衣完全遮蔽，要么就是完全没采用新技术模式而是继续沿用传统做法。实际上，通过第 4、第 5 两章关于中国近代建筑教育中技术类和设计类课程及其作业的某些分析可以显见的是：上述宾大的状况被中国的有关院系继承了过来。

由于"布杂"归根到底是一所美术学校，[①] 且宾夕法尼亚大学的建筑系也设于美术学院，因此它在理念上将建筑学认知为艺术是很自然的事情；但中国的高等建筑系科从一开始就多设于大学的工学院之内（最早且具有代表性的是中央大学和东北大学的工学院），其课程设置意图最初是艺术、设计类课程和工程技术类课程二者相对均衡分布，即技艺并重；但随着时间的推移和外部政治、经济等环境条件的变化，技术类课程总量大幅度缩减及其逐渐显现出的"重艺轻技"倾向表明，至少在 1960 年代来临之前，所谓中国"学院派"建筑教育体系在认知上还是觉得建筑的根本是艺术，即"建筑＝艺术＋技术"。[②] 建筑艺术创作过程与建筑技术因素考量是分离乃至于先后分别进行的两条线索上的两个过程。

当然，也不能说中国建筑学人完全没有意识到这一点。最初的、具有理论价值的突破口当然是从抗战时期民居建筑研究的兴起和"战时建筑"实践探索开始，至 1950 年代《建筑学报》刊载内容所反映的基于本土建筑技术体系建构的自主设计创新，尤其是南京工学院建筑物理实验室关于西墙隔热的科学基础性设计研究，包括 1960 年代天津大学布正伟在徐中指导下进行"在建筑设计中正确对待与运用结构"的研究，[③] 直至 1990 年代后期东南大学开展"以建构启动的设计教学"的实验，[④] 其意图和目标正在于希望结束这种分离状态，让技术思维在设计的起始阶段就居于先导地位，融入总体的建筑创作思维之中，成

① 顾大庆. "布扎"，归根到底是一所美术学校 [J]. 时代建筑，2018（6）：18-23.
② 张至刚. 吾人对于建筑事业应有之认识 [J]. 中国建筑，1933，1（4）：35-36.
③ 布正伟. 当代中国著名建筑师，1939 年 8 月 12 日生于湖北省安陆县。1962 年毕业于天津大学建筑系，同年考入该系攻读研究生，在导师徐中教授的指导师下，完成研究生毕业论文《在建筑设计中正确对待与运用结构》，这是中国现代建筑学科第一次正式以建筑技术因素与建筑设计实践之关系为专题的学术研究。参见：https://baike.baidu.com/item/；布正伟. 现代建筑的结构构思与设计技巧 [M]. 天津：天津科学技术出版社，1986.
④ 赵辰，韩冬青，吉国华，李飚. 以建构启动的设计教学 [J]. 建筑学报，2001（5）：33-36.

MUNICIPAL ART SOCIETY PRIZE COMPETITION

PRIZE DESIGN, 1924

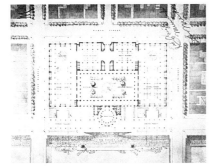

A MUNICIPAL MARKET   TING PAO YANG

TREATMENT OF A FACADE   SHIH CHENG LIANG

THE EMERSON PRIZE COMPETITION — 1927

FRESHMAN GRADE DESIGN

AN ENTRANCE GATE TO CENTRAL PARK   DOROTHY CAROLYN LOVATT

A BAY IN A COLONNADE   LOUIS G. HESSELDEN

SOPHOMORE GRADE DESIGN

A GARDEN MOTIF   CHUIN TUNG

A SMALL FOUNTAIN   HENRY M. KNEEDLER, JR.

图 6-46　宾夕法尼亚大学美术学院建筑系 1920 年代学生参与设计竞赛获奖作品及作业
（左上为杨廷宝，右上为梁思成，左下为童寯）

为建筑设计过程的门径（approach）和抓手。最近的突破性进展则是王澍对于"中国本土民间建筑经验建造体系的原创性研究"。[①] 但总体而言，"建筑是造出来的"作为一种基本认知尚未真正深入人心，"建筑是画出来"作为一种根深蒂固的理念，其影响恐怕还将长期存在。

综上，中央大学建筑工程（科）系初创期的课程可视为偏艺术的宾夕法尼亚大学课程和偏技术的东京高等工业学校课程的组合，起初较为均衡；之后技术类课程不断压缩，则在实质上说明当时的理念认为此举并不会对设计类课程的教学质量造成颠覆性影响，而宾大和中大的设计课与技术课作业成果也呈现出设计思维和技术因素的分离，设计教学和设计实践缺乏技术思维融合，更谈不上"以建构启动"这样的技术思维引领。而前述日本现代建筑发展以及建筑技术史的研究已充分说明其状况与此迥异：1923 年关东大地震之后，日本建筑学科的工程技术主导属性已经很明确，后期逐步发展出"传统木构工法与结构原理的现代可能性"的探索方向，在设计思维的技术拉动和技术思维的设计指向之对进合击上取得了突破性进展；在中国现代建筑教育和建筑设计实践中，设计、艺术品质追求和建筑技术因素考量尚待实现较高层次的融合。

3. 营造、构造、建造：概念的时代表征反映一种融合趋向

从与建筑活动有关学理之理解角度而言，在前工业时代，无论是中国还是日本，其实都使用"营造"这一概念，其特点突出体现在：关于建筑活动的脑力劳动和体力劳动这两大部分，尚未进行十分严格的社会分工。绝大部分情况下，一项建筑活动的策划者、设计者和施工者甚至是使用者，在主体身份上是高度重合的。因此，有关建筑活动各方面品质的控制也就相应地没有高度分化，而基本上是整合在一起的。譬如宋《营造法式》，其内容涵盖建筑活动的策划、选址、设计、估工算料以及实施的全过程。[②]

随着地理大发现和全球航路的开通，特别是欧洲主要民族国家发生工业革命以后，受其影响，中、日两国与建筑活动有关的社会分工均发生巨大变化，新的专业以及职业随着高度细化的社会分工开始出现：土木工程师与建筑师先后应运而生。其中与建筑技术因素有关的专业工种，至少分化出建筑结构、建筑设备、建筑构造、建筑物理，乃至于建筑材料和建筑施工等若干方面。这里借用"构造"来指代这一时期高度分化的理念认知状态——所有的物质性要素都必须通过构造连接来实现由材料模块→结构构件→建筑部件→建筑整体的搭建过程。原本非常完整和集中的建筑品质控制环节，现在不仅分化成诸多要素及其相关参数，并且交由不同专业、工种的知识人和体力劳动者分别去理解、筹划、测算、操作、检验和校正，其建筑实施过程控制的复杂程度已远高于前工业时代。同时，就设计角度而言，与上述各专业、工种有关的设计工作之整合，其难度也自然非常之高，这是因为同期发生的另一个重要现象是：与建筑技术因素有关的各分支专业、工种（对于当今的中国高等教育中的建筑院系而言即所谓建筑技术科学二级学科之各研究方向）在研

---

① 李海清. 从"中国"＋"现代"到"现代"@"中国"：关于王澍获普利兹克奖与中国本土性现代建筑的讨论 [J]. 建筑师，2013（1）：46-51.

② 李诚. 营造法式 [M]. 北京：人民出版社，2011.

究方法上进一步地趋近于科学化：量化方法具有压倒性的优势，即通过实体搭建或虚拟建造用于实验，获取大样本量的基础数据，进而作出统计分析并给出结论的研究方法被大量运用于新建筑技术研发，基础研究以及设计实践方面的科学性得到了有效加强。很明显，这样一种总体状况，有利于各分支专业、工种的基础研究之进步；但对于实践而言，也存在着知识过于碎片化，难以整合运用以实现多目标协同推进。

进入后工业社会以来，工业革命时代也就是所谓现代时期的上述诸多弊端已被充分认知，整合诉求随之得到彰显。但这一次专业整合乃至于课程体系的融合与前工业时代混沌状态的融合完全不同，它是建立在现代时期对于各分支学科有了诸多科学化、理论化、逻辑化的进一步研究和知识体系建立基础之上，这样的整合首先具有科学属性，也往往带有根本性的、全局性的特征——"建造"正是在这一背景下成为了"热词"。它仍以工程实现作为根本目标，却明显高于"营造"——一种混沌状态的整合；也高于"构造"——一种支离破碎的科学。以发展的观念来审视，"建造"是向"营造"的整合状态之复归，但超越了"营造"的混沌；同时"建造"也是基于"构造"之科学属性，却也超越了"构造"的支离破碎。总而言之，"建造"是在新的时代与社会条件下基于科学分析之后的、指向当下与未来的探索方向，它超越了早期的拼合与近期的整合，是一种高度融合的新状态。东南大学建筑学科近期关于"建造模式"的系列研究以及教学实践，[①] 特别是有关建筑工业化的设计实践与教学实践，[②] 正是上述融合趋势的集中体现。

那么，这种融合趋势是不是直至最近十多年才开始出现？从总体状态上看，情形确实如此。但若追根求源，则不难发现，其实"Architecture"作为基于科学分析的一种关于人类建筑活动的认知，早已在引入中国之后不久即受到现实发展的质疑与挑战：如果说类似于1950年代南京工学院建筑物理实验室完成的西墙隔热研究[③] 以及华南工学院夏昌世团队完成的亚热带建筑的降温问题的研究，[④] 均能从科学分析与实践整合两个层面反映"建造"的综合属性，那么，更为早期的、发生于抗战时期的中国营造学社之研究方向转变，则在极具现实意义的乡村建设领域为建筑活动认知与操作的科学整合趋势之实践需求提供了很好的注解。也正是从这个意义上看，中国本土性现代建筑应基于整合型的思维方式，

---

① 这一系列研究主要是笔者团队基于教育部、东南大学、江苏省和国家社科基金项目进行的，其主要成果分别是：（1）建造模式视角下建筑学专业基础课与主干课关系研究；（2）基于建造模式之开放、交叉、融合的中国近现代建筑史研究；（3）绿色建筑设计的本土策略与工业建筑遗产保护利用研究。

② 张宏教授团队的系列研究主要是基于国家科技支撑计划和国家自然科学基金项目进行的，其主要成果分别是：（1）建筑技术发展史研究；（2）基于可持续发展诉求的当代中国建筑工业化研究；（3）现代建筑的建筑材料、构造和结构的形式生成与表现研究。主要成果是经由东南大学出版社正式出版的一批博士学位论文，主要包括：董凌著《建筑学视野下的建筑构造技术发展演变》、丛猛著《由建造到设计：可移动建筑产品研发设计及过程管理方法》、蒋博雅著《工业化住宅全生命周期管理模式》、王玉著《工业化预制装配建筑全生命周期碳排放模型》、姚刚著《基于BIM的工业化住宅协同设计》等。

③ 南京工学院建筑系建筑物理实验室 . 西墙隔热的若干问题 [J]. 建筑学报，1959（11）：48-50.

④ 夏昌世 . 亚热带建筑的降温问题：遮阳·隔热·通风 [J]. 建筑学报，1958（10）：36-39.

通过科学分析方法达成技术模式创新，从而实现面向当下与未来的建筑活动范式的再造。

6.3　当代实践批判：建造模式现代转型视角下的乡村建筑

中国本土型现代建筑的技术史研究，其目标并不仅限于对过去发生的事情提出一种合理的理论阐释，更在于对当下和将来的建筑活动究竟应该做什么、怎么做、在何种理念支持下去做提出建议，这正是"以史为鉴"的真正含义。如果我们将建筑活动的根视为居住空间的搭建，那么在工业时代、大规模城市化运动来临之前，人类绝大部分建筑活动都发生在极少数城市以外的乡村地区。乡村建设中的房屋建筑活动，不仅是人类建筑活动的本源，而且在数量上也占有绝对优势。中国的工业化、城市化与商业化进程，在过去的一个多世纪以来曾长期以牺牲、忽视乡村和农民的利益作为代价。而到了 21 世纪初，经过大约 30 年的高速发展，中国经济已经走到了必须经由城乡互动才能进一步获得高质量发展的关口，在这种情境之下，乡村建设与乡村振兴议题终于又重新摆在了中国人的面前。

有趣的是，中国建筑学人着眼于乡村中的民间建筑而参与乡村建设的学术兴趣，并非是始于 21 世纪。虽然 1920～1930 年代在中国曾发生过成规模的乡村建设运动，且对于中国建筑学人的学术研究几无影响，但由于抗战时期他们普遍有过逃往后方的流亡经历，第一次真正有机会感受到了中国乡村及其建筑活动的巨大魅力，与此前关注的北方官式建筑、西方古典建筑大异其趣。此前对于人类建筑活动基于西方近现代建筑理论的那些基本认知，在某种程度上开始发生改变。立足于此时此地、关注现代建筑本土性的学术理念和创作意识，均在不同面向上出现"中国问题"的觉醒——对于中国各地的地形、气候、物产、交通、经济和工艺水平等客观环境条件影响下的建筑活动之各种可能性——有了进一步的切身体会。

无论是刘敦桢肇始于 1937 年对于民间建筑研究的关注，还是诸多建筑设计实践者在战时后方所从事的大量借鉴中国传统民间建筑技术的创作，都可以发现上述觉醒已经得到了初步的彰显。而出版于 1945 年 10 月抗战胜利以后的最后一期"中国营造学社汇刊"，居然打出了第一串关于中国乡村建设之建筑活动可能性信号弹。而时至今日，在中国的广大乡村地区，普遍存在着农民自建房、现代农村住宅和乡土建筑这三大类建筑活动的并行格局。它所凸现出来的中国建筑活动所特有的问题究竟是什么？乡村建筑是不是就等于乡村建设？它与乡村建设之间究竟应该是什么关系？这些都是下文所要系统展开讨论的。

6.3.1　《中国营造学社汇刊》末期内容反映观念转变

《中国营造学社汇刊》作为一份专业学术刊物，至 1937 年 7 月 7 日抗日战争全面爆发前后，已正式出版六卷共计 21（册）期，其关注的焦点集中于北方官式建筑。然而，抗战全面爆发之后。在学社向后方转移的路途当中，研究者们的学术兴趣点随着逃难过程中阅历的增加而发生巨大变化：民间建筑开始进入研究者们的学术视野，并集中体现于抗战胜利前后以最简陋的石印方式恢复出版的《中国营造学社汇刊》之内容——第七卷的 1～2 期共正式刊载学术文章 16 篇，其中仅有 3 篇与北方官式建筑直接有关，而其余都不是。这其中，固然与战时学社偏安于西南一隅，实地调研范围主要局限于中西部地区有直接关联，但研究者学术视野之迁移与拓展乃是更重要动因。而第七卷第 2 期刊登的三篇文章，即刘致平的《成都清真寺》、林徽因的《现代住宅设计的参考》以及《中国营造学社桂辛奖学金民国三十三年度中选图案》，可从不同方向对于上述迁移和拓展提供状况描述与成因阐释，而尤以后者为甚。

所谓"桂辛奖学金"是由中国营造学社自行设立的。其社长朱启钤自创办中国营造学社以来，"提倡绝学，奖掖后进，近十余年来，我国建筑史迹之重要发现与研究，建筑界对于我国建筑技术之渐娴，社会上对于我国建筑价值之认识。胥拜先生之赐。"[1]有鉴于此，社内同人借着社长朱启钤先生七十寿辰的机会，针对在校大学生组织设置"桂辛奖学金"。自 1942 年起，每年设置论文及设计奖金各一名。以此引起国内各大学建筑系学生对于本国建筑之兴趣，加深其有关专业认知。以利于在建筑创作中能充分发扬民族精神。

中国营造学社于 1944 年 11 月发布该年度设计竞赛题："后方农场"，国内参赛者仅有中央大学建筑系一所学校，而成绩尚佳。1945 年 2 月，由三名评委即中央大学建筑系教授童寯、李惠伯及中国营造学社法式部主任梁思成评出朱畅中为第一名，获"桂辛奖学金"国币 2000 元。王祖堃与张琦云分别获第二名和第三名。[2] 竞赛确能发现人才，朱畅中、王祖堃皆为中央大学建筑系 1945 届毕业生，而张琦云比他俩晚一届毕业。朱畅中毕业后先在武汉工作，1947 年受聘至清华大学建筑系任教，协助梁思成为清华大学建筑系的初创和发展做了大量工作，同时还是中华人民共和国国徽设计小组主要成员之一。1957 年于莫斯科建筑学院城市规划系获副博士学位，回国后长期在清华大学建筑系（学院）任教，在国内风景环境规划和风景名胜建设管理方面具有很高的学术地位。[3] 而王祖堃与张琦云皆为实践型建筑师：王在中央大学建筑系毕业后于 1948 年赴广东汕头，长期在城建规划设计部门工作，历任城建局规划科长、汕头地区设计室主任、汕头市建筑设计院院长、高级工程师和总建筑师等职。1950 年代任汕头市建筑学会副理事长；1980 年代任汕头市第七届、第八届人民代表大会常委会委员。主要设计作品有汕头赤窖电厂、中山公园陈列馆、梅州市梅县区华侨大厦等。[4] 张琦云的夫君为著名建筑师巫敬桓，二人在中央大学建筑系同班，只是张因故晚一年毕业。二人也皆曾在中央大学建筑系任教：巫为 1947~1951 年，张为 1950~1951 年，[5] 后二人一同赴北京，在兴业公司、北京市建筑设计院工作三十余年，参与和主持了大批建筑设计项目，如北京和平宾馆、新侨饭店、王府井百货大楼等。而张琦云本人曾主持设计了北京龙潭湖高层公寓、西二环"全装配"高层

① 佚名. 中国营造学社桂辛奖学金民国三十三年度中选图案 [J]. 中国营造学社汇刊，1945，7（2）。

② 同上。

③ https://baike.baidu.com/item/

④ https://baike.baidu.com/item/

⑤ 东南大学建筑学院学科发展史料编写组. 东南大学建筑学院学科发展史料汇编（1927—2017）[M]. 北京：中国建筑工业出版社，2017：209.

住宅等多项作品。①

关于 1944 年度的"桂辛奖学金"设计竞赛，其最为引人注目之处主要有以下三点：

一是竞赛命题为"后方农场"，完全超出竞赛主办方"中国营造学社"此前长期重点研究的"北方官式建筑"范围，任务书功能用房涉及农业与养殖业，这是此前国内任何设计竞赛所从未关注过的：

"川中某大城农民某姓兄弟三人，有地数百亩，可称中产之资，其中二人曾毕业于某大学农学系，一人毕业于商学系。兄弟合作，经营其共有农产，对于农作之耕种管理，俱用科学方法，故其田地产量颇富，除自给外，并可大部分销售。因感旧有房屋之不合用，故拟另行兴筑，使适应于其近代化之生产与生活。兹将其建筑条件列下：

（一）地界在江北岸。背山面江，大致平坦。作约略 5% 之和缓斜坡。界内有小溪流通。界南面沿江有一处小丘隆起，高约六公尺，径约五十公尺。界北面沿山麓有公路可通市区。

（二）建筑地区拟以江岸小丘为中心，面积约三亩至五亩，无一定限制。自筑马路与公路衔接。

（三）住宅：兄弟三人各一所，共三所，各有：

起居室一间……

（四）办公处：

大办公室一间（兄弟三人并书记二人合用）……

（五）农作部分：（本场产品只供应批发户，不零售）。

谷仓二座（各容一千市担）；

碾米房一间（电力）；

打晒场；

农具库；

牛栏（耕牛六七头，乳牛约廿头）；

马厩（引车用马四匹）；

猪圈（猪约六七十头）；

鸡鸭笼（鸡鸭各四五百只）；

温室（约 150 平方公尺）；

冷藏库（存储出产之牛乳果类，与鸡蛋蔬菜等物用）；

水塔（小型抽水机，可供农作及住宅全部用水）；

车房（汽车一辆，马车一辆）；

船坞（木船两只）。

（六）工人住宅及宿舍。

a- 有眷住宅十所（六所散建界内各处，四所与农作部分集中）……"②

---

① 巫加都. 建筑师巫敬桓、张琦云 [M]. 北京：中国建筑工业出版社，2015.
② 佚名. 中国营造学社桂辛奖学金民国三十三年度中选图案 [J]. 中国营造学社汇刊，1945，7（2）.

设计任务书中将农业和养殖业生产用房的种类、规模、数量、设备与工艺类型等细节要求悉数考虑周全，而这些是当时建筑学教科书乃至于设计课教学不会涉及的现实生活需求与设计问题，确实远离了经典建筑学对于"尊贵建筑"的偏好，而对于具体、琐碎的日常生活给予了真正的关注。即使时至今日，在乡村建设热潮之中，能够深入至此等地步的专业研究也实属罕见。此外，任务书还特别强调了江岸坡地的地形环境之具体信息，对于环境因素的重视是显而易见的。

二是任务书在设计策略上明确提倡汲取当地民间建筑方法之长并加以科学改善，这也是国内此前任何设计竞赛所从未触及过的议题：

"业主指定全部建筑以适合于战后内地之生活方式为第一条件。建筑材料以尽量采取本地材料为主，但与工作技术有关之部分，则须尽量采用新材料新方法。住宅宿舍实行'新生活'，但其家庭及工人生活仍为传统之中国社会组织之生活方法，唯加以整洁化，卫生程度特别改进。其建筑之外表须求其尽量与环境调和。其结构方法须尽量采取当地民间方法之长，而加以科学的改善，务使成为内地新兴农村适用之新建筑。"[1]

如果对照第 2 章关于抗战时期"战时建筑"设计实践中表现出的设计思维转变，乃至于第 4 章关于以刘敦桢为代表的研究者在抗战时期的研究兴趣转向的讨论，包括第 3 章关于中国后方建筑材料工业化生产水平的数据分析，上述设计策略的提倡不正是实践者与研究者这两大类中国建筑学人在抗战时期发生观念转变的具体表征吗？这种观念转变的特点正在于以合理和正确的姿态审视本土与外来建筑文化，包括各自的技术体系之长短——取人之长，补己之短；原有长处也不应视而不见。其主要特点在于：对于在技术上究竟采用何种方法与类型，既不是采用非黑即白的二元论立场，也不是武断地下结论，而是加以具体考量和合理组合。比如关于建筑材料选择：首先应尽量采用当地产材料；但是和生产工艺技术有关的部分应尽量采用新材料与新方法。其中的潜台词应可能是：既有实践证明中国传统材料体系及其对应的传统结构体系并不太适用于工业化生产方式——穿斗式木结构难以形成较大跨度且连续的工作空间，这与前述"战时建筑"设计实践探索[2]以及盛承彦的有关论述[3]在理念上是高度吻合的：要么放弃，要么改良。

三是获奖方案具体做法反映在校学生对于"战时建筑"实践创举之意义已有一定程度的理解，对于设计任务书提倡的策略多有领会。其单体建筑虽采用现代功能设置和空间布局，但在技术上吸取了中国民间建筑结构和构造做法。如朱畅中方案的"办公处"

① 佚名. 中国营造学社桂辛奖学金民国三十三年度中选图案 [J]. 中国营造学社汇刊，1945，7（2）.（笔者注：战时经济、物质条件均极度匮乏，为徒手书写、石版印刷，全本无连续页码）.
② Haiqing Li, Denghu Jing. Structural Design Innovation and Building Technology Progress Represented by a Hybrid Strategy: Case Study of the "Wartime Architecture" in China's Rear Area during World War II [J]. International Journal of Architectural Heritage,2020，14（5）：711-728.
③ 盛承彦. 建筑构造浅释 [M]. 北京：商务印书馆，1943：83-84.

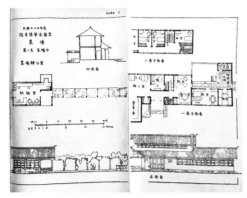

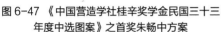

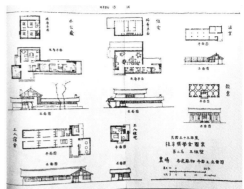

图 6-47 《中国营造学社桂辛奖学金民国三十三年度中选图案》之首奖朱畅中方案

图 6-48 《中国营造学社桂辛奖学金民国三十三年度中选图案》之第二名王祖塈方案

和"主人住宅",其平面布局其实是较为典型的现代建筑体块组合方式,而没有采用西南传统民居常见的、较为内向的院落式空间布局;其动静分区、大小匹配、公私有别等均符合现代建筑设计的空间组合原理,但在结构上采用框架和墙体混合承重,而屋顶形式、外墙装修方面吸取了西南传统民居的抬梁与穿斗式建筑做法,包括较为具体的细节和材料(图6-47、图6-48)——有利于在达成现代使用功能的前提下满足易建性和经济性需求。

那么,身为在校生,尚未真正参与社会实践,其参与设计竞赛透露出的新动向是不是因为设计任务书的要求以及个别教师的引导而显得特立独行呢?如果仔细品味同一期上刘致平和林徽因的两篇论文,则会发现这种觉醒和转变绝非孤立存在。

刘致平的《成都清真寺》在介绍成都鼓楼南街清真寺的建筑状况及考证其建筑年代之后,专门结合清真寺形制构成,探讨其在不同文化环境传播过程中发生变化的趋势——"终必华化",并由此推论出战后国内建筑设计的原则。[1]而外国宗教建筑传到中国以后"终必华化"的最重要原因即在于:

"建筑式样是由环境造成的,因为建筑必须能适应环境及当地的需要才能存在。中国的地理、地质、材料、气候、历史、社会等样样都与别的国家不同。将这些个别的不同加在一起便形成一整个的绝大不同。大不同的环境产生了大不同的需要,来适应这种需要的建筑也必须有独特的作风。若是将某一国的建筑移植到另一国去,这建筑是长不好的!"[2]

作者借此推测战后国内建筑形制也许暂时要传染点外来作风,但"终必华化"是不可避免的,而且是应该的。"不过在以前也有一些本国建筑洋化的作品,也有一些外国建筑上披上了一件中国式的外衣。更有一些直截了当地将外国建筑移植过来,而不想由本国文化上,

---

[1] 刘致平. 成都清真寺 [J]. 中国营造学社汇刊,1945,7(2).(笔者注:战时经济、物质条件均极度匮乏,为徒手书写、石版印刷,全本无连续页码)

[2] 同上。

自出手眼，或翻陈出新的来彻底创作一番。这些设计的方式，在战前，确是屡见不鲜；当然彼时设计人或也有他'不得已'的苦衷。不过，在战后的建筑，只有希望建筑诸同好们尽速地、清楚地明了'终必华化'的事实，用当地当时的建筑语文（来表达思想），来个翻陈出新，适合新时代、新需要的创作。"① 可见，经过抗战期间艰苦卓绝的实践和研究之洗礼，像刘致平这样一个标准的青年研究者，其环境观、设计观和文化观都已发生了显著的变化。

而林徽因《现代住宅设计的参考》则比刘致平走得更远，可以说改变了研究方向，从"尊贵建筑"转向平民住宅，与此前从事的中国古建筑研究基本上没什么实质性关联了。但这一转变却应对了当时国家建设的急迫需求，极富现实意义，即使时至今日也是如此。林文有四个主要内容，分别评介了三个美国住宅案例和英国伯明翰市住宅调查，都是近现代以来新的建筑活动。正如她已认识到的那样：关于现代住宅建设的努力在英美两国也不过有极短期的历史，第一次世界大战前后，"建设倾向还是根据19世纪末工业机器畸形发展的动力，没有经过冷静的时间……本来该是为健康幸福而设备的，反成了疾病罪恶的来源，如工业区的拥挤，贫民窟的形成等——最近才唤醒了英美各国普遍的注意。"②

林文还特别提到了中国的状况与英美有很大的不同："但在建设初期，许多都要参考他国取得经验与教训……但因天气、环境、生活、材料、人工、物价的不同，许多模范我们也还要有适当的更动始能适用……我国一般人经济上皆极贫困，旧有住宅又多已不合现代卫生，如何改善更是必须之务。"③

林徽因对于中国社会中大量存在的平民居住问题给予了极大的关注："战前中国住宅设计亦只为中产阶级以上的利益。贫困劳工人民衣食皆成问题，更无论他们的住处。八年来不仅我们皆识阶级人人体验生活的困顿对一般衣、食、住的安定，多了深切注意，盟邦各国为政者更是对人民生活换了一个新的眼光。提高平民生活水准，今日已成各国国家任务的大目标。"④ 在上述家国情怀之余，林文还在建筑技术策略选择上作出了极有见地的分析和建议：

"在材料结构及工程方面：因中国之工业化程度与美国相去千里，各城市各地区亦各不相同，故欲效法某项特殊实验必有困难。必要时仅能采取它的原则，接受大略的指示，计划一种变通办法。利用当地固有工料方法加以科学调整，做类似的处置最属可能，也极适宜。一味模仿工业化的材料及结构，在勉强情形下，只是增加造价的负担。"⑤

可见，林徽因不仅对于工业革命以来特别是第一次世界大战之后英、美城市建设和居住建筑当中出现的问题具有一种批判意识，而不是毫无保留地全盘接受；同时，还对中国

---

① 刘致平. 成都清真寺 [J]. 中国营造学社汇刊，1945，7（2）.（笔者注：战时经济、物质条件均极度匮乏，为徒手书写、石版印刷，全本无连续页码）
② 林徽因. 现代住宅设计的参考 [J]. 中国营造学社汇刊，1945，7（2）.（笔者注：战时经济、物质条件均极度匮乏，为徒手书写、石版印刷，全本无连续页码）
③ 同上。
④ 同上。
⑤ 同上。

平民住宅建设所面临的具体问题作出了有深度的分析，包括具体的建筑技术问题，并给出了"固有工料方法＋科学调整"的决策建议。结合前述关于中国营造学社"农场"设计竞赛的导向，以及刘致平关于外来宗教建筑"终必华化"的论断，这些都充分表明：关于"中国问题"的不同面向的觉醒绝非孤例，而是一种普遍存在的认知转变。而乡村作为中国社会、经济的母体，其总体的建设状况，尤其是具体的平民住宅建筑活动的探索，终于在此时徐徐拉开帷幕。那么对于乡村建筑而言，"中国问题"在不同时期、不同地区究竟意味着什么？更进一步，究竟应该采取何种策略加以回应和解决？

6.3.2 乡村建筑建造模式现代转型凸显的"中国问题"

乡村建筑建造模式现代转型并非一朝一夕之功，近代时期以梁簌溟、晏阳初等为代表人物的、曾影响深远的乡村建设运动，已触及中国乡村治理的现代转型问题。而《中国营造学社汇刊》末期内容以及国民政府编制的《全国公私建筑制式图案》则勾勒出了乡村建筑的现代化想象。中华人民共和国成立之后，人民公社化运动在乡村生产、生活空间营造方面进一步做出了详尽安排和实践探索。从历史向度回顾这一过程中的技术思维变迁及其得失，有助于在当代建筑社会生产的语境下考察乡村建筑建造模式的现代转型问题，并给予实践探索有专业技术含量的回应，提供有价值的参考。

1.《全国公私建筑制式图案》对于乡村建筑改进的考虑

抗战时期，国民政府在哈雄文主持之下，曾于1942~1944年编制的《全国公私建筑制式图案》，这是中国历史上第一次由中央政府主管部门负责制订的、面向全国的建筑设计标准方案图，其历史意义、影响与局限已在第2章作过详尽阐释。它共有四集，这里主要讨论的是有关乡村建筑的部分，集中出现在第一集，分别是：保国民学校、保办公处及保国民兵队部联合建筑制式图；乡村住宅制式图；乡镇公所、乡镇国民兵队部联合建筑图；乡镇中心小学建筑图；乡镇菜市场建筑图；全国公私厕所标准图。在第二集中，还有县乡镇谷仓标准图与乡镇公共市场标准图。

先看"乡村住宅制式图"，该方案设计于1943年4月，共有甲、乙、丙三种方案，皆为院落式、单层、两坡顶住宅，而前两种规模较大（图6-49）。甲种是∏形布局加一面院墙，乙种是L形布局加两面院墙，丙种是两排主要空间平行布局，分别加一面院墙和一面走廊。其搭建技术虽未在图上明确标识，但大体可以推测出为西南地区民间建筑常见的木架、土墙、瓦顶做法。其中较为引人注目之处在于专门设置了"生活室"，刻意将牛栏、猪圈、厕所等远离主要居室，明晰了净污分区，以利卫生。

而保国民学校、保办公处及保国民兵队部联合建筑制式图，则采用对称布局，单层、内走廊、四坡顶以及豪式屋架加剪刀撑的做

图6-49 《全国公私建筑制式图案》之"乡村住宅制式图"

法（图6-50）；乡镇公所、乡镇国民兵队部联合建筑图、乡镇中心小学建筑图、乡镇菜市场建筑图、县乡镇谷仓标准图与乡镇公共市场标准图等方案图设计理念与上述"保甲制"配套的公共建筑做法基本一致，唯乡镇中心小学标准图在总体布局上取不对称格局。总体而言，这些设计于抗战时期的乡村建筑标准图，基本上都倾向于采用"战时建筑"设计实践所摸索出来的办法：结合西南地区民间建筑的地方技术"固有工料方法"，并加以"科学调整"。也不难发现，这种"科学调整"主要局限于结构技术方面酌情采用西式屋架，以及平面布局上的动静、净污分区，而对于建筑性能特别是热工性能方面完全没有涉及。其原因很可能主要在于：正如前述林徽因亦指出的那样，以当时中国的经济发展水平而言，乡村建设乃至于城市建设面临的主要问题仍是侧重于解决平民"居者有其屋"的问题，[1] 而绝难触及舒适度和品质的提升。

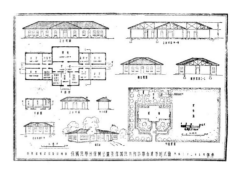

图6-50 《全国公私建筑制式图案》之"保办公处及保国民兵队部联合建筑制式图"

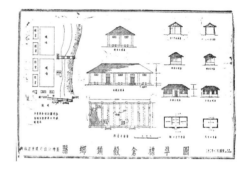

图6-51 《全国公私建筑制式图案》之"县乡镇谷仓标准图"

当然，也有极少数设计技术考量涉及建筑性能改进，"县乡镇谷仓标准图"即为一例（图6-51）。这份标准图设计时间为1943年12月，尽管只有一张图纸，内容却包括总平面、粮仓平面、立面，及办公室、宿舍相应图绘。总平面图示意谷仓、晒场、碾米厂、办公室和坡地地形以及台阶等交通设施因素之关联。特别是谷仓建筑单体设计，采用砌体结构，进深10米，面阔25米，设地弄墙和通风道，室内外高差达70厘米，铺设架空木地板。外墙高4米，设高窗，以小窗洞引入自然通风，利于保持整个外围护结构热惰性，一定程度上体现了现代粮仓准低温储粮技术基本原理。

综上，因这份图集及其实施毕竟是在抗战时期的后方地区，受时局、经济等条件限制，存在很大局限性。中华人民共和国建立以后，乡村建筑才在真正意义上的全国范围内得到了进一步关注，那么这是否意味着上述状况在短期内就获得了极大改善呢？恐怕也并非那么简单。

2. 1950年代：理想主义与乡村建筑设计之建造模式

前文已有简略描述，1950年代全国范围内的乡村建筑活动是因应人民公社化运动而

---

① 林徽因. 现代住宅设计的参考 [J]. 中国营造学社汇刊，1945，7（2）.（笔者注：战时经济、物质条件均极度匮乏，为徒手书写、石版印刷，全本无连续页码）

兴起的。其突出特点表现在以下几方面：

一是学术界注重实地调查研究，在人民公社运动之前，已经出现了成批量的乡村建设调查，积累了非常有说服力的情报。如天津大学建筑系对于农业合作社的访问调查、[①] 南京工学院建筑系建筑历史教研组关于江苏吴县东山与浦庄人民公社自然村的调查、[②] 对江苏淮阴专区丁集人民公社新建居民点的调查，[③] 以及南京工学院建筑系对于江苏地区八个乡村医院的调查等。[④] 而江苏省城市建设厅规划处和南京工学院建筑系关于盐城地区乃至整个苏北农宅的调查研究反映了当时当地的真实状况：几乎全部都是土墙草顶，阴暗潮湿、居住条件亟待改善。[⑤]

二是在人民公社化运动过程中，乡村建筑设计虽主要侧重于共产主义理想化状态下针对集体居住的空间组合方式，[⑥、⑦] 但也在建筑技术方面考虑到结合民间建筑技术策略，以达成良好的易建性目标。如成都西城乡友谊农业社新建居住点的居住建筑设计，尽量利用拆房旧料，还有三合土基础、空斗砖墙、半砖墙和双面竹笆墙等（图 6-16）。

三是这一阶段的乡村建筑设计仍极少关注舒适度特别是建筑热工性能提升。其着眼点仍聚焦于空间布局、组合方式的合理性方面，以及对于农业生产方式、农耕生活的适应性。如黑龙江省建设厅设计室的相关研究，除了关于人、畜分居，逐步实现房屋砖瓦化，解决洗澡问题以及东北地区改变对面炕的问题之外，稍稍提及房屋采光与保暖应因地制宜。对于砖瓦房外墙构造的保温性能提升仅限于增厚一途。[⑧] 应当承认，这在当时条件下已实属不易。毕竟此前全国各地农宅多以土墙草顶、木竹构架为主，[⑨、⑩] 其常用做法的基础技术条件起点太低。

3. 当代乡村建筑建造模式辨析：农民自建房、现代农村住宅和乡土建筑

中国乡村建筑之发展，在近代以来经历过几个时期：最初的重要活动是 1930 年代晏阳初、梁漱溟等为代表的"乡村建设运动"，由民间的知识分子主导，侧重全方位的社会

① 林兆龙. 天津大学建筑系对天津郊区两个高级农业合作社的访问报告 [J]. 建筑学报，1956（2）：25-35.
② 南京工学院建筑系建筑历史教研组. 东山与浦庄人民公社自然村调查与居民点规划 [J]. 建筑学报，1958（11）：25-29.
③ 南京工学院建筑系建筑历史教研组. 因陋就简、由土到洋，在原有基础上建设新居民点 [J]. 建筑学报，1959（1）：7-9.
④ 建工部建筑科学研究院，南京工学院合办公共建筑研究室. 江苏地区八个乡村医院的调查情况和设计方案介绍 [J]. 建筑学报，1958（7）：1-9.
⑤ 江苏省城市建设厅规划处，南京工学院建筑系. 江苏省盐城县环城乡南片农庄规划介绍 [J]. 建筑学报，1958（8）：51-58.
⑥ 龙芳崇，唐璞. 成都西城乡友谊农业社新建居住点的介绍 [J]. 建筑学报，1958（8）：48-50.
⑦ 王吉螽. 上海郊区先锋农业社农村规划 [J]. 建筑学报，1958（10）：24-28.
⑧ 郝力宁. 对农村规划和建筑的几点意见 [J]. 建筑学报，1958（8）：61-62.
⑨ 李海清. 实践逻辑：建造模式如何深度影响中国的建筑设计 [J]. 建筑学报，2016（10）：72-77.
⑩ 李海清，于长江，钱坤，张嘉新. 易建性：环境调控与建造模式之间的必要张力 [J]. 建筑学报，2017（7）：7-13.

改革综合实验，基本上没涉及乡村建筑；1940 年代国民政府编制《全国公私建筑制式图案》，虽涉及乡村建筑，但由于经济条件所限及时局动荡等原因，在农村层面根本没来得及展开真正的实验就草草收场；中华人民共和国成立之后，1950 年代末在全国范围内开展大规模"农村人民公社化运动"，是一种基于土地国有制的、全方位社会经济组织形式的政治改革，囊括农村社会生活的各个方面，自然涉及乡村建筑。从总体规划、居民点规划再到单体建筑设计，都有计划安排和实践尝试。因其为顶层政治精英主导的，充满了共产主义理想色彩，一定程度上存在着脱离各地实际条件的倾向。至 1970 年代末 1980 年代初，在全国农村逐步推开"联产承包责任制"，它是基于土地使用权逐步放开的、同样由顶层政治精英主导的一种农村经济体制改革，其后二十余年间实际上并未从官方推出明确的乡村建设与乡村建筑方针。直至 21 世纪初，中央政府倡导"社会主义新农村建设"，它虽然也属于顶层政治精英主导的乡村建设运动，但未触及土地权属等深层问题；而进入2010 年代以来，中央倡导的"美丽乡村建设"与环境保护、生态治理结合在一起，特别是随着农村土地确权、土地流转制度逐步推开，终于为社会各群体合法地共同参与乡村建设提供了制度保障，这是真正涉及乡村乃至城市的全方位社会经济改革，与资本下乡、文化下乡、乡村旅游、农业产业化、撤乡并村、农民集中居住、微旧农房改造等热潮并行发生，乡村建筑活动增量巨大，成为当下中国社会经济生活中的热点。

可见，从 1940 年代中央政府有意图介入乡村建设，到 2010 年代开始调动社会经济各方面力量参与乡村建设和乡村建筑活动，经历了长达七十余年的摸索过程。就乡村建筑特别是乡村中的居住类建筑具体状况而言，笔者认为其现状是农民自建房、现代农村住宅和乡土建筑三大类型交叉共生的并存格局，且目前最为热门的就是将农民自建房改造为适合乡村旅游目的地的乡土建筑。[①~⑤] 那么，农民自建房、现代农村住宅和乡土建筑究竟在概念上有何区别与联系呢？

首先，农民自建房，其投资主体、设计主体、生产主体和使用主体都是农民自身，所谓自己投资、自行设计、自主搭建，也多为自己使用，这类乡村建筑占据了中国农村中的绝大多数。在早期，除了部分中西部地区大量存在着窑洞民居之类的生土建筑、竹架干阑建筑以及移动式毡房（蒙古包）等特殊类型之外，农民自建房大多为木架、土墙、（土）草顶的单层建筑（图 6-52）；1950 年代以后特别是 1980 年代以来，乡村建筑快速实现砖瓦化，农民自建房多为单层砖瓦房（图 6-53），采用砖墙、预制人字木（钢）屋架、钢筋混凝土檩条和木门窗；而 1990 年代以来随着农村经济水平的提升，农民自建房向多

① 于晓彤. 当代建筑师的中国乡土营建实践研究 [D]. 南京：南京大学，2017.

② 吕航. 民宿住驿改造中的行为研究——以闽东北地区"土木厝"为例 [D]. 南京：南京大学，2017.

③ 叶露，黄一如. 资本动力视角下当代乡村营建中的设计介入研究 [J] 新建筑，2016（4）：7-10.

④ 王铠，张雷. 工匠建筑学：五个人的城乡张雷联合建筑事务所乡村实践 [J] 时代建筑，2019（1）：28-33.

⑤ 支文军，王斌，王轶群. 建筑师陪伴式介入乡村建设：傅山村 30 年乡村实践的思考 [J] 时代建筑，2019（1）：34-45.

图 6-52 "草房"：农民自建
房之土墙草顶传统民居在当代
中国的偏僻乡村仍有遗存

图 6-53 "瓦房"：南京近郊 1980 年代兴建的砖墙瓦顶单层农民
自建房

图 6-54 "楼房"：1980 年代以来遍布中国乡村的多层砖混结构农民自建房

层化发展（图 6-54），采用砖墙、钢筋混凝土构造柱、预制钢筋混凝土空心楼板或现浇
钢筋混凝土楼板、人字木（钢）屋架、钢筋混凝土檩条、钢窗和塑钢窗等。当然，在建材
工业化并不发达而又盛产木材的地区，比如四川、贵州、云南、浙南闽北和皖南等山区，
新建的农民自建房仍会有大量采用较为传统做法的案例——甚至不乏夯木架结合夯土墙
者（图 6-34）。应当承认，农民自建房是乡村建筑三大类型中最为活跃和多变的一类，
农民会根据当时、当地的具体条件做出各类必要的调整和改进。

　　而现代农村住宅，则是指 1950 年代以来，由官方主导的社会经济体制改革中催生
出的统一设计标准图、由当地政府按图兴建或农民自选自建的那一类居住建筑，主要是
1950 年代 "人民公社化" 时期集中兴建的农宅，以及 21 世纪以来撤乡并村、土地流转和
集中居住形势下新设计建造的农村居民点，包括因三峡工程库区移民、汶川大地震灾后重
建等大型建设活动中催生的那些农宅，其投资主体、设计主体和生产主体多为当地政府，
而使用主体则为当地农民。在技术上，它们主要采用同时期农民自建房的常规做法，近年
多为砖墙、钢筋混凝土构造柱、预制钢筋混凝土空心楼板或现浇钢筋混凝土楼板、人字木

图 6-55　21 世纪以来由地方政府主导、统一设计、集体兴建的现代农村住宅
（左为湖北枝江，右为浙江建德）

（钢）屋架、钢筋混凝土檩条、钢窗和塑钢窗等（图 6-55）。但由于是集中居住，用地往往偏紧，对于自然采光、自然通风设计难度较大。以笔者 2010 年亲身参与过这类项目为例：湖北省某县级市住建局邀请笔者参与当地"特色民居设计"，其任务书提出了六条设计要求，除技术经济指标、设计时间进度、工作成果数量以外，最为核心的实质性内容几乎全都是关于建筑风格和易建性的。如第一条"民居形式不少于三种风格和样式，要求整体协调，并分别设计一层、二层、三层三种楼层，建筑面积一般不超过 300 平方米（含新建、改造）"；第五条"民居特色体现地方文化和乡土特色，具有可复制性，结构简单，施工方便，造价适中。"如此，则设计过程中讨论问题的焦点也就集中于上述两点，其关于设计草案的评审意见也是一样。最终完成的成果也就顺理成章地着墨于此，而不太可能深入到建筑性能环节。一些冠名为"美丽乡村"的住宅建筑图集，其内容编排也一仍其旧地按风格分类，而未涉及建筑性能改进问题。

　　与上述缺乏专业设计的农民自建房与虽有专业设计但议题集中于建筑风格和易建性的现代农村住宅不同，乡土建筑在本研究中特指那些由专业人员提供有针对性的（新建或改造）专业设计，考虑易建性（采用地产材料和施工工艺）和经济性，并兼顾建筑性能特别是热工性能提升的那些案例。它们的投资主体、生产主体和使用主体往往不纯粹是当地农民，而是在近年乡村振兴——资本下乡、文化下乡以及乡村旅游蓬勃发展——热潮中介入农村的各类利益群体及其代表人物，较早者如江苏高淳"诗人住宅"、扬州三间院、浙江安吉生态民居、四川会理县马鞍桥村灾后重建夯土住宅以及陕西蓝田玉山村井宇精品酒店等，之后又有甘肃庆阳毛寺生态实验小学、福建武夷山竹筏育制场、下石村桥上书屋、四川栗子坪自然保护区熊猫监测站、白水河自然保护区宣教中心等；而最为普遍存在的是各类新建或改造而成的"民宿"类精品酒店，如广西阳朔云庐精品酒店、浙江桐庐戴家山自然村的云夕戴家山乡土艺术酒店等。

　　以建于 2007 年的"诗人住宅"为例，其功能设定、平面组织、体块构成和空间形式皆采用现代建筑常见的基本原理与手法，选材方面也显而易见地采用地产常见材料——烧结黏土砖（当然，砖是专为此项目特殊订制的，其质量比周边农民自建房用砖要高），

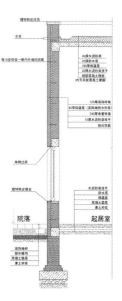

图 6-56　南京高淳"诗人住宅"外观及墙身大样图

而建筑构造设计特别是外墙墙身大样则推出了此前中国乡村建筑中几乎从未出现过的"夹心保温"三明治式做法——内部 240 毫米承重墙和外部 120 毫米饰面墙之间设一 40 毫米厚保温层，灌注保温砂浆（图 6-56）。如图 6-57 所示，诗人住宅与所在地高淳县凤山镇街道两侧司空见惯的民宅工地，其工程模式是基本相同的：雇工自营，手工操作为主，辅以小型、轻型电力工具，现场操作为主。其技术模式也共享了材料选择、砖墙承重、局部现浇钢筋混凝土构造柱以及现浇钢筋混凝土楼板（屋面）等。但诗人住宅的墙身构造却与普通民居有很大差异，采用了复合墙体。正因如此，其外墙保温性能获得很大提升。经过对"诗人住宅"（叶宅）与近旁采用农民自建房常见做法的陈宅的现场测试和对比研究（图 6-58），可得出如下结论：

（1）叶宅卧室三个气候边界采取三种不同的砌筑方法以丰富外墙肌理，由此增大了围护结构的散热和得热面，但室内整体温度依然比陈宅高，说明在确保内层承重墙体 240 毫米厚度的前提下，外层装饰墙体的特殊处理对于室内热环境影响并不大，围护结构依然具备抵抗外界气温变化的能力，从而有利于维持室内较优的热环境。

（2）虽叶宅体形系数以及卧室窗地比较大，但其墙体的隔热性与保温性能均优于陈宅，说明叶宅墙体的"双层"构造做法有效弥补了窗地比与体形系数的不足，起到维持室内热环境平衡的效果。

可见，乡土建筑≈乡村环境中的实验建筑，而建筑热工性能提升则是乡土建筑的大胆创新和重要贡献，突破了此前所有努力几乎都集中在节约用地、使用功能、卫生条件和易建性改善的层面。乡土建筑设计和实施从战略上兼顾了功能性（使用）、易建性（经济）、科学性（舒适）和形式诉求等诸多目标之间的平衡。

2017 年元旦，笔者应邀参加了浙江建德"三生谷"生态村的迎新年活动，当晚借宿

图 6-57 南京高淳"诗人住宅"与当地农民自建房在工程模式上如出一辙

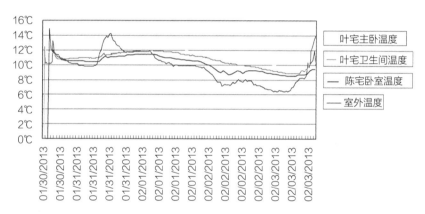

图 6-58 南京高淳"诗人住宅"与当地农民自建房建筑热工性能实测对比数据分析图

于民宿投资商已收购的村内老屋（图6-59），再次亲身体验了中国南方常见的传统木构空斗青砖墙民居之弊病——空间开敞、四壁透风、坡屋顶为冷摊瓦屋面，其缝隙间可轻易看见月光，老旧木门窗密闭性极差，隆冬时节室内仅有约5摄氏度。笔者和衣而卧，盖两床被子蜷缩在木榻之上，一整夜彻骨清寒难以入眠，清晨起来仍未焐热床铺——传统民居改造为"民宿"，其建筑性能亟待提升！

可见，从农民自建房、现代农村住宅到乡土建筑，虽说前二者长期以来因工程模式（施工）有足够的易建性考量而能大行其道，但如果不借鉴后者的技术模式（设计）之长，尤其是追踪环境调控措施的当代进展，恐怕也无法面对激变之中的生活世界。就此而言，乡土建筑应被积极鼓励和提倡——由专业建筑师设计、考虑环境因素与条件、注重建筑性能特别是热工性能提升、适度且合理使用地方材料与工艺的乡村环境中的现代建筑。虽然，乡村建筑≠乡村建设，但它确实有助于乡村建设在人居环境质量方面的实质性提升，

图 6-59　2017 年元旦笔者借宿于浙江建德"三生谷"生态村传统民居室内场景

图 6-60　2016 年 8 月张家口市下花园区由艺术家主导的"美丽乡村"建设旧房出新现场

而不仅满足于提出形式层面的美学诉求（图 6-60）。

美丽乡村，其诉求也不能停留于有形之美（视觉），而更应关注无形之美（除视觉以外的体感）——因建筑物理环境品质之达成、提升，而必须大量采用维护结构层叠式建造方式乃至于设备系统，不必过于强求其视觉呈现，而应综合考量其体感贡献。应从纯粹的形式主义审美走向与功能主义、技术效能审美的整合。单纯拼颜值、以貌取物（人）的社会现象及其社会心理应被质疑与反思。看起来"像什么"远没有究竟"是什么"和"为什么"来得重要。这正是中国本土性现代建筑应有的基本理念。

综上，从 1945 年前后《中国营造学社汇刊》末期内容反映的观念转变，到同期《全国公私建筑制式图案》的乡村建筑设计之建造模式考量，再到 1950 年代新中国的理想主义乡村建筑设计之建造模式选择，直至当代乡村建筑中农民自建房、现代农村住宅和乡土建筑之技术模式理辨析，承载着半个多世纪中几代人的关注、思考、理论探索和实践尝试。这一不乏曲折艰难而又峰回路转的发展进程，从乡村建设之建筑学视角反映了中国本土性现代建筑的真正生命力源自常青的生活之树——乡土建筑是基于现代建筑学的知性生产（知识理性）和基于中国营造传统的本能操作（经验理性）之多方互动的一种社会生产。当下火热的乡村复兴大潮或许正是中国建筑范式再造的绝佳契机，也赋予建筑师介入乡村建筑活动真正的专业性意义。所谓"在地建造"，难道不正是对一段时期以来中国现代建筑实践发展脱离建造之本的一种救赎？而过去四十年来中国所发生的建筑技术产业基础条件的革新、建筑技术主体自身素质的提高、建筑技术知识生产与传播等进步，难道不也都为这种救赎的正确的时代性站位提供了可能？

6.4　本章小结

在前文四章从技术选择机制、技术产业基础、技术主体成长以及技术知识建构四个方面初步勾勒出 20 世纪上半叶中国本土性现代建筑技术发展较为清晰的整体图景之前提下，本章侧重于 1950 年代的专业观察、中日比较和当代实践批判，试图阐明是什么使得中国本土性现代建筑之技术发展具有某种不可忽视的特殊性？就现代建筑本土性之比较而言，中国与日本拥有相似的、以木构建筑体系为主流的"土木营造"传统，近代以来先后引入西方现代建筑技术体系，而日本现代建筑之所以能够早已获得国际公认的成就，其最重要经验之一正在于重视如何将原有"土木营造"传统与现当代建筑技术在设计上加以对接——"传统木构工法与结构原理的现代可能性"是一种融合型设计思维。基于《建筑学报》选题内容和"全国厂矿职工住宅设计竞赛"的回溯与分析，可发现 1950 年代中国本土性现代建筑之技术发展已有从整体上摆脱形式再现的迹象；而日本现代建筑的基因传承与再创造之讨论以及建筑院系名称、课程设置的中日比较，揭示了设计技术思维方式之"中国问题"的由来；进而又以建造模式现代转型视角下的乡村建筑为议题，基于当代实践批判指出乡土建筑设计中建造模式科学探索与技术尝试的理论意义。它呼唤中国本土性现代建筑的研究与实践活动告别形式再现，回归创意生活（目标）；告别学科分裂，走向思维整合（机制）；告别因循守成，寻求范式再造（路径）。

6.4 本章小结 283

第 7 章

结语：
全球视野的综合生产观与
中国本土性现代建筑之成长

进入 21 世纪之后，人类文明在新科技革命必胜信念和技术进步失控风险之两极挣扎中毫无悬念地攀爬上了一座新高原：文明的冲突不仅没有停止，反有愈演愈烈之势；而历史也并没有终结，大家都尚未成为"最后的人"。

2001 年 9 月初，笔者随同单踊教授因公出访，在现场完成工作任务之后于 9 月 10 日左右启程途经香港回国。在香港逗留数日，期间参观了香港中文大学（CUHK）校园及其建筑系，并与顾大庆教授共进晚餐。11 日晚约九时回到下榻酒店之后打开电视机，荧光屏上出现了好莱坞大片中常见的镜头——民航客机撞向摩天大楼，燃起熊熊大火、冒出滚滚浓烟，视觉冲击力一如既往。正待进一步欣赏震撼人心的画面，伴音中 CNN 记者急切的、满含恐怖和惊愕的语调却已显示：这次并非是夸张的电影艺术表现，而是电视实况转播！也就一小时左右，曾贵为"自由世界"最高权力与财富象征的 110 层高纽约世界贸易中心双子塔楼，在漫天烟尘和震耳欲聋的轰鸣中应声倒下，整体坍塌为一片灰烬和废墟。

"9·11"事件是发生在美国本土最为严重的恐怖攻击行动，遇难者总数近三千人。联合国发表报告称此次恐怖袭击造成美经济损失达 2000 亿美元，约为当年生产总值的 2%；对全球经济造成损害达 1 万亿美元左右。作为对此次袭击的回应，美国发动了"反恐战争"，随后十多年又相继引发叙利亚战争和欧洲难民问题。而更为棘手处在于：这百年未有之大变局虽看似一夜之间突然浮现出来，而实则不然，人类文明不同社会之间的冲突从未真正停歇。阿诺德·约瑟夫·汤因比把他那个时代的世界划分为西方基督教社会、东正教社会、伊斯兰教社会、印度教社会以及远东社会，并进一步深刻指出：

"在为了生存所进行的斗争里，西方社会把它同时代的社会逼到了墙角，而且在它的经济和政治的上升过程中，把它们层层绑缚起来，可是它还未能在它们的不同文化方面解除它们的武装。它们虽然被压抑得很苦，它们的灵魂却还可以说是它们自己的。

这一种论证的结论是，到现在为止，我们应该在两类关系当中划一条清楚的界限：一类关系是在一个社会内部的各个集团之间的关系，一类关系是在不同社会的彼此之间的关系。"①

汤因比的巨作初成于 1930～1960 年代，虽大半个世纪已经过去，但其中的真知灼见言犹在耳：人类文明不同社会之间的冲突并未随着物质文明的飞速进步而平息，身份认同与文化包容两相抵牾之困境并未随着国际交流的日益频繁而自动消除。

而正是在这以美国为首的西方世界展开针对伊斯兰恐怖主义"反恐战争"的十多年里，中国人抓住了难得的发展机遇，在原先改革开放已有实践经验基础之上，立足于"世界工厂"建设目标，迅速发展成为全球第二大经济体。在这样一种情势之下，中国人以一种什么样的精神状态和价值观念出现在世界面前，就成为一个备受关注的议题。自然，与文化有着密切关联的（上层）建筑也就成为世人瞩目的对象，直至 2013 年王澍获得普利兹克

---

① （英）汤因比. 历史研究：上 [M]. 曹未风，等译. 上海：上海人民出版社，1997：10-11.

奖，这一问题的答案似乎已是水到渠成：基于对文化传统的精准认知，意图独辟蹊径，在差异的世界中寻求自身的现代化道路，并谋求各种文明间的相互认同与包容。这应是中国本土性现代建筑得以成长并发展至今所依托的基本理路。

然而，真要实践起来是不是就能那么容易如愿以偿？

又曾几何时，繁盛喧嚣的城乡建设似乎在一夜之间放慢了脚步。经过 30 多年高速发展，建筑业进入"存量时代"，去库存、供给侧改革成为热点。似乎多年努力的标志性成果，除去普利兹克奖，便剩下无人问津的"鬼城"。节奏慢下来才有机会思考：影响中国建筑设计总体发展方向和具体决策机制的决定性因素究竟是什么？早先的"经济决定论"与"文化决定论"之争，因其理论模型过于粗疏宏阔，既不能直接回答上述问题，也无法用于观察和诠释具体项目运营和职业操作，难免无果而终。而经典建构学虽关涉材料和工艺这样的建筑学本体问题，但其聚焦点却在于知觉层面的物形关系——"建造的诗学"，而并非物如何被造，其意义更多在于情趣，甚至只是针对权力与资本的抗辩姿态，自然又是难以令人满足的。

必须承认，行业出现系统问题，绝非一朝一夕之功。虽因王朝周期率的隐性效应，中国古代建筑活动屡经兴废，但建筑学在中国成为一种现代意义的知识体系（"学问"）和行业门类（"事功"），则是 20 世纪以来的事情。其中，建筑教育体系的建立是带有基础性的关键和起点。中国建筑教育最初受日本影响，迟至 1920 年代以后才直接受欧美影响。但日本现代建筑学也主要源自欧洲，从而在理念上与近代欧洲建筑学科保持某种同步，也存在两种建筑学之分野，即工学的和艺术的。[①] 因此，近代以来中国建筑学科对于自身的定位，难逃"技术＋艺术"之二元思维，且心照不宣地将艺术预设为建筑学的最高境界——若能潇洒画上几笔，建筑师们皆引以为豪。而事实上，大家又都清楚，建筑实践根本无法逃避经济因素和物质生产条件的制约。于是，基于中国建筑现代转型之技术、制度、观念三者交叉影响、梯次互动理论模型的进一步聚焦和深化，[②] 建造模式理论模型的提出有可能成为探寻和拓展这一议题的可靠抓手。[③~⑥] 其特点在于较客观地呈现了建筑活动的物质生产、专业生产和社会生产之实践性、复杂性和综合性——它终归是一种具有高度复杂性的综合性生产活动，综合性应是其最重要特征，而重点则是空间形塑、环境调控和工程实现三者的互动关系，特别是建筑活动主体对于这关系的认知与控制——理论模型试图观照建筑学基本问题（图 3-37）。

① 徐苏斌. 近代中国建筑学的诞生［M］. 天津：天津大学出版社，2010：25-50.
② 李海清. 中国建筑现代转型［M］. 南京：东南大学出版社，2004：340-348.
③ 李海清，于长江，钱坤，张嘉新. 易建性：环境调控与建造模式之间的必要张力——一个关于中国霍夫曼窑建筑学价值的案例研究［J］. 建筑学报，2017（7）：7-13.
④ 李海清. 实践逻辑：建造模式如何深度影响中国的建筑设计［J］. 建筑学报，2016（10）：72-77.
⑤ 李海清. 工具三题——基于轻型建筑建造模式的约束机制［J］. 建筑学报，2015（7）：8-11.
⑥ 李海清. 20 世纪上半叶中国建筑工程建造模式地区差异之考量［J］. 建筑学报，2015（6）：68-72.

在上述两个理论模型支持下，本书从第1章开始，将20世纪上半叶以来"中国本土性现代建筑"发展过程中（特别是1950年代之前）不同时期典型案例作了初步解析，探究"中国本土性现代建筑"设计实践的技术选择机制；进而还分别就其相关的技术产业基础、技术主体成长和技术知识建构展开了观察、梳理、描述和分析，以期阐明技术选择机制中的物、人、知三方面因素的作用和影响；进而又从1950年代整体图景、中日比较和当代实践批判这三个线索探讨其目标回归、思维整合和范式再造。可以说，"中国本土性现代建筑"的技术史研究之系统工作借此已初具雏形。由于笔者秉持建筑活动首先是物质生产、社会生产与专业生产之综合的基本观点，在此有必要重新作一简要梳理，以明晰中国建筑工程建造模式现代转型的发展方向及其影响建筑设计决策的实践逻辑，以微观—宏观两方面互证的方式揭示建造模式如何以及在怎样的深度上影响中国建筑设计实践，以及"中国本土性现代建筑"的"本土性"有可能实现怎样的超越。

7.1 建造模式如何深度影响了中国的建筑设计实践？

7.1.1 基于建造模式选择的建筑设计决策

厦门大学群贤楼是陈嘉庚兴办"义学"所为，和盛极一时的"中国固有式"建筑貌似同一路数。但这主要是就建筑形式而论，论及建造模式则完全不同——建于1930年代的上海市政府（今上海体育学院），是现浇钢筋混凝土框架结构，外观仿明清北方官式建筑。而厦门大学群贤楼，二层以下全为砖（石）混合结构，其上重檐歇山顶则完全是传统的穿斗式木结构——把传统木构民居置于混合结构台基上（图2-31、图2-32）。陈嘉庚作为此项目的业主，一心办学，其设计目标很简单，即"多盖房子、盖好房子"。[①]1930年前后，国产钢材总量一年不过几万吨，钢筋、水泥都很昂贵。在经费有限的条件下，很自然就要用本地产木、石与砖瓦，用本地工匠施工，而尽量少用钢筋、水泥等进口材料。而2014年中国以8.23亿吨的粗钢产量位居世界第一，[②]占全球粗钢产量半壁江山，人均半吨多，这和七八十年前的情况完全不同。在那样的条件下，"嘉庚建筑"作出尽量采用当地传统建造模式的决定，就是为了降低造价，完全出于工程实现的切实需求，其"地方性"之形成在主观上并无今日所谓"批判性地域主义"的抗争姿态。

与嘉庚建筑相似，因1960～1980年代初经济窘迫、物资匮乏，"干打垒"做法也曾盛极一时，特别是"三线建设"过程中更是主角。1967年前后，清华大学在四川绵阳建设分校完全是白手起家，由建筑系教师规划设计，师生员工参与建造和技术指导。[③]这些房子使用预制钢筋混凝土空心板，而承重外墙则用当地唾手可得的天然石料（"干打垒"），局部使用黏土砖（图7-1）。当时烧结黏土砖还比较金贵，所以砖在设计上如何使用也都

---

① 庄景辉. 厦门大学嘉庚建筑［M］. 厦门：厦门大学出版社，2011：111–116.

② 罗维. 2014年中国粗钢产量创新高同创三十多年来最低增速［J］. 上海金属，2015，37（2）：10.

③ 根据笔者2013年12月24日对清华大学周逸湖教授的电话采访记录.

被精准筹划。显然，其设计做法有意识地结合了当地的物质条件——在那样一个特殊的地形、气候、工业生产、工程技术等总体状况下可能获得的建造条件。又如重庆恒升资产经营管理有限公司金紫山仓库，其"干打垒"所用石材就在施工现场开采（图7-2），就地取材的理念已被发挥到极致。重庆建峰集团建于1960～1970年代的老住宅楼，其"干打垒"做法居然还开发出了与预制钢筋混凝土槽形板或屋架等屋顶构件相结合的3种不同方式（图7-3）。在此

图7-1 清华大学绵阳分校住宅楼外观

类近乎是"庇护所"的空间营造中，真正实现了物尽其用，材尽其用；可能性探讨为必要性伸张（欲望）提供了一种基于价值理性的制约。

如果说近代时期"嘉庚建筑"之地域主义色彩并非出于对"中国固有式"建筑在形式上的抵抗，且其主动选择是出于一个非专业事主的常识性的价值判断；又如果说，20世纪中叶经济匮乏时期的干打垒和防震棚自然而然地遵循就地取材、物尽其用之原则，不经意间将相对抽象的地域主义诉求直接落实为具体的建筑地点性思虑；那么，诸如武夷山竹筏育制场与高淳诗人住宅这类21世纪初以来新的实验，则是作为知识人的专业建筑师立足于本体论的追问和回答——建筑究竟（应该）是什么？（图7-4、图7-5）耐人寻味的是，这两个项目的主创建筑师不约而同地提到了当地的霍夫曼窑（轮窑）建造方式之启发意义，只不过前者是显性的，[①] 而后者则是隐性的。[②]

图7-2 重庆恒升资产经营管理有限公司金紫山仓库"干打垒"外观
（石材就在施工现场开采，矿床痕迹清晰可见）

① 华黎. 回归本体的建造——武夷山竹筏育制场设计 [J]. 时代建筑，2014（5）：84-91.
② 根据笔者 2013 年 1 月 27 日对南京大学张雷教授的专访记录。

图 7-3　重庆建峰集团住宅楼"干打垒"采用屋架坡顶、预制连续小拱平顶、
预制钢筋混凝土槽形板平顶 3 种不同做法

图 7-4　武夷山竹筏育制场外观

图 7-5　高淳诗人住宅院内景

关于这一时期，"政策主导型市场"的大背景必须给予足够的关注。1992 年，《国务院批转国家建材局等部门关于加快墙体材料革新和推广节能建筑意见的通知》（国发〔1992〕66号）正式下发，拉开了墙体材料改革的序幕。"禁实限粘"政策的推行，引发了城市中大规模使用的烧结黏土砖（红砖）逐渐减少，而县城和乡村中也开始限制实心烧结黏土砖的使用。各类新型砖材如（烧结）空心（黏土）砖、（烧结）淤泥砖、免烧（水泥）砖、轻质混凝土砌块等开始逐步推广。至 21 世纪初叶，黔东南地

图 7-6　2006 年冬黔东南地区偏僻山村中
也开始使用混凝土砌块

区偏僻的山村中也开始使用混凝土砌块（图 7-6），这足以说明，当地有专业厂商生产这种新型墙材，中央政府的墙体材料改革政策得到了有效贯彻。然而，中国毕竟是太大了，存在着复杂的地区差异，中央政策为求得全国层面在形式上的统一，必然是相对抽象的。一旦落实到具体地区，则不可避免地出现差异性的解读和回应：虽自 1992 年起中央就不断发文要求逐步淘汰轮窑这种"落后"产能，但在三年之后的 1995 年，其建设量以及烧结黏土砖产量仍旧达到了历史性的最高峰（图 3-6），而 21 世纪初全国各地至少仍有 6~8万座轮窑处于生产状态，甚至有相当数量的已拆除轮窑又"死灰复燃"——由于对简便易行的砌体结构建造模式存在切实的需求，加以千百年来因"秦砖汉瓦"而养成的建造习

惯，烧结黏土砖尤其是红砖仍是当今中国农村大量性房屋建设的常用材料，与混凝土砌块等新型墙材处于一种"共存共荣"状态，而这作为建筑创作的外部条件，是不可能不引起有识之士的关注的。

张雷为什么决定把高淳诗人住宅建成一座砖房？甚至为什么在首次造访项目基地的途中，就已经明确要建成砖房？建筑师本人的回答是：如果你自己在去基地沿途看到星罗棋布的轮窑，农民自建房皆用红砖，也即红砖砌筑承重墙，外墙转角和隔间位置有现浇钢筋混凝土构造柱，并采用现浇钢筋混凝土楼板或预制混凝土空心楼板（图6-56），这在当地乡镇司空见惯，很容易做成，那么你也会作出同样明智的决定：有预算制约。张雷坦陈希望接地气，"硬做"的代价并非每个客户都能轻易承受。建筑师将诗人住宅—农民自建房—砖窑进行类比，确实是专业人士对建筑本体问题的深深追问。虽然诗人住宅和农民自建房还是有明显区别，它采用中置保温层的复合（双层）墙体构造（图6-55），这是农民自建房从未用过的技术模式。但从工程模式来判断，这一区别是有限和非实质性的。因为它确实是所谓现场发生的混合结构，就总体建造模式而言，与当地普通农宅是一回事。

而武夷山竹筏育制场的设计决策，虽然也一如高淳诗人住宅那样关注材料选择与地方建材工业出产及其发展的关联，但不同之处在于，因建成时间晚了几乎十年，其材料关联性已是标准化程度更高的混凝土砌块，而工艺反倒进一步借鉴乡土做法——竹制遮阳、铝制法兰盘限位，甚至放弃气密性追求，采用虚实相生的花格外墙构造以利风压通风和热压通风（图7-7），这在农民自建的农具、仓储和牲畜用房等中屡见不鲜（图7-6）。而竹筏育制场作为一种乡土工业建筑，要考虑生产过程中烟气的迅速排放和扩散，故气密性要求确如前几类农用房一样，并非那么高。换言之，虽然并未采用什么更为"专业"的做法，甚至构造方面更多地借鉴乡土做法，但也并未牺牲建筑性能。若非对于项目本身的性能需求作了相对精确的分析和判断，若非对大写的"地形"作过整体调查和通盘思忖，如此决策是绝难想象的。

上述典型案例分布于三个不同历史时期，从隐约模糊到逐渐清晰地呈现出一条"扩展的地形学"线索：天地人神四象合一，正是一种基于现实条件的理智选择（图7-8）。

图7-7　武夷山竹筏育制场采用砌筑的非封闭气候边界组织自然通风以满足生产需要

1950S-1970S　　　　　　　　　　　　　　　　　　1980S-2000S

1920S-1950S　　　　　　　　　　　　1960S-1980S

图 7-8　近百年中国建筑工程建造模式：一条隐含的、扩展的地形学线索

对于建筑设计实践而言，无论其设计主体是专业人士或非专业人士，一旦项目地点确定，在当时条件下能够如何建造就成为设计决策的首要条件。意在笔先，匠在意前："匠"是"意"之达成的物质性和社会性生产条件，因其微观的空间向度上的客观性而具有难以抗拒的前置性。如何建造？这在物质性和社会性生产层面决定了应该如何设计——建造模式选择反制建筑设计决策，而不是通常理解的"方案—初设—施工图—工地咨询"那样，由图纸单向推至工地事务，施工操作完全是建筑师一人理念筹划的结果。

那么，从宏观的时间向度上看，过去近百年中国人究竟能怎样盖房子？建筑师可以作出哪些选择？甚至，这些可能的选项发生了怎样的变化以至影响了今天？

7.1.2　中国人还能怎样盖房子：建造模式现代转型宏观检讨

正如著名历史学家刘大年曾经指出的，"近代世界的特点不是别的，近代世界的基本特点就是工业化，也就是通常我们所说的近代化。适应世界潮流，走向近代化，是中国社会发展的必然趋势。"[①]有关于此，笔者曾有专文论述：在 19 世纪末 20 世纪初以来的近百年时间，中国建筑工程建造模式现代转型的剧情主线是工业化，这一点是毋庸置疑的。[②]中国建筑的工业化大体从洋务运动中后期引入机制砖瓦生产技术开始，之后相继引入水泥、钢铁等现代建筑材料生产技术，以及一大批现代建筑施工机械设备，并采用现代的建筑施工管理方法和组织形式。尤其是 20 世纪下半叶以来，经历了 1950 年代、1980 年代以及 2000 年代这三个高峰时段，分别对应于社会主义改造和全面工业化起步阶段、改革开放初期主要面向乡镇企业的全面工业化阶段，以及基于高新技术发展的新型工业化阶段。

而吊诡之处在于，与中国的汽车生产几乎追逐世界潮流相比，中国工程建造模式在过去近百年变化却非常有限，代际更替极为缓慢（图 7-9）。究其缘由，可能主要有二：首

---

① 刘大年. 中国近代化的道路与世界的关系 [J]. 求是，1990（22）：19-24.
② 李海清. 从"中国"+"现代"到"现代"@"中国"：关于王澍获普利兹克奖与中国本土性现代建筑的讨论 [J]. 建筑师，2013（1）：39-45.

先，汽车是现代工业产品，从一开始就使用工厂化生产模式，需要的是经过专业培训、按时出勤、薪酬稳定的专业技术工人。而传统的工程建造模式的劳动密集型特征与曾经很长一段时期堪称极为丰沛的廉价（甚至免费）人力资源（村民互助自建）有着直接关联。是为社会学和经济学层面的原因。其次，也与中国建筑丰厚的文化传统不无关联。建筑根植于大地之上，发端于寻求"庇护所"的初心，由于农耕文明"匮乏经济"的限制，中国建筑更是长期浸润于"知足"精神之中，存在着工匠和技艺传承的巨大惯

图7-9　近百年中国建筑工程建造模式与汽车生产模式之比较

性，"如何盖房？"这是一个可以诉诸行业传统和生活习俗的文化问题。而近现代以来，随着专业建筑教育的兴起和建筑师职业的出现，建筑成为一种由知识人主导的、具有艺术属性的"作品"。而汽车的历史却很短，它是现代工商文明的产物，作为一种指向实用的工业产品，它奔跑于大地之上，具有显著的工具性，而并无承载文化传统的必要。对于中国人而言，汽车生产直接走"引进—改进—自制"的路线即可，没什么好纠结的，是为文化学方面的原因。

　　然而，事情总在发展变化。到了2010年代，建筑工业化居然在中国强势"复出"，这意味着什么？在2014年全国住房城乡建设工作会议上，住房和城乡建设部就将"大力提高建筑业竞争力、实现转型发展，实现建筑产业现代化新跨越"作为2015年的重点工作任务之一。在2015年底召开的全国住房城乡建设工作会议上，住房和城乡建设部部长陈政高更是将推动装配式建筑取得突破性进展列为2016年8项重点工作之一，要求全面推广装配式建筑。[①]2015年，住房城乡建设部在已经完成征求意见的《建筑产业现代化发展纲要》中明确提出，到2025年，装配式建筑占新建建筑的50%以上（图7-10）。另据不完全统计，2015年共有

图7-10　主要依靠工厂预制钢筋混凝土构件现场装配、无脚手架施工的高层住宅

① 中国建设报. 建筑产业现代化蓬勃发展［N/OL］. http://www.chinajsb.cn/bz/content/2016-01/14/content_180040.htm.

上海、北京、深圳、福建、江苏、山东等20多个省、市发布了建筑产业化专门指导文件，建筑产业化发展已成各地政府关注重点。

2016年2月6日，《中共中央国务院关于进一步加强城市规划建设管理工作的若干意见》明确提出"发展新型建造方式。大力推广装配式建筑，减少建筑垃圾和扬尘污染，缩短建造工期，提升工程质量。制定装配式建筑设计、施工和验收规范。完善部品部件标准，实现建筑部品部件工厂化生产。鼓励建筑企业装配式施工，现场装配。建设国家级装配式建筑生产基地。加大政策支持力度，力争用10年左右时间，使装配式建筑占新建建筑的比例达到30%。积极稳妥推广钢结构建筑。在具备条件的地方，倡导发展现代木结构建筑。"[①]

如果从1950年代全面学苏联时期的工业化开始算起，一项工作推进了几十年，为何最近几年才获得高速发展？这自然首先要归因于政府的重视，毕竟是政策型市场。但最根本原因还是在于近年中国社会经济状况发生的戏剧性转变——取消农业税并补贴种粮，进城农民大批返乡就地务工，城市用工资源随之紧张，加以多年计划生育政策和老龄化造成人口红利下降，共同引发人工费急剧上升，以手工操作为主的劳动密集型建造模式（"人海战术"）已难以为继，这正是中国远大、万科等一线民营企业主动投巨资积极探索建筑工业化体系构建的最根本动因。

耐人寻味的是，中央政策已具体到装配式建筑的选材，并不仅指钢筋混凝土，也包括钢结构和木结构，而且特别强调"在具备条件的地方"，似乎顶层设计者终于走出了粗放制定"一刀切"政策的窠臼。笔者早已专文指出：今天的实际状况是，由于在发展时序、地理气候条件、社会经济条件、亚文化视角的营造传统和习俗观念等方面存在着丰富多样的地区差异，以及基于这种地区差异的城乡之别，在二元工业化格局影响的城乡建造模式互动机制总体框架之下，存在着从最原生的乡土手工建造模式到最尖端的数控精æ建造模式等诸多路径并存共生、交叉叠合的复杂样态；而且在这些路径之间以及之外，还存在着尚未引起注意、更未经实验与发掘的诸多可能。目前的建筑工业化之装配式建筑，无论是钢筋混凝土结构，还是钢结构或木结构，不过是这并存共生、交叉叠合的复杂样态之中的一大类而已。他们的存在和发展都恰好能够说明：现浇钢筋混凝土结构一统天下的时代过去了，一个多路并举的时代正在到来，这难道不是应该受到欢迎的吗？

多路并举的新局面究竟意味着什么？这不能不从当代中国建筑面临的现实困境与挑战来检讨。现实困境在于：建筑如何成为它自己而不仅是其他什么东西的显示器或晴雨表？必须承认，"中国本土性现代建筑"的发展，经历了三个时期的明显变化与更替，即倚重形式要素组合的"文化象征主义"时期、关注现代建筑空间特征之诉求的"形/神"二元结构时期，以及地区主义背景下建构学和现象学互动的建造先导时期。[②]可以说，是一个

① 中共中央.国务院关于进一步加强城市规划建设管理工作的若干意见 [EB/OL].（2016-2-6）. http://news.xinhuanet.com/politics/2016-02/21/c_1118109546.htm.
② 李海清.从"中国"+"现代"到"现代"@"中国"：关于王澍获普利兹克奖与中国本土性现代建筑的讨论 [J].建筑师，2013（1）：39-45.

在认识上逐渐向建筑活动之物质生产本体属性接近的过程，而最近这一阶段终于触及从"盖房子"这一本质来主动探求本土性，这不能不说是具有一种明显的企图，一种从本体论和发生学视角洗刷批判性地域主义的浪漫主义色彩的努力。而这种努力的目标，正是使建筑成为它自己而不是别的什么。建造作为一种综合性的人类社会集体行为，必然要承担某种基本责任及相应后果。明确这一诉求，将有助于突出诸多困境之重围，如产业转型困难、地方性特色消失等——难道产业转型就一定只是技术上的升级换代？难道地方性特色就一定意味着采用布景式的符号学方法？

而现实挑战在于：新常态之下，行业如何活下去？钢铁产能过剩、去库存能不能采用增加建筑用钢量的办法？显而易见，建筑结构安全有其自身规律，结构选型既定，其用钢量核定主要来自荷载的制约，随意增加用钢量只能是一种浪费。倒是应该在结构选型层面鼓励在条件适宜的状况下推广使用钢结构，按钢结构自身规律去计算和控制用钢量。

东南大学建筑学院建筑技术学科团队自 2011 年起对于轻型建筑标准化设计和工业化建造的持续探索可能是对于上述情势变化作出积极、机敏和富有远见的回应之一例（图 7-11）。考虑到便于组织学生参与建造和深度学习，选用了极轻的铝型材作为结构用材，方便人工搬运和安装，此外还利用新型太阳能发电技术、污水原位修复处理技术等新兴设备技术，加以高度集成与整合。以此理念为基础，结合研究生建造与设计课、四年级设计课以及毕业设计课程，连续三年完成了多项全程设计实践，充分体现了预制装配式轻型结构的较高效能，为中国的新型建筑工业化在轻型（钢）结构发展方向上的探索做出了基础性贡献。

而 2016 年 7 月底在南京台城玄武湖畔展出的 Movilla 则是另一鲜活案例：轻型钢结构、标准化设计／工厂化生产、可用汽车拖带／公路运输、可变型空间组合和外挂设备、高舒适度的内装与物理环境（图 7-12）……它面向休闲时代富裕阶层的房车露营生活需求、相应技术规范已于近期出台以及各地区房车露营地的迅猛发展，成为新兴消费文化的标志性空间装备。

东南大学的轻型建筑设计探索以及 Movilla 在南京和伦敦设计节上"快闪"式的亮相正好可以说明：建造模式交叉共生之新局面的形成有可能成为破题的关键：有利于转变问题导向，跳脱单纯的形式—型制—符号纷争，而重新回到具有无限潜力的日常生活——混杂、不确定和矛盾，以及它们的前提——建筑的物质生产、专业生产和社会生产之综合属性及其客观制约因素。

图 7-11　东南大学建筑学院建筑技术学科团队轻型建筑设计实践探索（左起 2011—2012—2013）

图 7-12　Movilla 的快闪式亮相足以说明一个新时代正在到来

中国人在这一领域的积极探索终于在 2020 年新春应对突发疫情的紧急建造医疗设施项目上得到了丰厚的回报：1 月 23 日有关方面决定在武汉建造一个 "小汤山" 模式医院来应对疫情，仅用短短 10 天时间，火神山医院就顺利建成并开始使用。其工期时间表大致如下：1 月 24 日完成相关设计方案，上百台挖掘机开始平整场地；1 月 25 日正式开工；1 月 26 日建成了第一间样板房；1 月 29 日完成 300 多个箱式板房骨架安装；2 月 2 日建成交付。其总建筑面积超过 3 万平方米，门诊区、病房楼、ICU 样样俱全。与此同时，全国各地也建成大批类似应急医疗设施为什么能有如此迅速高效？在专业技术上的根本原因正在于这种钢结构轻型建筑的工业化生产方式（图 7-13、图 7-14）。它们的及时建成并投入使用，极大地缓解了突发疫情造成的医疗设施紧缺的资源压力，为最终获得抗疫胜利奠定了关键性的空间基础。

图 7-13　武汉火神山医院施工现场总体　　　图 7-14　武汉火神山医院施工现场清晰可见轻型箱体钢架
　　　　　鸟瞰　　　　　　　　　　　　　　　　　　　借鉴集装箱吊装技术细节

可以说，没有过去十几年中国建筑业界在轻型建筑标准化设计与工业化建造方面的持续努力，要想获得这一成就是不可思议的。

7.2　超越 "本土性" 原有内涵需要有针对性地拓展

前述中国建筑工程建造模式多路并举的新局面之形成，还与今天的全球化宏观图景密切相关。相较于一个世纪以前，今日之国人正越来越多地参与跨地区、跨国家的经济活动，海外投资建设和文化交流也日益频密，这其中的技术传播与选择应取何种姿态？作为设计主体的建筑师该如何寻求平衡？对于刚刚成为过去却还正在延续的这一段历史的研究，应有必要成为可资借鉴的思想资源乃至于行动指南。

而2020年新春伊始突发的新冠肺炎疫情更是引起了学术界关于"全球化"困境的大讨论。无疑，中国是近几十年以来全球化进程的最大受益者之一，不能因为一次偶发事件就否定以往所受全球化的恩惠，并进而否定全球化自身的积极意义。其实，十分有必要分清问题的类型再追究其根源，这才有助于理清线索——究竟是技术的粗放，还是制度的缺失，抑或是观念层面的滞后，必须加以严格的区分，而不能混同在一起。就建筑学科自身而言，面对疫情来袭，无论是宅家自保，还是居家隔离，甚至是进入医疗设施接受救治，都离不开基本的医疗空间设计原则和技术措施的支持，诸如保持适宜的自然通风、净污分区、医患分流、负压转运、医废消杀等。也就是说，仍应坚守对于建筑学基本问题的关注、讨论与解决。而建筑学基本问题究竟是什么？正如本书前言已经坦陈的那样，并无多少高深莫测之处，无非是建筑活动主体对于空间形塑、环境调控和工程实现三者互动关系的认知与控制。而真正困难的是：在这认知与控制中，并不存在绝对真理，需要实践者在面对具体项目时时随机应变、顺势而为。中国营造传统正是在这一点上传承了诸多经验与智慧。

就此而言，在20世纪上半叶以来的中国本土性现代建筑发展进程中，对于"本土性"的认知曾经有很长一段时期停留于建筑形式之表象，内涵过于单一，远离了生活世界的真相。而现在，确实到了重新框定"本土性"的时候。

7.2.1 谋求文化包容必须跳脱单一的视觉形式诉求

如果我们回到本文的开篇，重新考量中国本土性现代建筑在技术上的可能性与必要性，则不能不承认王澍的两个贡献：首先是回归建造，即超越形式和空间两个路径，基于对建筑活动物质生产、专业生产与社会生产之综合属性，重构关于建筑学的基本认知；其次，以上述回归为前提，力图从建造体系上理清中国建筑的根髓，并以现代建筑技术模式为途径呈现之（仍有转译和再现之嫌疑？），以寻求差异性的存在感。正是这样一种重建文化自信、为中国建筑寻求国际地位的家国情怀和持续努力，才赢得了"差异的世界"之承认与褒奖。就此而言，日本现代建筑堪称先行一步的成功范例。而问题是：以差异性作为背景和前提，当下和未来更需要的是对于"共同性"的探索和追寻，否则怎能实现对于"本土性"的超越，以便在更为广阔的时空环境中拓展生存空间？在《文明的冲突》篇末，塞缪尔·亨廷顿稍带乐观而又不无远见地指出：

"至少在基本的'浅显'道德层面上，亚洲和西方之间存在着某些共性。此外，正如很多人已经指出的，不论世界上的几大宗教——西方基督教、东正教、印度教、佛教、伊斯兰教、儒教、道教和犹太教——在何种程度上把人类区分开来，它们都共有一些重要的价值观。如果人类有朝一日会发展一种世界文明，它将通过开拓和发展这些共性而逐渐形成。"[①]

---

① （美）塞缪尔·亨廷顿. 文明的冲突 [M]. 周琪，等译. 北京：新华出版社，2012：295.

......

　　"20 世纪 50 年代，莱斯特·皮尔逊曾警告说：人类正在进入'一个不同文明必须学会在和平交往中共同生活的时代，相互学习，研究彼此的历史、理想、艺术和文化，丰富彼此的生活。否则，在这个拥挤不堪的小世界里，便会出现误解、紧张、冲突和灾难'。"①

　　皮尔逊的告诫已被事实所证明：如果不能求解出人类各种文明之间的最大公约数，这个世界将有可能走向毁灭。从宏大而抽象的"中国性"到更为抽象的"本土性"，又从这二者再发展至更为开阔的"世界性"（即亨廷顿的所谓"共性"），这是中国建筑文化的生产者们必须要面对的现实问题：这"共性"在当下以及可预见的未来，究竟该怎样来框定？当中国的建筑活动随着海外投资的不断增长和海外利益的进一步寻求而越来越多地向世界各地拓展之际，这种迫切性显然是毋庸置疑的。而除了形式、空间与建造这三个已知路径，中国古代哲学对于天人关系的理解，以及与此息息相通的现代意义上的生态自然观、人居环境观和可持续发展观，特别是在此基础上不断修正的绿色建筑观，应是最可资借重的思想和理论资源。只有跳脱形式与空间的转译与再现，才可能从立足于天人关系的建造活动本质层面重新检讨"本土性"的可能性与必要性，从而实现对它的超越——开拓与发展所谓"共性"，不仅是在价值观层面，而且可以具体到运用于建筑实践。这正是本研究篇末必须提出的任务和新的目标，即只有立足于"本土"与外界的关联之精准定位和小心安放，才可能超越"本土性"。实现文化包容的可能途径之一就是回到基本问题及其制约因素：空间形塑、环境调控和工程实现三者的互动关系，以及地形、气候、物产、交通、经济乃至基于性格地图的工艺水平。这其中，环境调控虽然对于人的主观感知极为重要，但却是长期以来被忽略的——能量与环境议题，它们似乎与视觉感受无涉！而问题是：视觉是感受，热觉就不是感受吗？如果说"要风度不要温度"作为一种个人偏好无可厚非，那么迫使缺乏专业知识的消费者在不知情的前提下买单还能算是不存在道德缺陷吗？

7.2.2　亟待开垦之地：基于能量与环境议题，与学科史协同

　　在学科（知识）史的视野下，与技术有关的知识并非仅仅是抽象、静止和孤立的实存，而是一种发明、传播、改进与选择的动态过程，涉及技术知识的生产机制、传播路径与物质实现，也就自然离不开相关的知识生产主体（人物）、生产客体（文本、图像、工具、建筑物体）与相关的生产场景（社会环境、政治环境、经济环境、执业环境），它们以分级、分类的学科建制被扭在一起，共同构成了建筑技术的学科（知识）谱系。

　　那么在这个谱系里，关于建筑技术史往上一个层面的学科划分体制究竟如何？这就必须要涉及"学科分级"。在传统的划分体制里，中国建筑学科知识由三个"二级学科"构成：建筑历史与理论、建筑设计及其理论以及建筑技术科学。各"二级学科"在自身关注

① （美）塞缪尔·亨廷顿. 文明的冲突 [M]. 周琪，等译. 北京：新华出版社，2012：297.

领域方面得以形成的历史时序存在一定机缘——"建筑历史与理论"最早形成，与中国营造学社的早期工作并行生发；而"建筑技术科学"则稍晚，要迟至 1950 年代学苏联时期方得出现，以建筑物理研究领域产生相关论文、著作和学术组织，以及建筑结构方面的学术期刊从建筑学类期刊中分离出去为标志。"建筑设计及其理论"正式被写成制度性表述更晚，但它其实一直存在——类似土木工程分立出去而建筑学一直存在那样。

从研究对象来看，建筑技术史研究在学科归属方面是上述三个"二级学科"的交叉地带——其研究对象落在"建筑技术科学"这边，而成果表述则落在"建筑历史与理论"那边，研究路径与方法又离不开"建筑设计及其理论"，可见其特点是高度综合性与交叉性。而有趣之处在于："建筑技术科学"二级学科由于涉及较多的技术因素诸如建筑材料、建筑结构、建筑构造、建筑设备、建筑施工以及建筑物理，难免长期处于分裂状态；更进一步具体到建筑物理学科方向，其研究与教学真正起步于学苏联时期，热工、声学与光学三块也相对独立发展。其实从研究与教学单位的建置而言，即使从事上述不同方向的人可以在形式上组合成一个群落或部门，但真正在建筑实践中，承担整合使命的那个人显然难以从这一群落或部门产生，因为绝大部分参与者都是"分析"型思维方式。就此而言，负有整合使命者还必须是具备完整知识结构和整合意识，但又不一定拥有硬核技术专长的人——建筑师。只有他们才会真正也必须在意这些细分的专业方向每一次微小变革在总体上可能给设计实践带来的深层影响，并提出相应对策。

这里有一件趣事堪称发人深省的例证：1930 年代中国营造学社前期的调查和研究重点在于北方官式建筑的类型、结构与构造，并未关注环境调控问题；而抗战时期梁思成、林徽因在昆明龙头村设计建造的自宅，虽貌似照搬当地传统民居，却有壁炉之设。[①] 而当地传统民居仅有火塘，可见其并非直接照搬民居，而能给予环境调控问题以设计和建造层面的专业回应，只是那一时期的学术发表并未关注而已。他们能这样做，从根本上来看，除去实际需求之外，应与布杂教育中并非全无此类技术考量有关——1920 年代宾大的课业中也有壁炉构造设计内容（图 7-15）。只是那时并未多想的是

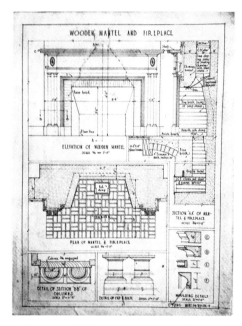

图 7-15　童寯在宾夕法尼亚大学求学期间的构造设计作业"壁炉"

---

① 席弘."梁思成、林徽因在昆明的建筑活动历史研究"创新计划中期考核报告（未刊稿，赵辰指导）[R]. 南京大学建筑与城市规划学院，2013.

环境调控可能会给整合的建筑设计理念与方法带来怎样的改变？会在何种程度上影响建筑总体样貌、气质、建造过程乃至人类社会发展进程的变化？

这一思维延伸至今日，在绿色建筑和可持续发展需求早已成为时代洪流之际，如果肩负整合使命的人们仍旧不能主动地、有意识地把能量与环境议题拉回到建筑学科知识建构的前台中心来的话，岂不是自动放弃了发球权和控球机会？就此而言，能量与环境议题的学科史研究就必须及时纳入到建筑技术史研究的学术视野中来，以应对整个建筑学科发展的新挑战——该议题从哪里来？经过了哪些所在？又要往哪里去？为了谁？又为了什么？等等——这一工作，至少在中国尚未真正展开。

回顾过往，中国本土性现代建筑的技术史，是设计实践中的技术选择机制由被动到主动、姿态不断调整、技术要素之本土属性不断增强的历史；是技术产业基础从无到有、由弱渐强、产业体系不断健全和完善的历史；是技术主体成长由依赖外援到自我造血、主体构成与角色定位发生空前转型的历史；是技术知识建构兼顾整理国故与引进吸收、逐步进入现代工程技术科学发展轨道的历史。更为紧要的是，这一段历史还是技术思维演进由分离到整合再到融合、基于全球视野的社会生产模式有望与时俱进的历史——正所谓"任何历史都是当代史"。

中国本土性现代建筑之发展，在当下特别需要处理好的问题是：分清楚生活需求的多种面向，精确地定义批量性/限量性/唯一性三种需求之间的区别与联系，针对不同社会阶层的现实需求，培育不同层面的社会生产主体，开发出多种多样的实现途径。这里面最紧要的因素仍旧是人的因素：必须创造条件使相关的各类社会生产主体获得合理配比和均衡构成，得到充分发育和健康生长。例如：在建筑设计行业，要为专注于大型公共建筑和城市地块开发的超大规模设计机构、擅长专业类项目运作的中型设计机构以及机制灵活、人员结构简单、乐于操作拾遗补阙类项目的小微型设计机构提供同样利于生存发展的制度环境，特别是为后者创造一定的市场机遇；而在建筑施工行业，在大力扶持建筑工业化技术和高新技术运用于实践的同时，不应遗忘那些濒临绝境的传统工艺及其匠师。各级规划建设主管部门应从战略高度认知传统工艺对于建筑文化特色化建设的重要性，下大力气组织、调配高校、设计、科研单位和有关工程建设企业的科技资源，编制有关传统工艺运用于当代建设实践的地方性技术法规和技术标准，从根本上改变设计实践消极、被动适应当代建筑技术规范要求的不利局面，激活传统工艺的生存、发展环境；另一方面，可围绕创新驱动战略，由政府牵线，将建筑文化特色化建设对建筑传统工艺提出的急切技术需求和当地科技资源进行对接和孵化，并以此为突破口，逐步展开在人才、项目、设备和成果等方面的深度合作，通过建立资源共享、平台共建、风险共担、收益共享的内生合作机制，改善传统工艺的生存、发展条件。只要掌握工艺、拥有观念的人还在，则根基尚存，希望尚存。

而重新检讨基于全球视野的社会生产观，文明的冲突给出的启示并非顾影自怜和自怨自艾，也并非突出重围以谋求话语霸权，而是需要寻求合作与共赢，是以发掘"共同性"的姿态去寻求合作与共赢——如此，才有希望实现对于"本土性"的超越——"本土性"不复如最初那样，是一种自我标榜的文化符号，而已成为真正发自内心、与环境影响和自我认同都存有密切关联的实际需求。相较于一个世纪以前，今日之国人正越来越多地参与跨地区、跨国家的经济活动，海外投资建设和文化交流也日益频密，这其中的技术传播与选择应取何种姿态？作为设计主体的建筑师该如何寻求平衡？……对于刚刚成为过去却还正在延续的这一段历史的研究，应有必要成为可资借鉴的思想资源乃至于行动指南。

图表资料来源

特别说明： 正文各章之图片与表格，凡未列入以下专门注明资料来源者，均为作者本人自行拍摄、绘制和获取。

前言

图 1、2： PAR CHARLES GARNIER ARCHITECTE MEMBRE DE L'INSITUT. LE NOUVEL OPÉRA DE PARIS: VOLUME I [M]. PARIS LIBRAIRIE GÉNÉRALE DE L'ARCHITECTURE ET DES TRAVAUX PUBLICS. DUCHER ET C ÉDITEURS, 1880.

图 3、4： 中国科学院自然科学史研究所. 中国古代建筑技术史 [M]. 第 2 版. 北京：科学出版社，2016.

图 5、6： （日）村松贞次郎. 日本建築技術史——近代建築技術の成り立ち [M]. 東京：地人書館株式會社，1963（昭和三十八年）.

图 7、8： Reyner Banham. The Architecture of Well-tempered Environment [M]. The Architectural Press; London: The University of Chicago Press, 1969.

图 9、10： Bill Addis. Building: 3000 Years of Design Engineering and Construction [M]. London: Phaidon Press Limited, 2007.

第 1 章

图 1-1： 作者参考以下著作自行绘制：

李建珊. 科学方法概览 [M]. 北京：科学出版社，2002.

肖显静. 科学经验方法 [M]. 北京：科学出版社，2002.

胡志强. 科学理性方法 [M]. 北京：科学出版社，2002.

刘仲林. 科学臻美方法 [M]. 北京：科学出版社，2002.

第 2 章

图 2-5： 加拿大多伦多大学维多利亚图书馆开发的主页 "Vic in China" 展览

图 2-8 上： Ghesquière S.J. Comment bâtirons-nous en Chine demain? [J].

Collectanea commissionis synodalis, 14, Beijing, 1941, p61. 罗薇提供

图2-13：https://zh.wikipedia.org/wiki/

图2-14：https://zh.wikipedia.org/wiki/

图2-19：杜汝俭，等. 中国著名建筑师林克明［M］. 北京：科学普及出版社，1991.

图2-20：中国建筑，1933，1（3）：22.

图2-21～2-22：杜汝俭，等. 中国著名建筑师林克明［M］. 北京：科学普及出版社，1991.

图2-23：中国建筑，1933，1（6）：26.

图2-24：李颖春提供

图2-26：中山陵园管理局

图2-33：东南大学建筑学院90周年纪念展览：基石——毕业于宾夕法尼亚大学的中国第一代建筑师

图2-34～2-43：谭刚毅提供

图2-44，中国第二历史档案馆藏，档号：五-5289（2）

图2-45左：柴德赓网

图2-46，中国第二历史档案馆藏，档号：五-5289（2）

图2-49，朱翼、周明睿、郭浩伦测绘，李海清指导

图2-59：蔡绍怀. 大跨空间结构与民族形式建筑的结合——重庆人民大礼堂穹顶钢网壳设计与施工简介［C］. 第六届空间结构学术会议论文集. 广州. 1992：753-758.

图2-60～2-61：陈荣华，等. 重庆市人民大礼堂甲子纪［M］. 重庆：重庆大学出版社，2016.

图2-63～2-64：张镈. 北京西郊某招待所设计介绍［J］. 建筑学报，1954（1）：40-51.

表2-1：作者参考以下档案自行绘制：中国第二历史档案馆藏国民政府内政部档案. 内政部与中央设计局会同拟订标准县市及乡镇建筑方案. 档号十二-2770，2780.

表2-2：同上

表2-3：作者参考以下档案自行绘制：中国第二历史档案馆藏. 国立中央大学柏溪分校校舍建筑费概算说明及建筑图. 档号：五-5289（2）；国立女子师范学院校舍建筑、验收的文件图纸. 档号：五-5399（2）.

第3章

图3-1：Reuleaux, C. Two Words on the Permanent Rescue of German Knowledge and Action［M］. Munich: Max Kellerer's h.b. Cort Book, 1890.

图3-3：同上

图3-4：Hammond M. Bricks and Brickmaking［M］. Oxford: Shire Publications Ltd, 2012.

图3-5：彭长昕提供. 原始资料见：澳大利亚维多利亚州立图书馆 http://digital.slv.vic.gov.au/view/action/nmets.do?DOCCHOICE=203317.xml&dvs=1524404689940～736&locale=zh_CN&search_terms=&adjacency=&VIEWER_URL=/view/action/nmets.

do?&DELIVERY_RULE_ID=4&divType=&usePid1=true&usePid2=true

图3-6：根据中国建筑材料联合会编《中国建筑材料工业年鉴》提供的有关数据绘制，其中1967~1968两年以及2004~2006三年数据为空白，原书如此

图3-9：根据实地调研一手资料在百度地图上绘制

图3-10 百度地图

图3-21、图3-22：四川省城市建筑设计院. 四川德阳砖瓦厂设计［J］. 建筑学报，1958（9）：30-31.

图3-32、3-33：丁文江，翁文灏，曾世英. 中华民国新地图［M］. 上海：申报馆，1934.

第4章

图4-3左：乐嘉藻. 中国建筑史［M］. 1933.

图4-3右：梁思成. 蓟县独乐寺观音阁山门考［J］. 中国营造学社汇刊，1932，3（2）：1-92.

图4-10~4-14：《中山陵档案》编委会. 中山陵档案［M］. 南京：南京出版社，2016.

图4-19~4-26：童明提供

图4-27：南京工学院建筑研究所. 杨廷宝建筑设计作品集［M］. 北京：中国建筑工业出版社，1983.

图4-28：梁思成. 宝坻县广济寺三大士殿［J］. 中国营造学社汇刊，1932，3（4）. 1-52.

图4-29：龙非了. 开封之铁塔［J］. 中国营造学社汇刊，1932，3（4）. 53-77.

图4-30~4-31：蔡方荫，刘敦桢，梁思成. 故宫文渊阁楼面修理计划［J］. 中国营造学社汇刊，1932，3（4）.78-87.

图4-32、4-33：东南大学建筑院档案室

图4-34~4-37：南京工学院建筑系《教改专刊》1959年第一期

表4-1：苏州工专1926年课表与中央大学1928年课表，参考：潘谷西，单踊. 关于苏州工专与中央大学建筑科——中国建筑教育史散论之一［J］. 建筑师，1999（90）：89-97；中央大学1933年课表，参考：佚名. 中央大学建筑工程系小史［J］. 中国建筑，1933，1（2）：34；南京大学工学院1949年课表，参考：仲伟君. "正阳卿"小组教学科研与创作实践研究［D］. 南京：东南大学，2015：86-88；南京工学院1954年课表，参考：南京工学院建筑系《教改专刊》1959年第一期

第5章

图5-1~5-4：梁思成. 清式营造则例［M］. 北京：中国建筑工业出版社，1981.

图5-7~5-9：姚承祖原著，张至刚增编，刘敦桢校阅. 营造法原［M］. 北京：中国建筑工业出版社，1986.

图5-10：中华工程师会. 新编华英工学字汇［M］. 北京：中华工程师会，1915.

图5-11、5-12：杜彦耿. 英华·华英合解建筑辞典［M］. 上海：上海市建筑协会，

1936.

图 5-13：姚承祖绘，陈从周整理. 姚承祖营造法原图［C］. 上海：同济大学建筑系，1979.

图 5-14：姚承祖原著，张至刚增编，刘敦桢校阅. 营造法原［M］. 北京：中国建筑工业出版社，1986.

图 5-15：《中国建筑史》编写组. 中国建筑史［M］. 北京：中国建筑工业出版社，1982.

图 5-16：张锳绪. 建筑新法［M］. 北京：商务印书馆，1910.

图 5-17：盛承彦. 建筑构造浅释［M］. 北京：商务印书馆，1943.

图 5-18～5-21：姚承祖原著，张至刚增编，刘敦桢校阅. 营造法原［M］. 北京：中国建筑工业出版社，1986.

图 5-22：张锳绪. 建筑新法［M］. 北京：商务印书馆，1910.

图 5-23～5-25：西安交通大学档案馆馆藏档案. 关于报送 1951 年第二学期各科教学计划. 苏南工业专科学校档案. 全宗号：SNGZ, 1952-SNGZ-Y, 7.0000.

图 5-27：梁思成. 梁思成全集：第 6 卷［M］. 北京：中国建筑工业出版社，2001：242.

图 5-28：梁思成，刘致平. 建筑设计参考图集简说［J］. 中国营造学社汇刊，1935, 6 (2)：80-105.

图 5-29：刘敦桢. 刘敦桢全集：第 7 卷［M］. 北京：中国建筑工业出版社，2007：114.

图 5-30：刘敦桢. 刘敦桢全集：第 7 卷［M］. 北京：中国建筑工业出版社，2007：112.

图 5-31：刘敦桢. 刘敦桢全集：第 7 卷［M］. 北京：中国建筑工业出版社，2007：113.

表 5-1：东京帝国大学（1887）、东京高等工业学校（1907）、癸卯学制《大学堂章程》建筑学门（1904）、壬子癸丑学制《大学规程》建筑科（1912）课表，参考：赖德霖. 中国近代建筑史研究（清华大学出版社，2007：119+148）；徐苏斌. 近代中国建筑学的诞生（天津大学出版社，2010：57+110）；苏州工专 1926 年课表与中央大学 1928 年课表，参考：潘谷西，单踊. 关于苏州工专与中央大学建筑科——中国建筑教育史散论之一［J］. 建筑师，1999（90）：89-97；中央大学 1933 年课表，参考：佚名. 中央大学建筑工程系小史［J］. 中国建筑，1933, 1（2）.34；南京大学工学院 1949 年课表，参考：仲伟君. "正阳卿"小组教学科研与创作实践研究［D］. 东南大学硕士学位论文. 2015.86-88；南京工学院 1954 年课表，参考：南京工学院建筑系《教改专刊》1959 年第一期.

第 6 章

图 6-1、6-2：周卜颐. 近代科学在建筑上的应用：二［J］. 建筑学报，1956（7）：48-53.

图 6-3：欧阳骖. 郑州肉类联合加工厂的设计［J］. 建筑学报，1957（10）：49-53.

图 6-4：周卜颐. 近代科学在建筑上的应用：一［J］. 建筑学报，1956（4）：60-65.

图 6-5：王季卿. 英国皇家节目音乐厅音质设计的介绍［J］. 建筑学报，1957（11）：58-67.

图 6-6、6-7：冶金建筑科学研究院. 西北黄土区建筑调查［J］. 建筑学报，1957（12）：

10-27.

图 6-8、6-9：董景星. 采用大跨度竹拱结构的风雨操场 [J]. 建筑学报, 1956 (9)：38-44.

图 6-10：赵冬日. 北京市北郊一居住区的规划方案和住宅设计 [J]. 建筑学报, 1957 (2)：42-48.

图 6-11：夏昌世. 亚热带建筑的降温问题：遮阳·隔热·通风 [J]. 建筑学报, 1958 (10)：36-39.

图 6-12：南京工学院建筑系建筑物理实验室. 西墙隔热的若干问题 [J]. 建筑学报, 1959 (11)：48-50.

图 6-13：纺织工业部设计公司第四设计室. 1120 绪缫丝小型工厂定型设计 [J]. 建筑学报, 1958 (5)：21-22.

图 6-14：杨芸. 适宜于南方的开敞式热加工厂房设计介绍 [J]. 建筑学报, 1957 (4)：26-32.

图 6-15：彭一刚, 屈浩然. 在住宅标准设计中对于采用外廊式小面积居室方案的一个建议 [J]. 建筑学报, 1956 (6)：39-48.

图 6-16：龙芳崇, 唐璞. 成都西城乡友谊农业社新建居住点的介绍 [J]. 建筑学报, 1958 (8)：48-50.

图 6-17：全君, 崔伟, 易启恩. 广东博罗人民公社规划 [J]. 建筑学报, 1958 (12)：3-9.

图 6-18：刘宝祥. 国营双桥农场猪舍建筑实像 [J]. 建筑学报, 1958 (6)：40.

图 6-19：佚名. 清华大学建筑系举行第一次科学讨论会 [J]. 建筑学报, 1956 (2)：98.

图 6-20 ~ 6-24：中国建筑学会. 全国厂矿职工住宅设计竞赛选集 [M]. 北京：建筑工程出版社, 1958.

图 6-25 ~ 6-30：张嘉新提供

图 6-33、6-36 ~ 6-38：村松貞次郎. 日本建築技術史——近代建築技術の成り立ち [M]. 東京：地人書館株式會社, 1963 (昭和三十八年)：113.

图 6-41 左，东南大学建筑学院学科发展史料编写组. 东南大学建筑学院学科发展史料汇编 (1927—2017) [M]. 北京：中国建筑工业出版社, 2017：101；**图 6-41 右**，同前：97.

图 6-42：中国第二历史档案馆藏国民政府教育部档案. 国立中央大学三十二年度上学期各系科教授讲师助教统计表 [A]. 档号：五-2535 (1).

图 6-43：中国第二历史档案馆藏国民政府教育部档案. 国立中央大学教员名录卅一年十月制 [A]. 档号：五-2535 (1)；中国第二历史档案馆藏国民政府教育部档案. 国立中央大学 月份薪俸人名单 [A]. 档号：五-2535 (1).

图 6-44：汪延泽提供

图 6-45：童明提供

图 6-46：University of Pennsylvania School of Fine Arts. Architecture. Philadelphia. the Press of University of Pennsylvania. 原始文件无年份, 推测为 1920 年代.

图 6–47、6–48：佚名. 中国营造学社桂辛奖学金民国三十三年度中选图案［J］. 中国营造学社汇刊，1945，7（2）（笔者注：战时经济、物质条件均极度匮乏，为徒手书写、石版印刷，全本无连续页码）

表 6–1：苏州工专 1926 年课表与中央大学 1928 年课表，参考：潘谷西，单踊. 关于苏州工专与中央大学建筑科——中国建筑教育史散论之一［J］. 建筑师，1999（90）：89-97；中央大学 1933 年课表，参考：佚名. 中央大学建筑工程系小史［J］. 中国建筑，1933，1（2）：34；

表 6–2：苏州工专 1926 年课表与中央大学 1928 年课表，参考：潘谷西，单踊. 关于苏州工专与中央大学建筑科——中国建筑教育史散论之一［J］. 建筑师，1999（90）：89-97；中央大学 1933 年课表，参考：佚名. 中央大学建筑工程系小史［J］. 中国建筑，1933，1（2）：34；南京大学工学院 1949 年课表，参考：仲伟君. "正阳卿"小组教学科研与创作实践研究［D］. 南京：东南大学，2015：86-88；南京工学院 1954 年课表，参考：南京工学院建筑系《教改专刊》1959 年第一期

第 7 章

图 7–13：葛文俊提供

图 7–14：［N/OL］. 北京日报，［2020-02-01］. http://ie.bjd.com.cn

图 7–15：网易号［EB/OL］. ［2020-02-04］. http://dy.163.com/v2/article/detail/F4GQ6Q6905440DBG.html

图 7–16：童明提供

主要参考文献

一、中文图书

[1]（英）汤因比. 历史研究（上）[M]. 曹未风，等译. 上海：上海人民出版社，1997.

[2]（美）塞缪尔·亨廷顿. 文明的冲突 [M]. 周琪，等译. 北京：新华出版社，2012.

[3]（美）大卫·哈维. 巴黎城记 现代性之都的诞生 [M]. 黄煜文，译. 南宁：广西师范大学出版社，2010.

[4]（美）本尼迪克特·安德森. 想象的共同体——民族主义的起源与散布 [M]. 吴叡人，译. 上海：上海人民出版社，2011.

[5]（美）斯塔夫里阿诺斯. 全球通史——1500 年以后的世界 [M]. 吴象婴，梁赤民，译. 上海：上海社会科学院出版社，1992.

[6]（美）费正清. 剑桥中国晚清史：1800~1911 上卷 [M]. 中国社会科学院历史研究所编译室，译. 北京：中国社会科学出版社，1993.

[7]（美）费正清. 剑桥中国晚清史：1800~1911 下卷 [M]. 中国社会科学院历史研究所编译室，译. 北京：中国社会科学出版社，1993.

[8] 梁启超. 中国历史研究法 [M]. 上海：华东师范大学出版社，1995.

[9] 金观涛. 历史的巨镜 [M]. 北京：法律出版社，2015.

[10]（英）罗素. 中国问题 [M]. 秦悦，译. 上海：学林出版社，1996.

[11]（美）彼得·柯林斯. 现代建筑设计思想的演变 [M]. 英若聪，译. 北京：中国建筑工业出版社，2003.

[12]（美）肯尼思·弗兰姆普敦. 建构文化研究 [M]. 王骏阳，译. 北京：中国建筑工业出版社，2007.

[13]（美）费慰梅. 梁思成与林徽因—— 一对探索中国建筑史的伴侣 [M]. 曲莹璞，关超，等译. 北京：中国文联出版公司，1997.

[14]（美）约翰·斯梅尔. 中产阶级文化的起源 [M]. 陈勇，译. 上海：上海人民出版社，2006.

[15]（瑞士）W·博奥席耶，O·斯通诺霍. 勒·柯布西耶全集：第五卷（1946~1952 年）[M]. 牛燕芳，程超，译. 北京：中国建筑工业出版社，2005.

[16]（日）太田博太郎. 日本建筑史序说 [M]. 路秉杰，包慕萍，译. 上海：同济大学

出版社，2016.

[17] 刘敦桢. 中国住宅概论 [M]. 北京：中国建筑工业出版社，1957.

[18] 童寯. 江南园林志 [M]. 北京：中国工业出版社，1963.

[19] 李诫. 营造法式 [M]. 北京：中国建筑工业出版社，2006.

[20] 梁思成. 梁思成全集：第二卷 [M]. 北京：中国建筑工业出版社，2001.

[21] 梁思成. 清式营造则例 [M]. 北京：中国建筑工业出版社，1981.

[22] 乐嘉藻. 中国建筑史 [M]. 贵阳：贵州人民出版社，2002.

[23] 吴良镛. 广义建筑学 [M]. 北京：清华大学出版社，1989.

[24] 李浈. 中国传统建筑木作工具 [M]. 上海：同济大学出版社，2004.

[25] 李海清. 中国建筑现代转型 [M]. 南京：东南大学出版社，2004.

[26] 李海清，汪晓茜. 叠合与融通：近世中西合璧建筑艺术 [M]. 北京：中国建筑工业出版社，2015.

[27] 赖德霖，王浩娱，袁雪平，司春娟. 近代哲匠录：中国近代重要建筑师、建筑事务所名录 [M]. 北京：中国水利水电出版社，2006.

[28] 刘伯英. 中国工业建筑遗产调查、研究与保护 [M]. 北京：清华大学出版社，2009.

[29] 徐苏斌. 近代中国建筑学的诞生 [M]. 天津：天津大学出版社，2010.

[30] 彭长歆. 现代性·地方性：岭南城市建筑的近代转型 [M]. 上海：同济大学出版社，2012.

[31] 朱剑飞. 中国建筑 60 年（1949—2009）：史理论研究 [M]. 北京：中国建筑工业出版社，2009.

[32] 庄景辉. 厦门大学嘉庚建筑 [M]. 厦门：厦门大学出版社，2011.

[33] 赵辰. 立面的误会：建筑·理论·历史 [M]. 北京：生活·读书·新知三联书店，2007.

[34] 史永高. 材料呈现——19 和 20 世纪西方建筑中材料的建造—空间双重性研究 [M]. 南京：东南大学出版社，2008.

[35] 梁思成. 梁思成文集：二 [M]. 北京：中国建筑工业出版社，1984.

[36] 梁思成. 中国建筑史 [M]. 天津：百花文艺出版社，1998.

[37] 潘谷西. 中国建筑史 [M]. 6 版. 北京：中国建筑工业出版社，2009.

[38] 傅朝卿. 中国古典式样新建筑——二十世纪中国新建筑官制化的历史研究 [M]. 台北：南天书局有限公司，1993.

[39] 孙明经，孙健三. 定格西康：科考摄影家镜头里的抗战后方 [M]. 南宁：广西师范大学出版社，2010.

[40] 林洙. 建筑师梁思成 [M]. 天津：天津科学技术出版社，1996.

[41] 杨嵩林，张复合，（日）村松伸，（日）井上直美. 中国近代建筑总览：重庆篇 [M]. 北京：中国建筑工业出版社，1993.

[42] 南京工学院建筑研究所. 杨廷宝建筑设计作品集 [M]. 北京：中国建筑工业出版

社，1983.

[43] 陈荣华，等. 重庆市人民大礼堂甲子纪［M］. 重庆：重庆大学出版社，2016.

[44] 杨永生，顾孟潮. 20世纪中国建筑［M］. 天津：天津科学技术出版社，1999.

[45] 建筑工程部建筑科学研究院，建筑理论以历史研究室，中国建筑史编辑委员会. 中国近代建筑简史［M］. 北京：中国工业出版社，1962.

[46] 伍江. 上海百年建筑史［M］. 上海：同济大学出版社，1997.

[47] 杨秉德. 中国近代城市与建筑［M］. 北京：中国建筑工业出版社，1993.

[48] 和县地方志编纂委员会. 和县志［M］. 合肥：黄山书社，1995.

[49] 南京市地方志编纂委员会. 建筑材料工业志［M］. 南京：南京出版社，1991.

[50] 南京市地方志编纂委员会. 南京建筑志［M］. 南京：南京出版社，1991.

[51] 南京工学院建筑研究所. 杨廷宝建筑设计作品集［M］. 北京：中国建筑工业出版社，1983.

[52] 杜汝俭，等. 中国著名建筑师林克明［M］. 北京：科学普及出版社，1991.

[53] 张镈. 我的建筑创作道路［M］. 北京：中国建筑工业出版社，1994.

[54] 张锳绪. 建筑新法［M］. 北京：商务印书馆，1910.

[55] 汪坦，张复合. 第三次中国近代建筑史研究讨论会论文集［M］. 北京：中国建筑工业出版社，1991.

[56] 汪坦，张复合. 第四次中国近代建筑史研究讨论会论文集［M］. 北京：中国建筑工业出版社，1993.

[57] 汪坦，张复合. 第五次中国近代建筑史研究讨论会论文集［M］. 北京：中国建筑工业出版社，1998.

[58] 张复合. 第六次中国近代建筑史研究讨论会论文集［M］. 北京：中国建筑工业出版社，2000.

[59] 张复合. 中国近代建筑研究与保护：二［M］. 北京：清华大学出版社，2001.

[60] 张复合. 中国近代建筑研究与保护：七［M］. 北京：清华大学出版社，2010.

[61] 张复合. 中国近代建筑研究与保护：八［M］. 北京：清华大学出版社，2012.

[62] 张复合，刘亦师. 中国近代建筑研究与保护：九［M］. 北京：清华大学出版社，2014.

[63] 张复合，刘亦师. 中国近代建筑研究与保护：十［M］. 北京：清华大学出版社，2016.

[64] 建筑文化考察组. 中山纪念建筑［M］. 天津：天津大学出版社，2009.

[65] 中国科学院自然科学史研究所. 中国古代建筑技术史［M］. 北京：科学出版社，1985.

[66] 姜在渭. 上海建筑材料工业志［M］. 上海：上海社会科学院出版社，1997.

[67] 南京市地方志编纂委员会. 南京建筑材料工业志［M］. 南京：南京出版社，1991.

[68] 江苏省地方志编纂委员会. 江苏省志：建材工业志［M］. 北京：方志出版社，2002.

［69］温州市志编纂委员会. 温州市志［M］. 北京：中华书局，1998.

［70］通州市地方志编纂委员会. 南通县志［M］. 南京：江苏人民出版社，1996.

［71］淮阴市地方志编纂委员会. 淮阴市志［M］. 上海：上海社会科学院出版社，1995.

［72］和县地方志编纂委员会. 和县志［M］. 合肥：黄山书社，1995.

［73］新余市地方志编纂委员会. 新余市志（1983—2007）［M］. 北京：方志出版社，
2015.

［74］江苏省地方志编纂委员会. 江苏省志：建材工业志［M］. 北京：方志出版社，
2002.

［75］中国建筑材料联合会. 中国建筑材料工业年鉴［M］. 北京：中国建筑工业出版社，
2013.

［76］蒋耀辉. 大连开埠建市［M］. 大连：大连出版社，2013.

［77］王燕谋. 中国水泥发展史［M］. 北京：中国建材工业出版社，2005.

［78］南开大学经济研究所，南开大学经济系. 启新洋灰公司史料［M］. 北京：生活·读
书·新知三联书店，1963.

［79］孙毓棠. 中国近代工业史资料（1840—1895）：第1辑：下册［M］. 北京：中华
书局，1957.

［80］杨在军. 晚清公司与公司治理［M］. 北京：商务印书馆，2006.

［81］北京钢铁学院《中国冶金简史》编写小组. 中国冶金简史［M］. 北京：科学出版社，
1978.

［82］朱汉国，杨群，陈争. 中华民国史：第3册：志2［M］. 成都：四川人民出版社，
2006.

［83］张训毅. 中国的钢铁［M］. 北京：冶金工业出版社，2012.

［84］丁文江，翁文灏，曾世英. 中华民国新地图［M］. 上海：申报馆，1934.

［85］北京市政协文史资料研究委员会，中共河北省秦皇岛市委统战部. 蠖公纪事——朱
启钤先生生平纪实［M］. 北京：中国文史出版，1991.

［86］梁思成. 梁思成全集：第5卷［M］. 北京：中国建筑工业出版社，2001.

［87］梁思成. 梁思成全集：第6卷［M］. 北京：中国建筑工业出版社，2001.

［88］梁思成. 梁思成全集：第8卷［M］. 北京：中国建筑工业出版社，2001.

［89］童寯. 童寯文集：一［M］. 北京：中国建筑工业出版社，2000.

［90］童寯. 童寯文集：二［M］. 北京：中国建筑工业出版社，2001.

［91］童寯. 童寯文集：四［M］. 北京：中国建筑工业出版社，2006.

［92］刘敦桢. 刘敦桢文集：一［M］. 北京：中国建筑工业出版社，1982.

［93］刘敦桢. 刘敦桢文集：三［M］. 北京：中国建筑工业出版社，1987.

［94］刘敦桢. 刘敦桢全集：第7卷［M］. 北京：中国建筑工业出版社，2007.

［95］姚承祖，张至刚，刘敦桢. 营造法原［M］. 北京：中国建筑工业出版社，1986.

［96］林洙. 叩开鲁班的大门——中国营造学社史略［M］. 北京：中国建筑工业出版社，
1995.

［97］杨永生，等. 建筑四杰［M］. 北京：中国建筑工业出版社，1998.

［98］东南大学建筑历史与理论研究所. 中国建筑研究室口述史（1953—1965）［M］. 南京：东南大学出版社，2013.

［99］侯幼彬，李婉贞. 寻觅建筑之道［M］. 北京：中国建筑工业出版社，2018.

［100］王凯. 现代中国建筑话语的发生［M］. 北京：中国建筑工业出版社，2015.

［101］杜彦耿. 英华·华英合解建筑辞典［M］. 上海：上海市建筑协会，1936.

［102］宋路霞. 细说盛宣怀家族［M］. 上海：上海辞书出版社，2015.

［103］嘉兴市政协文史资料委员会. 一代水工汪胡桢［M］. 北京：当代中国出版社，1997.

［104］盛承彦. 建筑构造浅释［M］. 北京：商务印书馆，1943.

［105］陈从周. 陈从周全集：11：随宜集·世缘集［M］. 南京：江苏文艺出版社，2013.

［106］陈从周. 陈从周全集：12：梓室余墨［M］. 南京：江苏文艺出版社，2015.

［107］清华大学建筑系. 建筑史论文集：第1辑［M］. 北京：清华大学出版社，1983.

［108］史建. 新观察：建筑评论文集［M］. 上海：同济大学出版社，2015.

［109］周畅，毛大庆，毛剑琴. 新中国著名建筑师毛梓尧［M］. 北京：中国城市出版社，2014.

［110］中国建筑学会. 全国厂矿职工住宅设计竞赛选集［M］. 北京：建筑工程出版社，1958.

［111］吴耀东. 日本现代建筑［M］. 天津：天津科学技术出版社，1997.

［112］布正伟. 现代建筑的结构构思与设计技巧［M］. 天津：天津科学技术出版社，1986.

［113］董凌. 建筑学视野下的建筑构造技术发展演变［M］. 南京：东南大学出版社，2017.

［114］丛猛. 由建造到设计：可移动建筑产品研发设计及过程管理方法［M］. 南京：东南大学出版社，2017.

［115］蒋博雅. 工业化住宅全生命周期管理模式［M］. 南京：东南大学出版社，2017.

［116］王玉. 工业化预制装配建筑全生命周期碳排放模型［M］. 南京：东南大学出版社，2017.

［117］姚刚. 基于BIM的工业化住宅协同设计［M］. 南京：东南大学出版社，2018.

［118］孙江. 星星之火：革命、土匪与地域社会——以井冈山革命根据地为中心［C］// 中国社会史学会. "国家、地方、民众的互动与社会变迁"国际学术研讨会暨第九届中国社会史年会论文集. 2002.

［119］汪国瑜. 怀念夏昌世老师［M］// 杨永生. 建筑百家回忆录. 北京：中国建筑工业出版社，2000.

二、中文期刊论文

［1］包慕萍. 建筑之日本展：基因的传承与再创造——策划总监藤森照信访谈录［J］.

建筑师，2018（6）：6-17.

［2］潘一婷，（英）詹姆斯·W·P·坎贝尔建成环境"前传"——英国建造史研究［J］.
建筑师，2018（5）：23-31.

［3］李海清. 分合之辩：反思中国近现代建筑技术史研究［J］. 建筑师，2017（5）：
30-35.

［4］李海清. 从"中国"+"现代"到"现代"@"中国"：关于王澍获普利兹克奖与中
国本土性现代建筑的讨论［J］. 建筑师，2013（1）：46-51.

［5］李海清. 主体的挺立：以材料／做法为阶梯的建筑构造教学理路之研究［J］. 建筑
师，2009（3）：55-61.

［6］李海清，于长江，钱坤，张嘉新. 易建性：环境调控与建造模式之间的必要张力
［J］. 建筑学报，2017（7）：7-13.

［7］李海清. 实践逻辑：建造模式如何深度影响中国的建筑设计［J］. 建筑学报，2016
（10）：72-77.

［8］李海清. 工具三题——基于轻型建筑建造模式的约束机制［J］. 建筑学报，2015
（7）：8-11.

［9］李海清. 20世纪上半叶中国建筑工程建造模式地区差异之考量［J］. 建筑学报，
2015（6）：68-72.

［10］李海清. 教学为何建造？——将建造引入建筑设计教学的必要性探讨［J］. 新建
筑，2011（3）：6-9.

［11］半山，赵辰. 尺度与材料的真实性——赵辰谈南大的建造教学［J］. 新建筑，
2011（3）：15-17.

［12］李海清. 震殇解惑——建筑物体的灾害性终结及其对于建筑教育的启示［J］. 新建
筑，2008（4）：20-24.

［13］李海清. 建筑工艺水平地域差异：现象、成因与对策［J］. 时代建筑，2015（6）：
46-51.

［14］李海清. 砼：一种本土境况下的建造模式之深度观察［J］. 时代建筑，2014（3）：
45-49.

［15］李海清. 以自己的方式表达绿色——评介瑞士阿尔卑斯山区的三所学校［J］. 城市
建筑，2006（7）：26-29.

［16］李海清. 绿色建筑之表皮：试图将瑞士经验运用于南京地区的个案研究［J］. 城市
建筑，2005（10）：24-27.

［17］王骏阳. 对建筑技术史教学和研究的一点思考［J］. 城市建筑，2016（1）：86-
88.

［18］王骏阳. 现代建筑史学语境下的长泾蚕种场及对当代建筑学的启示［J］. 建筑学
报，2015（8）：82-89.

［19］王续琨，冯茹. 论技术史的学科结构和科学定位［J］. 自然辩证法通讯，2015（4）：
62-68.

［20］潘一婷. 隐藏在西式立面背后的建造史：基于 1851 年英式建筑施工纪实的案例研究［J］. 建筑师，2014（4）：118-127.

［21］李海清. 从"中国"+"现代"到"现代"@"中国"：关于王澍获普利兹克奖与中国本土性现代建筑的讨论［J］. 建筑师，2013（1）：39-45

［22］刘亦师. 清华大学大礼堂穹顶结构形式及建造技术考析［J］. 建筑学报，2013（11）：32-37.

［23］朱剑飞. 关于"20 片高地"——中国大陆现代建筑的系谱描述（1910s—2010s）［J］. 时代建筑. 2007（5）：16-20.

［24］冷天. 得失之间——从陈明记营造厂看中国近代建筑工业体系之发展［J］. 世界建筑，2009（11）：124-127.

［25］汪坦. 序（第一次中国近代建筑史研究讨论会论文专辑）［J］. 华中建筑，1987（2）：4-7.

［26］谢少明. 岭南大学马丁堂研究［J］. 华中建筑，1998（3）：95-99.

［27］（日）藤森照信. 外廊样式——中国近代建筑的原点［J］. 张复合，译. 建筑学报，1993（5）：33-38.

［28］（日）藤森照信. 日本近代建筑史研究的历程［J］. 世界建筑，1986（6）：76-81.

［29］王炳麟. "同僵硬的西方现代主义诀别"——记日本近代建筑史家村松贞次郎［J］. 世界建筑，1986（3）：83-87.

［30］朱启钤. 中国营造学社缘起［J］. 中国营造学社汇刊，1930，1（1）：1-6.

［31］吕彦直. 规划首都都市区图案大纲草案［J］. 首都建设，1929（1）：25-28.

［32］王金平，郭贵春. 中国传统建筑的经验理性分析［J］. 科学技术哲学研究，2013（2）：94-99.

［33］陈志勇，祝恩淳，潘景龙. 中国古建筑木结构力学研究进［J］. 力学进展，2012，42（5）：644-654.

［34］李瑜，瞿伟廉，李百浩. 古建筑木构件基于累积损伤的剩余寿命评估［J］. 武汉理工大学学报，2008，30（8）：173-177.

［35］淳庆，吕伟，王建国. 江浙地区抬梁和穿斗木构体系典型榫卯节点受力性能［J］. 东南大学学报（自然科学版），2015，45（1）：151-158.

［36］彭泳菲. 抗战时期四川江津国立女子师范学院研究［J］. 沧桑，2011（2）：21-22.

［37］少怀. 抗战中的国立女子师范学院［J］. 民意周刊，1941（172）：12.

［38］刘瑛，昭质. 抗战时期中央大学西迁重庆沙坪坝［J］. 档案记忆，2017（1）：19-22.

［39］蒋宝麟. 抗战时期中央大学的内迁与重建［J］. 抗日战争研究，2012（3）：122-131.

［40］邓朝华，黄中荣. 张家德与重庆人民大礼堂［J］. 城建档案，2016（7）：102-104.

［41］本刊编辑部，李沉，金磊. 张家德与重庆市人民大礼堂［J］. 建筑创作，2005（12）：164-171.

［42］张镈. 北京西郊某招待所设计介绍［J］. 建筑学报，1954（1）：40-51.

［43］张光玮. 关于传统制砖的几个话题［J］. 世界建筑，2016（9）：27-29.

［44］（日）藤森照信. 外廊样式——中国近代建筑的原点［J］. 建筑学报，1993（5）：33-38.

［45］刘亦师. 中国近代"外廊式建筑"的类型及其分布［J］. 南方建筑，2011（2）：36-42.

［46］雍海峰. 烧结粘土砖业现状与发展对策［J］. 中国建材科技，2000（6）：38-43.

［47］戚伟，刘盛和，赵美风. "胡焕庸线"的稳定性及其两侧人口集疏模式差异［J］. 地理学报，2015（4）：551-566.

［48］曹世璞. 治治无顶轮窑！一位老砖瓦人的呼吁［J］. 砖瓦世界，2007（2）：12.

［49］周绍杰，刘生龙，胡鞍钢. 电力发展对中国经济增长的影响及其区域差异［J］. 中国人口·资源与环境，2016（8）：34-41.

［50］安乾，李小建，吕可文. 中国城市建成区扩张的空间格局及效率分析（1990—2009）［J］. 经济地理，2012（6）：37-45.

［51］周醉天，韩长凯. 中国水泥史话（1）——澳门青州英坭厂和启新洋灰公司［J］. 水泥技术，2011（1）：20-25.

［52］周醉天，韩长凯. 中国水泥史话（4）——大连和山东水泥工业肇始［J］. 水泥技术，2011（4）：23-26.

［53］周醉天，韩长凯. 中国水泥史话（5）——上海华商和中国水泥公司［J］. 水泥技术，2011（5）：24-28+42.

［54］周醉天，韩长凯. 中国水泥史话（10）——四川水泥股份有限公司（重庆水泥厂）［J］. 水泥技术，2012（4）：23-28+42.

［55］周醉天，韩长凯. 中国水泥史话（11）——解放前后的西南与江南水泥［J］. 水泥技术，2012（5）：20-24+40.

［56］周醉天，韩长凯. 中国水泥史话（12）——启新洋灰公司的新生［J］. 水泥技术，2012（6）：17-21.

［57］李海涛. 中国钢铁工业的诞生考释［J］. 贵州文史丛刊，2009（2）：28-31.

［58］卢征良. 从中华水泥联合会看近代中国同业组织的演进［J］. 兰州学刊，2009（10）：207-211.

［59］黄逸平. 旧中国的钢铁工业［J］. 学术月刊，1981（4）：9-14.

［60］崔勇. 朱启钤组建中国营造学社的动因及历史贡献［J］. 同济大学学报（社会科学版），2003（1）：24-27+36.

［61］崔勇. 叩谒先辈们的心路历程——"中国营造学社研究"导论［J］. 华中建筑，2003（1）：96-99.

［62］崔勇. 中国营造学社部分成员的学术研究活动及其发展［J］. 古建园林技术，

2003（1）：56-63.

[63] 刘致平，刘进. 忆中国营造学社 [J]. 华中建筑，1993（4）：66-70.

[64] 陈薇."中国建筑研究室"（1953—1965）住宅研究的历史意义和影响 [J]. 建筑学报，2015（4）：30-34.

[65] 陈薇.《中国营造学社汇刊》的学术轨迹与图景 [J]. 建筑学报，2010（1）：71-77.

[66] 刘叙杰. 创业者的脚印——记建筑学家刘敦桢的一生：上 [J]. 古建园林技术，1997（4）：7-14.

[67] 卢洁峰. 金陵女子大学建筑群与中山陵、广州中山纪念堂的联系 [J]. 建筑创作，2012（4）：192-200.

[68] 郭伟杰. 谱写一首和谐的乐章：外国传教士和"中国风格"的建筑，1911—1949年 [J]. 中国学术，2003（1）：68-118.

[69] 傅凡. 阚铎传统建筑与园林研究探析 [J]. 中国园林，2016（1）：65-67.

[70] 胡志刚. 从传统到现代：梁思成与中国营造学社的转型 [J]. 历史教学，2014（14）：47-51.

[71] 傅凡，李红，段建强. 阚铎与中国营造学社 [J]. 华中建筑，2014，32（6）：13-16.

[72] 李浈. 扣时代脉搏，展历史风采——"中国营造法"课程教学在同济大学 [J]. 建筑史，2008（23）：157-163.

[73] 单远慕. 论北宋时期的花石纲 [J]. 史学月刊，1983（6）：22-29.

[74] 蔡军. 苏州香山帮建筑特征研究——基于《营造法原》中木作营造技术的分析 [J]. 同济大学学报（社会科学版），2016，27（6）：72-78.

[75] 李洲芳，马祖铭. 一代宗匠姚承祖 [J]. 古建园林技术，1986（2）：63-64.

[76] 刘致平. 纪念朱启钤、梁思成、刘敦桢三位先师 [J]. 华中建筑，1992（1）：1-3.

[77] 佚名. 附件：第一部分新旧教学计划的对比——1954年修订的教学计划 [J]. 南京工学院建筑系教改专刊，1959（1）：28.

[78] 佚名. 附件：第一部分新旧教学计划的对比——1956年修订的教学计划 [J]. 教改专刊，1959（1）：29.

[79] 佚名. 附件：第一部分新旧教学计划的对比——1958年修订的教学计划 [J]. 教改专刊，1959（1）：30.

[80] 佚名. 附件：第一部分新旧教学计划的对比——1958年修订的教学计划 [J]. 教改专刊，1959（1）：31.

[81] 王炳麟."同僵硬的西方现代主义诀别"——记日本近代建筑史家村松贞次郎 [J]. 世界建筑，1986（3）：83-87.

[82] 顾大庆."布扎"，归根到底是一所美术学校 [J]. 时代建筑，2018（6）：18-23.

[83] 赵辰，韩冬青，吉国华，李飚. 以建构启动的设计教学 [J]. 建筑学报，2001（5）：33-36.

[84] 叶露，黄一如. 资本动力视角下当代乡村营建中的设计介入研究 [J] 新建筑，2016（4）：7-10.

[85] 王铠，张雷. 工匠建筑学：五个人的城乡张雷联合建筑事务所乡村实践 [J] 时代建筑，2019（1）：28-33.

[86] 支文军，王斌，王轶群. 建筑师陪伴式介入乡村建设：傅山村 30 年乡村实践的思考 [J] 时代建筑，2019（1）：34-45.

[87] 李之勤. 论明末清初商业资本对资本主义萌芽的发生和发展的积极作用 [J]. 西北大学学报（哲学社会科学版），1957（1）：33-62.

[88] 刘小鲁. 贸易收支、银货危机与明末资本主义萌芽的夭折 [J]. 苏州科技学院学报（社会科学版），2003（3）：102-106.

[89] 唐力行. 论明代徽州海商与中国资本主义萌芽 [J]. 中国经济史研究，1990（3）：90-101.

[90] 孟彦弘. 中国从农业文明向工业文明的过渡——对中国资本主义萌芽及相关诸问题研究的反思 [J]. 史学理论研究，2002（4）：26-36+161.

[91] 张柏春，李明阳. 中国科学技术史研究 70 年 [J]. 中国科学院院刊，2019，34（9）：1071-1084.

[92] 钱乘旦. 世界近现代史的主线是现代化 [J]. 历史教学，2001（2）：5-10.

[93] 钱乘旦. 关于我国现代化研究的几个问题 [J]. 世界近代史研究，2006（3）：3-8.

[94] 钱乘旦. 文明的多样性与现代化的未来 [J]. 北京大学学报（哲学社会科学版），2016，53（1）：8-12.

[95] 施展. 中国的超大规模性与边疆 [J]. 中央社会主义学院学报，2018（4）：99-105.

[96] 泮伟江. 如何理解中国的超大规模性 [J]. 读书，2019（5）：3-11.

[97] 张树剑. 知识史视域下的中医技术史研究向度 [J]. 哈尔滨工业大学学报（社会科学版），2019，21（5）：85-90.

[98] 梁其姿. 麻风隔离与近代中国 [J]. 历史研究，2003（5）：3-14+189.

[99] 梁其姿. 医疗史与中国"现代性"问题 [J]. 中国社会历史评论，2007（8）：1-18.

[100] 皮国立. 所谓"国医"的内涵——略论中国医学之近代转型与再造 [J]. 中山大学学报（社会科学版），2007，49（1）：64-77.

[101] 皮国立. 碰撞与汇通：近代中医的变革之路 [J]. 文化纵横，2017（1）：42-51.

[102] 窦平平，鲁安东. 环境的建构——江浙地区蚕种场建筑调研报告 [J]. 建筑学报，2013（11）：25-31.

[103] 鲁安东，窦平平. 发现蚕种场：走向一个"原生"的范式 [J]. 时代建筑，2015（2）：64-69.

[104] 李麟学. 热力学建筑原型：环境调控的形式法则 [J]. 时代建筑，2018（3）：36-41.

[105] 钱乘旦. 发生的是"过去"，写出来的是"历史"——关于"历史"[J]. 史学月刊，

2013（7）：5-11.

[106] 张柏春，李明阳. 中国科学技术史研究 70 年 [J]. 中国科学院院刊，2019，34（9）：1071-1084.

[107] 赵辰. 中国木构传统的重新诠释 [J]. 世界建筑，2005（8）：37-39.

[108] 赵辰. 关于"土木 / 营造"之"现代性"的思考 [J]. 建筑师，2012（4）：17-22.

[109] 张十庆. 古代建筑生产的制度与技术——宋《营造法式》与日本《延喜木工寮式》的比较 [J]. 华中建筑，1992（3）：48-52.

[110] 张十庆. 从建构思维看古代建筑结构的类型与演化 [J]. 建筑师，2007（2）：168-171.

[111] 陈薇. 材料观念离我们有多远？[J]. 建筑师，2009（3）：38-44.

[112] 陈薇，孙晓倩. 南京阳山碑材巨型尺度的历史研究 [J]. 时代建筑，2015（6）：16-20.

[113] 陈薇. 瓦屋连天——关于瓦顶与木构体系发展的关联探讨 [J]. 建筑学报，2019（12）：20-27.

[114] 杨俊. 从材料出发——中国古代木构建筑木材选择与应用的启示 [J]. 建筑师，2019（4）：101-106.

[115] 朱晓明，吴杨杰. 自主性的历史坐标中国三线建设时期《湿陷性黄土地区建筑规范》（BJG20-66）的编制研究 [J]. 时代建筑，2019（6）：58-63.

[116] 朱晓明，吴杨杰，刘洪. "156"项目中苏联建筑规范与技术转移研究——铜川王石凹煤矿 [J]. 建筑学报，2016（6）：87-92.

[117] 彭怒，曹晓真，李凌洲. 实际工程算例中的基本计算理论——中国现代木构教学史视野下的"五七公社"木结构教材研究 [J]. 时代建筑，2019（4）：162-167.

[118] 杨位龙. 建立社会主义市场经济体制是我国经济发展的历史性选择 [J]. 理论学刊，1993（2）：39-41.

[119] 李月. 身高的百年变迁 [J]. 百科知识，2016（19）：35-39.

[120] 张振标. 现代中国人身高的变异 [J]. 人类学报，1988（2）：112-120.

[121] 张翼. 模度 [J]. 建筑师，2007（6）：38-43.

[122] 叶宇，戴晓玲. 新技术与新数据条件下的空间感知与设计运用可能 [J]. 时代建筑，2017（5）：6-13.

三、中文老旧期刊

内政部营建司：战后全国公共工程管理概况 [J]. 公共工程专刊（第二集），1946（11）.

中国营造学社汇刊（第 1~7 卷）

中国建筑（创刊号~第 29 期）

建筑月刊（创刊号~第 5 卷 1 期）

建设评论

建筑学报（创刊号～1959年第12期）

（因期刊卷期繁多，皆为本研究所参考，恕不一一列出。）

四、中文学位论文

［1］田吉. 瞿宣颖年谱［D］. 上海：复旦大学，2012.

［2］（韩）卢庆旼. 中国东北和韩国近代铁路沿线主要城市及建筑之比较研究［D］. 北京：清华大学，2014.

［3］蒲仪军. 都市演进的技术支撑——上海近代建筑设备特质及社会功能探析（1865—1955）［D］. 上海：同济大学，2015.

［4］刘珊珊. 中国近代建筑技术发展研究［D］. 北京：清华大学，2015.

［5］刘思铎. 沈阳近代建筑技术的传播与发展研究［D］. 西安：西安建筑科技大学，2015.

［6］钱海平. 以《中国建筑》与《建筑月刊》为资料源的中国建筑现代化进程研究［D］. 杭州：浙江大学，2010.

［7］符英. 西安近代建筑研究（1840—1949）［D］. 西安：西安建筑科技大学，2010.

［8］曾娟. 近代转型期岭南传统建筑中的新型建筑材料运用研究［D］. 南京：东南大学，2009.

［9］黄琪. 上海近代工业建筑保护和再利用［D］. 上海：同济大学，2007.

［10］陈雳. 德租时期青岛建筑研究［D］. 天津：天津大学，2006.

［11］陈志宏. 闽南侨乡近代地域性建筑研究［D］. 天津：天津大学，2005.

［12］彭长歆. 岭南建筑的近代化历程研究［D］. 广州：华南理工大学，2004.

［13］李海清. 中国建筑现代转型之研究——关于建筑技术、制度、观念三个层面的思考（1840—1949）［D］. 南京：东南大学，2002.

［14］沙永杰. 中日近代建筑发展过程比较研究［D］. 上海：同济大学，1999.

［15］王鑫. 环境适应性视野下的晋中地区传统聚落形态模式研究［D］. 北京：清华大学，2014.

［16］张乾. 聚落空间特征与气候适应性的关联研究——以鄂东南地区为例［D］. 武汉：华中科技大学，2012.

［17］李海涛. 近代中国钢铁工业发展研究（1840～1927）［D］. 苏州：苏州大学，2010.

［18］刘珊珊. 中国近代建筑技术发展研究［D］. 北京：清华大学，2015.

［19］陈雷. 国民政府战时统制经济研究［D］. 石家庄：河北师范大学，2007.

［20］李海涛. 近代中国钢铁工业发展研究（1840～1927）［D］. 苏州：苏州大学，2010.

［21］徐祖澜. 近世乡绅治理与国家权力关系研究［D］. 南京：南京大学，2011.

［22］黄博. 乡村精英治理研究——以村庄自治形态为视角［D］. 南京：南京农业大学，

2013.

［23］仲伟君. "正阳卿" 小组教学科研与创作实践研究［D］. 南京：东南大学，2015.

［24］赵芸菲. 广东近现代民族形式建筑彩画饰面研究［D］. 广州：华南理工大学，2013.

［25］郭小兰. 重庆陪都时期建筑发展史纲［D］. 重庆：重庆大学，2013.

［26］周宜颖. 台湾霍夫曼窑研究［D］. 台南：成功大学，2005.

［27］吕航. 民宿住驿改造中的行为研究——以闽东北地区 "土木厝" 为例［D］. 南京：南京大学，2017.

五、中文档案

［1］中国第二历史档案馆藏国民政府内政部档案. 外籍专家来华协助设计案［A］. 档号十二（6）-20741.

［2］中国第二历史档案馆藏国民政府内政部档案. 内政部与中央设计局会同拟订标准县市及乡镇建筑方案［A］. 档号十二-2770，2780.

［3］中国第二历史档案馆藏国民政府教育部档案. 国立中央大学柏溪分校校舍建筑费概算说明及建筑图［A］. 档号：五-5289（2）.

［4］中国第二历史档案馆藏国民政府教育部档案. 国立女子师范学院校舍建筑、验收的文件图纸［A］. 档号：五-5399（2）.

［5］中国第二历史档案馆藏国民政府教育部档案. 国立中央大学三十二年度上学期各系科教授讲师助教统计表［A］. 档号：五-2535（1）.

［6］中国第二历史档案馆藏国民政府教育部档案. 国立中央大学教员名录卅一年十月制［A］. 档号：五-2535（1）.

［7］中国第二历史档案馆藏国民政府教育部档案. 国立中央大学月份薪俸人名单［A］. 档号：五-2535（1）.

［8］西安交通大学档案馆馆藏档案. 关于报送1951年第二学期各科教学计划. 苏南工业专科学校档案［A］. 全宗号：SNGZ，1952-SNGZ-Y，7.0000.

六、中文其他资料

［1］国都设计技术专员办事处. 首都计划［Z］. 南京：国都设计技术专员办事处，1929.

［2］吴承洛. 三十年来之中国工程［Z］. 中国工程师学会南京总会，1946.

［3］陈纲伦，魏丽丽. 中国传统建筑环境适应性的语言学解读——以湖北民居为例［C］//全国第八次建筑与文化学术讨论会论文集. 2004：363-369.

［4］青海省公安厅劳改局设计室. 54门轮窑设计中的若干问题［G］//青海省土木建筑学会. 青海省土木建筑学会1963年年会学术论文汇编（内部资料）.1963.

［5］南京工学院东方红战斗公社建筑系教育革命小组. 建筑系十七年两条路线斗争大事记1949—1966［G］. 1967.

［6］姚承祖绘，陈从周整理. 姚承祖营造法原图［Z］. 同济大学建筑系，1979.

［7］蔡绍怀. 大跨空间结构与民族形式建筑的结合——重庆人民大礼堂弯顶钢网壳设计与施工简介［C］// 第六届空间结构学术会议论文集. 1992.

［8］包慕萍，村松伸. 中国近代建筑技术史研究的基础问题——从日本近代建筑技术史研究中得到的启迪与反思［C］// 刘伯英. 中国工业建筑遗产调查与研究 2008 中国工业建筑遗产国际学术研讨会论文集. 北京：清华大学出版社，2009.

［9］国立中央博物院：国立中央博物院筹备处概况［Z］. 1942.

［10］上海市中心区域建设委员会. 建设上海市政府新屋纪实［Z］. 1934.

［11］福建省泉州市鲤城区地方志编纂委员会，政协泉州市鲤城区委员会文史资料委员会. 泉州文史资料［Z］. 1994.

［12］朱孝远. 为什么欧洲最早进入近代社会?［EB/OL］.［2020-02-08］. http://www.aisixiang.com/data/120048.html.

［13］胡翌霖. 技术史的意义是反思而非歌功［N］. 中国科学报，2019-6-14（007）.

［14］陈绍宏，陈玉林. 文化理论对技术史若干问题的重构［C］//2007 全国科技与社会（STS）学术年会论文集. 2007.

［15］（英）比尔·阿迪斯. 世界建筑 3000 年：设计、工程及建造［M］. 程玉玲，译. 北京：中国画报出版社，2019.

［16］张十庆. 古代营建技术中的"样""造""作"［C］// 清华大学建筑学院. 建筑史论文集：第 15 辑. 北京：清华大学出版社，2002.

七、外文图书

［1］Bill Addis. Building：3，000 Years of Design，Engineering and Construction［M］. London，UK：Phaidon Press，2007.

［2］J. Campbell，W. Pryce. Brick：A World History［M］. London，UK：Thames & Hudson，2003.

［3］Reuleaux C. Two Words on the Permanent Rescue of German Knowledge and Action［M］. Munich：Max Kellerer's h.b. Cort Book，1890.

［4］Hammond M. Bricks and Brickmaking［M］. Oxford：Shire Publications Ltd，2012.

［5］ILO. Small-Scale Brickmaking［M］. International Labour Office，1990.

［6］Reyner Banham. The Architecture of Well-tempered Environment［M］. The Architectural Press；London：The University of Chicago Press，1969.

［7］Searle B. Modern Brickmaking［M］. London：SCOTT，GREENWOOD & SON，1915.

［8］Kenneth Frampton. Studies in Tectonic Culture：The Poetics of Construction in Nineteenth and Twentieth Century Architecture［M］. Cambridge MA：The MIT Press，2001.

［9］Andrew B. Liu. Tea War：A History of Capitalism in China and India［M］. New Heaven and London：Yale University Press，2020.

[10]（日）村松貞次郎. 日本建築技術史——近代建築技術の成り立ち［M］. 東京：地人書館株式會社，1963（昭和三十八年）.

八、外文期刊论文

[1] Kevin Lynch. Environmental Adaptability［J］. Journal of American Institute of Planners, 1958（24）：16-24.

[2] Xiaoming Zhu, Chongxin Zhao, Wei He and Qian Jin. An Integrated Modern Industrial Machine——Study on the Documentation of the Shanghai Municipal Abattoir and its Renovation［J］. Journal of Asian Architecture and Building Engineering, 2016, 15（2）.

[3] Jin Tao, Huashuai Chen, Dawei Xiao. Influences of the Natural Environment on Traditional Settlement Patterns: A Case Study of Hakka Traditional Settlements in Eastern Guangdong Province［J］. Journal of Asian Architecture and Building Engineering, 2017, 16（1）.

[4] Hongbin Zheng, Yiting Pan, James W.P. Campbell. Building on Shanghai Soil: A Historical Survey of Foundation Engineering in Shanghai, 1843-1941［J］. Construction History-International Journal of the Construction History Society, 2019, 34（1）.

[5] Haiqing Li, Denghu Jing. Structural Design Innovation and Building Technology Progress Represented by a Hybrid Strategy: Case Study of the "Wartime Architecture" in China's Rear Area during World War II［J］. International Journal of Architectural Heritage, 2020, 14（5）.

[6] Liu Yan. Building Woven Arch Bridges in Southeast China: Carpenter's Secrets and Skills［J］. Construction History-International Journal of the Construction History Society, 2019, 34（2）.

[7] Haiqing Li. Environmental Adaptability of Building Mode: A Typological Study on the Technological Modification of Hoffmann Kiln in China since the 1950s［J］. Construction History-International Journal of the Construction History Society, 2019, 34（1）.

[8] Liu Yishi. Architectural technology in modern China from a global view［J］. Frontiers of Architectural Research, 2014, 3（2）.

九、外文学位论文

[1] Yi-Ting Pan. Local Tradition and British Influence in Building Construction in Shanghai（1840—1937）［D］Cambridge: University of Cambridge, 2016.

[2] Brett S. A Program For The Conservation, Interpretation, and Reuse of Downdraft Kilns at the Western Clay Manufacturing Company of Helena,

Montana［D］．Philadelphia：the University of Pennsylvania，2013.

十、外文其他资料

［1］Kataoka Y, Itoh H, Inoue S. Investigation of fuzzily arranged "Hanegi" in traditional wooden building［C］. 6th World Conference on Timber Engineering, Whistler, 2000.

［2］Maeda T. Column rocking behavior of traditional wooden buildings in Japan［C］. 10th World Conference on Timber Engineering, Miyazaki, 2008.

［3］Sacha Menz. Three Books on the Building Process［R］. ETH Zurich：Chair of Architecture and the Building Process, 2009.

后记

　　要说建筑学科有什么特点，恐怕无外乎庞、杂、乱、多，从研究对象、研究内容再到研究方法和技术路径，无不如此。上至社会顶层，下至引车卖浆者，古今中外，吃喝拉撒，上下五千年，纵横八万里，几乎无一不和建筑发生关联。之所以如此，盖因建筑学是一个实践性学科，与人的日常生活有密切关联，怎能不丰富和复杂？于是，关于建筑学的研究，其聚焦难度可想而知，或一旦聚焦，再想"出来"怕也是不容易——我们究竟需要怎样的建筑学研究？需要怎样的建筑史研究？需要怎样的建筑技术史研究？要想清楚回答这些问题，须穿透建筑学的纷繁复杂表象，而直指其相对稳定的内核。

　　建筑学基本问题究竟是什么？正因为它不可能有一个放之四海而皆准的标准答案，或者说真的要有，也就难以确保其实践参考价值，才最容易让人挥之不去、萦绕心怀。有关于此，笔者的认知也经历了一个逐步发展的过程。从最初的博士学位论文，到2008年汶川震后的《震殇解惑——建筑物体的灾害性终结及其对于建筑教育的启示》、2010年的《从材料焦虑到情理建筑——略论近世中国建筑价值观念之变迁》、2015年的《工具三题——基于轻型建筑建造模式的约束机制》《20世纪上半叶中国建筑工程建造模式地区差异之考量》、2016年的《实践逻辑：建造模式如何深度影响中国的建筑设计》《为什么要重新关注工具议题？——基于建造模式解析的建筑学基本问题之考察》，直至2017年的《易建性：环境调控与建造模式之间的必要张力》以及《分合之辩：反思中国近现代建筑技术史研究》等，算是走了一圈下来。值得庆幸的是，这其中还间插着断断续续建筑设计实践，多少有助于理论层面的思与反思，不至于是"终点又回到起点"。

　　建筑学的基本问题是建筑活动主体对于空间形塑（Spatial Configuration）、环境调控（Environmental Management）与工程实现（Building Realization）三者之间互动关系如何认知与控制；而三者之中，特别是工程实现和环境调控在很大程度上受到具体地形、气候、物产、交通、经济以及工艺水平等环境因素的影响和制约。建筑设计中的技术改进与选择，正是为此而作出的主动调适与回应。在建筑学科内部做技术史研究，除去廓清基本史实之外，有必要关注、分析和阐释这些改进与选择的成因，为未来的建筑活动提供智慧、经验与参考。这正是本研究得以展开的基本立场——研究者本人当下的价值判断以及认知水平。有鉴于此，作为进一步开展建筑技术史研究的一种参考，笔者试提出如下三点建议：（1）明确的技术史观是开展技术史研究的前提；（2）建筑技术史研究应该也必须面向建筑学基本问题；（3）技术史研究与学科史研究之协同是学科自主立场的支点。其具体意涵已在本书前言部分逐一阐释，不复赘述。

国家社科基金项目有一个特点，即在申报时要求必须拟好一个研究提纲（"总体框架"），将来最终完成的成果，通常也不得与此提纲有较大出入。这就意味着，在申报阶段，其实最终成果就已经有个成熟框架了。可见，它要求前期研究不仅有深厚积累，而且具体工作已经有部分关键性环节已经展开，且这展开还比较顺利，否则研究者无从预判其可行性究竟如何。那么实际上，这种预先搭建的研究框架是否束缚了研究者的头脑，以至难以根据实时进展做出方向调整呢？研究过程中可能出现的、对于研究本身其实是有利的那些偶然性，是不是就被一概被拒之门外了呢？个人经验证明未必，研究工作自身的走向还是完全掌控在研究者本人手中，就看如何去"吃透实质、领会精神"了。比如笔者关注的砖窑研究，其实始于早在课题申请之前多年就一直好奇的经典建筑学问题："砖房为何长盛不衰？"且与实践有密切关联。从砖材使用推至砖材生产，再推至砖瓦业生产的工艺流程、环境调控以及砖窑自身的设计与建造，发现它很值得研究。而这是在写申请书时尚未完全明确的研究线索，当时只是落实到技术产业基础（砖瓦、水泥、钢铁）这样的、还相对比较抽象的层面，真正深入开展研究还是在基金获批之后，但这并不妨碍研究者在上述层面基础上进一步具体展开，而这展开的方向、深度和触角类型是需要研究者自己去把控的。现在看来其"落地"的过程和结果还算比较成功，但这需要足够的研究经验和临机处置的技巧。

此外，书名的确定还有个纠结过程：当初申请书上，题目是《中国本土性现代建筑的技术史研究（1910s—1950s）》，获批时被评审专家组修改为（1910—1950），把表示"年代"（decades）的"s"删除了。申请者的原意是研究下限直到1959年，而这样修改岂不是只能到1950年？考虑到评审专家其实并不一定真切而具体了解申请者本意，具体研究工作还是按原计划展开的。另一方面，历时几年的研究过程也愈发使研究者感到自身水平局限，真的要以"史"哪怕是"史稿"来呈现成果，都自觉力有不逮。而整个过程的主观感受也确实说明了"研究"之名的定位是恰如其分的。如此，则调整为主、副标题之结构将可能更准确和更为开放：《再探现代转型——中国本土性现代建筑的技术史研究》，这样的标题更能清晰表达以特定历史时期设计实践、设计思潮和相关知识建构等为线索来检讨其与技术发展、演变之相互影响的研究意图，而不是将建筑技术外化于实践探索、学科发展和社会需求。如此选择和决策，则确确实实是在上一本专著《中国建筑现代转型》（特别是总体思路和第七章）的基础上，做出了拓展和深化，也实际上指出了相当长一段时期以来，中国建筑学科所不得不面对的自我认知问题。此举之得失成败，已成昨日，唯有期待同道不吝批评与教正，以鉴来者。

从最终成果递交鉴定结项开始，就着眼其正式出版。中国建筑工业出版社无疑是当今国内首屈一指的出版机构，而易娜老师又是对于学术精神有执着坚守、对于专业诉求有深刻理解的出版人，此前因工作关系也早与笔者有多年往还。易老师对于拙著的关心和推动，从申报选题到书名推敲，从编排制度的谨慎考量到字斟句酌地精微分辨，都倾力投入。笔者无以为报，只有以更高品质的研究成果来回应可敬的人们！

在这草长莺飞的时节，回首过往，是对于研究者最好的酬谢：也必须记住自己的坚持。

李海清

2020 年 5 月 4 日于金陵半山居